普通高等院校建筑环境与能源应用工程专业系列教材

可再生能源利用技术

王崇杰　蔡洪彬　薛一冰　等编著

中国建材工业出版社

图书在版编目（CIP）数据

可再生能源利用技术/王崇杰　蔡洪彬　薛一冰等编著. —北京：中国建材工业出版社，2014.1（2021.1 重印）
普通高等院校建筑环境与能源应用工程专业系列教材
ISBN 978-7-5160-0513-2

Ⅰ. ①可…　Ⅱ. ①王…②蔡…③薛…　Ⅲ. ①再生能源—能源利用—高等学校—教材　Ⅳ. ①TK01

中国版本图书馆 CIP 数据核字（2013）第 170240 号

内容简介

本书是关于可再生能源建筑应用技术的论述，主要基于各类可再生能源在建筑中的应用方式、技术类型和一体化设计等层面进行阐述。本书包括六章内容，分别从太阳能及其建筑应用、地热能及其建筑应用、风能及其建筑应用、生物质能及其建筑应用、可再生能源建筑应用示范工程等几个方面展开了充分的论述，详尽地阐述了我国各类可再生能源的资源状况、发展战略、应用现状与政策、建筑应用技术及建筑应用实例等内容。

可再生能源利用技术
王崇杰　蔡洪彬　薛一冰　等编著

出版发行：中国建材工业出版社
地　　址：北京市海淀区三里河路 1 号
邮　　编：100044
经　　销：全国各地新华书店
印　　刷：北京雁林吉兆印刷有限公司
开　　本：787mm×1092mm　1/16
印　　张：18.75
字　　数：468 千字
版　　次：2014 年 1 月第 1 版
印　　次：2021 年 1 月第 2 次
定　　价：60.00 元

本社网址：www.jccbs.com.cn
本书如出现印装质量问题，由我社发行部负责调换。联系电话：（010）88386906

能源是为人类的生产和生活提供各种能力和动力的物质资源，是国民经济的重要物质基础。而随着环境污染和资源短缺问题的日益突出，自二十世纪五六十年代始，环境保护和可持续发展的思想逐渐深入人心，以能源革命和低碳经济为主题的绿色浪潮席卷全球，能源战略在国际竞争中具有决定性的作用。可再生能源不仅能够缓解常规能源供应不足的问题，而且有利于改善能源结构、保障能源安全、保护环境。开发利用可再生能源是落实科学发展观、建设资源节约型社会、实现可持续发展的基本要求和必然要求。

相对于可能穷尽的化石能源来说，可再生能源是可持续利用的能源资源，包括水能、太阳能、地热能、风能、生物质能和海洋能等，资源潜力大，环境污染低。在以上能源中，太阳能、地热能、风能、生物质能能够在建筑中直接应用，太阳能等能源形式还能与建筑有机结合，实现一体化设计，是目前建筑中应用广泛的可再生能源。

本书是关于可再生能源建筑应用技术的论述，主要基于各类可再生能源在建筑中的应用方式、技术类型和一体化设计等层面进行阐述。本书包括六章内容，分别从太阳能及其建筑应用、地热能及其建筑应用、风能及其建筑应用、生物质能及其建筑应用、可再生能源建筑应用示范工程等几个方面展开充分的论述，详尽地阐述了我国各类可再生能源的资源状况、发展战略、应用现状与政策、建筑应用技术及建筑应用实例等内容。

本书除可作为普通高等院校相关专业师生、研究人员的教学用书和参考教材外，还可为设计者、建造者、投资方及业主等提供有关可再生能源建筑技术方面的参考。

本书由山东建筑大学可再生能源建筑利用技术教育部重点实验室、山东省建筑节能技术重点实验室的王崇杰、蔡洪彬、薛一冰等编著，各章节的执笔者依次为：

第 1 章　王崇杰　何文晶　王亚平

第 2 章　王崇杰　杨倩苗　陈　坤

第 3 章　薛一冰　管振忠　岳　勇

第 4 章　管振忠　杨倩苗　宫淑兰

第 5 章　蔡洪彬　何文晶　马　宾

第 6 章　蔡洪彬　黄　海　郜传省

本书内容涉及面广，编写过程中难免有不妥之处。同时，由于时间及编著者水平所限，书中文字表达也难免存在疏漏，恳请读者批评指正。

2013 年 12 月于济南

目　录

第1章　绪　　论

能源是向自然界提供能量转化的物质资源，是人类进行生产、生活的重要物质基础。工业革命以来，大工业化给人们带来了极大的便利，但同时也加剧了对化石能源的消耗。自20世纪中叶开始，日益严重的资源短缺、能源危机以及环境污染问题向人们敲响了警钟，环境保护和可持续发展的思想逐渐深入人心。目前，以能源革命和低碳经济为主题的绿色浪潮席卷全球，能源战略在国际竞争中具有决定性的作用。发展新能源和可再生能源十分紧迫，是世界各发达国家竞相研究的热点课题之一。随着经济的快速发展，我国对能源的需求不断增加，常规化石能源供应不足的矛盾日益突出。开发新能源与可再生能源不仅有利于缓解化石能源供应不足的问题，而且有利于改善能源结构、保障能源安全、保护环境。开发利用可再生能源是落实科学发展观、建设资源节约型社会、实现可持续发展的基本要求和必然要求。

1.1　可再生能源

1.1.1　可再生能源的定义

通常来说，常规能源是指技术上比较成熟且已被大规模利用的能源，又称传统能源，如煤、石油、天然气以及大中型水电等，它是伴随人类历史文明产生和发展的主要物质资源。除了大中型水电外，其他常规能源储藏量有限，而且在短期内都无法再生。而新能源通常指尚未大规模利用、正在积极研究开发的能源，包括太阳能、地热能、风能、生物质能、海洋能以及核能、氢能等，其中太阳能、地热能、风能、生物质能、海洋能为可再生能源。国际能源署（IEA）对可再生能源做如下定义：可再生能源是起源于可持续补给的自然过程的能量。它的各种形式都是直接或者间接地来自于太阳或地球内部深处所产生的热能。《中华人民共和国可再生能源法》于2005年2月28日由第十届全国人民代表大会常务委员会第十四次会议通过，自2006年1月1日起施行。其中第一条表明“本法所称可再生能源是指风能、太阳能、水能、生物质能、地热能、海洋能等非化石能源。”与常规能源相比，可再生能源资源潜力大，环境污染低，可永续利用，是有利于人与自然和谐发展的重要能源。

1.1.2　可再生能源的分类

可再生能源包括太阳能、地热能、风能、生物质能、海洋能等。

人类所有生产、生活活动的基本能源都来源于太阳，其他各种形式的能源大多都是太阳能的储存和转化。太阳能是地球接受到的太阳辐射能。太阳能的转换和利用方式有光热转换、光电转换和光化学转换。光热转换是太阳能热利用的基本方式。太阳能产生的热能可以广泛地应用于采暖、制冷、干燥、蒸馏、温室、烹饪以及工农业生产等各个领域，并可进行太阳能热发电和热动力。利用光生伏特效应原理制成的太阳能电池，可将太阳的光能直接转换成为电能加以利用，即太阳能光电利用。光化学转换尚处于研究试验阶段，这种转换技术包括利用太阳辐射能使半导体电极产生电，从而电解水制氢、利用氢氧化钙或金属氢化物热分解储能等。

地热能是指地壳内能够科学、合理地开发出来的岩石中的热量和地热流体中的热量。地热能按其储存形式可分为水热型（又分为干蒸汽型、湿蒸汽型和热水型）、地压型、干热岩型和岩浆型4类；水热型按温度高低可分为高温型（>150℃）、中温型（90～149℃）和低温型（<89℃）。地热能的利用方式主要有地热发电和地热直接利用两类。不同品质的地热能，可用于不同目的。流体温度为200～400℃的地热能，主要用于发电和综合利用；150～200℃的地热能，主要用于发电、工业热加工、干燥和制冷；100～150℃的地热能，主要用于采暖、干燥，脱水加工、回收盐类和双循环发电；50～100℃的地热能，主要用于温室、采暖、家用热水、工业干燥和制冷；20～50℃的地热能，主要用于洗浴、养殖、种植和医疗等。

风能是太阳辐射造成地球各部分受热不均匀，引起各地温差和气压不同，导致空气运动而产生的能量。利用风力机械可将风能转换成电能、机械能和热能等。风能利用的主要形式有风力发电、风力提水、风力致热以及风帆助航等。

生物质能是蕴藏在生物质中的能量，是绿色植物通过光合作用将太阳能转化为化学能而储存在生物质内部的能量。有机物中除矿物燃料以外的所有源于动植物的能源物质均属于生物质能，通常包括木材及森林废弃物、农业废弃物、水生植物、油料植物、城市和工业有机废弃物、动物粪便等。

海洋能是指蕴藏在海洋中的可再生能源，它包括潮汐能、波浪能、潮流能、海流能、海水温度差能和海水盐度差能等不同的能源形式。海洋能按其储存的能量形式可分为机械能、热能和化学能。潮汐能、波浪能、海流能、潮流能为机械能，海水温度差能为热能，海水盐度差能为化学能，可将海洋能转换成为电能或机械能。

可再生能源和化石能源相比虽然具有资源丰富、可再生和环境污染少等优点，但能量密度较低并且较为分散；太阳能、风能、潮汐能等具有随机性和间歇性；开发利用具有一定的技术难度。根据各类可再生能源的特点和经济性能，目前在建筑中直接应用的以太阳能、地热能为主，风能、生物质能相对较少。

1.1.3 应用可再生能源的重要意义

随着经济社会的快速发展，大量化石能源被消耗，不仅造成化石能源日趋枯竭，同时也带来了生态环境的破坏，这些越来越成为影响人类社会的重要问题，受到了世界各国的普遍关注。只有从根本上改变人类社会这种持续了几百年的能源供给模式，大规模地开发利用取之不尽、用之不竭、清洁环保的可再生能源，才能真正实现社会的可持续发展。从本质意义上说，可再生能源是人类社会发展的长久保障和不竭动力。

从20世纪70年代的“石油危机”开始，人类社会便开始愈发受到能源紧缺问题的困扰。从世界范围内来看，常规能源是很有限的，社会经济的发展对能源的需求不断增加，能源供给状况日趋紧张。按照当前的静态利用水平，全世界的石油、天然气、煤炭使用年数如表1-1所示。按照不断增长的动态利用水平，使用年限会更少。可以说，全球公民正透支着子孙后代的生存资本和发展空间。因此，开发可再生能源已经成为人类解决能源危机的必然选择。

表 1-1　全世界能源资源储量情况

种类	已探明可采储量（2011 年）	年开采量	可采年数
煤炭	0.8609 万亿 t	76.87 亿 t	112
石油	0.2343 万亿 t	0.0039 万亿 t	60
天然气	208.4 万亿 m^3	3.276 万亿 m^3	63.6

在 20 世纪的 100 年中，化石能源的开发和利用得到了空前发展，年平均能源供应量增长了 10 倍，以化石燃料为主的能源利用支撑了人类的生存与发展。但在现有技术条件下，化石能源的大量使用给地球环境造成了严重危害，CO_2、SO_2 等温室气体及其他有害气体的大量排放使人类生存空间受到了极大的威胁。人们逐渐意识到，其赖以生存的地球既不是取之不尽的能源资源库，也不是可以随便排放的垃圾场。为了全人类及子孙后代的生存，必须开发清洁环保的可再生能源。

由人类的整个能源利用史可看出，人类的能源利用从薪柴到煤炭，再到石油与天然气到目前人类利用太阳能、风能、水能、地热能等可再生能源，整个过程是遵循着碳含量愈来愈低的客观规律演进的。人类的能源革命从本质上讲就是脱碳，人类能源的整个利用史就是脱碳的历史，而能源利用正是从低效、高污染向高效、零排放演进。这个革命的制高点就是氢能的大规模利用。在 20 世纪 80 年代初，著名的未来学家阿尔温·托夫勒在《第三次浪潮》一书中预言了以太阳能为代表的可再生能源在 21 世纪将带来能源革命。大力开发利用可再生能源将使得人类从延续了上万年的“碳能源时代”迈入“非碳能源”的新时代。

1.2　国外可再生能源利用与发展

1.2.1　可再生能源的利用现状

自 20 世纪 70 年代出现能源危机以来，世界各国逐渐认识到能源对人类的重要性，同时也认识到常规能源利用过程中对环境造成的污染和对生态造成的破坏。为了保持经济与环境的和谐可持续发展，各国逐渐重视能源战略的可持续性，加大了对可再生能源的人力和物力的投入。可再生能源技术在过去的 30 年中得到了快速发展，许多应用技术已进入了商业化应用阶段。如风力发电技术、太阳能光伏技术、生物质发电技术、燃料电池技术等已经具备了与常规能源进行商业竞争的能力。

在太阳能利用方面，太阳能热水器产业飞速发展，全球近 4000 万个家庭正使用太阳能设备生产生活热水。目前全球太阳能热水器拥有量已超过 1.6 亿 m^2。在太阳能光电应用领域，太阳能光伏电池板产量从 1980 年全球产量不超过 3MW，到 2012 年底，全球光伏新增装机容量达到 31GW，太阳能光伏发电系统已经成为全球发展最快的新能源技术。在风能利用方面，2012 年全球累计风电装机总量已达 2.8 亿 kW，发电量足以满足约 4880 万个普通家庭的需要。2012 年全球新增装机容量 4500 万 kW，比 2011 年增长 19%，其中中国以 7532.4 万 kW 的累计装机容量位列世界第一。在生物质能利用方面，其高效利用与开发已成为世界新能源领域重大的热门课题之一，受到世界各国政府与科学家的普遍关注。各国都在积极开发高效、实用的生物质能应用技术。到2012年，全球生物质能发电装机容量已超过5000万kW，可替代9000多万吨标准煤。全球生物燃料产量达58868千t油当量，生物质乙醇燃料的年产量达到225亿加仑。生物柴油的产量达到2290万t。目前全球已有一百多个国家在开发利用地热能，2011~2012年是全球地热发电规模大幅增长时期。截止2012年5月，全球安装的地热容量约为1122万kW。2012年，以太阳能、风能为代表的各种可再生能源在全球能源消费中所占比例从2001年的0.7%上升至2.1%。可再生能源发电量增长17.7%，超过历史平均水平，其中风电增长了25.8%，在可再生能源发电中所占比例首次超过了一半。美国和中国依然是风力发电增长的主要贡献者。太阳能发电增长更为迅速（增长了86.3%），可再生能源发展潜力巨大。

1.2.2 可再生能源的发展战略

一个国家的能源战略和能源政策的制定依赖于该国的自然资源条件、社会经济状况以及世界能源贸易格局等因素。从经济发展程度看，大体可分为发达国家的能源战略与能源政策和发展中国家的能源战略与能源政策；从能源进出口看，又可分为资源供应国的能源战略与能源政策和能源消费国的能源战略与能源政策。能源资源供应国的能源战略与能源政策多以鼓励出口，获得较高的价格为核心。资源消费国则以扩大进口，进口源多元化，保障供应为能源战略与能源政策的重点。发达国家注重提高能源产品和服务的质量，鼓励市场竞争和自由化。保障能源供应安全。发展中国家受社会经济条件的制约，主要目标是建立和完善能源市场，满足能源供应。自从可持续发展成为人类社会发展的重要议题以来，世界各国无论是发达国家还是发展中国家在制定能源战略与能源政策中，都把可持续发展作为主要内容。

在可再生能源的发展战略方面，发达国家如德国、日本、美国、英国等纷纷制定了国家层面上的可再生能源发展计划，力图抢占制高点。德国于2000年在世界上第一个通过了《可再生能源法》，该法对促进德国可再生能源的发展起到了巨大的推动作用，2011年德国政府提出“能源改革”长期战略，改革包括两个既定目标：到2022年完全放弃核能，到2050年可再生能源发电量占总发电量的80%；日本政府制定了《新阳光计划》，将可再生能源的开发技术放在了重中之重的位置，集全国优势资源大力发展；美国政府在2005年颁布了《新能源法案》，美国国会立法机构和联邦、州行政部门通过制定法律，进行了一系列有利于可再生能源开发的政策调整，如通过一系列减税和生产补贴来进行鼓励，重点支持以太阳能为代表的可再生能源的开发利用；再比如英国于2003年实施了“可再生能源义务法令”，该法令对英国的可再生能源开发起到了强有力的推动作用。2012年，可再生能源发电在英国电力供应中所占比例为3.8%。英国政府计划在2020年前，使国内可再生能源需求比例达到20%。英国能源与气候变化部（DECC）在2012年12月27日的一份政府报告中指出，截至2012年6月底，在过去的12个月中，英全国电力供应总量中有超过10%来自可再生能源发电。这意味着英国有望实现2020年可再生能源发展目标。此外，印度、巴西、古巴等发展中国家同样制定了相应的可再生能源发展计划，促进了可再生能源行业的迅猛发展。

1. 美国的国家能源战略和政策

1）美国能源部2011~2016年战略规划

美国能源部于2011年5月10日公布了未来5年该部门战略规划。其中指出美国能源部的使命是利用变革性科学技术应对美国所面临的能源、环境和核电挑战，明确提出美国能源部未来5年发展四大战略目标：

（1）变革能源技术，保障美国在清洁能源技术领域处于领导地位。

奥巴马已明确提出：到2020年较2005年减少17%能源相关温室气体排放量，到2050年减少83%；到2035年清洁能源供应全美80%电力；2015年上路100万辆电动汽车。

奥巴马第一任期一上任就遇到了金融危机，稳定金融体制和刺激经济成为奥巴马能源政策的优先考虑。在2009年2月参众两院通过的预算为7890亿美元的刺激美国经济的《2009年复苏与再投资法》中，有大约500亿美元是用来提高能效和扩大可再生能源的生产的，因此也被称为“一揽子绿色刺激”或“绿色凯恩斯主义”。这些战略举措近期有望创造新工作岗位，长远来讲，可以奠定未来低碳经济发展的基础。

（2）着力发展科学和工程事业，保障美国科学与工程研究工作，为经济繁荣提供基石。美国能源部是美国最大自然科学联邦资助机构，所资助的新技术能够支持美国能源部的能源、环境和安全目标。

（3）通过国防、防扩散和环保工作加强核安全，确保国家安全。

（4）建立合理体制机制，实现卓越管理。

2）设立国务院能源资源局

美国国务院在2011年10月14日发表的《四年度外交与发展评估报告》中首次提出将成立一个能源资源局。11月16日，美国国务院宣布，新成立的美国能源资源局（Bureau of Energy Resources）正式投入运行，体现了美国对通过外交手段确保自身能源安全这一问题的高度重视。国务卿希拉里·克林顿表示，在谈论美国经济或外交政策时，不能不谈论能源。随着全球人口的增长和有限的化石燃料供应，美国急需使其能源供应多样化。美国既需要与传统的能源出口国保持接触，也需与新兴经济体建立联系，以巩固国际能源安全，确保这些国家的自然财富带来广泛经济增长。

3）碳捕获与封存研发路线图

2011年1月11日，美国能源部发布碳捕获与封存（CCS）研发示范路线图，由美国能源部化石能源局国家能源技术实验室（NETL）负责编制，聚焦于为燃煤发电系统提供具有成本效益的先进CCS技术，所需要开展的研究、开发和示范工作。NETL负责执行化石能源局的洁净煤研究项目，旨在发展CCS技术以廉价高效地截存燃煤电站排放的CO_2。路线图确定了新的发展路径，重点关注高效、经济的解决方案快速实现商业化。CCS技术要克服经济、社会和技术层面等多种挑战，需要在以下方面开展研究及相关工作：通过成功将CCS与发电系统相结合实现具有成本效益的CO_2捕获、压缩、运输和封存；有效监测与核实CO_2封存情况；CO_2地下永久封存；公众接受程度。

4）电网现代化计划

2011年6月13日，美国白宫宣布实施一系列新的计划，以加速国家电力基础设施的现代化，支撑电网创新，并推进清洁能源经济转型。这些工作建立在《经济复苏法案》对电网现代化投资45亿美元的基础之上，私营部门自筹匹配超过55亿美元。这些计划旨在建立必要的输电基础设施、开发并部署智能电网技术，将推动可再生能源并入电网，适应更多的电动汽车上路，有助于避免停电及迅速恢复供电，降低对新电厂的需求。

白宫同时还发布了由内阁级别的国家科学技术委员会（NSTC）撰写的《21 世纪电网政策框架》报告，确立了美国电网升级改造政策制定的 4 大要点及实施路径：确保经济有效的智能电网投资，充分发挥电力部门的创新潜力，消费者方便获取信息并保护隐私，保障电网安全可靠及免受攻击。

5）支持可再生能源发展

（1）奥巴马国情咨文突出发展清洁能源计划。2011 年 1 月 25 日，美国总统奥巴马发表了其就任以来的第 2 次国情咨文演讲，突出了发展清洁能源技术的重要性，并提出了 3 项主要计划：加大对清洁能源技术的资助力度，终结对化石能源的税收补贴；到 2015 年上路 100 万辆先进技术车辆，使得美国到 2030 年减少石油消费量 7.85 亿桶。到 2035 年使清洁能源发电所占份额翻番。2013 年 3 月 15 日，奥巴马敦促国会设立能源安全信托基金，以增加新能源研发投入，减少美国对化石燃料的依赖，促进经济发展。

（2）加州签署可再生能源法案。2012 年 4 月 12 日，美国加利福尼亚州签署名为“加州扩大可再生能源组合标准”（RPS）的 SB2X 法案。法案要求在 2020 年前确保全州的电力供应来自可再生能源。美国能源部为配合这项法案的实施推广，将提供 12 亿美元贷款担保来支持 Sun Power 和 NRG Solar 公司建造 250 MW 的加州谷太阳能牧场发电厂。

（3）开展可再生能源模型和气象预报部际合作。为更加有效利用美国可再生能源资源，2012 年 1 月 24 日，美国能源部和商务部宣布共同合作，开发和传播可再生能源技术所需的气候信息。精确的天气预报信息以及可再生能源资源变化模型的改进将提高美国可再生能源并网的可靠性。

（4）建立核能模拟仿真中心。2011 年 5 月 3 日，美国能源部宣布成立“先进轻水反应堆模拟仿真联盟”（CASL），总部设在橡树岭国家实验室（ORNL）。CASL 研究人员正在利用超级计算机来研究轻水反应堆的性能，并开发高度复杂的计算机模型来进行模拟仿真，这将有助于加快美国现有核电厂的升级。这些升级工作只利用相当于新建反应堆的一小部分费用，就可以提高现有反应堆的能量输出，同时可以持续改进可靠性和安全性。目前，CASL 已完成首个“虚拟反应堆”。

6）能源投资计划

2011 年，美国政府密集出台了一系列能源资助计划，重点资助太阳能、地热能、生物质能等可再生能源和核能的先进技术研究与示范项目。

（1）太阳能

孵化器计划。2011 年 2 月 4 日，美国能源部发起 Sunshot 孵化器计划，拟在 2020 年前将太阳能光伏系统总成本降低 75%，达到每千瓦时 6 美分。随后，对该计划进行了一系列投资。

①4 月，美国能源部宣布在 Sunshot 孵化器计划框架下分别投资 1.7 亿美元和 1.125 亿美元用于太阳能光伏技术研发。

②8 月 2 日，美国能源部宣布向太阳能制造市场投资 5000 万美元，在未来两年投入美国光伏制造计划的第 2 个基金项目。

③9 月 1 日，美国能源部宣布，投资超过 1.45 亿美元用于 Sunshot 孵化器计划下的六个领域共 69 个项目。

④10 月 25 日，美国能源部宣布，作为 Sunshot 孵化器计划的一部分，将在未来三年投

资6000万美元开展应用科学研究以推动太阳能热发电（CSP）技术发展。

⑤截至2013年4月24日，美国能源部第八次Sunshot孵化器计划正在进行受理，补助资金达1200万美元。

贷款担保。美国能源部宣布了一系列有条件贷款担保太阳能项目，总金额近85亿美元，这些项目总计将创造约6670个工作岗位，以扩大美国的清洁能源经济。

①2011年6月14日，美国能源部部长朱棣文宣布，将为2个聚光太阳能热发电（CSP）项目提供约18亿美元的贷款担保。

②6月22日，朱棣文宣布将为Amp专项提供14亿美元贷款担保，据规划，Amp专项将在全美工业建筑上安装屋顶太阳能面板，装机总量约733MW，所产电力将直接回馈给电网，而不是为所在建筑物供电。

③7月1日，美国能源部表示，为美国第一太阳能公司（First Solar Znc）发起45亿美元的贷款担保，以支持碲化镉薄膜太阳能光伏发电设施。

④9月28日，朱棣文宣布，为托洛帕太阳能公司的一个新月形沙丘太阳能发电厂项目提供7.37亿美元贷款担保。

⑤2012年底，美国能源部报告显示，受到贷款担保的5座公共事业级太阳能与聚光光伏（CPV）电站上线，总装机量达631MW。

（2）地热能

2011年2月24日，美国能源部为美国地热公司（U. S. Geothermal, Inc.）的俄勒冈地热发电站项目提供9680万美元贷款担保，用于帮助建设马卢尔县23MW温泉地热发电站。项目所产生的电力将根据一项25年电力供应协议出售给爱荷华州电力公司。

2012年9月，美国能源部部长朱棣文对外宣布，能源部将利用美国恢复和再投资法案资金对新地热场（田）地热能源开发以及先进地热能应用技术研发项目投资3.38亿美元。这笔资金资助的地热能源项目涉及美国32个州，项目总数为123个。受资助的地热能项目来自私人企业、学术研究机构、部落团体、地方政府以及能源部所属的国家实验室。来自私人企业和非联邦政府的地热能项目匹配资金比例大于1:1，总数为3.53亿美元。

2013年1月，美国能源部部长朱棣文宣布，将在复苏法案（Recovery Act）中提供高达3.38亿美元的奖励资金，用于探索开发新的地热领域，研究先进的地热技术。这些资金涵盖范围包括39个州的123个项目，受益者包括民营企业、学术机构、部落实体、当地政府和美国能源部国家实验室，而私人和非联邦资金将提供额外的3.53亿美元作为一对一的配套。

（3）生物质能

①2011年5月5日，美国能源部宣布，美国农业部和能源部将向8个研发项目提供4700万美元资金来促进生物质能的研究和发展。资助项目涵盖范围包括生物燃料的生产、生物能源以及来自各种生物资源的高价值生物基产品的生产。

②2011年8月，美国农业部（USDA）和能源部（DoE）授予10项补助资总计1220万美元以激励生物燃料和生物能源作物提高成本效益的研究。

③2013年4月4日，美国能源部在华盛顿宣布，将为3个生物能源研究中心提供一个额外5年期由持续的国会拨款的资助。这3个中心包括由橡树岭国家实验室领导的生物能源研究中心（BESC），威斯康星麦迪逊大学分校主导的五大湖生物能源研究中心（GLBRC）与密歇根州立大学合作，以及由劳伦斯伯克利国家实验室领导的联合生物能源研究所

(JBEI)，它们是2007年由能源部科学办公室作为一个创新项目建立的，旨在加快迈向先进的新一代生物燃料开发的基础研究的突破。

（4）其他

建筑节能。2011年12月2日，美国总统奥巴马宣布将投资40亿美元开展建筑节能计划，旨在提高政府和私营部门的建筑能效，在不动用纳税人利益的情况下减少燃料使用并增加就业。这项投资也是对奥巴马2011年2月宣布的“更好的建筑”倡议（Better Buildings Initiative）的回应。该倡议制定了商业建筑到2020年节能20%的国家目标。

2013年3月，奥巴马表示，政府将对白宫、全国各地学校、公共建筑进行节能改造。

储能。

(1) 2011年8月9日，美国能源部宣布未来五年投资近700万美元开展独立成本分析，支持燃料电池和储氢系统的研究和开发工作。

(2) 12月12日，美国能源部宣布斥资超过700万美元支持加州、华盛顿州、俄勒冈州的4个项目，促进用于燃料电池电动车储氢技术。这些投资是美国能源部致力于实现美国在先进燃料电池技术研究领域领导力，帮助国内汽车制造商将更多燃料电池电动车引入主流市场努力的一部分。

(3) 美国能源部于2012年拨款1.75亿美元用于未来3~5年内加速开发先进车辆技术，目标是大力提高新一代车辆的燃油效率，包括新型燃料和润滑油、超轻材料、持久和经济性强的电动汽车及其零部件、先进电池技术和设计以及传统发动机高效率技术等研究

核电。

2011年9月21日，美国能源部宣布在“核能大学研究计划”（NEUP）框架下投资超过1700万美元，为23个由大学领导的研究团队开展下一代核能技术和现有核能反应堆升级研发提供资助。

2013年4月，美国能源部长莫尼兹在一次听证会上指出，发展模块化小型核反应堆非常有前景。

提高能效。

2011年9月9日，美国能源部宣布，选择6个技术开发项目，来降低采用碳捕集的整体煤气化联合循环（IGCC）电厂的发电成本，同时保持最高的环保标准。加上项目承担机构的匹配经费，所选的项目将获得总计1400万美元的经费支持，用来提高IGCC电厂的经济性和促进丰富的煤炭资源的利用，来产出清洁、安全和可供应得起的能源。

2013年4月，美国能源部出台了新的清洁能源制造计划，旨在通过提高能效支持美国清洁能源发展，提高制造业竞争力。

风电。

美国风电资源十分丰富，陆上风电资源约为11000GW，相当于200亿桶石油所包含的能量，海上风电资源约为4150GW。截至2012年，美国风电新增装机容量达到13124MW，风电累计装机容量达到60000MW，每年的发电量占美国电力消费的3.5%，可以满足约1500万美国家庭的正常使用。随着技术进步和规模扩大，美国风电价格已经下降到5~8美分/kWh，与火电价格基本齐平。目前，风力发电已经占美国总发电量的3%，在部分州这一比例已经超过10%。美国能源部的目标是在2030年年底前将这一比例提高到20%。截至2013年5月底，美国的10个州有13个海上风电项目，分别位于大西洋、太平洋、大湖地区

和墨西哥湾，装机容量5100 MW。

先进汽车。

2011年4月19日，美国能源部公开了2项推动电动汽车普及的计划。其一是将拨款500万美元用于电动汽车基础设施和充电站的建设，其二是美国国家可再生能源实验室将和谷歌合作，推出一个涵盖全美电动汽车充电站和充电桩的数据库，消费者可以通过谷歌地图获得其位置，并获得驾驶路线。

2013年4月，美国能源部发布电动汽车普及计划蓝图，提出了2022年电动汽车发展目标。该蓝图提出的技术目标包括：电池成本要从目前的每千瓦时500美元降低到每千瓦时125美元；通过轻量化技术使汽车重量降低30%；电驱系统的成本要从目前的每千瓦时30美元降低到每千瓦8美元。此外，该计划提出要发展充电基础设施，未来5年工作场所充电设施的就业人数要增加10倍。该计划还提出要加强消费者宣传教育和激励措施，以利于电动汽车的广泛普及。

非常规油气资源。2012年8月1日，美国能源部选择了11个研究项目，投资总额为1240万美元，旨在增加国内非常规油气生产，同时加强环境保护，重点关注页岩气和提高石油采收率。

燃气轮机。

2012年7月，美国能源部资助美国西南研究院和其合作方索拉透平公司、美国橡树岭国家实验室、德国宇航中心DLR、圣地亚哥州立大学组成的项目团队380万美元，用以研发支持ISCC太阳能热发电燃气联合循环电站的创新型燃气轮机发电系统。

洁净煤。

（1）2011年6月，美国怀俄明州洁净煤工作组的2011年投资计划通过了联合矿产、商务及经济发展临时委员会的审查，共有9个项目中标，项目范围涉及碳捕集与封存、气化技术、燃烧后方法、气体净化以及煤制油等领域，项目总经费将超过1700万美元。

（2）2012年7月，美国能源部宣布，将资助9所高校进行洁净煤技术的创新和发展。每所高校将获得30万美元的支持开展先进的洁净煤能源生产的新技术和材料的研发，集中研究用于燃煤发电厂和燃气轮机的高温高压抗腐蚀合金、保护涂层以及结构材料。这项计划是奥巴马政府50亿美元的洁净煤技术和研发投资策略的组成。这项策略用来加速洁净煤技术的商业部署，尤其是碳捕集与封存（CCS）技术。

2. 日本的国家能源战略和政策

日本在第二次世界大战后的经济重建时期，能源供应主要是以煤炭为主。在1962～1972年的经济高速增长时期，日本实现了从以煤炭为主向以石油为主的转变。自此之后，日本的能源供应以石油为第一位，1973年石油占日本一次能源结构的77%。石油的供给基本上依赖进口。两次石油危机使日本的自身能源供应安全受到了严重的影响，日本立即采用法律、财政和经济等政府干预手段加以保证，通过技术研发和宣传教育等多种方式促进其实施。第一次石油危机之后，日本于1973年12月制定了两项石油法律，即《石油供应和需求调整法》及《稳定国民生活的应急法》。为了研究和开发新能源，日本于1974年开始实施了一项中长期的政策目标——《阳光计划》。基于这种背景，《替代能源法》于1980年颁布实施。日本能源政策的重点在：

（1）减少对石油依赖，促使能源结构多样化。

（2）确保石油供应的稳定。

（3）促进能源效率的提高。

（4）研究和开发新能源。

2006 年 5 月，日本经济产业省公布了《新国家能源战略》报告，对日本的能源战略作了重要调整，其目标在于实现全球能源永续发展及确保国内能源供应安全，并称将从发展节能技术、降低石油依存度、实施能源消费多样化等 6 个方面推行新能源战略，并争取在 2030 年之前实现这一战略目标。

（1）日本将大力发展节能技术，修改节能基准，努力提高能源的有效利用率，争取到 2030 年之前将全国的整体能源使用效率提高 30% 以上。

（2）通过大力发展太阳能、风能、燃料电池以及植物性燃料等新能源，将日本对石油的依赖程度从目前的约占能源消费总量的 50% 降低到 40%，并努力将汽车等运输部门对石油的依赖程度从目前的 100% 降至 80% 以下。

（3）通过收购海外石油公司和参与海外石油开发等手段，培育日本自己的核心石油开发企业，将日本在海外开采石油的比例从占进口总量的 15% 提高到 40% 以上，从而避免国家之间政治外交关系的变化影响石油进口的稳定，减小石油价格大幅波动的风险。

（4）研究开发新一代原子能发电设施，确保原子能发电所需的铀资源，完善投资和建设环境，将核电的比例从现在占总发电量的 30% 提高到 40% 以上。

（5）大力推进新能源、原子能发电等能源项目的国际合作，努力在亚洲推行日本型的节能模式，协助亚洲国家增加石油储备。另外，日本还应建立和完善有利于研发节能技术和新能源技术的制度，支持企业开发利用新技术。

2011 年 3 月 11 日东日本大地震及福岛核电站事故后，日本政府不得不重新审视能源战略和政策选择。

（1）降低核电依赖成共识

2005 年日本核能委员会提出的“核能政策大纲”计划到 2030 年将当时电力中 24% 的核电比例扩大到 30% ~40%。福岛核事故后，日本民众空前关注核能利用的安全问题，许多人开始倾向于利用可再生能源。虽然短期内日本国内的产业经济活动还不可能完全摆脱对核电的依赖。但从长远来看，福岛核事故后，大力发展太阳能、风能等可再生能源并逐渐替代核能已成为社会的共识。2011 年 6 月，日本设立了由国家战略担当大臣等内阁成员组成的能源环境会议，重新讨论能源战略，并于同年 7 月 29 日制定了降低核电依赖性的能源战略基本理念。

（2）大力推动可再生能源

福岛核事故后逐步减少核电比例的基本理念加快了日本政府从政策面大力引导和支持可再生能源电力发展的步伐。日本政府决定对可再生能源追加巨额投资，太阳能发电设施方面追加投资 12.1 万亿日元，风力发电设备追加投资 10 万亿日元。

2012 年 7 月 1 日开始实施的 FIT 计划，就是通过让电力公司高价收购家庭和民间企业生产的可再生能源电力的方式，鼓励更多资本进入可再生能源领域，削减温室气体排放，减少对核电的依赖，从而推动可再生能源普及的步伐。

除了 FIT 计划外，为促进可再生能源的利用，日本还出台了相关的配套制度和政策。由于风力发电和太阳能发电受天气影响很大，电力输出不够稳定，为了保障供电，蓄电池不可或缺。为此，日本经济产业省于2012年7月公布了作为环保技术核心的蓄电池发展战略，并被列为国家战略会议上确定的绿色增长战略的重点。

2012年有9月6日，日本政府通过“生物质事业化战略”，提出到2020年使生物质发电量占全国家庭用电比例5%的新目标。战略提出，到2020年生物质发电要达到130亿kWh，可为约280万个家庭提供电力。为实现这一目标，今后将把燃料液体化、直接燃烧等4项技术的产业化作为研发的重点，以便能使林地间伐木材、废弃食品、家畜排泄物等都成为发电的原材料。战略还设定了每种发电原料到2020年的利用率目标。比如，目前几乎未被利用的林地间伐木材的利用率到2020年要达到30%左右，废弃食品利用率从现在的27%提高到40%等。由于生物质发电和石油等化石燃料相比价格不具竞争优势，“生物质事业化战略”提出，地方政府要和企业合作提高相关技术的水平，并联合建立高效收集、运输原料的体制，以保障原料的稳定供应，降低发电成本。东京电力公司福岛第一核电站发生核泄漏事故后，太阳能发电和风力发电作为核电的替代能源已引起人们的高度关注，日本政府制定这个新战略的目的是要使生物质发电成为发展可再生能源的支柱之一。

同一天，日本政府出台“创新能源及环境战略”草案。草案提出“早日实现摆脱核电依赖的社会”“扩大绿色能源”“能源稳定供给”三大核心战略。草案中规定降低核能供电比率目标为“到2030年低于15%，力争实现零核电”。草案明确规定将在确认安全性和必要性后重启核电站，并列出3条原则：不再新建核电站；符合新安全标准的核电站最长可运转40年；若对核电的需求随着其他能源的广泛使用而减小，即使运转未满40年的核电站也可考虑停止。

2013年4月5日，日本首相安倍晋三在众议院预算会议上强调了能源供给多样化及资源开发的重要性。安培此番表态的背景是2013年3月日本在世界上首次成功实施了海底可燃冰提取实验。可燃冰的成功提取，如同为日本国民注入了一剂强心剂。日本政府随后公布了一项《海洋基本计划》草案，主要内容是今后用约3年时间调查并掌握新一代能源“可燃冰”和稀土的埋藏量。草案中明确提出，为推进海洋资源的开发及产业化，相关府省将携手合作，对探查结果等成果进行汇总，把先进技术有效应用于资源开发。草案称，2013年3月已成功进行了从可燃冰中分离提取甲烷气体的试验，日本将为在2018年度实现可燃冰的商业化开采努力进行技术完善。

3. 英国的国家能源战略和政策

英国一直是全球低碳经济的积极倡导者和先行者，其减排目标是以1990年为基期，到2020年减排26%～32%，到2050年减排60%。2008年金融危机爆发以来，英国更是加快了向低碳经济转型的步伐。2011年，英国能源政策也主要是围绕低碳产业发展进行，包括相关计划草案及路线图的制定，以及一系列投资方案等。

（1）碳行动计划草案

2011年3月8日，英国能源与气候变化部（以下简称DECC）发布了“碳行动计划草案”，重点是低碳经济的就业和经济发展机遇，以及帮助英国免受未来能源价格冲击的政策，这项草案强调了英国经济需要做出的3个重大变化：发电方式将从化石燃料向低碳替代能源转变；在家庭和企业供热方式方面，对于远离集中供热的燃气锅炉的家庭，可以使用低碳替代品如热泵；在公路运输方面，减少汽油和柴油发动机的排放和转向电动汽车等替代技术。

（2）世界首个低碳热能激励计划

2011 年 3 月 10 日，英国公布世界首个低碳热能激励计划“可再生热能激励计划”（Renewable Heat Incentive，RHI），对生物质燃烧器、太阳能热水器及地源热泵等项目提供支持。政府计划投资 8.6 亿英镑，预计到 2020 年增加至 45 亿英镑，以激励新的热能市场；到 2020 年，工业、商业和公共部门的安装量增加 7 倍；2012 年 12 月起，RHI 的支付系统将全面提供给家庭用户；15 万个现有的制造、供应链和安装者将得到支持。

（3）智能电表安装计划

2011 年 3 月 30 日，DECC 公布了一份最新智能电表安装计划，将为该国的 3000 万户住宅及写字楼共计安装 5300 万台智能电表，预计未来 20 年国家净收益为 73 亿英镑。该计划分为两个阶段：第一阶段在 2011 年 4 月之后的约两年半内以特定用户及企业为对象，进行智能电表等设备及网络的试运行，成立负责数据管理及通信的公司。第二阶段从 2014 年初开始安装到 2019 年全部安装完毕。DECC 表示，为用户家庭安装智能电表后，每年可为用电者节约 23 英镑的电费。

（4）“可再生能源路线图”

2011 年出版英国可再生能源路线图及电力市场改革白皮书，发布新建核电政策，并列出 8 个适合新建核电站的地点。通过碳捕获和储存（CCS）减少排放，确保能源安全、减少碳排放量、创造就业。2012 年，英国推出总容量达 47GW 的风电计划，重新鼓励核能研究，并与法国签署超过 5 亿英镑的核能合作协议，建立核安全领域的合作框架；启动新一轮鼓励发展 CCS 计划，并宣布投入 10 亿英镑支持企业发展大规模商业化项目；投入 1.25 亿英镑创建“英国碳捕集与封存技术研究中心”，支持相关技术研发；发布 CCS 路线图，描绘 2020 年实现 CCS 商业化推广前景：到 2050 年 CCS 减少能源系统成本 100～450 亿英镑，贡献 30～160亿英镑的经济价值。

2013 年利益相关者开始进行生物质原料的低碳评估，DECC 也正在开发生物质能碳计算器，以完善 2050 年路径计算器，帮助决策者制定生物质能政策。随后设立减少供热排放计划，更新可再生供热计划，确保现在和未来平价、安全、低碳能源供热。目前 DECC 正与核能调整办公室共同加强对新核电的监督与管理。

（5）支持页岩气开采

2012 年 10 月，英国执政的保守党于伯明翰召开的代表大会对放开页岩气行业发出了积极的信号。能源部长爱德华·戴维透露将重新考虑放开页岩气开采，财政部长乔治·奥斯本也表示将出台新的税收政策鼓励页岩气领域的投资。

同年 12 月，英国政府批准重启一项此前争议较大的页岩气开采项目，业内普遍认为这标志着英国政府已为大规模开采页岩气打开绿灯。英国能源大臣埃德·戴维说，对英国来说，页岩气代表着新的能源来源，将对英国能源安全作出重要贡献。英国首相大卫·卡梅伦同样表示，开采页岩气将帮助增加国内燃气供应，降低家庭能源开支。但是对于提取页岩天然气的方法（水力压裂法）有相当的争议，批评者指责这一方法能导致大地震颤，还有对于水可能被污染以及需要抽取大量水的担忧。

（6）能源投资计划

2011 年 7 月，英国能源部以白皮书的形式公布了用于电力投资的 1100 亿英镑计划。该计划的目的是对目前民营电力市场进行巨大改革。改革将包括与国内核电工厂和风能工厂签订长期价格合同，增加低碳发电措施，如可再生能源和碳捕捉/储存（CCS）技术，以稳定电力价格。

2012年11月8日，伦敦经济学院在周四公布的报告中表示，不计能源网建设，英国到2030年须在能源领域投资3300亿英镑（5270亿美元），让经济增长回到实现碳排放目标的轨道上。

1.3　我国可再生能源发展战略

1.3.1　可再生能源发展战略

我国的能源发展曾经历过无度的开采和低效利用，造成资源浪费和环境破坏的阶段；同时也经历了计划经济时代能源工业缓慢的和封闭式的发展，能源供应与消费都由国家计划调拨，能源政策是以产定销，无论能源生产企业生产经营业绩如何都可以确保生存。这个时代的特点是：自给自足，计划单一，政策简单，能源效率低，技术落后，环保意识薄弱。改革开放以后，我国的能源工业开始从计划经济走向市场经济，许多能源政策借鉴国外的经验，"摸着石头过河"，但是我国政府还是一直高度重视能源和节能工作的。在20世纪80年代初，政府提出了"能源开发与节约并重，把节约放在优先位置"的方针。使节能纳入了国民经济和社会发展计划之中。各个"五年计划"时期节能计划的实施，推动了能源的可持续发展。90年代，中国实施了可持续发展战略，颁布了《中华人民共和国节约能源法》以及有关的环保法律，进一步推动了能源可持续发展。中国的能源可持续发展战略与政策走向全面化和成熟化，则是"十五"计划以来的事情。"十五"初期，国家发展计划委员会组织制定了"十五"能源专题规划。该规划提出中国在"十五"期间能源发展的总体目标是："在能源供应总量基本满足国民经济和社会发展需要的前提下，能源结构调整取得明显进展；能源效率、效益进一步提高；初步建立起与社会主义市场经济体制相适应的能源管理体制。"为了实现上述目标，提出的总体能源政策是："保障能源安全，优化能源结构，提高能源效率，保护生态环境，继续扩大开放，加快西部开发。""十一五"时期可再生能源发展的总目标是：加快可再生能源开发利用，提高可再生能源在能源结构中的比重；解决农村无电人口用电问题和农村生活燃料短缺问题；促进可再生能源技术和产业发展，提高可再生能源技术研发能力和产业化水平。进入"十二五"，我国对于可再生能源的发展也有了新的解读和更高的要求。

"十二五"是我国全面建设小康社会的关键时期，是深化改革开放、加快转变经济发展方式的重要战略机遇期。为实现2015年和2020年非化石能源分别占一次能源消费比重11.4%和15%的目标，加快能源结构调整，培育和打造战略性新兴产业，推进可再生能源产业持续健康发展，按照《可再生能源法》的要求，根据《国民经济和社会发展第十二个五年规划纲要》《国家能源发展"十二五"规划》，制定《可再生能源发展"十二五"规划》。"十二五"我国可再生能源发展的总体目标是："扩大可再生能源的应用规模，促进可再生能源与常规能源体系的融合，显著提高可再生能源在能源消费中的比重；全面提升可再生能源技术创新能力，掌握可再生能源核心技术，建立体系完善和竞争力强的可再生能源产业。"主要发展目标是到2015年，可再生能源年利用量达到4.78亿t标准煤，其中商品化年利用量达到4亿t标准煤，在能源消费中的比重达到9.5%以上。2015年各类可再生能源的发展指标是：水电装机容量2.9亿kW，累计并网运行风电1亿kW，太阳能发电2100万kW，太阳能热利用累计集热面积4亿m^2，生物质能利用量5000万t标准煤。

中国可再生能源发展的战略思路可概括为：坚持“目标引导、国家扶持、市场推动、技术创新、企业竞争、公众参与”的方针。以国家可再生能源发展战略目标为引导；以法律、财税等经济激励政策为保障；以当前解决日益严重和紧迫的资源瓶颈性约束和环境污染问题和长远解决国家能源可持续供应、保障国家能源安全以及减缓气候变化问题为驱动力；以加强技术创新、掌握关键技术、降低成本、建立完善的市场机制、推进可再生能源技术产业化和提高企业竞争能力为核心；以提高可再生能源电力在电网中的份额为重点，实现可再生能源技术和产业化的跨越式发展，同时对解决边远农村地区的能源、电力供应以及能源、环境、经济的协调发展发挥重要作用。

在战略定位上，应把开发可再生能源作为中国能源结构调整的一个主要方向，制定可再生能源的发展规划与产业目标，采取特殊政策对可再生能源进行全方位支持。应把可再生能源作为重要替代能源来发展，近期以开发常规能源为主，同时大力发展可再生能源，中期发展常规能源与可再生能源并重，长期逐步过渡到以可再生能源为主；国家在设计政策时应从降低全社会成本和提高长期社会效益的全局利益出发，采取国家行动，动员社会力量，推动可再生能源大发展。在规划目标上，当前必须提高新能源的战略定位和规划目标，争取可再生能源比重在2015年达到世界平均水平，2020年超过世界平均水平。

在能源管理定位上，需要建立统一高效的能源管理协调机构，从而集中有效的资源，降低管理成本，提高整个产业的运行质量和效率。此外也需要有一个综合的行业管理部门来协调各种关系，加强生产、质量、标准和安全等方面的管理。国家在掌握能源市场管理和调控权的同时，可以放松能源市场准入管制，组建独立的能源销售公司，使之成为真正的能源市场主体。同时，鼓励其他社会资本进入能源流通领域，营造健康有序的能源市场格局。在全社会积极营造建设环保节约型社会的良好氛围，引导鼓励社会力量大力开发可再生能源。

1.3.2 相关国家政策与法规

1.《中华人民共和国节约能源法》

公布日期	2007年10月28日
公布机关	第十届全国人民代表大会常务委员会第三十次会议
实行日期	2008年4月1日
相关内容	第一章第二条　定义：“本法所称能源，是指煤炭、石油、天然气、生物质能和电力、热力以及其他直接或者通过加工、转换而取得有用能的各种资源。” 第三章第三节第四十条指出：“国家鼓励在新建建筑和既有建筑节能改造中使用新型墙体材料等节能建筑材料和节能设备，安装和使用太阳能等可再生能源利用系统。” 第四章第五十八条　国务院管理节能工作的部门会同国务院有关部门制定并公布节能技术、节能产品的推广目录，引导用能单位和个人使用先进的节能技术、节能产品、国务院管理节能工作的部门会同国务院有关部门组织实施重大节能科研项目、节能示范项目、重点节能工程。 第五章第六十一条　国家对生产、使用列入本法第五十八条规定的推广目录的需要支持的节能技术、节能产品，实行税收优惠等扶持政策。

2.《中华人民共和国可再生能源法》

公布日期	2005年2月28日
公布机关	第十届全国人民代表大会常务委员会第十四次会议
实行日期	2008年1月1日
相关内容	第一章第二条 本法所称可再生能源，是指风能、太阳能、水能、生物质能、地热能、海洋能等非化石能源。 第三章第十二条 国家将可再生能源开发利用的科学技术研究和产业化发展列为科技发展与高技术产业发展的优先领域，纳入国家科技发展规划和高技术产业发展规划，并安排资金支持可再生能源开发利用的科学技术研究、应用示范和产业化发展，促进可再生能源开发利用的技术进步，降低可再生能源产品的生产成本，提高产品质量。国务院教育行政部门应当将可再生能源知识和技术纳入普通教育、职业教育课程。 第四章第十三条 国家鼓励和支持可再生能源并网发电。建设可再生能源并网发电项目，应当依照法律和国务院的规定取得行政许可或者报送备案，建设应当取得行政许可的可再生能源并网发电项目，有多人申请同一项目许可的，应当依法通过招标确定被许可人。 第四章第十四条 电网企业应当与依法取得行政许可或者报送备案的可再生能源发电企业签订并网协议，全额收购其电网覆盖范围内可再生能源并网发电项目的上网电量，并为可再生能源发电提供上网服务。 第四章第十五条 国家扶持在电网未覆盖的地区建设可再生能源独立电力系统，为当地生产和生活提供电力服务。 第四章第十七条 国家鼓励单位和个人安装和使用太阳能热水系统、太阳能供热采暖和制冷系统、太阳能光伏发电系统等太阳能利用系统。国务院建设行政主管部门会同国务院有关部门制定太阳能利用系统与建筑结合的技术经济政策和技术规范。房地产开发企业应当根据前款规定的技术规范，在建筑物的设计和施工中，为太阳能利用提供必备条件。对已建成的建筑物，住户可以在不影响其质量与安全的前提下安装符合技术规范和产品标准的太阳能利用系统；但是，当事人另有约定的除外。 第四章第十八条 国家鼓励和支持农村地区的可再生能源开发利用。县级以上地方人民政府管理能源工作的部门会同有关部门，根据当地经济社会发展、生态保护和卫生综合治理需要等实际情况，制定农村地区可再生能源发展规划，因地制宜地推广应用沼气等生物质资源转化、户用太阳能、小型风能、小型水能等技术。县级以上人民政府应当对农村地区的可再生能源利用项目提供财政支持。 第五章第十九条 可再生能源发电项目的上网电价，由国务院价格主管部门根据不同类型可再生能源发电的特点和不同地区的情况，按照有利于促进可再生能源开发利用和经济合理的原则确定，并根据可再生能源开发利用技术的发展适时调整。上网电价应当公布。 依照本法第十三条第三款规定，实行招标的可再生能源发电项目的上网电价，按照中标确定的价格执行；但是，不得高于依照前款规定确定的同类可再生能源发电项目的上网电价水平。 第五章第二十条 电网企业依照本法第十九条规定确定的上网电价收购可再生能源电量所发生的费用，高于按照常规能源发电平均上网电价计算所发生费用之间的差额，附加在销售电价中分摊。具体办法由国务院价格主管部门制定。 第五章第二十一条 电网企业为收购可再生能源电量而支付的合理的接网费用以及其他合理的相关费用，可以计入电网企业输电成本，并从销售电价中回收。 第五章第二十二条 国家投资或者补贴建设的公共可再生能源独立电力系统的销售电价，执行同一地区分类销售电价，其合理的运行和管理费用超出销售电价的部分，依照本法第二十条规定的办法分摊。 第五章第二十三条 进入城市管网的可再生能源热力和燃气的价格，按照有利于促进可再生能源开发利用和经济合理的原则，根据价格管理权限确定。

3.《中国的能源政策（2012）》白皮书

公布日期	2012年10月24日
公布机关	中华人民共和国国务院新闻办公室
相关内容	四、大力发展新能源和可再生能源 大力发展新能源和可再生能源，是推进能源多元清洁发展、培育战略性新兴产业的重要战略举措，也是保护生态环境、应对气候变化、实现可持续发展的迫切需要。中国坚定不移地大力发展新能源和可再生能源，到“十二五”末，非化石能源消费占一次能源消费比重将达到11.4%，非化石能源发电装机比重达到30%。 1）积极发展水电。中国水能资源蕴藏丰富，技术可开发量5.42亿千瓦，居世界第一。按发电量计算，中国目前的水电开发程度不到30%，仍有较大的开发潜力。实现2020年非化石能源消费比重达到15%的目标，一半以上需要依靠水电来完成。在做好生态环境保护、移民安置的前提下，中国将积极发展水电，把水电开发与促进当地就业和经济发展结合起来，切实做到“开发一方资源，发展一方经济，改善一方环境，造福一方百姓”。完善水电移民安置政策，健全利益共享机制。加强生态环境保护和环境影响评价，严格落实已建水电站的生态保护措施，提高水资源综合利用水平和生态环境效益。做好水电开发流域规划，加快重点流域大型水电站建设，因地制宜开发中小河流水能资源，科学规划建设抽水蓄能电站。到2015年，中国水电装机容量将达到2.9亿千瓦。 2）安全高效发展核电。核电是一种清洁、高效、优质的现代能源。发展核电对优化能源结构、保障国家能源安全具有重要意义。目前中国核电发电量仅占总发电量的1.8%，远远低于14%的世界平均水平。核安全是核电发展的生命线。日本福岛核事故发生后，中国对境内核电厂开展了全面、严格的综合安全检查。检查结果表明，中国核电安全是有保障的，在运核电机组20年来从未发生过2级及以上核安全事件（事故），主要运行参数好于世界平均值，部分指标进入国际先进行列或达到国际领先水平。继续坚持科学理性的核安全理念，把“安全第一”的原则严格落实到核电规划、选址、研发、设计、建造、运营、退役等全过程。制定和完善核电法规体系。健全和优化核电安全管理机制，从严设置准入门槛，落实安全主体责任。完善核电监管体系，加强在建及运行核电厂的安全监督检查和辐射环境监督管理。建立健全国家核事故应急机制，提高应急能力。加大核电科技创新投入，推广应用先进核电技术，提高核电装备水平，重视核电人才培养。到2015年，中国运行核电装机容量将达到4000万千瓦。 3）有效发展风电。风电是现阶段最具规模化开发和市场化利用条件的非水可再生能源。中国是世界上风电发展最快的国家，“十二五”时期，坚持集中开发与分散发展并举，优化风电开发布局。有序推进西北、华北、东北风能资源丰富地区风电建设，加快分散风能资源的开发利用。稳步发展海上风电。完善风电设备标准和产业监测体系。鼓励风电设备企业加强关键技术研发，加快风电产业技术升级。通过加强电网建设、改进电网调度水平、提高风电设备性能、加强风电预测预报等途径，提高电力系统消纳风电的能力。到2015年，中国风电装机将突破1亿千瓦，其中海上风电装机达到500万千瓦。 4）积极利用太阳能。中国太阳能资源丰富，开发潜力巨大，具有广阔的应用前景。“十二五”时期，中国坚持集中开发与分布式利用相结合，推进太阳能多元化利用。在青海、新疆、甘肃、内蒙古等太阳能资源丰富、具有荒漠和闲散土地资源的地区，以增加当地电力供应为目的，建设大型并网光伏电站和太阳能热发电项目。鼓励在中东部地区建设与建筑结合的分布式光伏发电系统。加大太阳能热水器普及力度，鼓励太阳能集中供热水、太阳能采暖和制冷、太阳能中高温工业应用。在农村、边疆和小城镇推广使用太阳能热水器、太阳灶和太阳房。到2015年，中国将建成太阳能发电装机容量2100万千瓦以上，太阳能集热面积达到4亿平方米。 5）开发利用生物质能等其他可再生能源。中国坚持“统筹兼顾、因地制宜、综合利用、有序发展”的原则，发展生物质能等其他可再生能源。在粮棉主产区，有序发展以农作物秸秆、粮食加工剩余物和蔗渣等为燃料的生物质发电。在林木资源丰富地区，适度发展林木生物质发电。发展城市垃圾焚烧和填埋气发电。在具备条件的地区推进沼气等生物质供气工程。因地制宜建设生物质成型燃料生产基地。发展生物柴油，开展纤维素乙醇产业示范。在保护地下水资源的前提下，推广地热能高效利用技术。加强对潮汐能、波浪能、干热岩发电等开发利用技术的跟踪和研发。

续表

相关内容	6）促进清洁能源分布式利用。中国坚持“自用为主、富余上网、因地制宜、有序推进”的原则，积极发展分布式能源。在能源负荷中心，加快建设天然气分布式能源系统。以城市、工业园区等能源消费中心为重点，大力推进分布式可再生能源技术应用。因地制宜在农村、林区、海岛推进分布式可再生能源建设。制定分布式能源标准，完善分布式能源上网电价形成机制和政策，努力实现分布式发电直供及无歧视、无障碍接入电网。“十二五”期间建设1000个左右天然气分布式能源项目，以及10个左右各类典型特征的分布式能源示范区域。

4.《可再生能源发展“十二五”规划》

公布日期	2012年8月6日
公布机关	国家能源局
相关内容	可再生能源是能源体系的重要组成部分，具有资源分布广、开发潜力大、环境影响小、可永续利用的特点，是有利于人与自然和谐发展的能源资源。当前，开发利用可再生能源已成为世界各国保障能源安全、加强环境保护、应对气候变化的重要措施。随着经济社会的发展，我国能源需求持续增长，能源资源和环境问题日益突出，加快开发利用可再生能源已成为我国应对日益严峻的能源环境问题的必由之路。 “十二五”是我国全面建设小康社会的关键时期，是深化改革开放、加快转变经济发展方式的重要战略机遇期。为实现2015年和2020年非化石能源分别占一次能源消费比重11.4%和15%的目标，加快能源结构调整，培育和打造战略性新兴产业，推进可再生能源产业持续健康发展，按照《可再生能源法》的要求，根据《国民经济和社会发展第十二个五年规划纲要》《国家能源发展“十二五”规划》，制订《可再生能源发展“十二五”规划》。 《规划》包括了水能、风能、太阳能、生物质能、地热能和海洋能，阐述了2011年至2015年我国可再生能源发展的指导思想、基本原则、发展目标、重点任务、产业布局及保障措施和实施机制，是“十二五”时期我国可再生能源发展的重要依据。 1. 发展现状 “十一五”时期，在《可再生能源法》的推动下，我国可再生能源政策体系不断完善，通过开展资源评价、组织特许权招标、完善价格政策、推进重大工程示范项目建设，培育形成了可再生能源市场和产业体系，可再生能源技术快速进步，产业实力明显提升，市场规模不断扩大，我国可再生能源已步入全面、快速、规模化发展的重要阶段。 1）水电开发有序推进，装机规模快速增加。水电是目前技术成熟和最具有经济性的可再生能源，在“十一五”时期保持了稳步快速发展，三峡、拉西瓦、龙滩等大型水电工程陆续建成投产，五年投产装机容量约1亿千瓦。到2010年底，全国水电装机容量达到2.16亿千瓦，比2005年翻了近一番。2010年水电发电量6867亿千瓦时，占全国总发电量的16.2%，折合2.3亿吨标准煤，约占能源消费总量的7%。水电的快速发展为保障能源供应、调整能源结构、应对气候变化，以及促进可持续发展做出了重要贡献。 2）风电进入规模化发展阶段，技术装备水平迅速提高。风电新增装机容量连续多年快速增长，2009年以来，我国成为新增风电装机规模最多的国家。到2010年底，风电累计并网装机容量3100万千瓦。2010年风电发电量500亿千瓦时，折合1600万吨标准煤。风电装备制造能力快速提高，已具备1.5兆瓦以上各个技术类型、多种规格机组和主要零部件的制造能力，基本满足陆地和海上风电的开发需要。 3）太阳能发电技术进步加快，国内应用市场开始启动。在快速增长的国际市场的带动下，我国已形成了具有国际竞争力的太阳能光伏发电制造产业，2010年光伏电池产量占到全球光伏电池市场的50%。在光伏电池制造技术方面，我国已达到世界先进水平。光伏电池效率不断提高，晶硅组件效率达到15%以上。非晶硅组件效率超过8%，多晶硅等上游材料的制约得到缓解，基本形成了完整的光伏发电制造产业链。在大型光伏电站特许权招标和“金太阳示范工程”推动下，国内太阳能发电市场开始启动，规模化应用的格局正在形成。

续表

<table>
<tr>
<td>相关内容</td>
<td>太阳能热利用日益普及，应用范围和领域不断扩大。太阳能热水器沿市场化道路快速发展，在广大城市和农村建筑应用广泛，“家电下乡”进一步扩大了太阳能热水器在农村地区的应用。我国真空集热管具有较强技术优势，中高温集热技术取得重大进展，初步具备产业化发展的条件。到2010年底，太阳能热水器安装使用总量达到1.68亿平方米，年替代化石能源约2000万吨标准煤。
4）生物质能多元化发展，综合利用效益显著。生物质发电技术基本成熟，大中型沼气技术日益完善，农村沼气应用范围不断扩大，木薯、甜高粱等非粮生物质制取液体燃料技术取得突破，木薯制取液体燃料开始了规模化利用，万吨级秸秆纤维素乙醇产业化示范工程进入试生产阶段。到2010年底，各类生物质发电装机容量总计约550万千瓦。2010年沼气利用量约140亿立方米，成型燃料利用量约300万吨，生物燃料乙醇利用量180万吨，生物柴油利用量约50万吨，各类生物质能源利用量合计约2000万吨标准煤。
5）地热能和海洋能利用技术不断发展，产业化应用潜力较大。浅层地温能在建筑领域的开发利用快速发展，到2010年底，地源热泵供暖制冷建筑面积达到1.4亿平方米。高温地热发电技术趋于成熟，但高温地热资源有限。中低温地热发电新技术和新应用取得突破，今后发展潜力很大。潮汐能利用技术基本成熟，波浪能、潮流能等技术研发和小型示范应用取得进展，开发利用工作尚处于起步阶段，目前已有较好的技术储备，未来有较大的发展潜力。
2. 指导方针和目标
1）指导思想
高举中国特色社会主义伟大旗帜，以邓小平理论和“三个代表”重要思想为指导，深入贯彻落实科学发展观，以建设资源节约型、环境友好型社会为目标，把发展可再生能源作为构建安全、稳定、经济、清洁的现代能源产业体系以及调控能源消费总量的重大战略举措，按照发展战略性新兴产业的部署，积极推动相关体制机制创新和市场化改革，为可再生能源大规模开发利用和产业发展创造良好环境，显著提高可再生能源的市场竞争力，推动可再生能源全方位、多元化、规模化和产业化发展，为实现“十二五”和2020年非化石能源发展目标、促进国民经济和社会可持续发展提供重要保障。
2）基本原则
市场机制与政策扶持相结合。制定中长期可再生能源发展目标，培育长期持续稳定的可再生能源市场、以明确的市场需求带动可再生能源技术进步和产业发展，建立鼓励各类投资主体参与和促进公平竞争的市场机制。通过财政扶持、价格支持、税收优惠、强制性市场配额制度、保障性收购等政策，支持可再生能源开发利用和产业发展。
集中开发与分散利用相结合。根据可再生能源资源和电力市场分布，加大资源富集地区可再生能源开发建设力度，建成集中、连片和规模化开发的可再生能源优势区域。同时，发挥可再生能源资源分布广泛、产品形式多样的优势，鼓励各地区就地开发利用各类可再生能源，大力推动分布式可再生能源应用，形成集中开发与分散开发及分布式利用并进的可再生能源发展模式。
规模开发与产业升级相结合。通过制定完善的政策体系，建立持续稳定的市场需求，不断扩大可再生能源市场规模；在市场的规模化发展带动下，提升自主研发能力，促进产业升级壮大和成本降低，提高可再生能源产业的市场竞争力，推动可再生能源更大规模开发利用，形成可再生能源产业的良性循环和自主式发展。
国内发展与国际合作相结合。保持稳定增长的国内可再生能源市场需求，吸引全球技术等资源向我国聚集，形成全球有影响力的可再生能源产业基地。同时，加强多种形式的国际合作，推动我国可再生能源产业融入国际产业体系，并积极参与全球可再生能源的开发利用，促进我国可再生能源产业在全球体系中发挥重要作用。
3）发展目标
（1）总体目标
扩大可再生能源的应用规模，促进可再生能源与常规能源体系的融合，显著提高可再生能源在能源消费中的比重；全面提升可再生能源技术创新能力，掌握可再生能源核心技术，建立体系完善和竞争力强的可再生能源产业。</td>
</tr>
</table>

续表

<table>
<tr><td>相关内容</td><td>（2）主要指标
① 可再生能源在能源消费中的比重显著提高。到2015年全部可再生能源的年利用量达到4.78亿t标准煤，其中商品化可再生能源年利用量4亿吨标准煤，在能源消费中的比重达到9.5%以上。
② 可再生能源发电在电力体系中上升为重要电源。“十二五”时期，可再生能源新增发电装机1.6亿千瓦，其中常规水电6100万千瓦，风电7000万千瓦，太阳能发电2000万千瓦，生物质发电750万千瓦，到2015年可再生能源发电量争取达到总发电量的20%以上。
③ 可再生能源供热和燃料利用显著替代化石能源。不断扩大太阳能热利用规模，推进中低温地热直接利用和热泵技术应用，推广生物质成型燃料和生物质热电联产，加快沼气等各类生物质燃气发展。到2015年，可再生能源供热和民用燃料总计年替代化石能源约1亿吨标准煤。
④ 分布式可再生能源应用形成较大规模。建立适应太阳能等分布式发电的电网技术支撑体系和管理体制，建设30个新能源微电网示范工程，综合太阳能等各种分布式发电、可再生能源供热和燃料利用等多元化可再生能源技术，建设100个新能源示范城市和200个绿色能源示范县。发挥分布式能源的优势，解决电网不能覆盖区域的无电人口用电问题。沼气、太阳能、生物质能气化等可再生能源在农村的入户率达到50%以上。
3. 重点任务
在“十二五”时期，要建立和完善支持可再生能源发展的政策体系，促进可再生能源技术创新和产业进步，不断扩大可再生能源的市场规模，努力提高可再生能源在能源结构中的比重。“十二五”时期重点建设八项重大工程，并以此带动可再生能源的全面开发利用。
1）积极发展水电
坚持水电开发与移民致富、环境保护和地方经济社会发展相协调，创新移民安置思路，加强流域水电规划，在做好生态保护和移民安置的前提下积极发展水电，充分发挥水电在增加非化石能源供应中的主力作用。
“十二五”时期，全国开工建设水电1.6亿千瓦，其中抽水蓄能电站4000万千瓦，新增水电装机容量7400万千瓦，其中新增小水电1000万千瓦，抽水蓄能电站1300万千瓦。到2015年，全国水电装机容量达到2.9亿千瓦，其中常规水电2.6亿千瓦，抽水蓄能电站3000万千瓦，已建成常规水电装机容量占全国技术可开发装机容量的48%。
到2015年，西部地区常规水电装机容量达到1.67亿千瓦，占全国常规水电装机容量的64%，水能资源开发程度为38%。中部地区常规水电装机容量达到5900万千瓦，占全国的23%。东部地区常规水电装机容量达到3400万千瓦，占全国的13%。中、东部地区水能资源开发程度达到90%左右。到2015年，全国抽水蓄能电站装机容量达到3000万千瓦，主要分布在我国东部和中部地区，其中东部、中部地区抽水蓄能电站装机规模分别达到2070万千瓦和800万千瓦，西部地区达到130万千瓦。
到2020年，全国水电总装机容量达到4.2亿千瓦，其中常规水电总装机容量达到3.5亿千瓦，抽水蓄能电站装机容量达到7000万千瓦。
2）加快开发风电
按照集中与分散开发并重的原则，继续推进风电的规模化发展，统筹风能资源分布、电力输送和市场消纳，优化开发布局，建立适应风电发展的电力调度和运行机制，提高风电利用效率，增强风电装备制造产业的创新能力和国际竞争力，完善风电标准及产业服务体系，使风电获得越来越大的发展空间。
到2015年，累计并网风电装机达到1亿千瓦，年发电量超过1900亿千瓦时，其中海上风电装机达到500万千瓦，基本形成完整的、具有国际竞争力的风电装备制造产业。
到2020年，累计并网风电装机达到2亿千瓦，年发电量超过3900亿千瓦时，其中海上风电装机达到3000万千瓦，风电成为电力系统的重要电源。
3）推动太阳能多元化利用
按照集中开发与分布式利用相结合的原则，积极推进太阳能的多元化利用，鼓励在太阳能资源优良、无其他经济利用价值土地多的地区建设大型光伏电站，同时支持建设以“自发自用”为主要方式的分布</td></tr>
</table>

续表

相关内容	式光伏发电，积极支持利用光伏发电解决偏远地区用电和缺电问题，开展太阳能热发电产业化示范。加快普及太阳能热水器，扩大太阳能热水器在城市和乡镇、民用和公共建筑上的应用，在农村地区推广太阳房和太阳灶。 到2015年，太阳能年利用量相当于替代化石燃料5000万吨标准煤。太阳能发电装机达到2100万千瓦，其中光伏电站装机1000万千瓦，太阳能热发电装机100万千瓦，并网和离网的分布式光伏发电系统安装容量达到1000万千瓦。太阳能热利用累计集热面积达到4亿平方米。 到2020年，太阳能发电装机达到5000万千瓦，太阳能热利用累计集热面积达到8亿平方米。 4）因地制宜利用生物质能 统筹各类生物质资源，按照因地制宜、综合利用、清洁高效、经济实用的原则，结合资源综合利用和生态环境建设，合理选择利用方式，推动各类生物质能的市场化和规模化利用，加快生物质能产业体系建设，促进农村经济发展，有效增加农民收入。 到2015年，全国生物质能年利用量相当于替代化石能源5000万吨标准煤。生物质发电装机容量达到1300万千瓦，沼气年利用量220亿立方米，生物质成型燃料年利用量1000万吨，生物燃料乙醇年利用量350～400万吨，生物柴油和航空生物燃料年利用量100万吨。 5）加强农村可再生能源利用 以满足农村炊事、取暖和生产生活用电需要为着眼点，将农村可再生能源发展作为新农村建设的重要内容，因地制宜开发利用各类可再生能源资源，加强技术创新和产业服务体系建设，不断促进农村能源的清洁化、优质化、现代化和城乡能源服务均等化，增加农民收入，改善农民生产生活条件。 到2015年，全国沼气用户达到5000万户，50%以上的适宜农户用上沼气，农村地区太阳能热水器保有量超过8000万平方米，太阳灶保有量达到200万台，解决全部无电人口用电问题。 6）合理开发利用地热能 发挥地热能分布广的优势，加快地热资源勘察，加强地热开发利用规划管理，提高地热能开发利用技术水平和开发利用规模，统筹规划和有序开展地热直接利用，加快浅层地温能资源开发，适度发展各类地热能发电。 到2015年，各类地热能开发利用总量达到1500万吨标准煤，其中，地热发电装机容量争取达到10万千瓦，浅层地温能建筑供热制冷面积达到5亿平方米。 7）加快推进海洋能技术进步 以提高海洋能开发利用技术水平为着力点，积极开展海洋能利用示范工程建设，促进海洋能利用技术进步和装备产业体系完善。随着海洋能技术发展，逐步扩大海洋能利用规模。 选择有电力需求、海洋能资源丰富的海岛，建设海洋能与风能、太阳能发电及储能技术互补的独立示范电站，解决缺电岛屿的电力供应问题，满足偏远海岛居民生产和生活用电需求，促进海岛经济发展。发挥潮汐能技术和产业较为成熟的优势，在具备条件地区，建设1～2个万千瓦级潮汐能电站和若干潮流能并网示范电站，形成与海洋及沿岸生态保护和综合利用相协调的利用体系。到2015年，建成总容量5万千瓦的各类海洋能电站，为更大规模的发展奠定基础。 8）推动分布式可再生能源发展 发挥可再生能源资源分布广、技术利用形式多样、能源产品丰富、可满足多样化能源需求的特点，充分利用当地的可再生能源资源，采用综合利用、多能互补的方式，按照分散布局、就近利用的原则，建立适应分布式可再生能源发展的市场机制和电力运行管理体制，通过建设综合性示范项目，加快分布式可再生能源应用，不断扩大可再生能源在本地能源消费中的比重。 （1）绿色能源示范县。在可再生能源资源丰富地区，开展绿色能源示范县建设，建立完善的绿色能源利用体系。鼓励合理开发利用农村废弃生物质能资源，改善农村居民生产和生活用能条件。支持小城镇因地制宜发展中小型可再生能源开发利用设施，满足电力、燃气以及供热等各类用能需求。到2015年，建成200个绿色能源示范县和1000个太阳能示范村。 （2）新能源示范城市。选择可再生能源资源丰富、城市生态环保要求高、经济条件相对较好的城市，

续表

相关内容	采取统一规划、规范设计、有序建设的方式，支持在城市及各类产业园区推进太阳能、生物质能、地热能等新能源技术的综合应用，加快推进可再生能源建筑应用，形成新能源利用的局部优势区域，替代燃煤等落后的能源利用方式。以公共机构、学校、医院、宾馆、集中住宅区为重点，推广太阳能热水系统、分布式光伏发电、地源热泵技术、生物质成型燃料利用。支持各地在新建和改造各类产业园区过程中，开展多元化的新能源利用技术示范，满足园区电力、供热、制冷等能源需求。到2015年，建设100个新能源示范城市及1000个新能源示范园区。 （3）新能源微电网示范工程。按照“因地制宜、多能互补、灵活配置、经济高效”的原则，在可再生能源资源丰富和具备多元化利用条件的地区，开展以智能电网、物联网和储能技术为支撑、新能源发挥重要作用的微电网示范工程，以自主运行为主的方式解决特定区域的用电问题，建立充分利用新能源发电和电网提供系统支持的新型供用电模式，形成千家万户发展新能源以及“自发自用、余量上网、电网调剂”的新局面。到2015年，建成30个新能源微电网示范工程。 9）加快技术装备和产业体系建设 围绕产业链建设、技术研发、人才培养和服务体系配套等方面加强可再生能源产业体系建设。 （1）完善产业链建设。以技术进步为核心，全面提高可再生能源装备制造能力，实现大容量抽水蓄能机组和百万千瓦大型水轮机组的设计制造。风电和太阳能光伏发电设备技术和制造能力达到国际先进水平，并形成若干以龙头企业为核心的制造产业聚集区和配套生产基地。实现生物质成型燃料、发电和生物液体燃料技术产业化，培育大型生物燃料生产企业，建成生物液体燃料配套销售体系。逐步建立新型地热能、海洋能利用技术研发和装备制造能力。 （2）建立技术创新体系。建立国家、地方和企业共同构成的多层次可再生能源技术创新模式，形成具有自主知识产权的可再生能源产业创新体系。充分利用并整合现有可再生能源研究的技术队伍资源，组建国家可再生能源技术研发平台，解决产业发展的关键和共性技术问题，鼓励具有优势的地方政府建立可再生能源技术创新基地，支持企业建立工程技术研发和创新中心，形成国家可再生能源技术创新平台和若干个国家与地方及企业共建的联合创新技术平台。推动大学和研究院所建立从事可再生能源研究的重点实验室，开展促进可再生能源技术进步的基础研究工作。 （3）完善人才培养机制。加大对人才培养机构能力建设的支持力度，完善人才培养和选拔机制，培养一批可再生能源产业发展所急需的高级复合型人才、高级技术研发人才，在重点院校开办可再生能源专业，将可再生能源产业人才培养纳入国家教育培训计划。选择一批可再生能源相关学科基础好、科研和教学能力强的大学，设立可再生能源相关专业，增加博士、硕士学位授予点和博士后流动站，鼓励大学与企业联合培养可再生能源高级人才，支持企业建立可再生能源教学实习基地和博士后流动站，在国家派出的访问学者和留学生计划中，把可再生能源人才交流和培养作为重要组成部分，鼓励大学、研究机构和企业从海外吸收高端人才。 （4）加强服务体系建设。制定和健全可再生能源发电设备、并网等产品和技术标准，建设各类可再生能源设备及零部件检测中心，提高我国可再生能源技术、产品和工程的认证能力，建设一批风能、太阳能、海洋能等公共测试试验基地或平台，为可再生能源装备和产品认证以及国内自主研制设备提供试验检测条件。建立完善的可再生能源产业监测体系，形成有效的质量监督机制，提高产品可靠性水平。支持相关中介机构能力建设，健全可再生能源产业和行业组织，发挥协会在行业自律、人才培训、技术咨询、信息交流、国际合作等方面的作用，建立企业、消费者、政府部门之间的沟通与联系，促进可再生能源产业的健康发展。

5.《中国应对气候变化的政策与行动（2011）》白皮书

公布日期	2011年11月22日
公布机关	
相关内容	一、减缓气候变化 积极开发利用非化石能源。通过国家政策引导和资金投入，加强了水能、核能等低碳能源开发利用。截至2010年底，水电装机容量达到2.13亿千瓦，比2005年翻了一番；核电装机容量1082万千瓦，在建规模达到3097万千瓦。支持风电、太阳能、地热、生物质能等新型可再生能源发展。完善风力发电上网电价政策。实施“金太阳示范工程”，推行大型光伏电站特许权招标。完善农林生物质发电价格政策，加大对生物质能开发的财政支持力度，加强农村沼气建设。2010年，风电装机容量从2005年的126万千瓦增长到3107万千瓦，光伏发电装机规模由2005年的不到10万千瓦增加到60万千瓦，太阳能热水器安装使用总量达到1.68亿平方米，生物质发电装机约500万千瓦，沼气年利用量约140亿立方米，全国户用沼气达到4000万户左右，生物燃料乙醇利用量180万吨，各类生物质能源总贡献量合计约1500万吨标准煤。 七、“十二五”时期的目标任务和政策行动 优化能源结构和发展清洁能源。合理控制能源消费总量，制定能源发展规划，明确总量控制目标和分解落实机制。加快发展清洁煤技术，加强煤炭清洁生产和利用，促进天然气产量快速增长，推进煤层气、页岩气等非常规油气资源开发利用，安全高效发展核能，因地制宜加快水能、风能、太阳能、地热能、生物质能等可再生能源开发。

6.《国家能源科技“十二五”规划（2011～2015）》

公布日期	2012年2月8日
公布机关	国家能源局
相关内容	二、能源科技的发展形势 （一）世界能源科技发展形势 在水力发电方面，已投入运行的常规水电机组和抽水蓄能机组最大单机容量分别达到700MW和450MW，水力发电机组正向高效、大容量方向发展，主要坝型建设高度达到200～300m。在水电开发研究中，工程安全、河流的生态环境保护以及工程防洪、供水、灌溉及航运等综合利用都得到了高度重视。 在风力发电方面，风电机组朝着大型化、高效率的方向发展。已运行的风电机组单机最大容量达到7MW，正在研制10MW以上风电机组；海上风电已解决机组安装、电力传输、机组防腐蚀等技术难题。 在太阳能发电方面，太阳能利用向采集、存储、利用的一体化方向发展。光伏并网逆变器单机最大容量超过1MW，光伏自动向日跟踪装置已大量应用；以光伏发电产生动力的太阳能飞机已成功实现昼夜飞行；太阳能热发电则以大规模吸热和储热作为关键技术。 在生物质能应用方面，生物质发电技术向与高附加值生物质资源利用相结合的多联产方向发展；混烧生物质比例达到20%的600MW级发电机组已成功应用；生物燃气技术向多元原料共发酵方向发展；直燃热利用向高品质生物燃气产品发展；燃料乙醇技术向原料多元化发展；生物柴油技术向以产油微藻及燃料油植物资源为原料的方向发展。 （二）我国能源科技发展形势 在水力发电方面，已建成世界最大规模的峡水电站、世界最高的龙滩碾压混凝土重力坝和水布垭面板堆石坝，正在建设世界最高的锦屏一级混凝土拱坝和双江口心墙堆石坝。掌握了超高坝筑坝、高水头大流量泄洪消能、超大型地下洞室群开挖与支护、高边坡综合治理以及大容量机组制造安装等成套技术。 在风力发电方面，风电机组主要采用变桨、变速技术，并结合国情开发了低温、抗风沙、抗盐雾等技术。3MW海上双馈式风电机组已小批量应用，6MW机组已经下线。 在太阳能发电方面，已形成以晶硅太阳能电池为主的产业集群，生产设备部分实现国产化；薄膜太阳能电池技术已开始产业化。已掌握10MW级并网光伏发电系统设计集成技术，研制成功500kW级光伏并

续表

<table>
<tr><td>相关内容</td><td>网逆变器、光伏自动跟踪装置、数据采集与进程监控系统等关键设备。太阳能热发电技术在塔式、槽式热发电和太阳能低温循环发电等方面取得了重要成果。
在生物质能应用方面，生物质直燃发电和气化发电都已初步实现了产业化，单厂最大规模分别达到25MW和5MW；以木薯等非粮作物为原料的燃料乙醇技术正在起步应用，已建成年产20万吨燃料乙醇的示范工厂；生物柴油技术已进入产业示范阶段；大中型沼气工程工艺技术已日趋成熟。生物质的直接、间接液化生产液体燃料技术准备进行工业示范。
三、指导思想和发展目标
（二）发展目标
新能源技术领域。建成具有自主知识产权的大型先进压水堆示范电站。风电机组整机及关键部件的设计制造技术达到国际先进水平；发展以光伏发电为代表的分布式、间歇式能源系统，光伏发电成本降低到与常规电力相当，发展百7000瓦光伏发电集成及装备技术；开展多塔超临界太阳能热发电技术的研究，实现300MW超临界太阳能热发电机组的商业应用；实现先进生物燃料技术产业化及高值化综合利用。</td></tr>
</table>

1.4 我国可再生能源资源与利用

可再生能源是我国重要的能源资源，在满足能源需求、改善能源结构、减少环境污染、促进经济发展等方面发挥了很大作用。我国政府一直重视可再生能源的开发利用，除水电自20世纪50年代开始蓬勃发展外，20世纪80年代起，太阳能、风电、现代生物质能等技术应用和产业也在政府的支持下稳步发展，太阳能热水器、小风电、小水电等一些可再生能源技术和产业的发展已经走在世界的前列。到2012年底，我国可再生能源年利用量总计约为3.78亿t标准煤，约占一次能源消费总量的10.31%，比2005年的7%左右上升了3.3个百分点。《可再生能源发展“十二五”规划》提出，到2015年，我国可再生能源在能源消费中的比重将达到9.5%，全国可再生能源年利用量达到4.78亿t标准煤。“十二五”时期，可再生能源新增发电装机1.6亿kW，其中常规水电6100万kW，风电7000万kW，太阳能发电2000万kW，生物质发电750万kW，到2015年可再生能源发电量争取达到总发电量的20%以上。除水能外，我国资源丰富、近期利用技术较为成熟、开发潜力较大的主要还有太阳能、风能、生物质能，地热、海洋能利用等在中远期也有很好的发展前景。

我国具备发展可再生能源的丰富的资源条件和一定的产业基础，近年来的可再生能源处于快速发展阶段，其中一些技术已经达到或接近商业化发展水平，从资源、技术和产业的角度，在近期都有大规模发展的潜力。政府对可再生能源的发展给予了充分的重视，截至2012年底，我国新能源和可再生能源发电量占比已超过20%，2040年之后可以达到30%或更高的水平，成为重要的替代能源。经过近年来的培育，可再生能源已经开始在我国的能源供应中发挥作用，今后5～10年将是我国风电、光伏发电和生物质能大规模利用的起步阶段，能否抓住机遇，打牢基础，迅速形成可再生能源市场和产业，是推动可再生能源规模化应用的关键所在。总之，我国可再生能源发展潜力巨大、前景广阔，但是技术和产业的发展方面还存在诸多障碍，需要政府的积极扶持，也需要产业、研究机构等社会各界持之以恒的努力。

1.4.1 太阳能资源与产业发展

我国具有丰富的太阳能资源，太阳能较丰富的区域占国土面积的2/3以上，年辐射量超过60亿J/m^2，每年地表吸收的太阳能大约相当于1~7万亿t标准煤的能量，具有良好的太阳能利用条件。特别是西北、西藏和云南等地区，太阳能资源尤为丰富。

在太阳能热利用方面，目前最广泛应用的技术是太阳能热水器，主要用于提供生活洗浴热水，为提高中小城市居民的生活质量发挥了重要作用。我国太阳能热水器利用量居世界第一，到2010年底，太阳能热水器安装使用总量达到1.68亿平方米，年替代化石能源约2000万t标准煤。至2015年，“十二五”期间末期即2015年完成总保有量4亿m^2，市场容量空前扩大。

除了太阳能热水器外，我国正在开发和扩大太阳能热利用的领域，包括太阳能供暖、制冷空调、海水淡化、工业加热、太阳能热发电等诸多领域，已经开始前期的研究和示范系统建设工作。

我国的光伏产品生产能力自2004年起迅速扩张，包括晶体硅片和太阳能电池的生产能力以及太阳能电池组件的封装能力都大为增加，形成了一批具有国际竞争力和国际知名度的光伏电池生产企业。2000年，我国光伏组件的生产能力不到10MW，但到2010年底，我国光伏电池产量达到了2500多MW，居世界第1位，出现了跳跃式发展。光伏发电产品产量已突破5000MW，成为世界最大的光伏电池生产国。至2012年底，我国的多晶硅、硅片、电池及组件产品产量虽增长幅度有所下滑，但仍位居世界首位。

在太阳能光伏市场应用方面，2002~2004年，国家组织实施了“送电到乡”工程，中央和地方财政共安排47亿元的资金，在内蒙古、青海、新疆、四川、西藏和陕西等12个省（市、区）的1065个乡镇，建设了一批独立的光伏、风光互补、小水电等可再生能源电站，其中光伏电站占大部分，应用了1.7万kW的光伏电池，促进了国内光伏产业的兴起。到2008年底，累计光伏发电容量为20万kW，其中40%左右为独立光伏发电系统，用于解决电网覆盖不到的偏远地区居民用电问题。

近年来，随着世界各国的普遍关注和重点发展，全球光伏产业增长迅猛，产业规模不断扩大，产品成本持续下降。2012年底，全球光伏新增装机容量达到31GW，相对于2011年的27.9GW增长11%。我国是目前世界光伏制造中心。2012年，我国的多晶硅产能为15.8MT，占全球的43%，光伏组件产能为37GW，占全球的51%。根据国家能源部2012年9月发布的《太阳能发电发展“十二五”规划》，在未来五年，我国太阳能光伏发电的总体发展目标是，通过市场竞争机制和规模化发展促进成本持续降低，提高经济性上的竞争力，尽早实现太阳能发电用户侧“平价上网”。加快推进技术进步，形成我国太阳能发电产业的技术体系，提高国际市场持续竞争力。建立适应太阳能发电发展的管理体制和政策体系，为太阳能发电发展提供良好的体制和政策环境。到2015年底，太阳能发电装机容量达到2100万kW以上，年发电量达到250亿kW时。重点在中东部地区建设与建筑结合的分布式光伏发电系统，建成分布式光伏发电总装机容量1000万kW。在青海、新疆、甘肃、内蒙古等太阳能资源和未利用土地资源丰富地区，以增加当地电力供应为目的，建成并网光伏电站总装机容量1000万kW。以经济性与光伏发电基本相当为前提，建成光热发电总装机容量100万kW。

1.4.2 风力资源与发电规模

全国风能资源丰富的地区主要分布在东南沿海及附近岛屿，内蒙古、新疆和甘肃河西走廊，东北、西北、华北和青藏高原的部分地区。在20世纪80年代后期和2004~2005年，我国政府分别组织了第二次和第三次全国风能资源普查，得出陆地10m高度层风能技术可开发量分别为2.53亿kW和2.97亿kW的结论。联合国开发署太阳能风能资源评价研究对我国风电资源的评价则大大高出国内权威部门的结论，指出我国可利用的陆上风能资源在十多亿kW以上，风电实际发展也验证了这一结论。中国工程院综合现有的国内风能资源研究成果以及国际机构的研究结果，提出我国陆地风能资源为：10m高度层理论储量在40亿kW以上，技术可开发量的底线为3亿kW，实际可开发面积约20万km^2。如果按照现有的技术水平，在50m高度层上，1km^2布置6~8MW风机，我国20万km^2陆地可开发面积上风能技术可开发量可能达到14亿kW。

我国的并网风电发展从20世纪80年代起步，“十五”期间，风电发展提速，2006年加速发展，总装机容量从2005年的126万kW增长到2008年的1200万kW，风电装机容量在2004年位居世界第10，到2008年底上升为世界第4位。到2010年底，我国风力发电的总装机容量位居世界第1位。“十一五”期间年均增速接近100%。国家电网公司风电接网及送出工程累计总投资达418亿元，共投运风电并网线路2.32万km。目前我国风电产业连续5年实现翻番、总装机容量跃居世界第一。从2012年整体发展态势来看，我国风电行业在快速增长之后的发展瓶颈日益显现，陆上风电并网消纳不畅、海上风电进展缓慢、风电企业产能过剩等问题突出。我国风电产业发展正经历由风电大国向风电强国转变、由陆上风电向陆海风电全面发展的关键时期。据世界风能协会统计，截至2012年底，中国风电累计装机容量为7532.4MW；新增装机容量为12960MW。

2012年下半年我国相继出台了《“十二五”战略性新兴产业发展规划》《可再生能源发展“十二五”规划》《风电发展“十二五”规划》等风电行业规划，明确了我国风电产业的发展原则、发展方向和发展重点，强调了风电累计并网容量和发电量，提高了对国家电网的约束程度，确立了发展目标，即“十二五”期间，新增风电发电装机容量为7000万kW；到2015年，并网风电装机超过1亿kW，年发电量达到1900亿kWh；海上风电并网装机达到500万kW。到2020年，并网风电装机超过2亿kWh，年发电量超过3800亿kWh；海上风电并网装机达到3000万kW；风电占总发电量比重超过5%。规划的出台将为我国风电产业步入健康可持续的发展道路起到良好的推动作用。一旦突破瓶颈，我国风电资源仍然具备较大的发展前景。

1.4.3 生物质能资源与利用

生物质能资源种类繁多，利用技术多样。生物质能包括农作物秸秆、林业剩余物、油料植物、能源作物、生活垃圾和其他有机废弃物。据《生物质能发展“十二五”规划》，我国可作为能源利用的生物质资源总量每年约4.6亿t标准煤，目前已利用量约2200万t标准煤，还有约4.4亿t可作为能源利用。包括玉米、水稻、小麦、棉花、油料作物秸秆在内的农作物秸秆理论资源量每年8.2亿t，可收集资源量每年约6.9亿t，可供能源化利用的林业剩余物资源量每年约3.5亿t，小桐子（麻疯树）、油菜籽、蓖麻、漆树、黄连木和甜高粱等油料植物和能源作物潜在种植面积可满足年产5000万t生物液体燃料的原料需求。目前每年城市生活有机垃圾清运量约1.5亿t，其中50%可作为焚烧发电的燃料或垃圾填埋气发电的原料，可替代1200万t标准煤。厨余垃圾还可作为生物柴油的原料，每年可获得量约300万t。城镇污水处理厂污泥年产生量约3000万t，其中约50%可能源化利用。酒精、制糖、酿酒等20多个行业每年排放有机废水43.5亿t、废渣9.5亿t，可转化为沼气约300亿m^3。规模化畜禽养殖场粪便资源每年约8.4亿t，生产沼气的潜力约400亿m^3。

我国的沼气利用技术基本成熟，尤其是户用沼气，已经有几十年的发展历史。近6年来，中央累计投入资金190亿元支持农村沼气建设，农村沼气建设成效显著。截止到2011年底，全国沼气用户（含集中供气户数）已达4168万户，占适宜农户的34.7%，受益人口约1.6亿人。全国规模化养殖场沼气工程已发展8.05万处；沼气年产量达150亿m^3，相当于全国天然气年消费量的11.4%，年减排$CO_2$6100万t，生产有机沼肥4.1亿t，为农民增收节支470亿元。多年来的实践证明，农村沼气上联养殖业，下促种植业，不仅有效防止了畜禽粪便排放和化肥农药过量施用造成的面源污染，有效解决了农村脏乱差问题，改善了农民生产生活条件，而且对实现农业节本增效、循环发展，提高农业综合竞争力发挥了重要作用。

我国生物质能多元化发展，综合利用效益显著。生物质发电技术基本成熟，大中型沼气技术日益完善，农村沼气应用范围不断扩大，木薯、甜高粱等非粮生物质制取液体燃料技术取得突破，木薯制取液体燃料开始了规模化利用，万吨级秸秆纤维素乙醇产业化示范工程进入试生产阶段。

在生物液体燃料方面，为了缓解石油供需矛盾，国家积极推进生物液体燃料技术的研发和试点示范工作。“十五”期间国家批准建设了4个以陈化粮为原料的生物燃料乙醇生产试点项目，形成年生产能力102万吨，自2004年，先后在黑龙江、吉林、辽宁、河南、安徽5个省及河北、山东、江苏、湖北4个省的27个地市开展车用乙醇汽油试点工作，2006年产量达到了165万t。2007年以来，国家开始限制以粮食为原料的燃料乙醇的生产，燃料乙醇的发展势头变缓。近期内我国生物液体燃料的重点技术研发方向是利用非粮食原料（主要为甜高粱、木薯以及木质纤维素等）生产燃料乙醇技术，以及以小桐子等油料作物为原料制取生物柴油技术，并建设规模化原料供应基地，建立生物质液体燃料加工企业。目前，以甜高粱、木薯为原料的燃料乙醇和以小桐子为原料制取生物柴油已开展了小规模试验，为我国大规模开发利用生物液体燃料积累了经验。但是总起来看，无论是生物质发电还是生物液体燃料的发展，达到可再生能源中长期发展规划的目标，局势还是扑朔迷离、困难重重。

1.5 我国可再生能源建筑应用情况

1.5.1 我国建筑业发展情况

1. 发展速度与规模

建国以后，我国城市化进程不断加快．城市化水平不断提高，城市数量的迅速增加。1949年，我国共有城市132个，1978年城市总数增加到193个。在这近30年的时间里，仅增加61个城市。改革开放以后的前10年，即至1988年，城市数达434个，增加了241个，相当于前30年增加量的4倍。城市数量迅速增加的趋势，体现了我国改革开放以后城市化进程的基本特征。

2006年全国城镇人口总数57706万，占全国总人口比重为43.9%，城市化水平比2002年提高34.8个百分点。2011年末，中国大陆总人口为134735万人，城镇人口数量首次超过农村，城镇人口占总人口比重达到51.27%，比上年末提高1.32个百分点，其中东部地区的城市化率已经超过60%。这标志着中国数千年来以农村人口为主的城乡人口结构发生了逆转，可以说是中国现代化进程中的一件大事。2012年末，中国城镇人口占总人口比重达到52.57%，比上年末提高1.30个百分点。从城乡结构看，城镇人口71182万人，比上年末增加2103万人；乡村人口64222万人，减少1434万人。

伴随着城市化而来的是建筑业的迅猛发展，中国的城市建设出现了前所未有的热潮。一项调查数据显示：中国的城镇建筑面积在5年内翻了一番，由2000年的77亿m^2增长到2004年的近150亿m^2，增长速度远远超过了世界银行在20世纪90年代中期预言的中国建筑总量10年翻一番的速度。我国每年竣工的房屋建筑面积从前几年的约18～20亿m^2，到2012年已达到98.1亿m^2。预计到2020年底，我国新增的房屋建筑面积将近300亿m^2。

2. *建筑能耗发展状况*

建筑能耗主要指采暖、空调、热水供应、炊事、照明、家用电器、电梯、通风等方面的能耗。随着城市化进程的加速，中国已成为世界上最大的建筑市场，每年新建建筑竣工面积已超过发达国家的总和。建筑能耗、建材生产和运输能耗约占全社会总能耗的46.7%。我国目前城镇民用建筑运行耗电量占我国总发电量的25%左右，北方地区城镇供暖消耗的燃煤量占我国非发电用煤量的15%～20%。这些数值仅为建筑运行所消耗的能源。建设领域中的建筑业和住宅产业也是资源消耗的大户。据统计，钢材消耗量约占我国钢材生产总量的20%，水泥消耗量约占我国水泥生产总量的20%，玻璃消耗量约占我国玻璃生产总量的15%。降低能耗，节约资源不容忽视。

我国建筑能源消耗按其性质可分为如下几类：（1）北方地区供暖能耗，约占我国建筑总能耗的36%，约为13亿t标准煤/年（折合3700亿度电/年）；（2）除供暖外的住宅用电（照明、炊事、生活热水、家电、空调等），能耗约占我国建筑总能耗的20%，约为200亿度电/年；（3）除供暖外的一般性非住宅民用建筑（办公室、中小型商店、学校等）能耗，主要是照明、空调和办公室电器等，约占民用建筑总能耗的16%；（4）大型公共建筑（商铺写字楼、星级酒店、购物中心等）能耗，占民用建筑总能耗的10%左右；（5）农村生活用能（不包括非商品能），约为0.3亿t标准煤/年，折合900亿度电/年。

建筑物使用过程消耗的能源占其全生命过程中能源消耗的80%以上。现在中国城镇建筑运行能耗由北方地区冬季建筑采暖能耗、住宅和一般公共建筑除采暖外的能耗、大型公共建筑能耗等构成，占社会总能耗约47%的建筑能耗受单位建筑面积能耗和建筑总量影响，随建筑总量的增加而增加。

1.5.2　可再生能源建筑应用建设

为进一步推广可再生能源建筑应用，“十一五”期间，我国进行了三批“可再生能源建筑应用示范项目”评选，通过在条件成熟的城市或地区，选择有代表性的建筑小区和公共建筑进行可再生能源在建筑中规模化应用的示范，以点带面，形成可再生能源建筑规模化、一体化、成套化应用的技术体系和相关技术标准、配套的政策法规，带动产业发展，形成政府引导、市场推进的机制和模式。国家对试点示范工程的实施投入必要的资金，补贴因利用可再生能源技术而增加的投资成本，以及为加强监管、检测所需的管理费用，从而保证工程质量和效果，并在树立样板的基础上，积极推广试点工程经验，逐步过渡到市场化运作，增加可再生能源建筑的市场份额。2006～2008 年，财政部、住房和城乡建设部先后进行了 4 批可再生能源建筑应用示范项目征集，共审批确定示范项目 386 个，其中地源热泵项目 291 个。自 2009 年起，我国开始进行可再生能源建筑应用城市示范和农村地区县级示范的评选，进一步促进了可再生能源的利用与建筑发展。2009～2011 年，两部共批准实施可再生能源建筑应用示范城市 72 个、示范县 146 个。2011 年新增可再生能源建筑应用集中连片推广示范区（镇），审批示范区 3 个，示范镇 6 个。2012 年，启动可再生能源建筑应用省级集中推广重点区示范。

思　考　题

1. 应用可再生能源有哪些重要意义？
2. 可再生能源的利用前景如何？

习　　题

1. 下列属于可再生能源的是(　　)
A. 太阳能　　B. 风能　　C. 天然气　　D. 地热能
2. 太阳能的转换和利用方式有(　　)
A. 光热转换　　B. 光电转换　　C. 光化学转换　　D. 光伏电池
3. 海洋能按其储存的能量形式可分为(　　)
A. 热能　　B. 机械能　　C. 弹性势能　　D. 化学能
4. 与化石能源相比，可再生能源具有的主要优点有(　　)
A. 资源丰富　　B. 可再生　　C. 环境污染少　　D. 能量密度高
5. 我国在(　　)年成为世界最大的光伏电池生产国。
A. 2005　　B. 2006　　C. 2008　　D. 2010
6. 截至 2010 年底，我国风力发电的总装机容量位居世界第(　　)位。
A. 一　　B. 二　　C. 三　　D. 四
7. 我国目前生物质能利用重点是(　　)
A. 直接燃烧　　B. 沼气　　C. 生物质发电　　D. 生物质液体燃料
8. 地热能按其储存形式可分为（　　）
A. 水热型　　B. 地压型　　C. 干热岩型　　D. 岩浆型

第2章　太阳能及其建筑应用

太阳内部进行着剧烈的由氢聚变成氦的核反应，并不断向宇宙空间辐射出巨大能量，相对于人类历史的有限年代而言，可以说是“取之不尽、用之不竭”。地面上的太阳辐射能随着时间、地理纬度和气候不断地发生着变化，实际可利用量较低，但可利用资源量仍远远大于现在人类全部能源消耗的总量。太阳能是各种可再生能源中最重要的基本能源，生物质能、风能、太阳能、海洋能、水能等都来自太阳能，是对太阳能的储存或转化。广义地说，太阳能包含以上各种可再生能源。

作为地球上最清洁的可再生能源，太阳能利用技术已经进入快速发展时期。鉴于国情，太阳能光热应用事实上已成为太阳能利用的先锋，太阳能与建筑一体化目前也成了国家有关建筑主管部门关注的课题，太阳能与建筑一体化由此也日益成为太阳能企业和房地产业关注的焦点。

现代建筑学对太阳能建筑的解释是：经过良好的设计，达到优化利用太阳能这一预期目标的建筑。即用太阳能代替部分常规能源为建筑物提供采暖、热水、空调、照明、通风、动力等一系列功能，以满足（或部分满足）人们的生活和生产的需要，使建筑从以前单一的耗能部件逐步转化为具有一定量能源生产的供能部件，以最大限度地实现在建筑的建设和使用过程中对能源的节约与合理利用。

太阳能建筑利用太阳能的较高境界应该是建造所谓“零排放房屋”，即建筑物所需的全部能源供应均采自太阳能，常规能源消耗为零，真正做到环保清洁、绿色生态。它代表了全世界太阳能建筑的发展方向。

2.1　我国太阳能资源状况与分布

2.1.1　我国太阳能资源分布特点

我国太阳能资源分布的主要特点是：太阳能的高值中心和低值中心都处于北纬22°～35°这一带，青藏高原是高值中心，四川盆地是低值中心；太阳年辐射总量西部地区高于东部地区，而且除西藏和新疆两个自治区外，基本上是南部低于北部；由于南方多数地区云多雨多，在北纬30°～40°地区，太阳能的分布情况与一般的太阳能随纬度而变化的规律相反，太阳能不是随着纬度的增加而减少，而是随着纬度的升高而增长。

2.1.2　我国太阳能资源分区

太阳能资源的分布具有明显的地域性。这种分布特点反映了太阳能资源受气候和地理等条件的制约。根据太阳年辐射量的大小，可将我国划分为以下4个太阳能资源带（图2-1）。

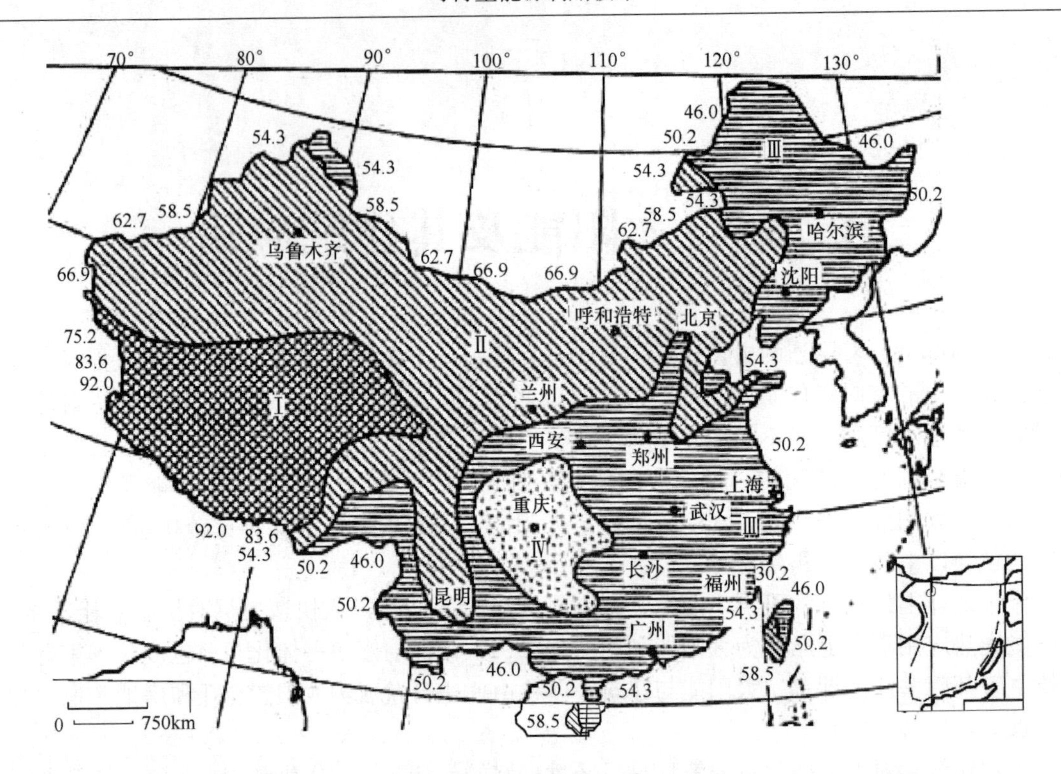

图 2-1 我国太阳能资源分区（100MJ/m²）

1. 资源丰富带（Ⅰ）

全年日照时数为 3200 ~ 3300h。在每平方米面积上一年内接受的太阳辐射总量大于 6700MJ，比 230kg 标准煤燃烧所发出的热量还要多。宁夏北部、甘肃北部、新疆东南部、青海西部和西藏西部等地，是我国太阳能资源最富的地区，与印度和巴基斯坦北部的太阳能资源相当。尤以西藏西部的太阳能资源最为丰富，全年日照时数达 2900 ~ 3400h，年辐射总量高达 7000 ~ 8000MJ/㎡，仅次于撒哈拉大沙漠，居世界第二位。

2. 资源较丰富带（Ⅱ）

全年日照时数为 3000 ~ 3200h。在每平方米面积上一年内接受的太阳辐射总量为 5400 ~ 6700MJ，相当于 200 ~ 300kg 标准煤燃烧所发出的热量。其主要包括河北北部、陕西北部、内蒙古南部、宁夏南部、甘肃中部、青海东部、西藏东南部和新疆南部等地，为中国太阳能资源较丰富区。

3. 资源一般带（Ⅲ）

该资源带分为两部分。

第一部分地区全年日照时数为 2200 ~ 3000h。在每平方米面积上一年内接受的太阳辐射总量为 5000 ~ 5400MJ，相当于 170 ~ 200kg 标准煤燃烧所发出的热量。主要包括山东东南部、河南东南部、河北东南部、山西南部、新疆北部、吉林、辽宁、云南、陕西北部、甘肃东南部、广东南部、福建南部、江苏北部、安徽北部、天津、北京和台湾西南部等地。

第二部分地区全年日照时数为 1400 ~ 2200h。在每平方米面积上一年内接受的太阳辐射总量为 4200 ~ 5000MJ，比 170kg 标准煤燃烧所发出的热量还要低。主要包括湖南、湖北、广西、江西、浙江、福建北部、广东北部、陕西南部、江苏南部、安徽南部以及黑龙江、台湾东北部等地，与第一部分相比太阳能资源较为贫乏。

4. 资源缺乏带（Ⅳ）

主要包括四川、贵州和重庆，是中国太阳能资源最少的地区，年太阳能辐射总量仅为3350～4200MJ/m^2。

Ⅰ、Ⅱ、Ⅲ-1类地区，年日照时数大于2200h，太阳年辐射总量高于4200MJ/m^2，是中国太阳能资源丰富或较丰富的地区，面积较大，约占全国总面积的2/3以上，具有利用太阳能的良好条件。Ⅲ-2和Ⅳ类地区，虽然太阳能资源条件较差，但如能因地制宜，采用适当的方法和装置，仍具有一定的实用意义。

2.2　国内外太阳能建筑应用现状

在能源和环境危机的双重压力下，太阳能作为一种取之不尽且无污染的可再生能源，已经成为当前国际能源开发利用中的新热点。建筑作为人类的日常生活必需的物质载体，每年消耗着大量的能源，占一个国家总能耗的30%～40%，因此建筑节能和在建筑中使用太阳能关系到国家和社会的可持续发展的重大问题。

1. 国外太阳能建筑应用现状

为了推动太阳能产业的发展，发达国家的太阳能开发与利用绝大部分依托国家行政支持。在世界太阳能利用水平高的国家和地区，由于当地政府积极采取了众多鼓励措施，刺激了市场需求，带动了产业的发展。

（1）德国太阳能建筑应用现状

德国全年雨水不断，有2/3的时间里天空会被云层所覆盖，但经过努力，德国仍然成为领先的太阳能利用大国。德国是世界上最早、最积极倡导光伏应用的国家之一，德国政府早在1990年开始实施由政府投资支持、被电力公司承认的“1000太阳能屋顶计划”。随后扩展为“2000太阳能屋顶计划”。到1997年，德国已累计完成10000多套联网住宅光伏屋顶系统的安装，每套容量为1～5kW，总计安装光伏组件33MW。1998年10月又提出“10万屋顶计划”，计划要在6年内安装10万套光伏屋顶系统，总容量在300～500MW，每个屋顶约3～5 kW。建设这些系统总费用约9.18亿马克。该计划提供10年无息贷款，政府提供37.5%的补贴。该计划得到顺利实施，安装的光伏系统发电量超过预期的300MW，实际达到345MW，银行贷款也全部收回。光伏系统的价格从1999～2000年下降了8%，而且在此后的数年中持续下降。

德国在欧洲太阳能光热市场处于主导地位，1993年，德国开始实施“太阳-2000”计划，该计划的目的是促进大型建筑物使用太阳能辅助中央供热系统。按照该计划将在公共建筑物上安装多达100套大型太阳能辅助中央供热系统，并对它们进行检测。第一套系统已快建成。

经过近几年的实践证明，太阳能至少可以保证德国居民70%的供暖和对热水的需求。目前在德国，不仅单体住宅即一家一户的小型楼房或别墅可以使用太阳能供暖和保证热水的供应，而且集体住宅或多户型的公寓住房也可以使用太阳能。

（2）美国太阳能建筑应用现状

2007年6月20日美国在纽约宣布将在今后几年内增加最多达6000万美元的投资，用于推进太阳能技术的研究和应用。根据一项为期2年的“阳光美国城市”计划，美国能源部投资250万美元资助纽约、旧金山、盐湖城等13个电力需求较高的大城市应用太阳能技术，帮助这些城市将太阳能纳入城市能源规划、建造太阳能设施等，目的是促进当地企业和居民采用太阳能技术，刺激市场对太阳能需求的增长。

为降低能耗，减少污染，调整能源结构，政府制定了一系列政策和计划。其中影响较大的有“百万太阳能屋顶计划”“光伏建筑良机计划”和“太阳能进入学校”项目。

2010年7月21日，美国参议院能源委员会投票通过了美国“千万太阳能屋顶计划”，这一法案的通过将极大促进未来十年美国光伏市场的急速增长。从2012年开始，美国将投资2.5亿美元用于该项计划，从2013～2021年，每年将投资5亿美元用于太阳能屋顶计划。根据该项法案，连同现有的激励机制，太阳能发电系统须在1MW以内，可获得高达50%的太阳能系统安装的补助。该项立法的补助资金可以补贴40GW的新安装容量，加上地面光伏电站、各州联邦政府补贴，美国光伏市场总量预计超过100GW，将取代德国成为未来太阳能发电市场的发动机。

因此，美国太阳能光伏建筑的发展极为迅速，无论是对太阳能光伏建筑的研究、设计一体化，还是材料、房屋部件结构的产品开发、应用，以及真正形成商业运作的房地产开发，美国均处于世界领先地位，并在国内形成了完整的太阳能建筑产业化体系。

（3）日本太阳能建筑应用现状

日本是世界上能源消费大国，能源消费居世界第四位，占世界能源消费总量的5.2%。其能源需求的80%依赖于进口，为了摆脱这种局面，日本非常重视太阳能等可再生能源的发展，国家制定各种政策和法令全力支持太阳能等新能源的发展。目前，日本在太阳能电池的生产和主动式太阳房研究等领域处于世界前列。

与其他发达国家一样，日本也积极推行“太阳能房屋计划”。日本政府从1994年开始实施“朝日七年计划”，由政府采取从经济上加以扶持的政策，个人住宅屋顶太阳能电池的使用件数逐年增加，1999年一年中安装太阳能电池的家庭就增加到了约17000户。1997年又再次实施“七万屋顶计划”，每套容量扩大到4kW，总容量为280MW，并提出安装7万台太阳能发电设备的计划。1997～2004年，日本政府共投入1230亿日元的资助金。

2012年9月12日，日本政府公布了“创新能源及环境战略”草案，其基本方针为“早日实现无核电社会”，并提出三大原则：一是核电站运转期限设定为40年，二是只启动符合原子能委员会安全标准的核电站，三是不再新建核电站。草案中明确把火力发电站和太阳能、风能等再生能源发电站作为核电站的主要代替源。

日本有80%太阳能光伏安装是屋顶系统。日本未来的战略方向是提高非住宅系统的安装。截至2012年4月，日本国内的光伏安装量累积达到4GW，预期到2020年达到34GW，2030年达到100GW。2013年第一季度日本太阳能装机容量同比上升270%，该季度共有产量为1.5GW的太阳能光伏系统投入使用，预计日本太阳能光伏收入占全球市场的总体份额将在2013年上升至24%。以年收入进行衡量，日本2013年将超越德国成为世界上最大的太阳能光伏市场。

（4）瑞士

为了鼓励企业和居民提高能源使用效率，尽可能使用可再生能源，瑞士联邦政府推出一项名为“瑞士能源”的新能源政策，这项新能源政策对于瑞士的可持续发展至关重要，实施这一政策有助于瑞士减少二氧化碳排放量。瑞士联邦政府拨款5500万瑞士法郎（约合

3000万美元）用于新能源政策的实施。瑞士联邦和地方政府通过法律、税收和财政等手段，在建筑、交通和家用电器制造等领域推广节能技术，倡导使用可再生能源。

2010年10月26日，瑞士能源战略会议召开，会上探讨可再生能源的发展潜力和未来挑战。瑞士联邦政府已将清洁能源发展纳入瑞士2011～2020年经济发展战略。今后10年，瑞士将通过提高能源使用效能来减少能源消耗，优先发展可再生能源，鼓励可再生能源技术创新。今后10年，瑞士打算将可再生能源的使用比例提高至50%。

2011年5月，瑞士联邦委员会宣布，瑞士将在2034年前逐步关闭其境内的全部核电站，全面放弃核电。联邦政府说，瑞士将大力提高能源使用效率，继续开发水电和可再生能源，扩大能源进口，同时发展智能电网，加强能源领域的研发。

瑞士2012年太阳能模块销量增长了67%，总装机容量由210MW激增至410MW，几乎翻番。估计瑞士当前太阳能发电量约为每年3.4亿kWh，相当于瑞士年耗电量的0.5%。这一发展趋势是受瑞士政府能源战略的推动，根据该战略，建筑商预期瑞士政府将批准对太阳能发电给予相应补贴。瑞士太阳能协会呼吁政府尽快批准实施相关促进措施，以实现该协会制定的太阳能发展目标——到2025年太阳能发电达到瑞士年耗电量的20%。

2. 国内太阳能建筑应用现状

1）太阳能热水

太阳能热水是我国在太阳能热利用领域具有自主知识产权、技术最成熟、依赖国内市场产业化发展最快、市场潜力最大的技术，也是我国在可再生能源领域唯一达到国际领先水平的自主开发技术。截止到2007年我国的太阳能热水器/集热器生产企业约3000余家，其中骨干企业100余家，大型骨干企业20余家，其余绝大多数为地方中小企业。从2001～2007年，大型骨干企业的市场占有率从13%增长到了31%。2009年，受益于家电下乡政策实施，太阳能热水器行业增长率提升到35.5%。2011年，太阳能热利用产业生产太阳能集热器5760万m^2，同比增长17.6%。

我国已建立了完善的太阳能热利用产品国家标准体系，涵盖了家用太阳能热水器、太阳能热水系统、太阳能集热器和真空太阳能集热管等全部产品系列。同时，经国家质量监督检验检疫总局和国家认证认可监督管理委员会授权，成立了两个国家太阳能热水器质检中心——国家太阳能热水器质量监督检验中心（北京）和国家太阳能热水器产品质量监督检验中心（武汉）。节能产品认证是《中华人民共和国节约能源法》推出的一项国家节能工作管理新制度。作为一种节能产品，目前对太阳能热水器也已开始进行产品质量认证。

我国太阳能热水的市场可分为两大块。一块是家用太阳能热水器——直接由用户购买，采用专卖店或商场销售模式，由经销商上门安装；另一块是与建筑结合的太阳能热水系统——工程建设模式，目前多由太阳能企业的工程部为相关项目进行设计安装，今后应转为企业供货，设计院、设备安装公司负责设计安装的正规模式。截至2012年底，我国太阳能热利用产业总产量约为6390万m^2，同比增长11%。

“十一五”期间我国的科技支撑项目中，有2项“重大项目”和3项“重点项目”列入了太阳能建筑热利用领域的研究课题。为落实《中华人民共和国可再生能源法》，财政部、建设部组织实施了“可再生能源在建筑应用示范项目”。地方建设主管部门制定了推广应用太阳能的地方法规。这些项目的实施将极大提高我国太阳能建筑热利用的技术水平，促进太阳能建筑热利用的工程应用推广。

如“十一五”国家科技支撑计划重大项目“建筑节能关键技术研究与示范”中的“太阳能在建筑中规模化应用的关键技术研究（课题编号：2006BAJ01A11）”，包括五项子课题：“太阳能光热利用与建筑结合应用技术研究”“规模化利用大中型太阳能供热优化设计技术及软件开发”“太阳能供热水、采暖、空调全年综合应用三联供技术研究及产品开发”“太阳能与其他能源在建筑中综合利用的集成技术研究”“被动太阳能设计技术在建筑中的应用研究”。通过本课题的研究，实现太阳能在建筑中的规模化应用，替代常规能源建筑能耗，全年供热、采暖、空调太阳能保证率大于30%，综合节能率在75%。

2）太阳能供热采暖

（1）被动式太阳能采暖

我国从“六五”“七五”到“八五”的国家科技攻关项目，为被动式太阳房在我国的普及推广奠定了坚实的技术基础。建设了数百栋示范房屋，而且地域分布很广，有西北地区的甘肃、陕西、青海、西藏，华北地区的内蒙古、河北、京津两市，东北地区的辽宁，还有华中地区的河南和华东地区的山东等，为各个不同地区的太阳房建设树立了样板。

2000年后实施的又一个国际合作项目，是世界银行贷款、全球环境基金赠款支持性项目，对今后太阳房的发展起到了承前启后的作用。此项目中，完成的29座被动式太阳能采暖乡镇卫生院，在太阳能集热，蓄热措施、材料和施工工艺的选用上比过去都有较大突破，特别是通过动风压实验现场检测窗的密封性能，以及进行长达一个采暖季的房屋热环境效果监测，积累了完整的太阳房性能、设计和效益分析参数，为将来太阳房在新农村建设中的推广应用积累了十分有益的经验。

（2）主动式太阳能供热采暖

我国的主动式太阳能供热采暖从2000年后开始向工程应用发展。最先实践太阳能供热采暖工程应用的是太阳能生产企业，其中的代表是北京清华阳光能源开发有限公司、北京市太阳能研究所有限公司、北京天普太阳能工业有限公司、昆明新元阳光科技有限公司等。在国家节能减排大形势的要求以及政府的大力支持和相关项目的带动下，2005年后我国的太阳能供热采暖工程应用进入了较快发展期。

财政部、建设部的“可再生能源建筑应用示范推广项目”对太阳能供热、采暖的工程应用起到了十分巨大的推动作用。在该项目中实施的太阳能供热采暖示范工程地域分布广、技术类型多。其工程建设地点包括我国北方采暖区的北京、山东、内蒙古、陕西、宁夏、青海、西藏等多个省、区、市；技术类型则既有短期或季节蓄热与常规能源相结合的太阳能供热采暖系统，又有太阳能与地源热泵、生物质能等其他可再生能源相结合的综合利用系统。根据项目要求，这些示范工程在建成后必须经过性能、效益的测试和分析，符合要求的才能通过项目验收，这就为科学合理地总结工程经验提供了条件，也使这批试点工程能够真正发挥示范作用。

3）太阳能空调制冷

“九五”期间，国家科委把“太阳能空调示范系统”列入了“九五”重点科技攻关项目计划，成功地建成了两座有一定规模的实用性太阳能空调系统，分别是：中科院广州能源所在广东省江门市建成的100kW太阳能空调系统，采用高效平板太阳能集热器和低温运行的两级吸收式制冷机；北京市太阳能研究所在山东省乳山市建成的100kW太阳能空调系统，采用热管式真空管集热器和中温运行的单级吸收式制冷机。新型的太阳能冷热并供系统能同时提供空调和热水，系统总效率可高达 88%。冬季单纯供热运行时，利用制冷机作热泵运行，可以增加产热 20% ~30%，系统减少了设备及泵耗，降低了造价和运行成本。

通过持续不断的多年努力，“十五”期间，上海交通大学成功研制开发出采用硅胶—水吸附工质对的吸附式冷水机组，并用于太阳能制冷空调实际工程——位于上海市建筑科学研究院莘庄基地内的上海市建筑科学研究院环境实验楼。该工程项目为上海市生态建筑示范楼，其中的一项重要技术就是太阳能吸附式制冷空调系统，系统选用总计 150m^2 的 CPC 真空管和热管式真空管太阳能集热器同两台吸附式制冷机组并联运行，单台机组额定制冷量 8.5kW，空调面积 265m^2。项目获得了 2005 年建设部首届全国绿色建筑创新奖一等奖。

“十五”“十一五”期间的另两个重要的太阳能制冷空调示范工程是北京市太阳能研究所北苑办公楼和 2008 年第 29 届奥运会青岛国际帆船中心中的后勤保障中心。北京太阳能研究所北苑办公楼的太阳能采暖，空调总建筑面积为 2600m^2；太阳能集热系统采用桑达公司生产的热管式真空管太阳能集热器，集热器面积 655m^2，储热水箱容积 42m^3，100kW 电锅炉辅助加热；采用溴化锂吸收式制冷机组（制冷量 387kW），机组额定热源温水流量 93.7t/h，末端风机盘管采暖、空调系统。青岛奥帆中心的后勤保障中心太阳能空调总建筑面积为 5800m^2，系统的太阳能集热器总采光面积为 552.9m^2，储热水箱容积为 12m^3。两个系统建成后均曾进行过性能测试，目前运行良好。

4）太阳能光伏发电

在太阳能光伏电池产品的研发方面，我国曾先后开展了晶硅（单晶、多晶）高效电池，非晶硅薄膜电池，碲化镉（CdTe）、铜铟硒（CIS）、多晶硅薄膜电池，热敏电池等的银浆开发工作，技术水平不断提高，个别项目（激光刻槽埋栅电池）达到或接近国际水平。同时，还开展了太阳能级多晶硅材料、太阳能电池/组件配套材料（银、铝浆、EVA 等）的研制开发，使我国的太阳能光伏技术和产业能够全面发展。

与世界光伏市场类似，我国生产的太阳能光伏电池也是以晶硅电池为主。

非晶硅电池因成本较低、外观漂亮和弱光性能较好而受到重视，特别是应用于 BIPV 系统具有一定的优势。但目前在技术和市场认知方面仍面临一些挑战，主要是效率较低且有衰减，使用寿命较短等，产业化技术还处于不断完善的过程中。

太阳能电池必须经封装形成组件后才能使用，组件封装是光伏产业链的一个重要环节，也是产业链中相对的劳动密集型环节。我国建有组件封装线的企业总计有上百家，组件封装能力远大于电池生产能力，而中国劳动力费用又较低，所以有一部分国外电池进入中国进行封装，使光伏组件的产量高于电池产量。

在国内外光伏市场需求的拉动下，我国的多晶硅和太阳能级硅锭/硅片产业自 2005 年以来发展迅速。据不完全统计，迄今为止有约 50 家的企业正在建设、扩建和筹建以西门子改良法为技术路线的多晶硅生产线，总建设规模超过 10 万 t，并在 2007 ~2010 年期间陆续建成投产。目前太阳能级硅锭/硅片的生产企业已超过 70 家。我国的太阳能级硅锭生产逐渐由初期的单晶为主向多晶为主过渡，向世界主流趋势靠近。

20 世纪 90 年代以后，随着国内光伏产业的逐渐形成、电池成本的降低和国家经济实力的提高，太阳能光伏电池的应用范围和规模逐步扩大，并在进入 21 世纪后，开始快速发展。2012 年我国光伏产业规模增长缓慢，产业逐步恢复理性发展。尽管我国多晶硅、硅片、电池及组件产量仍然位居世界首位，但增长幅度明显下滑，甚至出现了负增长。但是，2012

年我国光伏产业技术水平进一步提升，产品成本也保持着持续下降趋势，产品国际竞争力不断增强，核心技术环节不断获得突破，生产工艺持续优化，规模化生产稳定性也逐步提高。目前，我国单晶硅和多晶硅电池产业化转化效率已分别达到 18.5% 和 17.3% 。主要光伏企业的高效电池效率已达到 20% 以上，量产效率也超过 19% ；高效多晶技术风生水起，量产效率 18% 以上，处于全球领先水平。电池组件企业成本不断下降，至 2012 年年底，部分企业生产成本降至 0.6 美元/W 以下，有的多晶硅企业生产成本已达到近 19 美元/kg 的国际先进水平。

2.3 太阳能技术概述

太阳能的开发和利用是开发和利用新能源与可再生能源的重要内容。

太阳能的应用主要有两种形式：通过转换装置把太阳辐射能转换成热能利用的属于太阳能热利用技术；通过转换装置把太阳辐射能转换成电能利用的属于太阳能光电技术。

2.3.1 太阳能热利用

太阳能热利用主要是通过集热器把太阳辐射能转换为热能以直接利用。太阳能集热器是太阳能热利用系统的关键部件，是用来收集太阳辐射并将产生的热能传递到传热工质的装置。目前太阳能集热器有平板式、真空管式、聚焦式等种类，它可以是直接吸收太阳辐射，也可以是将太阳辐射汇聚后集中照射，使传热介质（空气、水或防冻液）升温，用于家庭采暖、供应热水、制冷、烹饪、工业用热、农业温室等。其应用有太阳能热水器、太阳房、太阳灶、太阳能温室、太阳能干燥系统、太阳能土壤消毒杀菌技术等，这些技术在中国的北方和西部应用较广，成效显著。

1. 太阳能热水技术

生活热水的使用是衡量人们生活水平和社会文明程度的标志之一。随着我国经济的发展，建筑中提供生活热水也已成为广大城乡居民的基本生活需求。近年来，随着燃油、燃气和煤炭等常规能源价格的不断上涨，使用新能源代替传统能源已成为当前能源行业重要的发展趋势之一。太阳能利用技术是目前新能源技术中发展最快、最为成熟的技术，而太阳能热水又是其中技术最成熟、市场化程度最高的。经过 20 多年的应用实践，太阳能热水技术已经非常成熟，而且价格较为低廉，经济性好，因此成为主要的热水供应方案之一。

1）太阳能热水系统的特点

太阳能热水系统工程是一种节能、环保、安全、经济的供热水工程，是符合国家产业政策的朝阳行业，具有以下特点：

（1）适应性强，无论是高寒地区还是无冰霜地区均可使用。

（2）可依据用户的热水需求总量（每天）、用水方式、用水时间（或时段）及用水计划等基本数据，按各自要求、条件和环境设计相应的集热器及采光面积，并确定系统的循环方式。

（3）为在阴雨天或冬天无太阳光照时保证热水供应，可采用辅助能源的方式进行设计（例如：光电互补、光热与燃气、燃油锅炉或其他热源辅助加热）。

（4）整个系统可采用微电脑控制、智能化管理、全天候运转供热，减少人为操作，达到定时进水、定时加热、定时供水和定量供水。

2）太阳能热水系统的组成

太阳能热水系统是由太阳能集热器（平板式集热器、真空管式集热器、真空超导热管式集热器）、循环系统、储热系统（各种形式水箱、罐）、控制系统（温感器、光感器、水位控制、电热元件、电气元件组合及显示器或供热性能程序电脑）、辅助能源系统以及支撑架等有机地组合在一起的，在阳光照射下，通过不同形式的运转，使太阳的光能充分转化为热能，匹配当量的电力和燃气能源，就成为比较稳定的定量能源设备，提供中温水供人们使用。

（1）太阳能集热器：太阳能集热器是把太阳辐射能转换为热能的主要部件。经过多年的开发研究，已经进入较成熟的阶段，它主要分为两大类：平板式集热器和真空管式集热器。

（2）循环系统：系统内装有能量载体将太阳能量连续性的载走储存。

（3）控制系统：保证各系统连续性的自控工作，确保整个系统的正常运行。

（4）储热系统：储热系统主要是指储热水箱，其作用是将能量载体载来的能量进行储存、备用。

（5）辅助能源系统：其作用是保证整个系统在阴雨天或冬季光照强度较弱时能正常使用。按照辅助能源的来源不同，又可分为太阳能电辅助热源联合供热系统和全自动燃油炉联合供热系统。

3）太阳能热水系统的分类

太阳能热水系统可根据不同情况进行分类。

按照太阳能热水系统提供热水的范围可分为集中供热水系统、集中分散供热水系统和分散供热水系统。

按照太阳能热水系统的运行方式分为自然循环系统、强制循环系统和直流式系统。

按照太阳能热水系统中集热器与蓄水箱之间的相对位置分为整体式和分体式。

2. 太阳房

太阳房是利用太阳能进行采暖和空调的环保型生态建筑，它不仅能满足建筑物在冬季的采暖要求，而且也能在夏季起到降温和调节空气的作用。

太阳房可分为主动式太阳房和被动式太阳房两大类。

1）主动式太阳房

主动式太阳房（或称主动太阳能采暖系统）与常规能源的采暖的区别，在于它是以太阳能集热器作为热源替代以煤、石油、天然气、电等常规能源作为燃料的锅炉。主动式太阳房一般由集热器、传热流体、蓄热器、控制系统及适当的辅助能源系统构成。它需要热交换器、水泵和风机等设备，电源也是不可缺少的（图2-2）。太阳能集热器获取太阳的热量，通过配热系统送至室内进行采暖，过剩热量储存在水箱内。当收集的热量小于采暖负荷时，由储存的热量来补充，热量不足时由备用的辅助热源提供。

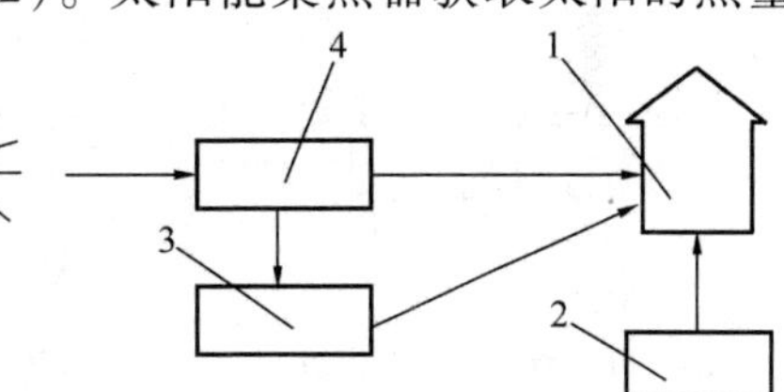

图2-2 主动式太阳能采暖示意图

1—室内；2—辅助热源；3—储热器；4—集热器

主动式太阳房的特点：

（1）主动式太阳房与常规采暖不同之处，在于用太阳能集热器代替采暖系统中的锅炉。

由于地表面上每平方米能够接收到的太阳辐射量有限，故集热面积要足够大才能满足要求。一般要求太阳能利用率在60%以上，集热采光面积占采暖建筑面积的10% ~30%（该比例数大小与当地太阳能资源、建筑物的保温性能、采暖方式、集热器热性能等因素有关）。

（2）照射到地面的太阳辐射能受气象条件和时间的支配，太阳能不能成为连续、稳定的独立能源。不仅有季节之差，即便一天之内，太阳辐照度也是不同的，而且在阴雨天和夜晚几乎没有或根本没有日照。因此，要满足连续采暖需求，系统中必须有储存热量的设备和辅助热源装置。储热设备通常按可维持2 ~3d的能量来计算。储热设备有两种，一种是储热水箱，另一种是用卵石槽（工质为空气）。

（3）太阳房所采用的集热器要求构造简单、性能可靠、价格便宜。由于集热器的集热效率随集热温度升高而降低，因此尽可能选择储热量大而集热温度低的材料，如采用太阳能天棚或地板辐射采暖的集热温度在30 ~40℃之间就可以了，而采用散热器采暖集热温度必须达到60℃以上。

2）被动式太阳房

被动式太阳房（或称被动式太阳能采暖系统）的特点是不需要专门的集热器、热交换器、水泵（或风机）等主动式太阳能采暖系统中所必需的部件，只是依靠建筑朝向和周围环境的合理布置、内部空间和外部形体的巧妙处理以及建筑材料和结构的恰当选择，使其在冬季能集热、储存热量，从而解决建筑物的采暖问题。被动式设计应用范围广、造价低，可以在增加少许或几乎不增加投资的情况下完成，在中小型建筑或者住宅中最为常见。从太阳热利用的角度，被动式太阳房可分为5种类型：

（1）直接受益式——利用南窗直接照射的太阳能（图2-3a、图2-3b）；

（2）集热蓄热墙式——利用南墙进行集热蓄热（图2-3c、图2-3d）；

（3）综合式——温室和前两种相结合的方式（图2-3 e、图2-3f）；

（4）屋顶集热蓄热式——利用屋顶进行集热蓄热（图2-3g）；

（5）自然循环式——利用热虹吸作用进行加热循环（图2-3h）。

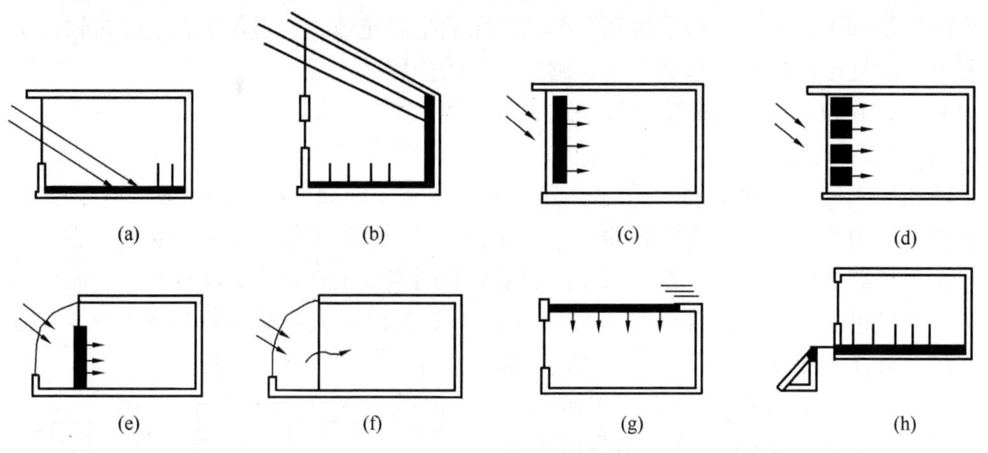

图2-3　被动式太阳能采暖系统

（a）、（b）直接受益式；（c）、（d）集热蓄热墙式；（e）、（f）综合式；（g）屋顶集热蓄热式；（h）自然循环式

3. 太阳能热发电

太阳能热发电技术是指利用大规模阵列抛物或碟形镜面收集太阳热能，通过换热装置提

供蒸汽，结合传统汽轮发电机的工艺，从而达到发电的目的。采用太阳能热发电技术，避免了昂贵的硅晶光电转换工艺，可以大大降低太阳能发电的成本。而且，这种形式的太阳能利用还有一个其他形式的太阳能转换所无法比拟的优势，即太阳能所烧热的水可以储存在巨大的容器中，在太阳落山后几个小时仍然能够带动汽轮发电机发电。

太阳能热发电系统主要有3种类型：槽式线聚焦系统、塔式系统和碟式系统。

（1）槽式线聚焦系统

槽式发电是最早实现商业化的太阳能热发电系统。它采用大面积的槽式抛物面反射镜将太阳光聚焦反射到线形接收器（集热管）上，通过管内热载体将水加热成蒸汽，同时在热转换设备中产生高压、过热蒸汽，然后送入常规的蒸汽涡轮发电机内进行发电。槽式抛物面太阳能发电站的功率为10～1000 MW，是目前所有太阳能热发电站中功率最大的。通常接收太阳光的采光板采用模块化布局，许多采光板通过串并联的方式，均匀地分布在南北轴线方向。为了保证发电的稳定性，通常在发电系统中加入化石燃料发电机。当太阳光不稳定的时候，化石燃料发电机补充发电，来保证发电的稳定性和实用性。一些国家已经建立起示范装置，对槽式发电技术进行深入地研究。

（2）塔式系统

塔式系统又称集中式系统。它是在很大面积的场地上装有许多台大型太阳能反射镜，通常称为定日镜，每台都各自配有跟踪机构准确地将太阳光反射集中到一个高塔顶部的接收器上。接收器上的聚光倍率可超过1000倍。在这里把吸收的太阳光能转化成热能，再将热能传给工质，经过蓄热环节，再输入热动力机，膨胀做工，带动发电机，最后以电能的形式输出。其主要由聚光子系统、集热子系统、蓄热子系统、发电子系统等部分组成。

（3）碟式系统

碟式（又称盘式）太阳能热发电系统是世界上最早出现的太阳能动力系统，是目前太阳能发电效率最高的太阳能发电系统，最高可达到29.4%。碟式系统的主要特征是采用碟（盘）状抛物面镜聚光集热器，该集热器是一种点聚焦集热器，可使传热工质加热到750℃左右，驱动发动机进行发电。这种系统可以独立运行，作为无电边远地区的小型电源，一般功率为10～25kW，聚光镜直径约10～15m；也可用于较大的用户，把数台至十台装置并联起来，组成小型太阳能热发电站。

在上述3种类型太阳能热发电系统中，目前只有槽式线聚系统已进入商业化阶段，其他两种类型均尚处于中试和示范阶段，但商业化前景看好。这3种类型的系统，既可单纯应用太阳能运行，也可安装成为与常规燃料联合运行的混合发电系统。

4. 太阳能温室

太阳能温室就是利用太阳的能量，来提高塑料大棚内或玻璃房内的室内温度，以满足植物生长对温度的要求，所以人们往往把它称为人工暖房。

太阳能温室是根据温室效应的原理加以建造的。所谓"温室效应"就是太阳光透过透明材料（或玻璃）进入温室内部空间，使进入温室的太阳辐射能大于温室向周围环境散失的热量，这样温室内的空气、土壤、植物的温度就会不断升高，这种过程称为"温室效应"。

温室内温度升高后所发射的长波辐射（一般波长大于5μm）能阻挡热量或很少有热量透过玻璃或塑料膜散失到外界，温室的热量损失主要是通过对流（温室内外的空气流动，包括门窗的缝隙中气体的流体）和导热（温室结构的导热物）的热损失。如果人们采取密封、保温等措施，则可减少这部分热损失。

在白天，进入太阳能温室的太阳辐射热量往往超过温室通过各种形式向外界散失的热量，这时温室处在升温状态，有时因温度太高，还要人为地放走一部分热量，以适应植物生长的需要。如果温室内安装储热装置，这部分多余的热量就可以储存起来了。

在夜间，太阳能温室没有太阳辐射时，温室仍然会向外界散发热量，这时温室处在降温状态，为了减少散热，故夜间要在温室上加盖保温层。若温室内有储热装置，晚间就可以将白天储存的热量释放出来，以确保温室夜间的最低温度。

太阳能温室在遇到日照条件差（阴雨天或在夜间）的情况时，需要辅助热源来给温室加温，一般是通过燃煤或燃气等方式进行供暖。

由于太阳能温室能够很好地利用太阳的辐射能并辅加其他能源，来确保室内所需的温度，同时对室内的湿度、光照、水分还可以进行人工或自动调节，实际上是创造了一个可以人工控制的小气候环境，可以提前或延期植物的生长期，缩短动物（家禽、家畜、水产）生长期，对提高繁殖率、降低死亡率都有明显的效果。因此，太阳能温室已成为我国农、牧、渔业现代化发展不可缺少的技术装备。

5. 太阳灶

1）概述

太阳灶是利用太阳能的一种装置，即利用太阳光辐射能，通过聚光、传热、储热等方式获取热量，进行炊事烹饪食物的一种装置。可以用它来烧水、煮饭、炒菜等。人类利用太阳能来烧水、做饭已有200多年的历史，特别是近二三十年来，世界各国都先后研制生产了各种不同类型的太阳灶。尤其是发展中国家，太阳灶受到了广大用户的欢迎和好评，并得到了较好的推广和应用。

2）结构类型及原理

根据太阳灶收集太阳能量的不同，基本上可分为箱式太阳灶、聚光太阳灶和综合型太阳灶三种基本结构类型。

（1）箱式太阳灶

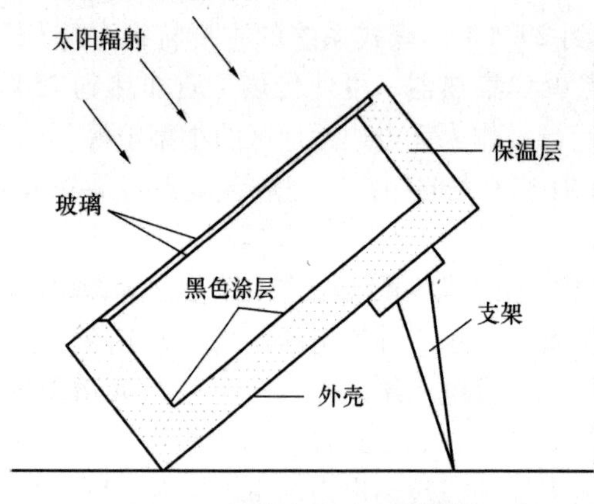

图2-4　箱式太阳灶基本结构

箱式太阳灶的基本结构为一箱体（图2-4）箱体上面有1～3层玻璃（或透明塑料膜）盖板，箱体四周和底部采用保温隔热层，其内表面涂以对太阳光吸收率比较高（应大于0.90）的黑色涂料，此外还有外壳和支架。蒸煮食物可以放在箱内预制好的木架或铅丝弯成的托架上。使用时，将箱体盖板与太阳光垂直方向放置，预热一定时间后，使箱内温度达100℃时，即可放入食物，箱子封严后即开始进行蒸煮食物，使用时要进行几次箱体角度的调整，一般1～2h后即熟。箱式太阳灶可以蒸馒头和包子、焖米饭、炖肉、熬菜和煮红薯等。此外还可以用它蒸煮医疗器具和消毒灭菌之用。

箱式太阳灶的工作原理是：太阳的辐射能，即阳光，主要是可见光和近红外线，几乎能够全部透过平板玻璃（如果玻璃的透光率很高）。当阳光透过玻璃进入保温箱体后，遇到黑色的吸收体，光即转变为热。在物理学上，热的辐射也是一种物质运动的形式，主要为红外辐射，其波长较长，恰好玻璃能阻止长波的通过，安装双层玻璃，红外辐射就更难透过。同时，箱体四周和底部均有保温隔热材料，也不让热辐射外逸。换言之，玻璃起了让短波阳光进、不让长波红外线出的作用。尽管箱体总是要散失一部分热量，但箱内的温度随着闷晒时间的延续，将会逐渐升温，直至到达平衡为止。由此可见，这种太阳灶的箱内最高温度取决于保温材料的优劣。通常采用棉花保温，可达150℃左右。为了提高箱式太阳灶的效率，缩短闷晒时间，或防止多云时影响灶温下降，可在箱侧加装反光镜，增大受光面积；也可在箱底加装金属油箱（薄盒），借助油的储热作用，维持太阳间歇性照射时箱内的温度稳定。在条件允许的情况下，盖面玻璃的表面可以加涂一层光谱选择性材料，如 SO_2 之类的透明涂料，以改变阳光的吸收与发射，提高太阳灶的效率。

此类太阳灶的优点是结构简单、成本低廉、使用方便。箱式太阳灶的箱内温度是逐渐积累起来的，受风速影响较大，为防止热损失，使用时要注意放置在向阳背风的地方。虽然闷晒时间较长，但不用人看管，并具有较好的保温性，使用得当，可以节省柴草，适合有些农村使用。但由于聚光度低、功率有限、箱温不高，只能适合于蒸煮食物，而且时间较长，使用受到很大的限制。

（2）聚光式太阳灶

聚光式太阳灶（图2-5）是利用抛物面聚光的特性，将较大面积的阳光聚焦到锅底，使温度升到较高的程度，以满足炊事要求。其大大提高了太阳灶的功率和聚光度，使锅圈温度可达500℃以上，大大缩短了炊事作业时间。这种太阳灶的关键部件是聚光镜，不仅有镜面材料的选择，还有几何形状的设计。最普通的反光镜为镀银或镀铝玻璃镜，也有铝抛光镜面和涤纶薄膜镀铝材料等。

图2-5　聚光式太阳灶

聚光式太阳灶又可以根据聚光方式的不同，分为旋转抛物面太阳灶、球面太阳灶、抛物柱面太阳灶、圆锥面太阳灶和菲涅耳聚光太阳灶等。由于旋转抛物面太阳灶具有较强的聚光特性、能量大，可获得较高的温度，因此使用最广泛。

聚光式太阳灶的镜面设计，大多采用旋转抛物面的聚光原理。若有一束平行光沿主轴射向抛物面，遇到抛物面的反光，则光线都会集中反射到定点的位置，于是形成聚光，或叫“聚焦”作用。作为太阳灶使用，要求在锅底形成一个焦面，才能达到加热的目的。换言之，它并不要求严格地将阳光聚集到一个点上，而是要求一定的焦面。确定了焦面之后，研究聚光器的聚光比，它是决定聚光式太阳灶的功率和效率的重要因素。聚光比 K 可用公式求得：K = 采光面积/焦面面积。采光面积是指太阳灶在使用时反射镜面阳光的有效投影面积。

旋转抛物面聚光镜是按照阳光从主轴线方向入射，所以往往在通过焦点上的锅具时会留下一个阴影，这就要减少阳光的反射，直接影响太阳灶的功率。偏轴聚焦的原理克服了上述弊病。目前，我国大部分太阳灶的设计均采用了偏轴聚焦原理。

聚光式太阳灶除采用旋转抛物面反射镜外，还有将抛物面分割成若干段的反射镜，光学上称之为菲涅耳镜，也有把菲涅耳镜做成连续的螺旋式反光带片，俗称“蚊香式太阳灶”。这类灶型都是可折叠的便携式太阳灶。聚光式太阳灶的镜面，有用玻璃整体热弯成型，也有用普通玻璃镜片碎块粘贴在设计好的底板上，或者用高反光率的镀铝涤纶薄膜裱糊在底板上。底板可用水泥制成，或用铁皮、钙塑材料等加工成型，也可直接用铝板抛光并涂以防氧化剂制成反光镜。聚光式太阳灶的架体用金属管材弯制，锅架高度应适中要便于操作，镜面仰角可灵活调节。在有风的地方，太阳灶要能抗风不倒。可在锅底部位加装防风罩，以减少锅底因受风的影响而功率下降。有的太阳灶装有自动跟踪太阳的跟踪器。中国农村推广的一些聚光式太阳灶。大部分为水泥壳体加玻璃镜面，造价低，便于就地制作，但不利于工业化生产和运输。

3）综合型太阳灶

综合型太阳灶是利用箱式太阳灶和聚光太阳灶所具有的优点加以综合，并吸收真空集热管技术、热管技术研发的不同类型的太阳灶。现简单介绍几种：

（1）热管式太阳灶（图2-6）

分为两个部分：①室外收集太阳能的集热器，即自动跟踪的聚光式太阳灶。②热管。热管是一种高效传热件，利用管体的特殊构造和传热介质的蒸发与凝结作用，把热量从管的一端传到另一端。热管式太阳灶是将热管的受热端即沸腾段置于聚光太阳灶的焦点处，而把释热端即凝结段置于散热处或蓄热器中。于是，太阳热就从户外引入室内，使用较为方便。有的将蓄热器置于地下，利用大地作绝热保温器，其中填以硝酸钠、硝酸钾和亚硝酸钠的混合物作蓄热材料。当热管传给的热量熔化了这些盐类，盐熔液就把蛇形管内的载热介质加热，载热介质流经炉盘，炉盘受热即可作炊事用。

（2）储热太阳灶（图2-7）

太阳光通过聚光器，将光线聚集照射到热管蒸发段，热量通过热管迅速传导到热管冷凝端，通过散热板再将它传给换热器中的硝酸盐，再用高温泵和开关使其管内传热介质把硝酸盐获得的热量传给炉盘，利用炉盘所达到的高温进行炊事操作。这类太阳灶实际上是一种室内太阳灶，比室外太阳灶有了很大改进，但技术难度在于研制一种可靠的高温热管以及管道中高温介质的安全输送和循环，而且对工作可靠性要求很高。

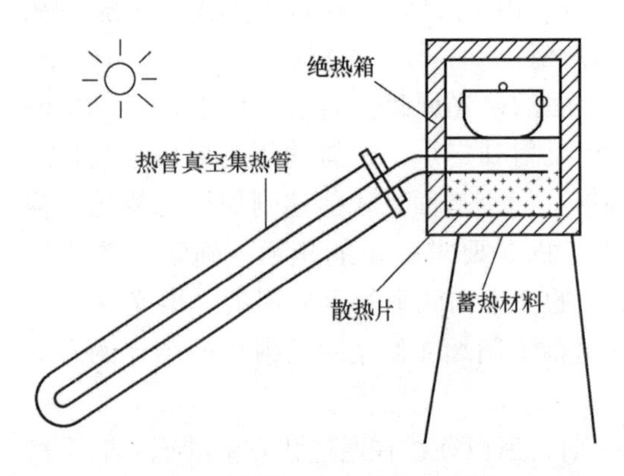

图2-6　热管真空集热管太阳灶

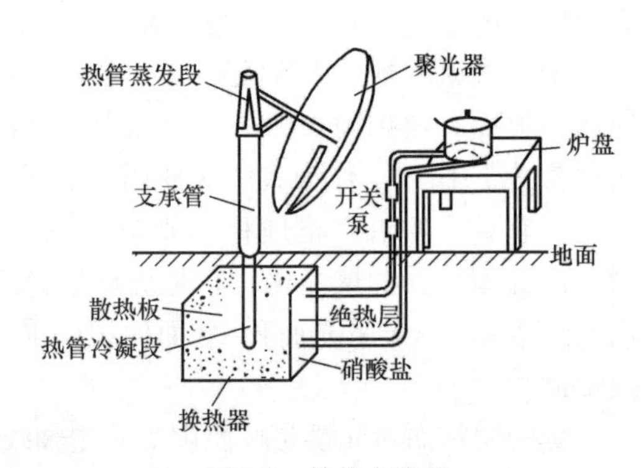

图2-7　储热太阳灶

2.3.2　太阳能光伏发电

1. 太阳电池

对于太阳能光电利用来说，太阳电池是最重要的器件。太阳能电池是通过光电效应或者光化学效应直接把光能转化成电能的装置。以光电效应工作的薄膜式太阳能电池为主流，而以光化学效应工作的湿式太阳能电池则还处于萌芽阶段。

1）按照不同材料分类

太阳能电池的制造方法各异，但按材料来分类最为重要，其分类情况如图 2-8 所示。

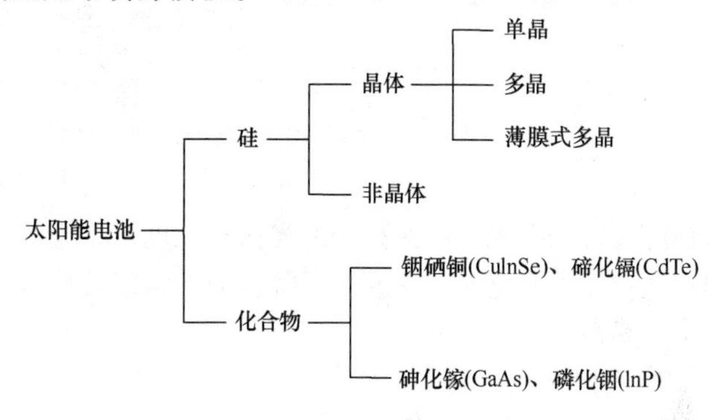

图 2-8　太阳能电池按材料分类

（1）硅太阳能电池。以硅材料作为基体的太阳能电池。如单晶硅太阳能电池、多晶硅太阳能电池、非晶体太阳能电池等。制作多晶硅太阳能电池的材料用纯度不太高的太阳能级硅即可。而太阳能级硅由冶金级硅用简单的工艺就可加工制成。多晶硅材料又有带状硅、铸造硅、薄膜多晶硅等多种。用它们制造的太阳能电池有薄膜和片状 2 种。目前硅太阳能电池占市场主导地位。

（2）硫化镉太阳能电池。以硫化镉单晶或多晶为基体材料的太阳能电池。如硫化亚铜/硫化镉太阳能电池、碲化镉/硫化镉太阳能电池、硒铟铜/硫化镉太阳能电池等。

（3）砷化镓太阳能电池。以砷化镓为基体材料的太阳能电池。如同质结砷化镓太阳能电池、异质结砷化镓太阳能电池等。

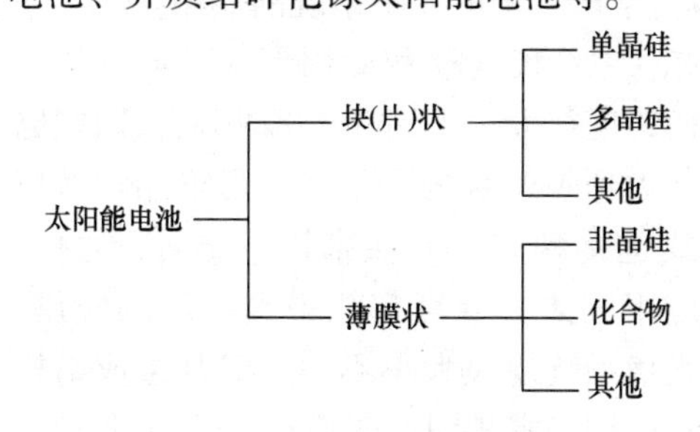

图 2-9　太阳能电池按构造分类

2）按构造分类

这种分类的本质是按形体（厚度）进行分类，如图 2-9 所示。大体可分为块（片）状和薄膜状两大类。块（片）状以单晶硅和多晶硅为代表，即以块状结晶材料用机械加工的方法制成板（片）材。而薄膜状是以玻璃或金属作基板，让晶体材料黏附其上并起化学反应形成一个晶体薄膜。非晶化合物则以砷化镓等为代表。此外，还有另一些分类方法，如以 PN 结的层数进行太阳能电池的分类等。

2. 太阳能方阵

太阳能光伏发电系统的第一个入口点是太阳能电池。由一片单晶硅片构成的太阳能电池称为单体；多个太阳能电池单体组成的构件称为太阳能组件；多个太阳能电池组件即组件群构成的大型装置称为太阳能电池阵列。阵列有公共的输出端，可直接接向负荷。以上太阳能电池单体、组件、电池板方阵列如图 2-10 所示。

太阳能电池方阵可分为平板式和聚光式两大类。只需把一定数量的太阳能电池组件按照电性能的要求串、并联起来即可，不需加装汇聚阳光的装置，结构简单，多用于固定安装的场合。聚光式方阵，加有汇聚阳光的收集器，通常采用平面反射镜、抛物面反射镜或菲涅尔

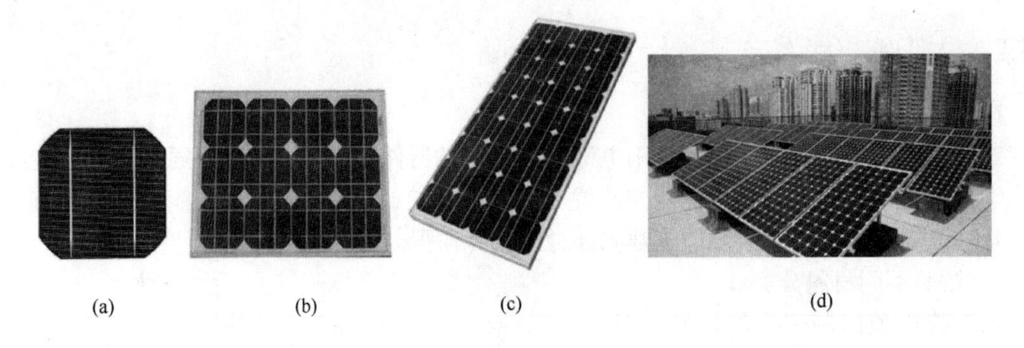

(a) (b) (c) (d)

图 2-10 太阳能电池、组件、电池板和方阵
（a）电池片；（b）组件；（c）电池板；（d）方阵

透镜等装置来聚光，以提高入射光谱辐照度。聚光式方阵可比相同功率输出的平板式方阵少用一些单体太阳电池，使成本下降；但通常需要装设带有转动部件的向日跟踪装置，从而降低了可靠性。

3. 太阳能光伏发电系统

1）光伏系统的组成

光伏发电系统由以下 3 部分组成：太阳能电池组件，充放电控制器、逆变器、测试仪表和计算机监控等电力设备和蓄电池或其他蓄能和辅助发电设备。

光伏系统应用非常广泛，光伏系统应用的基本形式可分为两大类：独立发电系统和并网发电系统。应用领域主要在太空航空器、通信系统、微波中继站、电视差转台、光伏水泵和无电缺电地区户用供电。随着技术发展和世界经济可持续发展的需要，发达国家已经开始有计划地推广城市光伏并网发电，主要是建设户用屋顶光伏发电系统和 MW 级集中型大型并网发电系统等，同时在交通工具和城市照明等方面大力推广太阳能光伏系统的应用。

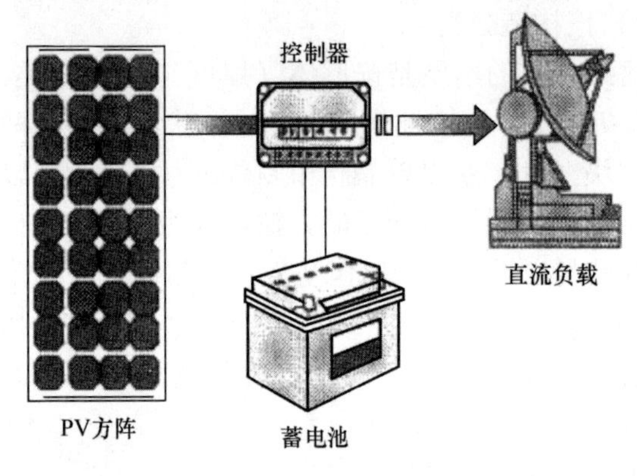

图 2-11 直流负载的太阳能光伏系统

光伏系统的规模和应用形式各异，如系统规模跨度很大，小到 0.3～2W 的太阳能庭院灯，大到 MW 级的太阳能光伏电站。其应用形式也多种多样，在家用、交通、通信、空间应用等诸多领域都能得到广泛的应用。尽管光伏系统规模大小不一，但其组成结构和工作原理基本相同。图 2-11 为一个典型的供应直流负载的太阳能光伏系统示意图。其中包含了光伏系统中的几个主要部件。

（1）光伏组件方阵　由太阳能电池组件（也称光伏电池组件）按照系统需求串、并联而成，在太阳光照射下将太阳能转换成电能输出，它是太阳能光伏系统的核心部件。

（2）蓄电池　将太阳能电池组件产生的电能储存起来。当光照不足或在晚上，或者负载需求大于太阳能电池组件所发的电量时，将储存的电能释放以满足负载的能量需求，它是太阳能光伏系统的储能部件。目前太阳能光伏系统常用的是铅酸蓄电池，对于较高要求的系统，通常采用深放电阀控式密封铅酸蓄电池、深放电吸液式铅酸蓄电池等。

（3）控制器　它对蓄电池的充、放电条件加以规定和控制，并按照负载的电源需求控制太阳电池组件和蓄电池对负载的电能输出，是整个系统的核心控制部分。随着太阳能光伏产业的发展，控制器的功能越来越强大，有将传统的控制部分、逆变器以及监测系统集成的趋势。

(4) 逆变器　在太阳能光伏供电系统中，如果含有交流负载，那么就要使用逆变器设备，将太阳能电池组件产生的直流电或者蓄电池释放的直流电转化为负载需要的交流电。

2) 光伏系统的分类

按照光伏发电系统与公共电网的连接方式，光伏发电系统可分为独立光伏发电系统和并网光伏发电系统两大类。

(1) 独立光伏发电系统

独立光伏发电系统是相对于光伏并网发电系统而言的，其基本工作原理是在太阳光照射下，将光伏电池产生的电能通过控制器直接给负载供电，或者在满足负载需求的情况下将多余的电力给蓄电池充电进行能量储存。当日照不足或者在夜间时，则由蓄电池直接给直流负载供电或者通过逆变器给交流负载供电（图 2-12）。

(2) 并网光伏发电系统

与公共电网相连接且共同承担供电任务的太阳能光伏发电系统称为并网光伏发电系统。并网发电系统不需要蓄电池储能设备，将电网作为储存单元，利用光伏阵列将太阳能转换成为直流电能，通过并网逆变器将太阳能发出的直流电转换成符合市电电网要求的交流电之后直接接入公共电网。并网系统中光伏方阵所产生的电力除了供给交流负载外，多余的电力反馈给电网（图 2-13）。并网光伏发电技术是太阳能光伏发电进入大规模商业化发电阶段、成为电力工业组成部分的重要发展方向，是当今世界太阳能光伏发电技术发展的主流趋势。

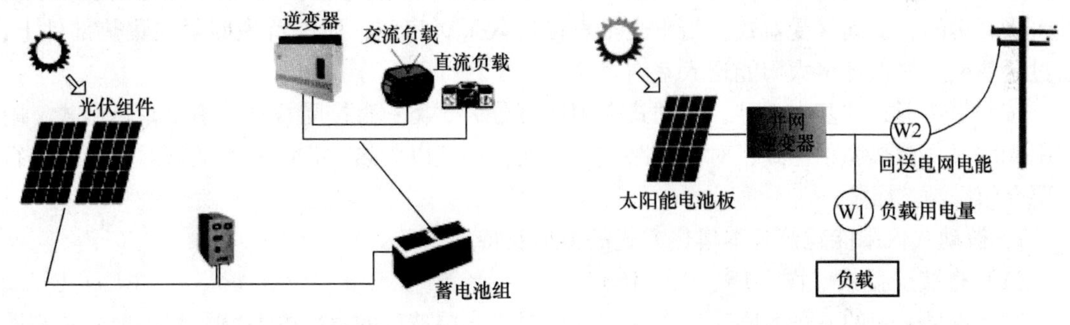

图 2-12　独立光伏发电系统　　　图 2-13　并网光伏发电系统

2.4　太阳能建筑应用技术

2.4.1　太阳能空气采暖技术

根据是否利用机械的方式获取太阳能，把通过适当的建筑设计无需机械设施获取太阳能的空气采暖技术称为被动式太阳能采暖技术；而需要机械设备获取太阳能的空气采暖技术称为主动式太阳能采暖技术。我国建筑能耗中采暖能耗占很大比例，而被动式太阳能技术投资低、效果好，可以节约大量的化石能源。主被动相结合的太阳能技术设计已成为当前建筑设

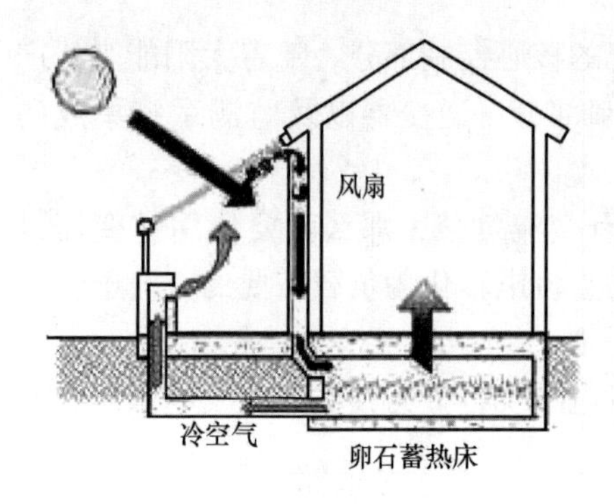

图 2-14 主被动混合系统

计中不可缺少的一部分（图 2-14）。

1. 被动式太阳能建筑空气采暖技术

1）被动式太阳房的采暖原理及分类

被动式采暖技术，是通过建筑朝向和周围环境的合理布置、内部空间和外部形体的巧妙处理以及建筑材料和结构构造的恰当选择，使其在冬季能集取、保持、储存、分布太阳热能，从而解决建筑物的采暖问题。被动式太阳能建筑设计的基本思想是控制阳光和空气在恰当的时间进入建筑并储存和分配热空气。其设计原则是要有有效的绝热外壳，有足够大的集热表面，室内布置尽可能多的储热体，以及主次房间的平面位置合理。

被动式采暖技术应用范围广、造价低，可以在增加少许或几乎不增加投资的情况下完成，在中小型建筑或住宅中最为常见。美国能源部指出被动式太阳能建筑的能耗比常规建筑的能耗低 47%，比相对较旧的常规建筑低 60%。我国青海省刚察县泉吉邮电所是一座早期试建的被动式太阳房，使用状况一直很好。当地海拔 3301m，冬季采暖期长达 7 个月，最冷时气温低到 -22℃。在不使用辅助能源的情况下，太阳房内的温度一般可维持 10℃ 以上。该房于 1979 年建成时，造价比当地普通房屋略高，但每年能节省大量采暖用煤，经济上是合算的，并且舒适度远远超过该地区同类普通建筑。

被动式太阳房的形式有多种，分类方法也不一样。就基本类型而言，目前有两类分类方式：一种是按传热过程分类，另一种是按集热形式分类。

按照传热过程的区别，被动式太阳房可分为两类：①直接受益式，指阳光透过窗户直接进入采暖房间；②间接受益式，指阳光不直接进入采暖房间，而是首先照射在集热部件上，通过导热或空气循环将太阳能送入室内。

按照集热形式的基本类型，被动式太阳房可分为 5 类：直接受益式、集热蓄热墙式、附加阳光间式、蓄热屋顶池式、对流环路式。下面我们就以集热方式的基本类型对其原理进行简要介绍。

2）被动式太阳能建筑基本集热方式的类型及特点

（1）直接受益式（图 2-15、图 2-16）

这是较早采用的一种太阳房，南立面是单层或多层玻璃的直接受益窗，利用地板和侧墙蓄热。也就是说，房间本身是一个集热储热体，在日照阶段，太阳光透过南向玻璃窗进入室内，地面和墙体吸收热量，表面温度升高，所吸收的热量一部分以对流的方式供给室内空气，另一部分以辐射方式与其他围护结构内表面进行热交换，第三部分则由地板和墙体的导热作用把热量传入内部蓄存起来；当没有日照时，被吸收的热量释放出来，主要加热室内空气，维持室温，其余则传递到室外。图 2-17 指出了利用屋顶开窗获取太阳辐射的直接受益窗及其采取保温措施的方法。

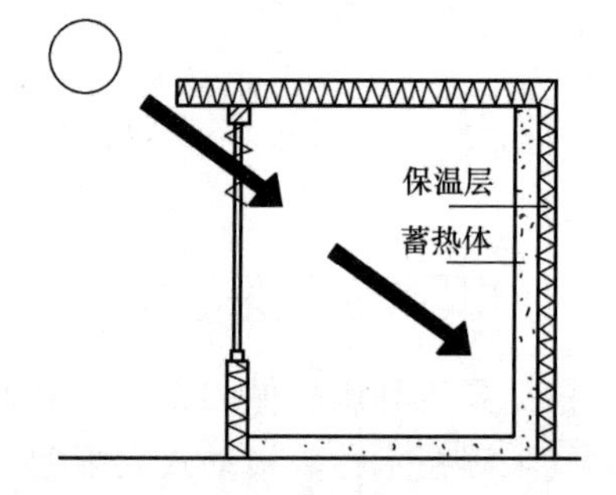

图 2-15 直接受益式太阳房的基本形式

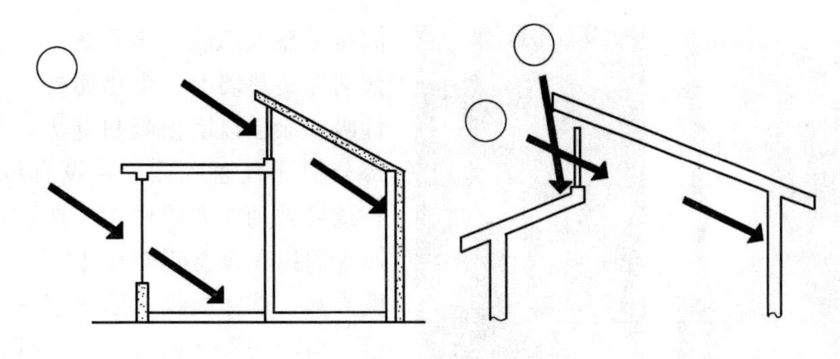

图 2-16　利用高侧窗直接受益

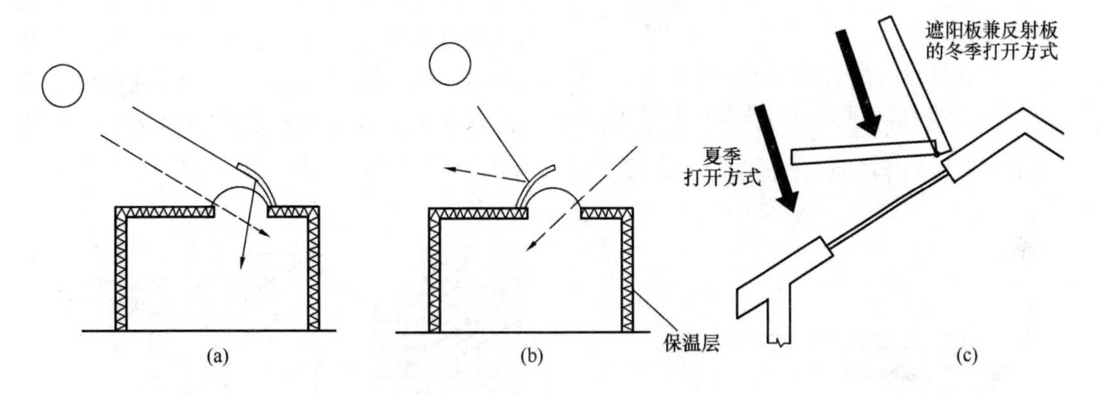

图 2-17　直接受益式天窗反射板

（a）冬季利用反射板增强光照；（b）夏季反射板遮挡直射，漫射光采光；（c）坡屋顶天窗冬夏季开启方式

直接受益窗是应用最广的一种方式。其特点是：构造简单易于制作、安装和日常的管理与维修；与建筑功能配合紧密，便于建筑立面处理，有利于设备与建筑的一体化设计；室温上升快、一般室内温度波动幅度稍大。非常适合冬季需要采暖且晴天多的地区，如我国的华北内陆、西北地区等。但缺点是白天光线过强，且室内温度波动较大，需要采取相应的构造措施。

采用该形式除了遵循节能建筑设计的平面设计要点，应特别需要注意以下几点：建筑朝向在南偏东、偏西 30°以内，有利于冬季集热和避免夏季过热；根据热工要求确定窗口面积、玻璃种类、玻璃层数、开窗方式、窗框材料和构造；合理确定窗格划分，减少窗框、窗扇自身遮挡，保证窗的密闭性；最好与保温帘、遮阳板相结合，确保冬季夜晚和夏季的使用效果。

在窗的设计中应注意：根据热工要求恰当地确定窗口面积；慎重地确定玻璃层数与做法；减少窗洞范围内的遮挡；合理确定窗格划分、开扇的开关方式与开启方向；构造上既要保证窗的密封性又要减少窗框、窗扇自身的遮挡；解决夜间保温的问题也是不可忽视的内容。

直接受益式的太阳能集热方式非常适于与立面结合，往往能够创造出简约、现代的立面效果。设计者应根据建筑设计的条件进行选择，避免流于形式。

（2）集热蓄热墙式

1956 年，法国学者 Trombe 等提出了一种集热方案，在直接受益式太阳窗的后面筑起一道重型结构墙，图 2-18 就是以此为依据制作的产品模型。利用重型结构墙的蓄热能力和延迟传热的特性获取太阳的辐射热。这种形式的太阳房在供热机理上与直接受益式不同，属于间接受益太阳能采暖系统。阳光透过玻璃照射在集热墙上，集热墙外表面涂有选择性吸收涂层以增强吸热能力，其顶部和底部分别开有通风孔，并设有可开启活门。在这种被动式太阳房中，透过透明盖板的阳光照射在重型集热墙上，墙的外表面温度升高，墙体吸收太阳辐射热一部分通过透明盖层向室外损失，另一部分加热夹层内的空气，从而使夹层内的空气与室内空气密度不同，通过上下通风口而形成自然对流，由上通风孔将热空气送进室内；第三部分则通过集热蓄热墙体向室内辐射热量，同时加热墙内表面空气，通过对流使室内升温（图 2-19）。图 2-20 为集热蓄热墙的形式。

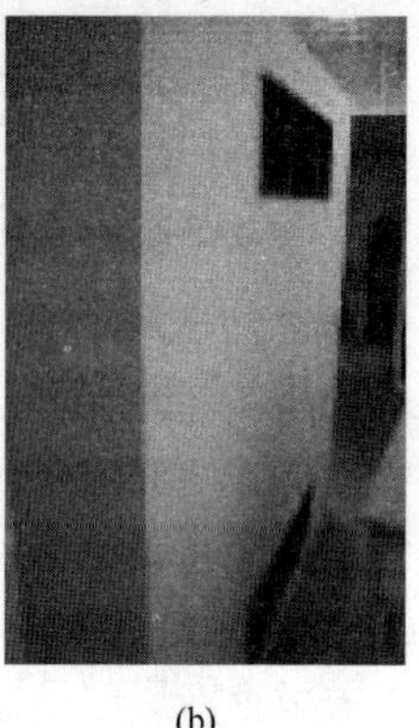

(a)　　(b)

图 2-18　有通风口的集热蓄热墙

（a）集热蓄热墙正面；（b）集热蓄热墙背面

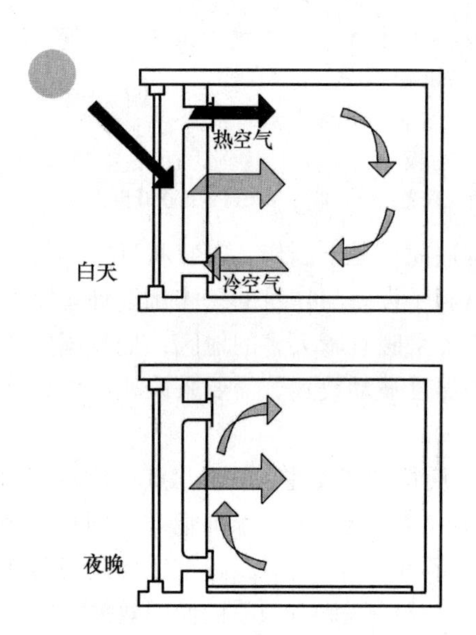

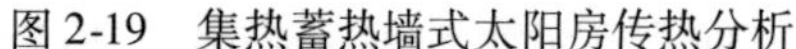

图 2-19　集热蓄热墙式太阳房传热分析

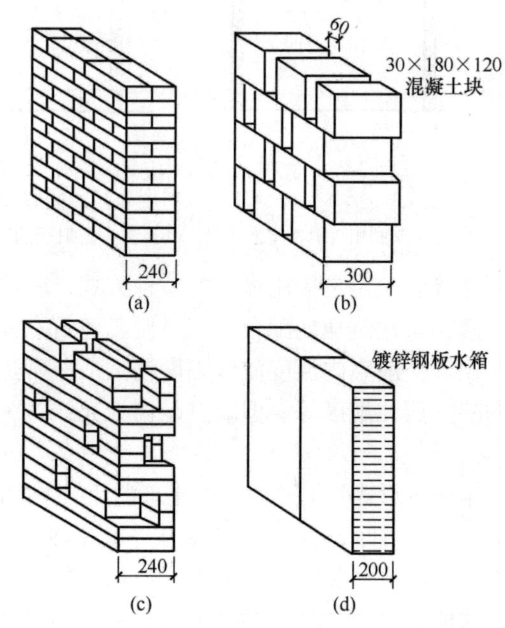

图 2-20　集热蓄热墙的形式

（a）砖墙；（b）花格墙；（c）砖花格墙；（d）水墙

对于利用结构直接虚热的墙体，墙体结构的主要区别在于通风口。按照通风口的有无和分布情况，分为 3 类：无通风口、在墙顶端和底部设有通风口和墙体均布通风口。我们通常把前两种称为“特朗勃（Trombe）墙”，后来，在实用中，建筑师米谢尔又做了一些改进，所以也在太阳能界称之为“特朗勃 - 米谢尔墙”，后一种称为“花格墙”。把花格墙用于局部采暖是我国的一项发明，理论和实践均证明了其具有优越性。根据我国农村住房的特点，清华大学在北京郊区进行了旧房改太阳房的试验，得到了较好的效果。做法是：先对原有房屋的后墙、侧墙和屋顶进行必要的保温处理，然后将南窗下的 37 坎墙改成当地农民使用低强度等级 37mm 混凝土块砌筑的花格墙，表面涂无光黑漆，外加玻璃 - 涤纶薄膜透明盖板，并设有活动保温门。这种墙体在日照下能较多地蓄存热量，夜晚把保温门关闭，吸热混凝土块便向室内放热。

这种集热蓄热墙式太阳房已成为目前广泛应用的被动式太阳房采暖形式之一。集热蓄热墙式与直接受益式相结合，既可充分利用南墙集热，又可与建筑结构相结合，并且室内昼夜温度波动较小。墙体外表面涂成深色、墙体与玻璃之间的夹层安装波形钢板或透明热阻材料都可以提高系统集热效率。可通过模拟计算或选择经验数值确定空气间层的厚度及通风口的尺寸（在设置通风口的情况下），这是影响集热效果的重要数值。

集热蓄热墙是间接受益的一种方式。其特点是：在充分利用南墙面的情况下，能使室内保留一定的南墙面，便于室内家具的布置，可适应不同房间的使用要求；与直接受益窗结合使用，既可充分利用南墙集热，又能与砖混结构的构造要求相适应：用砖石等材料构成的集热蓄热墙，墙体蓄热在夜间向室内辐射，使室内昼夜温差波幅小；在顶部设置夏季向室外的排气口，可降低室内温度。

最早的集热墙是半米厚、在上下两端开孔的混凝土墙，外表面涂黑。50年来，集热墙无论在材料上、结构上，还是在表面涂层上，都有了很大发展。现在的设计往往在向阳侧设置带玻璃罩的储热墙体，墙体可选择砖（推荐厚度240～360mm）、混凝土（推荐厚度300～400mm）、土坯（推荐厚度200～300mm）、石料、水等储热性能好的材料，以及利用化学能储热的相变蓄热材料。

水墙结构上的主要区别取决于蓄水容器的壳体形状，可以有箱式和圆筒式等，相变蓄热材料也已经有所运用，并且厚度上最小可以做到150mm，对于节能省地和节约建筑成本都很有优势和发展前途。但由于技术要求较高，水墙在国内的实际工程中应用还比较少。

集热墙外表面涂有吸收层，与集热墙体本身相比，吸收率增大，但伴随表面黑度的增大，墙的长波辐射热损失也有所增多，部分的抵消了吸收率提高所产生的增益，总起来说，采用涂层能使蓄热墙效果增强，为了在提高吸收率的同时降低表面黑度，人们开始研究采用选择性涂层，实验表明，采用选择性涂层的效果非常显著。现在选择性涂层已经广泛应用于太阳能热水器集热器的制作。

蓄热体在室内设置在阳光直射到的地方是最理想的。地板是最佳位置，但地板面积往往被家具遮挡，所以，蓄热体配置在东、西、北墙或内墙也是可以的。对于南向房间，进深不大于窗户顶端离地面高度的2.5倍就可以保证阳光进入整个房间，若窗户平均高2.1m，那么房间的最大进深应为4.2～5.5m。根据国外试验和经验推荐，以砖石材料砌筑的墙和地面至少要10cm厚。这些蓄热体的室外一侧必须保温，阳光能够直接照射到的蓄热体室内一侧表面积应不小于玻璃面积的4倍。对表面颜色的要求有下述选择：砖石地面选用深色；砖石墙面可选用任何颜色；所有轻质结构都涂上浅颜色；不要在地面上铺设“从墙到墙”的大地毯。

集热蓄热墙的设计要求：

（1）综合建筑性质、结构特点与立面处理的需要，并在保证足够集热面积的前提下，确定其立面组合形式。

（2）合理选定集热蓄热墙的材料与厚度，并注意选择吸收率高、耐久性强的吸热图层。

（3）结合当地气候条件、解决好透光外罩的透光材料、层数与保温装置的组合设计，即外罩边框的构造做法。边框构造应便于外罩的清洗和维修。

（4）合理确定对流风口的面积、形状与位置，保证气流通畅。为便于日常使用与管理，已考虑风门逆止阀的设置。

（5）选择恰当的空气间层宽度，为加快间层空气升温速度，可设置适当的附加装置。

（6）注意夏季排气口的设置，防止夏季过热。

（7）集热蓄热墙整体与细部的构造设计，应在保证装置严密、操纵灵活与日常管理维修方便的前提下，尽量使构造简单，施工方便，造价经济。

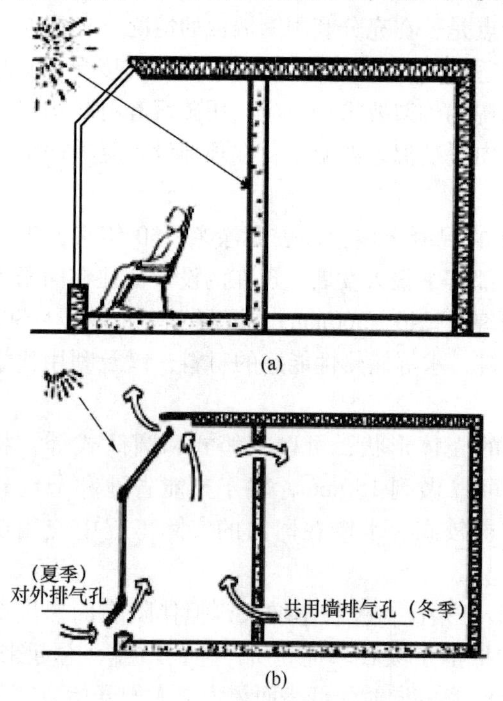

图 2-21　附加阳光间式太阳房

（a）附加阳光间的基本形式；（b）开设内外通风窗有效改善冬夏季工况（通风口可以用门窗代替）

3）附加阳光间式

在向阳侧设透光玻璃构成阳光间接受日光照射，阳光间与室内空间由墙或窗隔开，蓄热物质一般分布在隔墙内和阳光间地板内。因而从向室内供热来看，其机理完全与集热墙式太阳房相同，是直接受益式和集热蓄热式的组合。随着对建筑造型要求的提高，这种外形轻巧的玻璃立面普遍受到欢迎。阳光间的温度一般不要求控制，可结合南廊、入口门厅、休息厅、封闭阳台等设置，用来养花或栽培其他植物，所以附加阳光间式太阳房有时也称为附加温室式太阳房（图 2-21a）。

与集热墙式被动房相比，该形式具有集热面积大、升温快的特点，与相邻内侧房间组织方式多样，中间可设砖石墙、落地门窗或带槛墙的门窗；但由于附加阳光间将增大透明盖层的面积，是散热面积增大，因而降低所收集阳光的有效热量。在阳光间结构上作些改进，也可以收到较好的效果。例如，在隔断墙顶部和底部都均匀地开设通风口（图 2-21b），如果能在上通风口安装风扇，加快能量向室内传输，可避免能量过多地散失。阳光间内中午易过热，应该通过门窗或通风窗合理组织气流，或将热空气及时导入室内。只有解决好冬季夜晚保温和夏季遮阳、通风散热，才能减少因阳光间自身缺点带来的热工方面的不利影响。冬季的通风也很重要，因为种植植物等原因，阳光间内湿度较大，容易出现结露现象。夏季可以利用室外植物遮阳，或安装遮阳板、百叶帘，开启甚至拆除玻璃扇。

阳光间的平面设计可以采用“抱合式”平面布置，即把阳光间放在南侧中央，像多层住宅凹阳台的形式，这样不但使阳光间的东西两侧有较好的保暖性能，也可以防止夏季西晒使室温过高。

结合南立面设计，还可以把阳光间作成暖廊式，与普通的阳光间相比，较大地减少了玻璃面积，因而减少了热损耗；与集热墙式被动房相比，只是空气夹层加宽了。因此，这种暖廊式被动房的性能与传热原理更类似于集热墙式被动太阳房（表 2-1）。

表 2-1　阳光间的基本形式

对流式	直射式	混合式
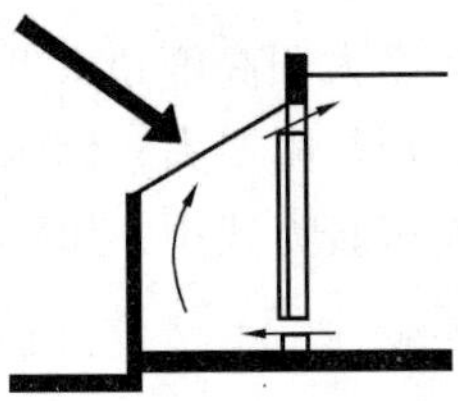	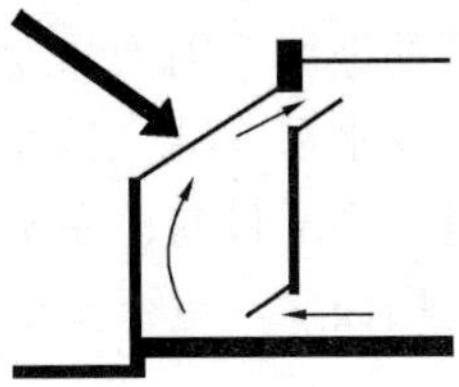	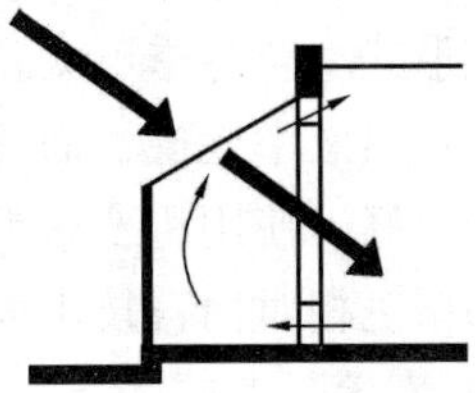
日光间与内窗之间的公共墙体的作用与集热蓄热墙相向，应开设上下通风口，以便组织好内外空间的热气流循环	落地窗作用同直接受益窗，设部分开启扇，以组织内外空间的热气流循环，也可设门连通内外空间	公共墙上可开窗和设槛墙，使内室既可得到阳光直射，又有槛墙蓄热的效益。窗开启扇设孔以组织热气流循环

在多层建筑中还可以使用反向阳光间被动式太阳能空气采暖系统。它通过置于屋顶和地面的风管，实现建筑的南向阳光间的太阳能得热向北部阳光间的自然传递。南部阳光间受热的空气上升，进入置于屋顶的风管，并通过这些风管流向北部阳光间；同时，南部阳光间置换出的空气被由北部阳光间的通过置于地面风管流向南部阳光间的较冷的空气所代替。由于系统还可用于东西阳光间之间，建筑物不受相对于太阳朝向的限制。

附加阳光间式直接受益于间接受益系统的结合。其特点是：集热面积大，阳光间内室温上升快；阳光间可结合南廊、门厅、封闭阳台设置，室内阳光充足可作多种生活空间，也可作为温室种植花卉，美化室内外环境；阳光间与相邻内层房间之间的关系变化比较灵活，既可设砖石墙，又可设落地门窗或带槛墙的门窗，适应性较强；阳光间内中午易过热，应采取通畅的气流组织，将热空气及时传送到内层房间；夜间热损失大，阳光间内室温昼夜波幅大，应注意透光外罩玻璃层数的选择和活动保温装置的设计。

阳光间设计的注意事项：

（1）组织好阳光间内热空气与内室的通畅循环，防止在阳光间顶部产生死角。

（2）处理好地面与墙体等位置的蓄热。

（3）合理确定透光外罩玻璃的层数，并采取有效的夜间保温措施。

（4）注意解决好冬季通风排湿问题，减少玻璃内表面结霜和结露。

（5）采取有效的夏季遮阳、隔热降温措施。

4）蓄热屋顶池式

屋顶池式太阳房兼有冬季采暖和夏季降温两种功能，适用于冬季不太寒冷、夏季较热的地区。从向室内的供热特征上看，这种形式的被动太阳房类似于不开通风口的集热墙式被动房。不过它的蓄热物质被放在屋顶上，通常是有吸热和储热功能的储水塑料袋或相变材料，其上设可开闭的隔热盖板，冬夏兼顾。冬季采暖季节，晴天白天打开盖板，将蓄热物质暴露在阳光下，吸收太阳热；夜晚盖上隔热盖板保温，使白天吸收了太阳能的蓄热物质释放热量，并以辐射和对流的形式传到室内（图 2-22a）。夏季，白天盖上隔热盖，阻止太阳能通过屋顶向室内传递热量；夜间移去隔热盖，利用天空辐射、长波辐射和对流换热等自然传热过程降低屋顶池内蓄热物质的温度（图 2-22b），从而达到夏季降温的目的。这种太阳房在冬季采暖负荷不高而夏季又需要降温的情况下使用比较适宜。但由于屋顶需要有较强的承载能力，隔热盖的操作也比较麻烦，实际应用还比较少。

该形式适合冬季不太寒冷且纬度低的地区。因为纬度高的地区冬季太阳高度角太低，水平面上集热效率也低，而且严寒地区冬季水易冻结。另外系统中的盖板热阻要大，储水容器密闭性要好。使用相变材料，热效率可提高。目前，在所有的太阳能采暖方式中，用空气作介质的系统相对而言技术简单成熟、应用面广、运行安全、造价低廉。

5）对流环路式

这种被动房由太阳能集热器（大多数为空气集热器）和蓄热物质（通常为卵石地床）构成，因此也被称为卵石床蓄热式被动太阳房。安装时，集热器位置一般要低于蓄热物质的位置。在太阳房南墙下方设置空气集热器，以风道与采暖房间及蓄热卵石床相通。集热器内被加热的空气，借助于温差产生的热压直接送入采暖房间，也可送入卵石床蓄存，而后在需要时再向房间供热（图 2-23）。

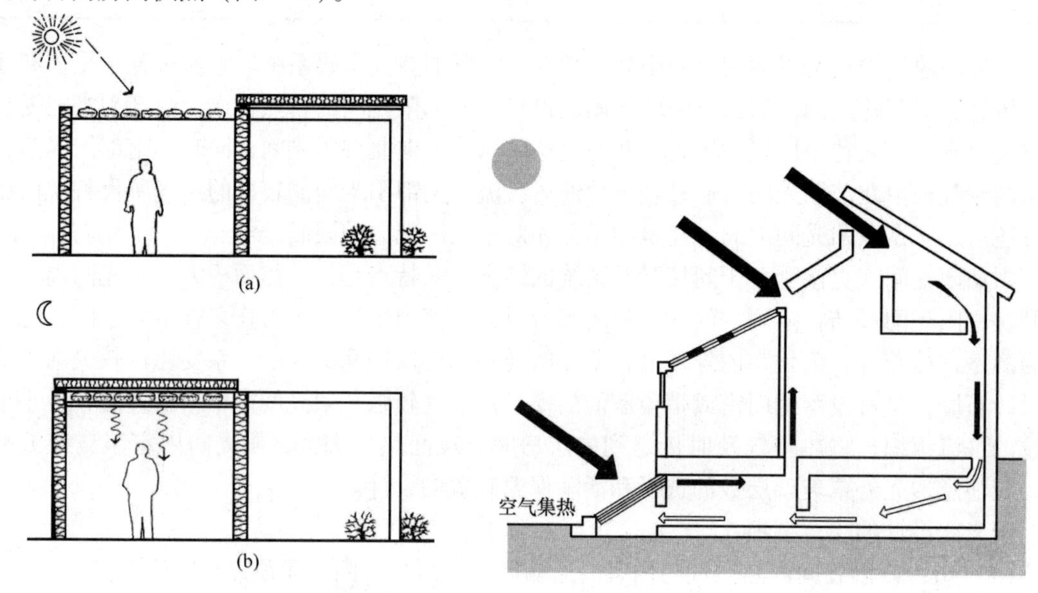

图 2-22　蓄热屋顶池式太阳房

（a）蓄热屋顶池式冬季白天工况；

（b）蓄热屋顶池式冬季夜晚工况

图 2-23　对流环路式被动太阳房

它的特点是：构造较复杂，造价较高；集热和蓄热量大，且蓄热体的位置合理，能获得较好的室内温度环境；适用于有一定高差的南向坡地。

在此，把多种空气加热系统作横向比较，便于在做不同类型的节能建筑设计时，可以根据实际情况加以选择（表 2-2）。

表 2-2　5 种太阳能空气加热系统的比较

系　统	优　点	缺　点
直接受益式	1. 景观好，费用低，效率高，形式很灵活； 2. 有利于自然采光； 3. 适合学校、小型办公室等	1. 易引起眩光； 2. 可能发生过热现象； 3. 温度波动大

续表

系　统	优　　点	缺　　点
集热蓄热墙式	1. 热舒适程度高，温度波动小； 2. 易于旧建筑改造，费用适中； 3. 大采暖负荷时效果很好； 4. 与直接受益式结合限制照度效果很好，适合于学校、住宅、医院等	1. 玻璃窗较少，不便观景； 2. 不便观景和自然采光； 3. 阴天时效果不好
附加阳光间式	1. 作为起居空间有很强的舒适性和很好的景观性，适合居住用房、休息室、饭店等； 2. 可作温室使用	1. 维护费用较高； 2. 对夏季降温要求很高； 3. 效率低
蓄热屋顶池式	1. 集热和蓄热量大，且蓄热体位置合理，能获得较好的室内温度环境； 2. 较适用于冬季采暖，夏季需降温的湿热地区，可大大提高设施的利用率	1. 构造复杂； 2. 造价很高
对流环路式	1. 集热和蓄热量大，且蓄热体位置合理，能获得较好的室内温度环境； 2. 适用于有一定高差的南向坡地	1. 构造复杂； 2. 造价较高

以上介绍的被动式太阳房的物种基本类型都有其各自的优点和不足。设计者可以根据情况博取众长，多方案组合形成新的系统。我们把有两个或两个以上基本类型被动式太阳能采暖混合而成的新系统称为混合式系统。混合式系统在实践中显出了它的优势，已成为被动式太阳房发展的重要趋势。不仅如此，今后主被动式相结合的太阳房也将是发展的必然。

6）被动式太阳能采暖房的管理和维修

（1）为保证太阳能建筑的使用安全，在设计时应注意尽量避免大面积玻璃窗会受到的来自各方面的机械损伤。

（2）使用者应经常对玻璃窗进行擦洗，以便始终保持清洁和良好的透明度，这样才能得到最大的得热效率。

（3）经常检查门窗是否气密。发现损坏之处，及时加以修补。

（4）经常检查并及时消除各部位隔热层可能出现的热桥。

（5）注意各通风孔道的开闭情况，保持系统处于最佳工作状态。

2. 被动式太阳能建筑集热方式的选择

设计师在进行建筑设计时，应根据实际情况，选择适当的集热方式。应考虑的因素主要有以下几个方面：

1）房间使用性质因素

选用一种集热方式，并不只是集热越多就越合适，还要考虑其所集热量向室内提供时是否能与实用房间所需的用热情况相吻合。对于主要在白天使用的房间，如起居室（堂屋）等，应以保证白天的用热环境为主，如选用直接受益窗或附加阳光间就能比较有利。它不但能蓄存一定的热量延迟到夜间供热，同时也能在白天部分向室内供热，使室内温度保持在一定水平上。

（1）对于起居室、办公室、教室等主要在白天使用的房间，应首先考虑选用直接受益窗或附加阳光间。在气象条件较差地区可适当增加集热蓄热墙。直接受益窗必须有有效的加热保温装置。在一般情况下主要以直接受益窗为主，辅以其他集热方式。

（2）对于卧室一类主要在夜间使用的房间以及地震区，可考虑选用集热蓄热墙式；为满足采光要求，选用一定量的直接受益窗是必不可少的。当直接受益窗采用散热透过材料或反射百叶帘来提高室内四壁的蓄热量时，可适当加大直接受益窗的面积，并配合使用保温装置，以使系统具有较高的集热效率。

2）自然因素

包括地理因素和气象因素。某地的太阳能多少与太阳照射的时间和太阳高度角有很大的关系，由于太阳高度角是由纬度影响的，因此我们在这里讲的地理因素主要是指当地的纬度情况。一般来说越靠近赤道阳光就越充沛，可利用的太阳能就越多，但是就太阳能采暖的问题来说，四季如春的地方不需要冬季采暖。相反，纬度越高的地区冬季越寒冷，热能耗也高，但是太阳能辐射量由相对较少；另外，同一纬度的地区由于离海洋的远近差别造成了迥异的气候条件。比如说同一纬度，滨海城市由于阴雨天气较多，太阳能设备的利用效率就相对内陆干旱少雨的地区来说要小很多。

不同的气象条件对每一种集热方式的工作状态的好坏具有直接的影响。充分考虑气象因素能更好地发挥不同集热方式的优点，避免其缺点。如直接受益窗易受气象变化的影响而导致室温波动较大，因此它较适用于那些在采暖期连续阴天较少出现，且持续时间短的地区选用，尤其更适于在采暖期最冷室外最低气温相对较高的地区；如能配合使用保温帘则可较好地发挥其集热效率高的特长。在采暖期中连续阴天出现相对较多的地区，可以选用热稳定性好的集热蓄热墙集热方式，因为当连续阴天出现时，它能比直接受益窗损失更少的室内热量。

3）经济因素

选用集热方式必须考虑经济的可能性。利用太阳能可能会增加首次投资，但会在几年内收到效益。因此选用集热方式既要考虑眼前的经济能力，更要考虑将来的经济回报和能源发展趋势。

4）其他因素

太阳房的设计除了以上的几点主要因素外，还受到其他一些因素的影响。如使用者对节能建筑的认识程度、政府的态度，当然还有当地建筑设计的抗震要求。直接受益式太阳房在南墙上开窗洞面积通常很大，这对于地震区的砖混结构建筑（尤其楼房），按抗震结构设计要求，开窗面积受到一定的限制，以致往往难以达到较好的采暖要求。而集热蓄热墙的墙体部分既可作为集热蓄热构件，同时又是抗震所需的结构体，具有一定的承载力。因此，在地震区建太阳房应充分利用抗震结构墙体来设置集热蓄热墙（或附加阳光间）等集热方式，以便同时满足集热和抗震要求。

3. 蓄热体

1）蓄热体的作用和要求

在被动式太阳房中需设置一定数量的蓄热体。它的主要作用是在有日照时吸收并蓄存一部分过剩的太阳辐射热；而当白天无日照时或在夜间（此时室温呈下降趋势）向室内放出热量，以提高室内温度，从而大大地减小室温的波动。同时由于降低了室内平均温度，所以也减少了向室外的散热。蓄热体的构造和布置将直接影响集热效率和室内温度的稳定性。对集热体的要求是：蓄热成本低（包括蓄热材料及储存容器）；单位容积（或重量）的蓄热量大；对储存器无腐蚀或腐蚀作用小；资源丰富，当地取材；容易吸热和防热；耐久性高。

2）蓄热体材料类别及性能

蓄热材料分为显热和潜热两大类：

（1）显热类蓄热材料：显热是指物质在温度上升或下降时吸收或放出热量，在此过程中物质本身不发生任何其他变化。显热类蓄热材料有水、热媒等液体及卵石、砂、土、混凝土、砖等固体。它们的蓄热量取决于材料的容积比热值（$V \cdot C_\rho$）。常用显热类蓄热材料的某些性能如表2-3所示。

表2-3　常用显热类蓄热材料的某些性能

材料名称	表观密度ρ_0（kg/m^2）	比热C_ρ（kJ/kg·℃）	容积比热$V \cdot C_\rho$（kJ/m^3·℃）	导热系数λ（W/m·K）
水	1000	4.20	4180	2.10
砾石	1850	0.92	1700	1.20～1.30
沙子	1500	0.92	1380	1.10～1.20
土（干燥）	1300	0.92	1200	1.90
土（湿润）	1100	1.10	1520	4.60
混凝土块	2200	0.84	1840	5.90
砖	1800	0.84	1920	3.20
松木	530	1.30	665	0.49
硬纤维板	500	1.30	628	0.33
塑料	1200	1.30	1510	0.84
纸	1000	0.84	837	0.42

注：水的容积比热量大，且无毒无腐蚀，是最佳的显热蓄热材料，但需有容器。而卵石、混凝土、砖等蓄热材料的容积比热比水小得多，因此在蓄热量相同的条件下，所需体积就要大得多，但这些材料可以作为建筑构件，不需要容器或对这方面的要求较低。

（2）潜热类蓄热材料：潜热蓄热又称相变蓄热或溶解热蓄热，是利用某些化学物质发生相变时吸收或放出大量热量的性质来实现蓄热的。相变材料具有在一定温度范围内改变其物理状态的能力。

相变材料一般有两种：

① 固体⇔液体：物质由固态溶解成液态时吸收热量；其相反，物质由液态凝结成固态时放出热量。

② 液体⇔气体：物质由液态蒸发成气态时吸收热量；其相反，物质由气态冷凝成固态时放出热量。

在实际应用中多使用第一种形式，因为第二种形式在物质蒸发时体积变化过大，对容器的要求很高。潜热蓄热体的最大优点是蓄热量大，即蓄存一定能量的质量少，体积小（如以重量比表示，潜热蓄热体为1时，水为5，岩石为25；如按容积比，则为1∶8∶17），缺点是有腐蚀性，对容器要求高，须全封闭，造价较高。国内采用的相变材料主要是10水硫酸钠（芒硝）$Na_2SO_4 \cdot 10H_2O$加添加剂。

以固—液相变为例，在加热到熔化温度时，就产生从固态到液态的相变，熔化的过程中，相变材料吸收并储存大量的潜热；当相变材料冷却时，储存的热量在一定的温度范围内要散发到环境中去，进行从液态到固态的逆相变。在这两种相变过程中，所储存或释放的能量称为相变潜热。物理状态发生变化时，材料自身的温度在相变完成前几乎维持不变，形成一个宽的温度平台，虽然温度不变，但吸收或释放的潜热却相当大。

相变材料的分类相变材料主要包括无机 PCM、有机 PCM 和复合 PCM 三类。其中，无机类 PCM 主要有结晶水合盐类、熔融盐类、金属或合金类等；有机类 PCM 主要包括石蜡、醋酸和其他有机物；近年来，复合相变储热材料应运而生，它既能有效克服单一的无机物或有机物相变储热材料存在的缺点，又可以改善相变材料的应用效果以及拓展其应用范围。因此，研制复合相变储热材料已成为储热材料领域的热点研究课题。但是混合相变材料也可能会带来相变潜热下降，或在长期的相变过程中容易变性等缺点。

相变储能建筑材料兼备普通建材和相变材料两者的优点，能够吸收和释放适量的热能；能够和其他传统建筑材料同时使用；不需要特殊的知识和技能来安装使用蓄热建筑材料；能够用标准生产设备生产；在经济效益上具有竞争性。

相变储能建筑材料应用于建材的研究始于 1982 年，由美国能源部太阳能公司发起。20 世纪 90 年代以 PCM 处理建筑材料（如石膏板、墙板与混凝土构件等）的技术发展起来了。随后，PCM 在混凝土试块、石膏墙板等建筑材料中的研究和应用一直方兴未艾。1999 年，国外又研制成功一种新型建筑材料——固液共晶相变材料，在墙板或轻型混凝土预制板中浇注这种相变材料，可以保持室内温度适宜。另欧美有多家公司利用 PCM 生产销售室外通讯接线设备和电力变压设备的专用小屋，可在冬夏天均保持在适宜的工作温度。此外，含有 PCM 的沥青地面或水泥路面，可以防止道路、桥梁、飞机跑道等在冬季深夜结冰。

相变材料与建筑材料的复合工艺：PCM 与建材基体的结合工艺，目前主要有以下几种方法：①将 PCM 密封在合适的容器内；②将 PCM 密封后置入建筑材料中；③通过浸泡将 PCM 渗入多孔的建材基体（如石膏墙板、水泥混凝土试块等）；④将 PCM 直接与建筑材料混合；⑤将有机 PCM 乳化后添加到建筑材料中。国内建筑节能建材企业已经成功地将不同标号的石蜡乳化，然后按一定比例与相变特种胶粉、水、聚苯颗粒轻骨料混合，配制成兼具蓄热和保温的可用于建筑墙体内外层的相变蓄热浆料。试验楼的测试工作正在进行中。同时在开发的还有相变砂浆、相变腻子等产品。

相变材料在建筑围护结构中也有所应用。现代建筑向高层发展，要求所用围护结构为轻质材料。但普通轻质材料热容较小，导致室内温度波动较大。这不仅造成室内热环境不舒适，而且还增加空调负荷，导致建筑能耗上升。目前，采用的相变材料的潜热达到 170J/g 甚至更高，而普通建材在温度变化 1℃ 时储存同等热量将需要 190 倍相变材料的质量。因此，复合相变建材具有普通建材无法比拟的热容，对于房间内的气温稳定及空调系统工况的平稳是非常有利的。

相变材料的选择：用于建筑围护结构的相变建筑材料的研制，选择合适的相变材料至关重要，应具有以下几个特点：① 熔化潜热高，使其在相变中能储藏或放出较多的热量；② 相变过程可逆性好、膨胀收缩性小、过冷或过热现象少；③ 有合适的相变温度，能满足需要控制的特定温度；④ 导热系数大，密度大，比热容大；⑤ 相变材料无毒，无腐蚀性，成本低，制造方便。

在实际研制过程中，要找到满足这些理想条件的相变材料非常困难。因此，人们往往先考虑有合适的相变温度和有较大相变潜热的相变材料，而后再考虑各种影响研究和应用的综合性因素。

就目前来说，现存的问题主要在相变储能建筑材料耐久性以及经济性方面。耐久性主要体现在 3 个方面：相变材料在循环过程中热物理性质的退化问题；相变材料易从基体的泄漏问题；相变材料对基体材料的作用问题。经济性主要体现在：如果要最大化解决上述问题，将导致单位热能储存费用的上升，必将失去与其他储热法或普通建材竞争的优势。相变储能建筑材料经过 20 多年的发展，其智能化功能性的特点毋庸置疑。随着人们对建筑节能的日益重视，环境保护意识的逐步增强，相变储能建筑材料必将在今后的建材领域大有用武之地，也会逐渐被人们所认知，具有非常广阔的应用前景。

3）蓄热体设计要点

（1）墙、地面蓄热体应采用容积比热大的材料，如砖、石、密实混凝土等；也可专设水墙或盒装相变材料蓄热。

（2）蓄热体应尽量使其表面直接接收阳光照射。

（3）砖石材料作墙地面蓄热体时应达 100mm 厚（ >200mm 时增效不大）。对水墙则体积越大越好，壳应薄、导热好。

（4）蓄热地面及水墙容器应用黑、深灰、深红等深色。

（5）蓄热地面上不应铺整面地毯，墙面也不应挂壁毯。对相变材料蓄热体和公共墙水墙，应加设夜间保温装置。

（6）蓄热墙的位置应设在容易接受太阳照射到的地方（图 2-24）。

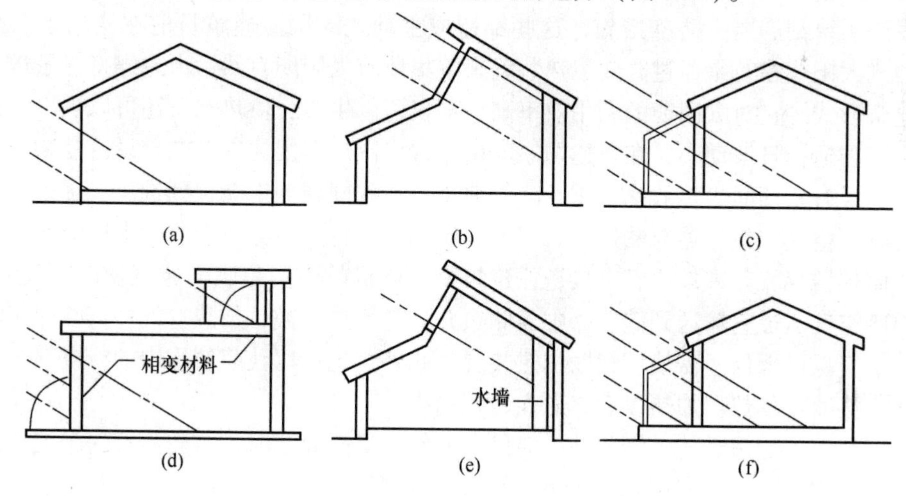

图 2-24　蓄热体位置

（a）地面蓄热；（b）墙体蓄热；（c）地面、公共墙体蓄热；
（d）相变材料蓄热；（e）水墙蓄热；（f）地面、公共水墙蓄热

被动式太阳房设计离不开玻璃的使用，但是玻璃在夜间是否采取保温措施对被动式太阳房的蓄热效果，特别是对直接受益式系统的供暖保证率影响很大；在无夜间保温的情况下，玻璃的层数对建筑蓄热材料保持室内温度起较大的帮助作用，但是有夜间保温的情况下，增加玻璃的层数就没有太明显的效果了，而实验数据表明活动的保温设施是太阳房集热蓄热的有效措施。

4. 主动式太阳能建筑空气采暖技术

1）主动式太阳能建筑概述

主动式太阳能建筑利用集热器、蓄热器、管道、风机及泵等设备来收集、蓄存及输配太阳能的系统，系统中的各部分均可控制而达到需要的室温。空气系统主动式太阳能采暖是由太阳能集热器加热空气直接被用来供暖，要求热源的温度比较低，50℃左右，集热器具有较高的效率。

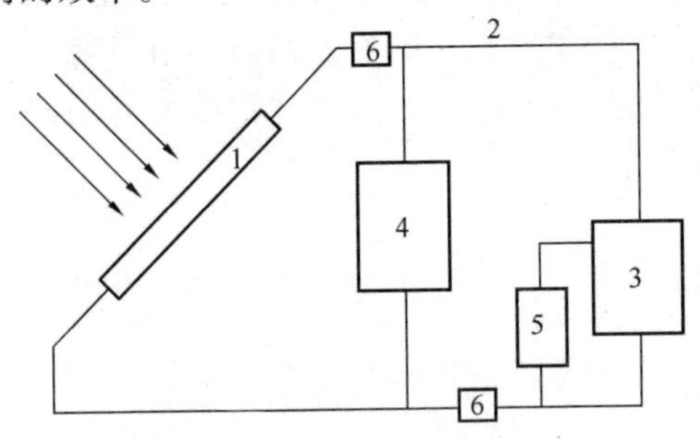

图 2-25 主动式太阳能采暖系统图

1—太阳能集热器；2—供热管道；3—散热设备；4—储热器；5—辅助热源；6—风机或泵

因为太阳辐射受天气影响很大，为保证室内能稳定供暖，因此对比较大的住宅和办公楼通常还需配备辅助热水锅炉。来自太阳能集热器的热水先送至蓄热槽中，再经三通阀将蓄热槽和锅炉的热水混合，然后送到室内暖风机组给房间供热（图 2-25）。这种太阳房可全年供热水。除了上述热水集热、热水供暖的主动式太阳房外，还有热水集热、热风供暖太阳房以及热风集热、热风供暖太阳房。前者的特点是热水集热后，再用热水加热空气，然后向各房间送暖风；后者采用的就是太阳能空气集热器。热风供暖的缺点是送风机噪声大，功率消耗高。

一般说来，主动式太阳能建筑能够较好地满足住户的生活要求，可以保证室内采暖和供热水的要求，甚至可以达到制冷空调的目的。但设备投资高，需要消耗辅助能源，而且所有的热水集热系统都需要有防冻措施，这些都造成主动式太阳能建筑目前在我国难以推广应用。主动式太阳能建筑是通过高效集热装置来收集获取太阳能，然后由热媒将热量送入建筑物内的建筑形式。它对太阳能的利用效率高，不仅可以供暖、供热水，还可以供冷，而且室内温度稳定舒适，日波动小，在发达国家应用非常广泛。但因为它存在着设备复杂、先期投资偏高，阴天有云期间集热效率严重下降等缺点，在我国长期未能得到推广。

风机驱动空气在集热器与储热器之间不断地循环。将集热器所吸收的太阳能热量通过空气传送到储热器存放起来，或者直接送往建筑物。风机的作用是驱动建筑物内空气的循环，建筑物内冷空气通过它输送到储热器中与储热介质进行热交换，加热空气并送往建筑物进行采暖。若空气温度太低，需使用辅助加热装置。此外，也可以让建筑物中的冷空气不通过储热器，而直接通过集热器加热以后，送入建筑物内。

集热器是太阳能采暖的关键部件。应用空气作为集热介质时，首先需有一个能通过容积流量较大的结构。空气的容积比热较小，而水的容积比热较大。其次，空气与集热器中吸热板的换热系数，要比水与吸热板的换热系数小得多。因此，集热器的体积和传热面积都要求很大。

当集热介质为空气时，储热器一般使用砾石固定床，砾石堆有巨大的表面积及曲折的缝隙。当热空气流通时，砾石堆就储存了由热空气所放出的热量。通入冷空气就能把储存的热量带走。这种直接换热器具有换热面积大、空气流通阻力小及换热效率高的特点，而且对容器的密封要求不高，镀锌铁板制成的大桶、地下室、水泥涵管等都适合于装砾石。砾石的粒径以 2 ~ 2. 5cm较为理想，用卵石更为合适。但装进容器以前，必须仔细洗刷干净，否则灰尘会随暖空气进入建筑物内。这里砾石固定床既是储热器又是换热器，因而降低了系统的造价。

这种系统的优点是集热器不会出现冻坏和过热情况，可直接用于热风采暖，控制使用方便。缺点是所需集热器面积大。

2）空气集热器式

在建筑的向阳面设置太阳能空气集热器，用风机将空气通过碎石储热层送入建筑物内，并与辅助热源配合（图2-26）。由于空气的比热小，从集热器内表面传给空气的传热系数低，所以需要大面积的集热器，而且该形式热效率较低。

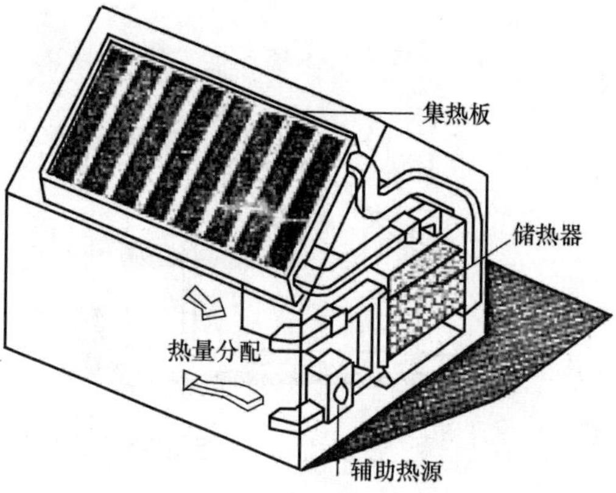

图2-26　空气集热器传统形式

3）集热屋面式

把集热器放在坡屋面、用混凝土地板作为蓄热体的系统，例如日本的OM阳光体系住宅（图2-27）。冬季，室外空气被屋面下的通气槽引入，积蓄在屋檐下，被安装在屋顶上的玻璃集热板加热，上升到屋顶最高处，通过通气管和空气处理器进入垂直风道转入地下室，加热室内厚水泥地板，同时热空气从地板通风口流入室内（图2-28）。该系统也可在加热室外新鲜空气的同时加热室内冷空气（图2-29），但是需要在室内上空设风机和风口，把空气吸入并送到屋面集热板下。夏季夜晚系统运行与冬季白天相同，但送入室内的是凉空气，起到降温作用。夏季白天集聚的热空气能够加热生活热水（图2-30、图2-31）。

图2-27　OM阳光住宅技术体系

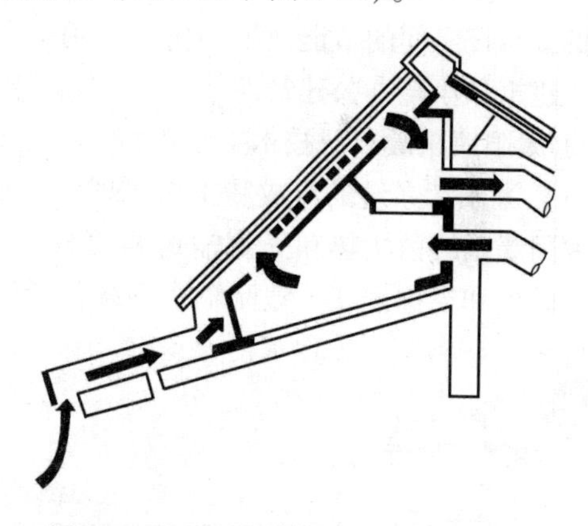

图2-28　屋顶预热新风并加热室内空气

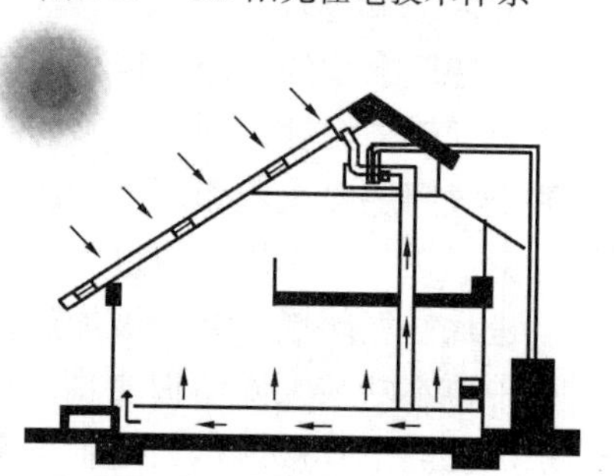

图2-29　冬季白天工况
（热空气送入热水箱）

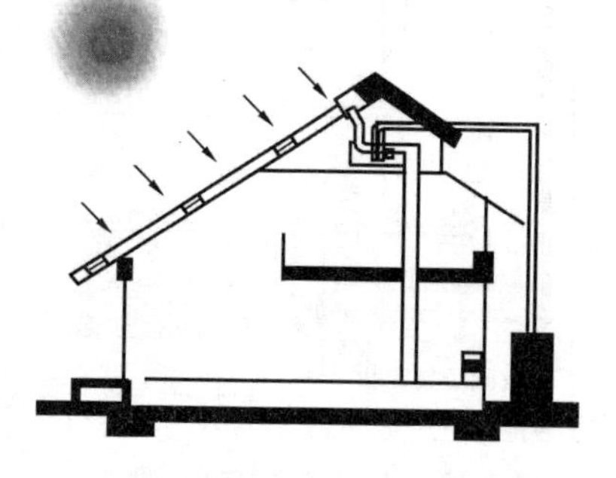

图2-30　夏季白天工况
（加热室外空气送入室内）

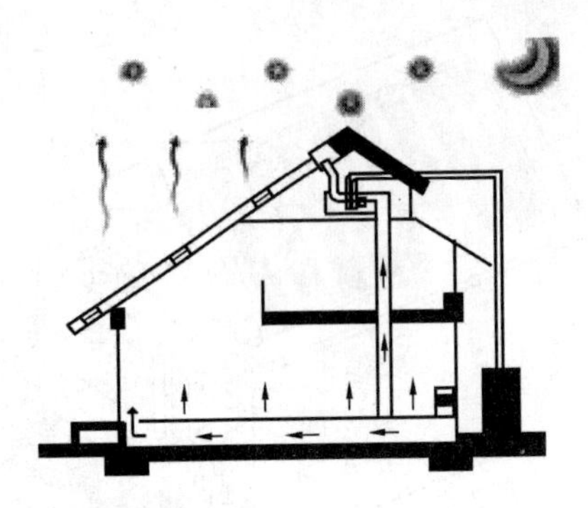

图 2-31　夏季夜晚工况（室外凉空气送入室内）

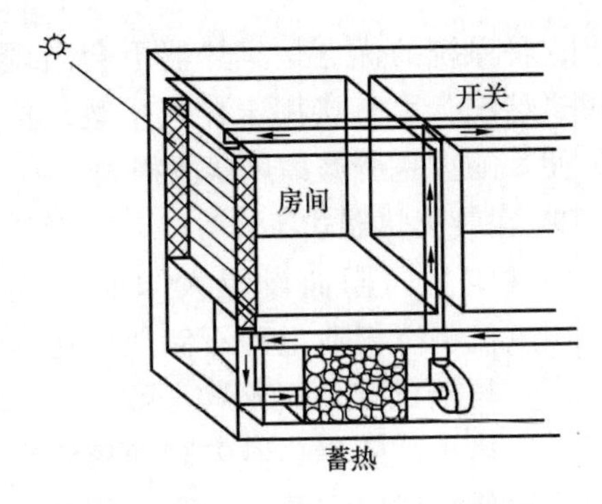

图 2-32　窗户集热板系统示意图

4）窗户集热板式

该系统由玻璃盒子单元、百叶集热板、蓄热单元、风扇和风管等组合而成（图 2-32）。玻璃夹层中的集热板把光能转换成热能，加热空气，空气在风扇驱动下沿风管流向建筑内部的蓄热单元。在流动过程中，加热的空气与室内空气完全隔绝。集热单元安装在向阳面，空气可加热到 30～70℃。集热单元的内外两层均采用高热阻玻璃，不但可以避免热散失，还可防止辐射过大时对室内造成不利影响。不需要集热时，集热板调整角度，使阳光直接入射到室内。夜间集热板闭合，减少室内热散失。蓄热单元可以用卵石等蓄热材料水平布置在地下，也可以垂直布置在建筑中心位置。集热面积约占建筑立面的 1/3，最多可节约 10% 的供热能量，与日光间的节能效果相仿，适用于太阳辐射强度高、昼夜温差大的地区的低层或多层居住建筑和小型办公建筑。

5）太阳墙采暖新风技术

(1) 太阳墙系统的组成和工作原理

太阳墙系统由集热和气流输送两部分系统组成，房间是储热器。集热系统包括垂直墙板、遮雨板和支撑框架。气流输送系统包括风机和管道。太阳墙板材覆于建筑外墙的外侧，上面开有小孔，与墙体的间距由计算决定，一般在 200mm 左右，形成的空腔与建筑内部通风系统的管道相连，管道中设置风机，用于抽取空腔内的空气（图 2-33）。

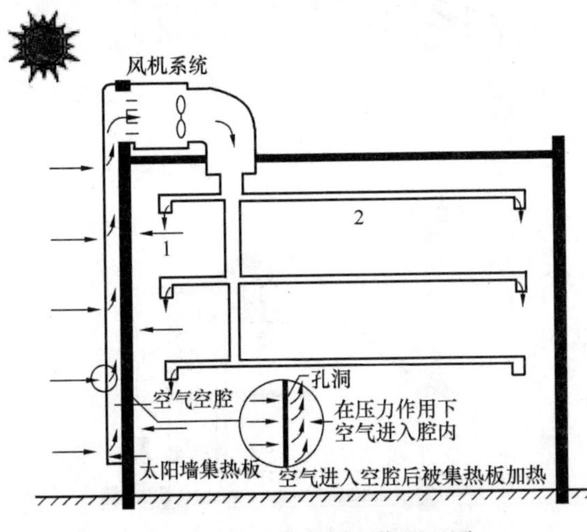

图 2-33　太阳墙系统工作原理图

1—外墙散失的热量可预热空气；

2—管道分配输送预热的空气

冲压成型的太阳墙板在太阳辐射作用下升到较高温度，同时太阳墙与墙体之间的空气间层在风机作用下形成负压，室外冷空气在负压作用下通过太阳墙板上的孔洞进入空气间层，同时被加热，在上升过程中再不断被太阳墙板加热，到达太阳墙顶部的热空气被风机通过管道系统送至房间。与传统意义上的集热蓄热墙等方式不同的是，太阳墙对空气的加热主要是在空气通过墙板表面的孔缝的时候，而不是空气在间层中上升的阶段。太阳墙板外表面为深色（吸收太阳辐射热），内表面为浅色（减少热损失）。在冬季天气晴朗时，太阳墙可以把空气温度提高 30℃左右。夜晚，墙体向外散失的热量被空腔内的空气吸收，在风扇运转的情况下被重新带回室内。这样既保持了新风量，又补充了热量，使墙体起到了热交换器的作用。夏季，风扇停止运转，室外热空气可从太阳墙板底部及孔洞进入，从上部和周围的孔洞流出，热量不会进入室内，因此不需要特别设置排气装置（图 2-34）。

太阳墙板材是由 1 ~ 2mm 厚的镀锌钢板或铝板构成，外侧涂层具有强烈吸收太阳热、阻挡紫外线的良好功能，一般是黑色或深棕色，为了建筑美观或色彩协调，其他颜色也可以使用，主要的集热板用深色，装饰遮板或顶部的饰带用补充色。为空气流动及加热需要，板材上打有孔洞，孔洞的大小、间距和数量应根据建筑物的使用功能与特点、所在地区纬度、太阳能资源、辐射热量进行计算和试验确定，能平衡通过孔洞流入的空气量和被送入距离最近的风扇的空气量，以保证气流持续稳定均匀，以及空气通过孔洞获得最多的热量。不希望有空气渗透的地方，例如接近顶部处，可使用无孔的同种板材及密封条。板材由钢框架支撑，用自攻螺栓固定在建筑外墙上（图 2-35 ~ 图 2-37）。

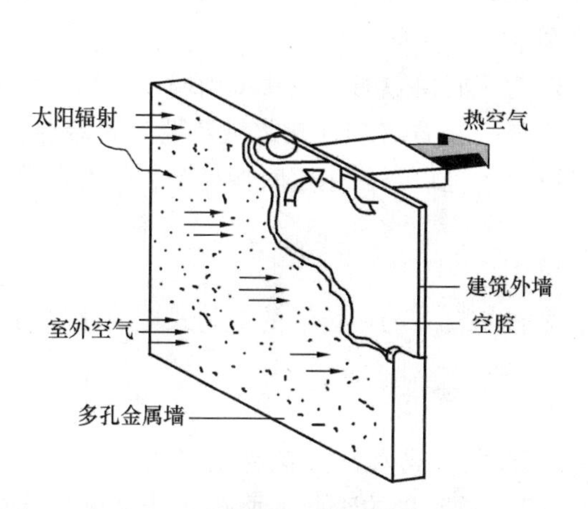

图 2-34　太阳墙系统示意简图

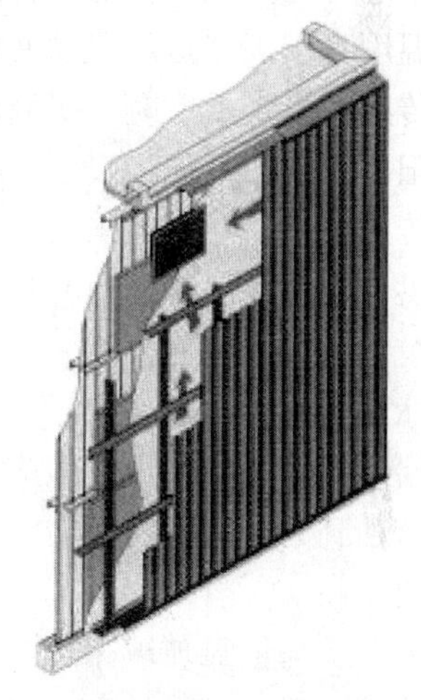

图 2-35　附于钢结构外墙的太阳墙

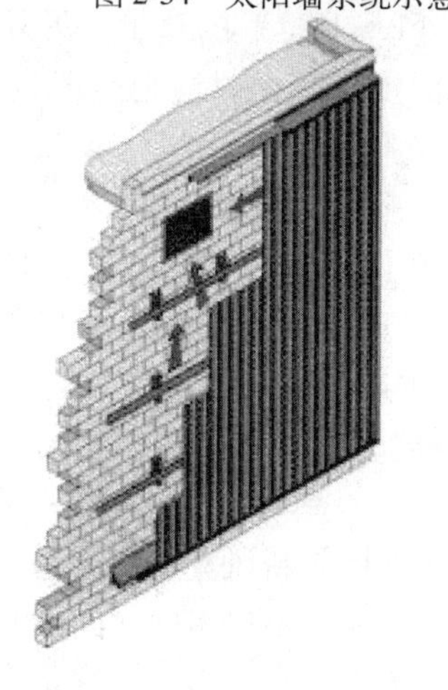

图 2-36　附于砖结构外墙的太阳墙

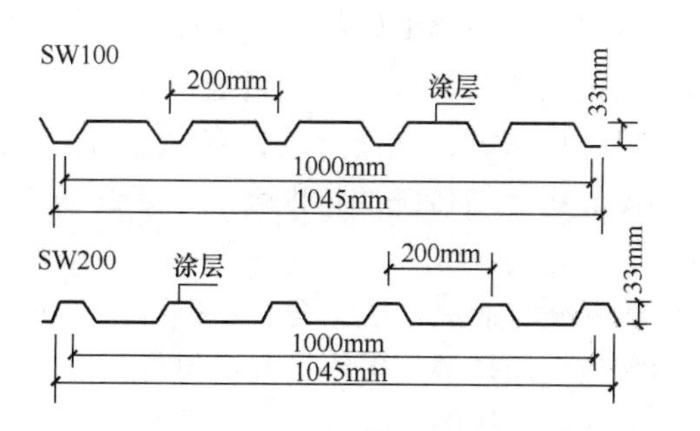

图 2-37　太阳墙 2 种类型的断面

应根据建筑设计要求来确定所需的新风量，尽量使新风全部经过太阳墙板；如果不确定新风量的大小，则应最大尺寸设计南向可利用墙面及墙窗比例，达到预热空气的良好效果。一般情况下，每平方米的太阳墙空气流量可达到 22 ~ 44m^3/h。

风扇的个数需要根据建筑面积计算决定。风扇由建筑内供电系统或屋面安装的太阳能光电板提供电能。根据气温、智能或人工控制运转。屋面的通风管道要做好保温和防水。

太阳墙理想的安装方位是南向及南偏东西 20°以内，也可以考虑在东西墙面上安装。坡屋顶也是设置太阳墙的理想位置，它可以方便地与屋顶的送风系统联系起来。

（2）太阳墙系统的运行与控制

只依靠太阳墙系统采暖的建筑，在太阳墙顶部和典型房间各装一个温度传感器。冬季工况以太阳墙顶部传感器的设定温度为风机启动温度（即设定送风温度），房间设定温度为风机关闭温度（即设定室温），当太阳墙内空气温度达到设定温度，风机启动向室内送风；当室内温度达到设定室内温度后或者太阳墙内空气温度低于设定送风温度时风机关闭停止送风，当室内温度低于设定室温、送风温度高于设定送风温度时风机启动继续送风。夏季工况，当太阳墙中的空气温度低于传感器设定温度时，风机启动向室内送风；室温低于设定室温或室外温度高于设定送风温度时风机停止工作，当室温高于设定室温同时室外温度低于太阳墙顶部传感器设定温度时风机启动继续送风。

当太阳墙系统与其他采暖系统结合，同时为房间供热时，除在太阳墙顶部和典型房间中安装温度传感器外，在其他采暖系统上也装设温控装置（如在热水散热器上安装温控阀）。太阳墙提供热量不够的部分由其他采暖系统补足。也可以采用定时器控制，每天在预定时段将热（冷）空气送入室内。

（3）太阳墙系统的特点

太阳墙使用多孔波形金属板集热，并与风机结合，与用传统的被动式玻璃集热的作法相比，有自己独到的优势和特点。

①热效率高

研究表明，与依靠玻璃来收集热量的太阳能集热器相比，该种太阳能集热系统效率更高。因为玻璃会反射掉大约 15% 的入射光，削减了能量的吸收，而用多孔金属板能捕获可利用太阳能的 80%，每年每平方米的太阳墙能得到 2GJ（2×10^9J）的热量。另外，根据房间不同用途，确定集热面积和角度，可达到不同的预热温度，晴天时能把空气预热到 30℃以上，阴天时能吸收漫射光所产生的热量。

②良好的新风系统

目前对于很多密闭良好的建筑来说，冬季获取新风和保持室内适宜温度很难兼得。而太阳墙可以把预热的新鲜空气通过通风系统送入室内，合理通风与采暖有机结合，通风换气不受外界环境影响，气流宜人，有效提高了室内空气质量，保持室内环境舒适，有利于使用者身体健康，与传统的特朗勃墙（Trombe，室内空气多次循环加热）相比，这也是优势所在。

太阳墙系统与通风系统结合，不但可以通过风机和气阀控制新风流量、流速及温度，还可以利用管道把加热的空气输送到任何位置的房间。如此一来，不仅南向房间能利用太阳能采暖，北向房间同样能享受到太阳的温暖，更好地满足了建筑取暖的需要，这是太阳墙系统的独到之处。

③经济效益好

该系统使用金属薄板集热，与建筑外墙合二为一，造价低。与传统燃料相比，每平方米集热墙每年减少采暖费用10～30美元。另外还能减少建筑运行费用、降低对环境的污染，经济效益很好。太阳墙集热器回收成本的周期在旧建筑改造工程中为6～7年，而在新建建筑中仅为3年或更短时间，而且使用中不需要维护。

④应用范围广

因为太阳墙设计方便，作为外墙美观耐用，所以应用范围广泛，可用于任何需要辅助采暖、通风或补充新鲜空气的建筑，建筑类型包括工业、商业、居住、办公、学校、军用建筑及仓库等，还可以用来烘干农产品，避免其在室外晾晒时因受到雨水侵蚀或昆虫啃食而损失。另外，该系统安装简便，能安在任何不燃墙体的外侧及墙体现有开口的周围，便于旧建筑改造。

（4）太阳墙系统的应用实例

位于美国科罗拉多州丹佛市的联邦特快专递配送中心，因工作需要有大量卡车穿梭其中，所以建筑对通风要求很高。在选择太阳能集热系统时，中心在南墙上安装了465m^{2}铝质太阳墙板，太阳墙所提供的预热空气的流量达到76500m^3/h。这些热空气通过3个5马力的风机进入200m长的管道，然后分配到建筑的各个房间。该系统每年可节省大约7万m^{3}天然气，节约资金12000美元。另外，红色的太阳墙与建筑其他立面上的红色色带相呼应，整体外观和谐美观（图2-38）。

图2-38　美国丹佛市联邦特快专递配送中心

在生产过程中补充被消耗的气体是工业设备的一个重要需求。加拿大多伦多市ECG汽车修理厂的设备需要大量新鲜空气来驱散修理汽车时产生的烟气。该厂使用了太阳能加热空气系统（图2-39），在获得所需新鲜空气的同时也节省了费用。ECG的太阳墙通风加热系统从1999年1月开始运行。公司的评估报告表明该系统使公司每年天然气的使用量减少11000m^3，相当于至少减少20吨CO_2的排放量，运行第一年就为公司节省了5000～6000美元。

纽约中心公园动物医院旧建筑改造，在南墙面上安装了95m^{2}的太阳墙板（图2-40），可预热空气达到17～30℃，并通过3套风机系统使诊室的换气量达到每小时4次，手术室每小时8次，满足了使用要求，每年能节省费用2000美元。

图2-39　加拿大多伦多市ECG汽车修理厂的太阳能加热空气系统

图2-40　纽约中心公园动物医院的南墙面

奥地利Karnten城木材加工厂为干燥木材，在南向屋面上安装了呈45°倾角的太阳墙板（图2-41），面积达100m^2。木材放在室内带孔金属板上，预热的空气通过管道被输送到金属板下方，由孔溢出。管道内风扇达到7200m^3/h的输送能力，可提供的烘干温度超过60℃，烘干效果很好。

图 2-42 和图 2-43 分别是采用了太阳墙系统的公寓和住宅建筑。

图 2-41　奥地利 Karnten 城木材加工厂木材烘干间

图 2-42　加拿大多伦多温莎公寓

图 2-43　加拿大居住太阳能建筑

2.4.2　太阳能热水技术

太阳能热水采暖通常是指以太阳能为热源，通过集热器汲取太阳能，以水为热媒，进行采暖的技术。它与太阳能空气采暖的最主要区别是热媒不同。近年来，为弥补太阳能不稳定的缺点，太阳能热泵等新型太阳能技术也逐渐发展起来。

1. 太阳能热水系统

1）系统的组成及工作原理

太阳能热水系统是由太阳能集热元件（平板集热器、玻璃真空管、热管真空管及其他形式的集热元件）、蓄热容器（各种形式水箱、罐）、控制系统（温感器、光感器、水位控制、电热元件、电气元件组合及显示器或供热性能程序电脑）以及完善的保温、防腐管道系统等有机地组合在一起的，在阳光的照射下，通过不同形式的运转，使太阳的光能充分转化为热能，匹配当量的电力和燃气能源，就成为比较稳定的定量能源设备，提供中温水供人们使用。

（1）集热器

太阳能集热器是把太阳辐射能转换为热能的主要部件。经过多年的开发研究，已经进入较成熟的阶段，它经历了 4 个发展阶段：闷晒式太阳能热水器、平板式太阳热水器、真空管式太阳热水器、真空超导热管式太阳热水器。

①闷晒式集热器

闷晒式集热器（图 2-44）是最简单的集热器，工作温度低，成本低廉，全年太阳能量利用率 20%。由于结构笨重，热水保温问题不易解决，目前应用较少了，本书中不做详细介绍。

②平板式集热器

平板集热器（图 2-45）是在 17 世纪后期发明的，但直至 1960 年以后才真正进行深入研究和规模化应用。在除闷晒式集热器以外的其余 3 种类型中，平板式太阳热水器制造成本最低，但每年只能有 6 ~ 7 个月的使用时间，冬季不能使用。在夏季多云和阴天的天气下，太阳能吸收率较低，同样天气在春秋季节也不能使用。

图 2-44　闷晒式集热器

图 2-45　平板式集热器

平板式集热器的基本工作原理是：一块金属片，涂以黑色，置于阳光下，以吸收太阳辐射而使其温度升高。金属片内有流道，使流体通过并带走热量，并在板的背后衬垫隔热保温材料，在其阳面上加上玻璃罩盖，以减少板对环境的散热，全年太阳能量利用率 50%（图 2-46）。

按工质划分有空气集热器和液体集热器，目前大量使用的是液体集热器；按吸热板芯材料划分有钢板铁管、全铜、全铝、铜铝复合、不锈钢、塑料及其他非金属集热器等；按结构划分有管板式、扁盒式、管翅式、热管翅片式、蛇形管式集热器，还有带平面反射镜集热器和逆平板集热器等；按盖板划分有单层或多层玻璃、玻璃钢或高分子透明材料、透明隔热材料集热器等。目前，国内外使用比较普遍的是全铜集热器和铜铝复合集热器。

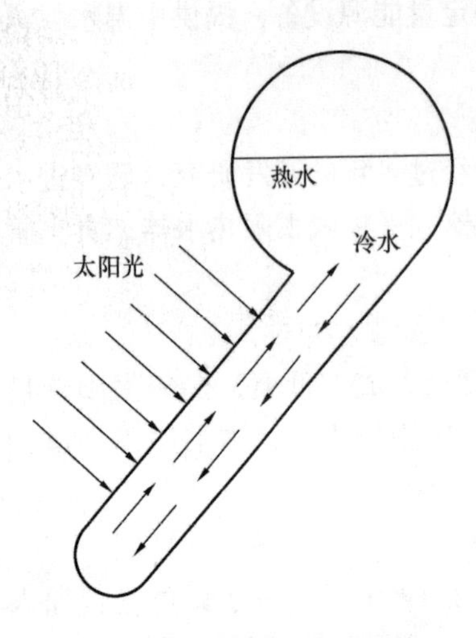

图 2-46　平板式集热器工作原理

由于闷晒式集热器和平板式集热器热损失大，难以达到 80℃以上的工作温度，所以只适合于低温太阳能产品（如热水器），现阶段在我国大中城市中使用较少。但由于其造价、热效率、人工费用等方面的特点与欧洲国家的国情相符，所以在欧洲各国有着较广泛的市场和较大的市场占有率，图 2-47 为国外平板式太阳能集热器的安装情况。

③真空管式集热器

虽然采用了选择性吸收表面，但平板集热器热损系数还很大，这就限制了平板集热器在较高的工作温度下获取的有用收益。为了减少平板集热器的热损，提高集热温度，国际上 20 世纪 70 年代研制成功真空集热管，其吸热体被封闭在高真空的玻璃真空管内，只有在真空条件下才能充分发挥选择性吸收涂层的低发射率及降低热损的作用（图 2-48）。在内玻璃外表面，利用真空镀膜机沉积选择性吸收膜，再把内管与外管之间抽真空，这样就大大减少对流、辐射与传导造成的热损，使总热损降到最低，最高温度可以达到 120℃，这就是真空集热管的基本思路（图2-49）。将若干支真空集热管组装在一起，即构成真空管集热器，为了增加太阳光的采集量，有的在真空集热管的背部还加装了反光板，即 CPC 板。

图 2-47　国外平板式集热器在屋顶的安装情况

真空管集热器按照不同的类型又可以分为：热管-真空管集热器、同心套管-真空管集热器、U 型管-真空管集热器。

a. 热管—真空管集热器

热管—真空管集热器（图 2-50）的缺点是热量转换带来一定的热效率降低，同时由双真空结构所带来的结构复杂及造价高的问题，当然结构复杂本身也极易导致装置的可靠性和

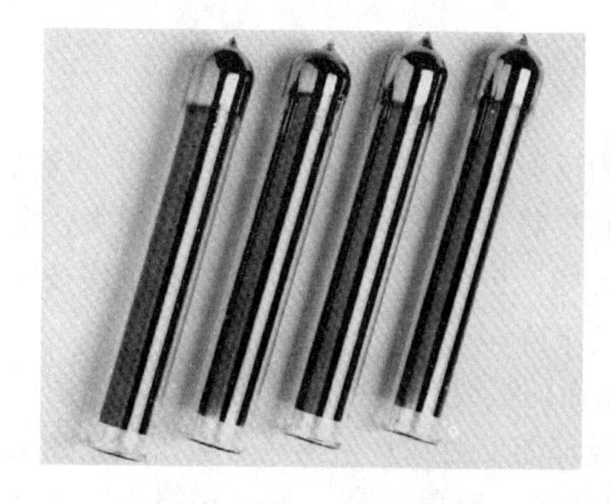

图 2-48　全玻璃真空太阳能集热管

寿命问题。目前无论国外还是国内太阳能行业所用热管，都还有很大改进空间，如能在制作及检验技术上更进一步，热管—真空管将是一种非常有前途的集热器形式。热管—真空管集热器有封装式和插入式两种，前者的问题是造价高和真空度降低快，后者的问题是转换效率低。

b. 同心套管—真空管集热器（或称直流式真空管）

其外形跟热管式真空管较为相似，只是在热管的位置上用两根内外相套的金属管代替。工作时，冷水从内管进入真空管，被吸热板加热后，热水通过外管流出。传热介质进入真空管，被吸热板直接加热，减少了中间环节的传导热损失，因此提高了热效率。同时，在有些场合下可将真空管水平安装在屋顶上，通过转动真空管而将吸热板与水平方向的夹角调整到所需要的数值，这样既可以简化集热器的支架，又可避免集热器影响建筑美观。

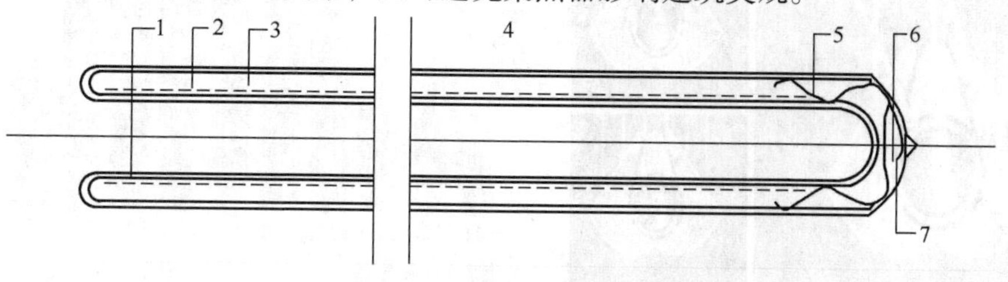

图 2-49　全玻璃真空太阳能集热管结构

1—内玻璃管；2—太阳能选择性吸收涂层；3—真空夹层；
4—罩玻璃管；5—弹簧夹子；6—吸气剂；7—吸气膜

c. U 型管—真空管集热器

在全玻璃真空管插入弯成 U 型的金属管，在 U 型金属管和全玻璃真空管之间，同样有与二者均紧密接触的金属翅片，担负二者之间的热传导工作，被加热流体在金属管中流过，吸走全玻璃真空管收集的太阳能热量而被加热，从而构成 U 型管—真空管太阳能集热器。

U 型管—真空管集热器和热管—真空管集热器一样，既实现了玻璃管不直接接触被加热流体，又保留了全玻璃真空管在低温环境中散热少，加热工质温度高的优点，同时还避免了热管—真空管集热器双真空结构带来的一系列问题，同时由于被加热流体是在玻璃管中被加热，热量转换得更直接，整体效率也高于热管—真空管集热器（图 2-51）。

它的主要问题是以水为工质时，仍存在金属管冻裂和结垢问题，所以一般用于双循环系统及

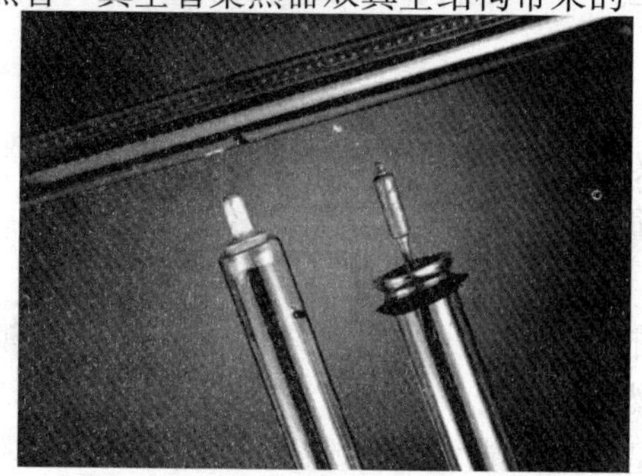

图 2-50　热管—真空管太阳能集热管

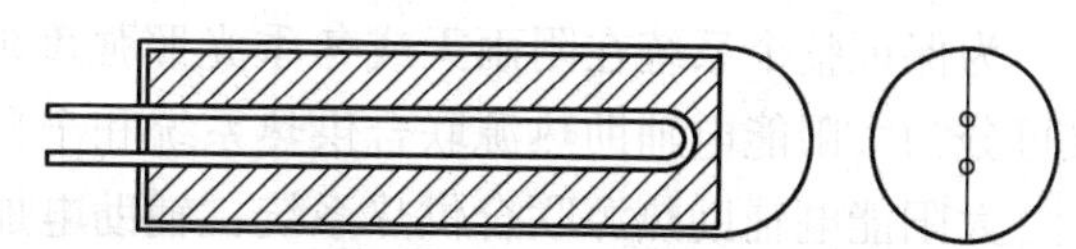

图 2-51　U 形管—真空管太阳能集热管结构

强制循环系统。

d. CPC反光板与真空管的结合

传统反射板为平板式或单反光弧式，其缺点是太阳反射面积小，有效光照时间短，当太阳光线由正向垂直照射逐渐偏离时，反射板表面反射到集热管的光线逐渐减少，热损大，聚光效率低，并且因为中国大部分地区气候条件并不是太好，传统反射板在使用中会很快被腐蚀，也就失去了反射性能，自然也就导致热水器功能的下降。

CPC反光板（图2-52），具有双弧面，并且两个弧面的弧线为所用真空集热管截面圆的渐开线，由光学原理可知这种双弧面上的每一点的光线都能反射到真空集热管上，无论在晴天还是阴天，CPC反光板都可实现360°采光，聚光效率高，反射率高，整机热损小；尤其在阴雨天气，CPC反光板能将空气中散射阳光聚焦，反射到真孔管表面，提高集热效率，并且相对于普通集热器，CPC集热器在春、秋、冬季能获得更多的能量，无论天气多云或气温在零度以下，都能整年安全可靠地供应热水（图2-53）。

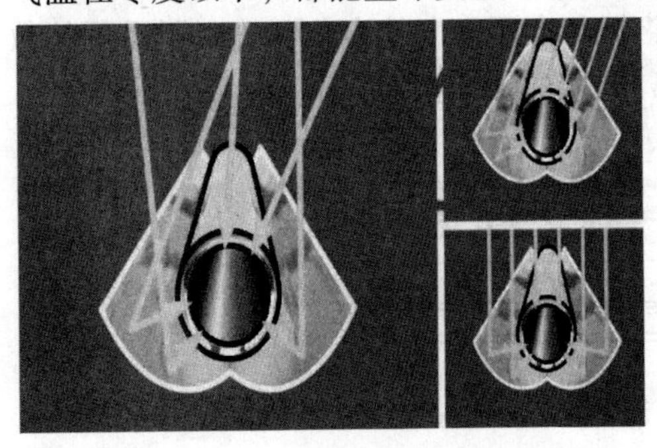

图2-52　CPC反光板工作原理

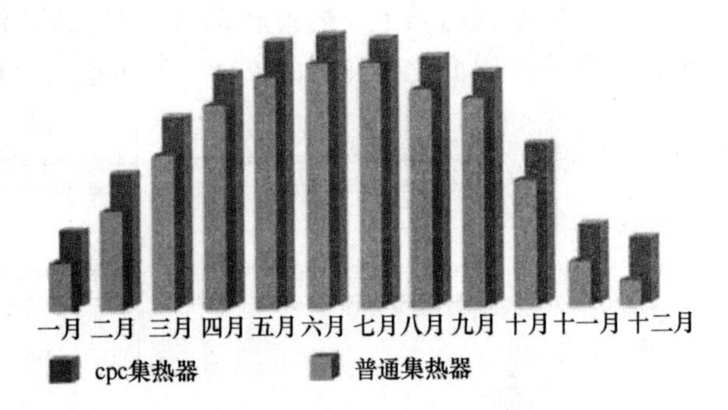

图2-53　CPC与普通集热器效果对比

e. 聚光式集热器

集热器按是否聚光，可以划分为聚光集热器和非聚光集热器两大类。非聚光集热器（闷晒式集热器、平板集热器、真空管集热器）能够利用太阳辐射中的直射辐射和散射辐射，集热温度较低；聚光集热器能将阳光会聚在面积较小的吸热面上，可获得较高温度，但只能利用直射辐射，且需要跟踪太阳。

（2）循环系统

循环系统的作用是连通集热器和输入装置，使之形成一个完整的加热系统。循环管路设计施工是否正确，往往影响整个热水器系统的正常运行。一些热水系统水温偏低，就是由于管道走向和连接方式不正确。

（3）控制系统

控制系统用来使整个热水器系统正常工作并通过仪表加以显示。包括无日照时的辅助热源装置（如电加热器等）、水位显示装置、温度显示装置、循环水泵以及自动和手动控制装置等。

（4）辅助能源系统

为保证整个系统在阴雨天或冬季光照强度弱时能正常使用。按照辅助能源的来源不同，又可分为太阳能电辅助热源联合供热系统和全自动燃油炉联合供热水系统。

太阳能电辅助热源联合供热系统：辅助电加热是对太阳能集热系统在功能上的补充，在阴雨雪天气下，当太阳光不足时，通过电加热仍可得到热水供应。电加热功率与产水量成正比，一般计算一吨热水需配备 4kW 电力，电加热功能可实现自动化。

全自动燃油炉联合供热水系统：在该系统里，可以通过仪表也可以人工控制循环泵，使之在白天或太阳辐射照度满足要求时启动，在集热器吸收太阳能给蓄热水箱的水加热。在蓄热水箱的水不许先经过全自动燃油（或燃气）炉再供给用户。该系统既充分利用了太阳能资源，又可以为用户全天提供热水。

（5）储热系统

储热系统主要是指储热水箱的作用是将能量载体载来的能量进行储存、备用；其保温效果完全取决于保温材料的种类和保温材料的厚度及密度。目前太阳能热水器保温材料大多选用固体保温材料聚氨酯。聚氨酯整体发泡工艺复杂，加工难度很高。成功发泡成型的保温泡沫整体性好，无漏发泡，泡沫密度达 $80kg/m^3$，强度均匀，封闭性好。如厚度在 4～5cm 左右，则保温性能极佳（东北严寒地区需 6cm 厚）。水箱外壳必须选择抗腐蚀耐老化的材料制成。

（6）支撑架

支撑架主要由反射板、尾座及主撑架组成，为保证集热系统的采光角度及牢固性与整个系统的正常运行而设计的辅助结构（图 2-54）。

反射板的作用主要是把射入真空管缝隙中的光有效地利用起来。现在市面上热水器的反光板主要有平面不锈钢板、轧花铝板、大聚焦、小聚焦。平面反射板把射入的太阳光又原路反射回去；轧花铝板漫反射没有方向性，一部分反射到真空管上而加以吸收利用。大聚焦反射板其弧面宽度为 8cm 左右，其聚焦点则全面在真空管之外。只有小聚焦型反射板其弧面宽度为 6cm，能够把太阳能光完全聚集到真空管上，大大提高太阳能热使用率。

尾座的作用是保持真空玻璃管的稳定。其材料是选用厚度在 0.6mm 以上的 430 不锈钢板。如低于此厚度则强度不够，钢板弯曲变形，易导致真空管下滑脱落破碎。

图 2-54　太阳能集热器支撑架

主撑架选用 430 不锈钢，须用不锈钢螺钉连接，因其有优秀的高强度性能，故正规厂家大多选用此材料。

2）太阳能热水系统分类

（1）按照太阳能热水系统提供热水的范围分类

①单独系统

单独系统虽操作起来较容易，目前建筑市场中应用较多，但管道多，管理难，不易做到与建筑的结合。

②综合系统

综合系统即多住户公用一套循环加热系统与一个蓄热水箱进行集中供热，可由太阳能集热系统和热水供应系统组成（图 2-55）。集热

图 2-55　集中计量供水的综合系统

系统的主要组成部分为：太阳能集热器、辅助加热或换热器储水箱、循环管路、循环泵、控制部件和控制线路。除了集热器外，其余所有部件均是常规建筑水暖设计经常采用的成熟产品，所以必须保证太阳能集热器的性能和质量，才能使之适应建筑一体化的要求。热水供应系统由配水循环管路、水泵、控制阀门和热水计量表组成，与常规的生活热水系统相同。

（2）按照太阳能热水系统的运行方式分类

按照太阳能热水系统的运行方式可分为自然循环系统、强制循环系统和直流式系统。在我国，家用太阳能热水器和小型太阳能热水器系统多用自然循环式，而大中型太阳能热水器系统多用强制循环式。

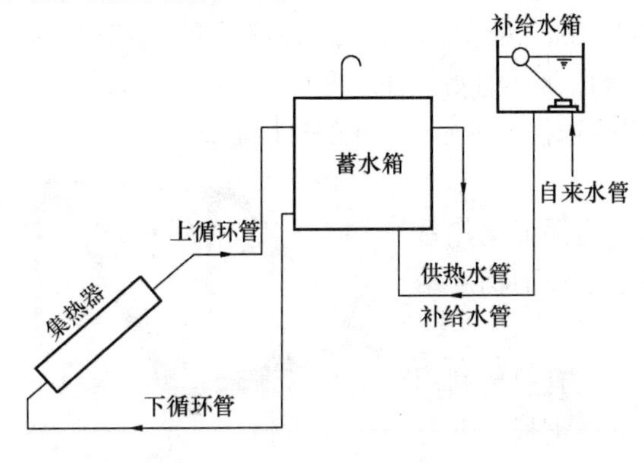

图 2-56　自然循环式热水系统示意图

①自然循环系统

自然循环系统（图 2-56）主要是由太阳能组件、热水储蓄器、转换或交换装置、固定框架等装置构成。此类热水系统的系统，如图 2-56 所示。其蓄水箱必须置于集热器的上方，水在集热器中被太阳辐射加热后，温度升高；由于集热器中与蓄水箱中的水温不同，因而产生密度差，形成热虹吸压头，使热水由上循环管进入水箱的上部，同时水箱底部的冷水由下循环管进入集热器，形成循环流动。这种热水器的循环不需要外加动力，故称为自然循环。在运行过程中，系统的水温逐渐提高，经过一段时间后，水箱上部的热水即可使用。在用水的同时，由补给水箱向蓄水箱补充冷水。在设计使用中要注意解决好以下几个技术问题：

a. 硬水软化技术。如水质过硬，易在集热器内结垢，日久天长集热器会被堵塞，缩短使用寿命。

b. 集热管水箱和水管的保温技术。如果处理不当，寒冷季节水管式水箱结冰，就无法使用。因此建筑设计中要尽量将上、下水管放置在室内，如需放在室外时，要用保温材料包扎。水箱可采用双层钢板，中间夹以保温材料，或使用陶瓷水箱达到保温效果。

c. 集热器产生的热水水温不稳定，水温过高时，可掺入冷水混用，在水温过低时，利用第二热源如煤气热水器和电热水器补充加温，此外自然循环式是利用水温差造成的密度差，作为循环动力。因此，水箱必须放在集热器的上方，可能影响建筑立面的美观。

②强制循环系统

强制循环系统如图 2-57 所示。在这种系统中，水是靠泵来循环的，系统中装有控制系统，当集热器顶部的水温与蓄水箱底部水温的差值达到某一限定值的时候，控制装置就会自动启动水泵；反之，当集热器顶部的水温与蓄水箱底部水温的差值小于某一限

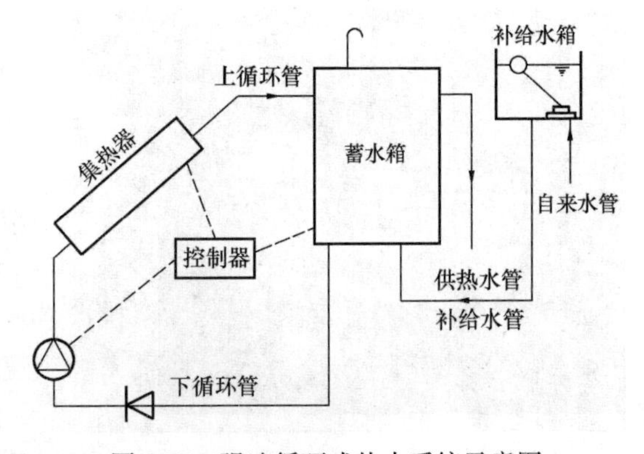

图 2-57　强迫循环式热水系统示意图

定值的时候，控制装置就会自动关闭水泵，停止循环。因此，强制循环系统中蓄水箱的位置不必一定高于集热器，整个系统布置比较灵活，使用于大型热水系统。其优点是水箱得以解放出来，可以自由放置，使建筑物的立面效果得以改善；把水箱设置在室内，热损耗小，在寒冷季节也保持一定水温；防冻液不易结冰，且循环管道细而软（直径为6mm），易于布置，对保温要求相对较低；水不参与循环，不会在集热器内形成水垢，延长集热器使用寿命。

这种方式技术较先进，目前尚未能大规模推广，但属于今后发展的方向。从长远利益来考虑，我们应当尽量采用这种技术含量高、效益更佳的太阳能热水系统。

③直流式系统

直流式系统如图2-58所示。这一系统是在自然循环和强制循环的基础上发展而来的。

水通过集热器被加热到预定的温度上限，集热器出口的电接点温度计立即给控制器信号，并打开电磁阀后，自来水将达到预定温度的热水顶出热水器，流入蓄水箱。当点温度计降到预定的温度下限时，电接电磁阀又关闭，这样热水时开时关，不断地获得热水。

（3）按照太阳能热水系统中生活热水与集热器内传热工质的关系分类

①直接系统（整体式）

直接系统是指太阳能集热器中直接加热水给用户的太阳能热水系统。因集热器和蓄热水箱结合为一体，一般称为整体式热水系统，如图2-59所示。

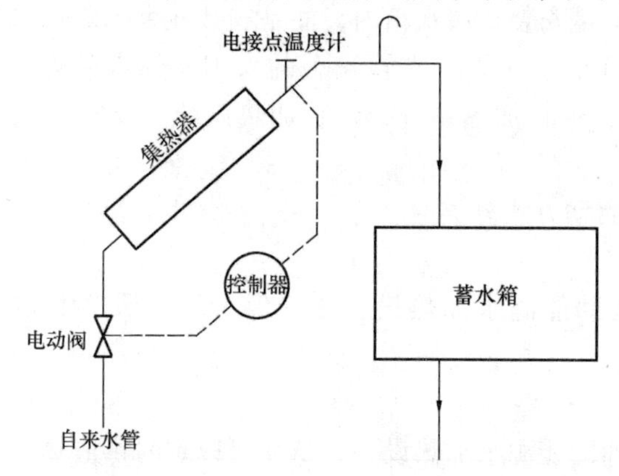

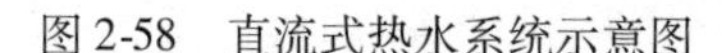
图2-58　直流式热水系统示意图

图2-59　整体式太阳能热水器

整体式太阳能热水系统，又分为屋脊支架式、挂脊支架式、南坡面预埋固定式、平屋面普通支架式。目前整体式太阳能集热器的使用比较普遍，价格也比较低廉，但在太阳能建筑一体化方面的问题还有待解决。

②间接系统（分体式）

间接系统是指在太阳能集热器中加热某种传热工质，再使该传热工质通过换热器加热水给用户的太阳能热水系统。因集热器与蓄热水箱分开，又称分体式太阳能热水系统（图2-60）。

分体式太阳能热水系统，又分为阳台嵌入式、南坡面嵌入式、平顶嵌入式。该系统中集热器作为建筑的一个构件，成为屋顶或墙面的一个组成部分，水箱放置在阁楼或室内，系统的管道预先埋设，在太阳能建筑一体化方面的优势较为突出，但结构复杂，造价较高，在推广方面还存在一定的困难。

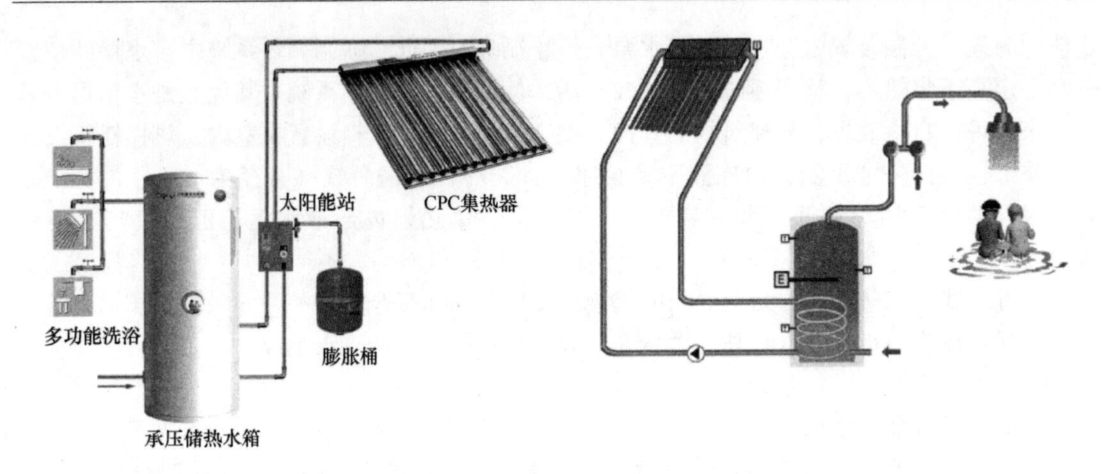

图 2-60　分体式太阳能热水器示意图

（4）按照太阳能热水系统中辅助能源的安装位置分类

①内置加热系统

内置加热系统，是指辅助能源加热设备安装在太阳能热水系统的储水箱内的太阳能热水系统。

②外置加热系统

外置加热系统，是指辅助能源加热设备不是安装在储水箱内，而是安装在太阳能热水系统的储水箱附近或安装在供热水管路（包括主管、干管和支管）上的太阳能热水系统。所以，外置加热系统又可分为储水箱加热系统、主管加热系统、干管加热系统和支管加热系统等。

（5）按照太阳能热水系统中辅助能源的启动方式分类

①全日自动启动系统

全日自动启动系统是指始终自动启动辅助能源水加热设备，确保可以全天 24h 供应热水。

②定时自动启动系统

定时自动启动系统，是指定时自动启动辅助能源水加热设备，从而可以定时供应热水。

③按需手动启动系统

按需手动启动系统，是指根据用户需要，随时手动启动辅助能源水加热设备。

实际上，某些太阳能热水系统有时是一种复合系统，即是上述几种运行方式组合在一起的系统，例如由强制循环与定温放水组合而成的复合系统（表 2-4）。

表 2-4　太阳能热水系统设计选用表

建筑物类型			居住建筑			公共建筑		
			低层	多层	高层	宾馆医院	游泳馆	公共浴室
太阳能热水系统类型	集热与供热水范围	集中供热水系统	●	●	●	●	●	●
		集中—分散供热水系统	●	●	—	—	—	—
		分散供热水系统	●	—	—	—	—	—

续表

建筑物类型			居住建筑			公共建筑		
			低层	多层	高层	宾馆医院	游泳馆	公共浴室
太阳能热水系统类型	系统运行方式	自然循环系统	●	●	—	●	●	●
		强制循环系统	●	●	●	●	●	●
		直流式系统	—	●	●	●	●	●
	集热器内传热工质	直接系统	●	●	●	●	—	●
		间接系统	●	●	●	●	●	●
	辅助能源安装位置	内置加热系统	●	●	—	—	—	—
		外置加热系统	—	●	●	●	●	●
	辅助能源启动方式	全日自动启动系统	●	●	●	●	—	—
		定时自动启动系统	●	●	●	—	●	●
		按需手动启动系统	●	—	—	—	●	●

3）集热器的设计计算

（1）集热器采光面积 S 的确定方法

集热器的采光面积应根据热水负荷大小（水量和水温）、集热器的种类、热水系统的热性能指标、使用期间的太阳辐射、气象参数来确定。热水系统的热性能指标可由国家认可的质量检验机构测试得出，各生产厂家应将自己生产的各类热水器的热性能指标编入产品说明书，以供设计人员选用。

① 整体式太阳能热水器集热器总面积可根据用户的每日用水量和用水温度确定，按下式计算：

$$A_c = Q_w C_w (t_{end} - t_i) f / J_T \eta_{cd} (1 - \eta_L);$$

式中　A_c——直接系统集热器总面积，m^2；

Q_w——日均用水量，kg；

C_w——水的定压比热容，kJ/（kg·℃）；

t_{end}——储水箱内水的设计温度，℃；

t_i——水的初始温度，℃；

J_T——当地集热器采光面上的年平均日太阳辐照量，kJ/m^2；

f——太阳能保证率，%；根据系统使用期内的太阳辐照、系统经济性及用户要求等因素综合考虑后确定，宜为30%～80%；

η_{cd}——集热器的年平均集热效率；根据经验取值宜为0.25～0.50，具体取值应根据集热器产品的实际测试结果而定；

η_L——储水箱和管路的热损失率；根据经验取值宜为0.20～0.30。

②分体式太阳能热水器集热面积的计算：

$$A_{IN} = A_C \times (1 + F_R U_L \times A_C / U_{hx} \times A_{hx})$$

式中　A_{IN}——间接系集热面积，m^2

$F_R U_L$——集热器总热损系数W/（m^2.℃）对平板型集热器，$F_R U_L$ 宜取4～6W/（m^2·℃）

对于真空管集热器，$F_R U_L$ 宜取 1~2W/（m^2·℃）；具体数值要根据集热器产品的实际测试结果而定。

U_{hx}——换热器传热系数，W/（m^2·℃）；

A_{hx}——换热器换热面积，m^2

但是，在确定集热器总面积之前，在方案设计阶段，对建筑师关心的在有限的建筑围护结构中太阳能集热器究竟占据多大的空间，可以根据建筑建设地区太阳能条件来估算集热器总面积。

表 2-5 列出的“每 100L 热水量的系统集热器总面积推荐选用值”是将我国各地太阳能条件分为四个等级：资源丰富区、资源较丰富区、资源一般区和资源贫乏区，不同等级地区有不同的年日照时数和不同的年太阳辐照量，再按每产生 100L，热水量分别估算出不同等级地区所需要的集热器总面积，其结果一般在 1.2~2.0m^2/100L 之间。

表 2-5　每 100L 热水量的系统集热器总面积推荐选用值

等级	太阳能条件	年日照时数（h）	水平面上年太阳辐照量 [MJ（m^2·a）]	地 区	集热面积（m^2）
一	资源丰富区	3200~3300	>6700	宁夏北、甘肃西、新疆东南、青海西、西藏西	1.2
二	资源较富区	3000~3200	5400~6700	冀西北、京、津、晋北、内蒙古及宁夏南、甘肃中东、青海东、西藏南、新疆南	1.4
三	资源一般区	2200~3000	5000~5400	鲁、豫、冀东南、晋南、新疆北、吉林、辽宁、云南、陕北、甘肃东南、粤南	1.6
		1400~2200	4200~5000	湘、桂、赣、江、浙、沪、皖、鄂、闽北、粤北、陕南、黑龙江	1.8
四	资源贫乏区	1000~1400	<4200	川、黔、渝	2.0

（2）集热器倾角 θ 的确定方法

假设集热器的倾角为 θ，一般原则是 $\theta=\Phi\pm\delta$；春、夏、秋季使用时 $\theta=\Phi-\delta$；全年使用时

$$\theta=\Phi+\delta;$$

式中　θ——集热器的倾角；

Φ——当地纬度；

δ——一般取 5~10°

华北地区对于太阳能热水系统选择的最佳集热板倾角为 45°。由于设计集热板和屋面结合，所以要求屋面的倾角也为 45°。但在设计过程中，建筑的立面设计要满足此要求有一定困难，所以通常实际集热器的倾角并非 45°。为了得到集热器倾角的改变对所需面积的影响，必须进行全年逐时模拟计算，即在给定的集热板倾角下（如 45°），计算每平方米的集热器全年所能聚集的太阳能，然后改变集热板的倾角，得到不同倾角下的太阳能得热量数据，如表 2-6 所示。

表 2-6　华北地区太阳能集热器不同倾斜角度集热效率的比较

集热板倾角	30°	35°	40°	45°	50°
集热效率	91.10%	94.70%	97.60%	100%	101.70%

可见集热板的倾角越大，对利用太阳能越有利。但是，倾角改变对太阳能的积累总值的影响较小，从45°到35°时，只下降了5.3%，而从45°到40°时，只下降了2.4%。所以屋面倾角在45°附近的小范围内变动，对太阳能整体性能影响不大。

当集热器放在特殊位置上时，其倾角决定于具体安装条件。例如多层住宅家用太阳能热水装置，将太阳能集热器作为阳台板的一部分，考虑到安全其倾角较大，大约在80°以上，而不是按照上述公式的30°～50°，甚至按垂直摆放，牺牲一些热效率，换来局部美观和安全。

（3）集热器距离 S 的确定方法

假设集热器前后排间不遮挡阳光的最小距离 S，则：

$$\sin\alpha = \sin\Phi\sin\delta + \cos\Phi\cos\delta\cos\omega$$

$$\sin\gamma = \cos\delta\sin\omega/\cos\alpha$$

$$S = H \cdot \cos\gamma/\tan\alpha$$

式中　S——不遮阳最小距离，m；

H——前排集热器的高度，m；

α——太阳高度角，度；

γ——方位角（地平面正南方向与太阳光线在地平面投影间的夹角），度；

ω——时角（以太阳时的正午起算，上午为负，下午为正，它的数值等于离正午的时间钟点数乘以15°）；

δ——赤维角（太阳光线与赤道平面的夹角），度（表2-7）；

表2-7　主要节气的太阳赤纬角 δ 值

节气	日期	赤纬角δ	日期	节气
夏至	6月22日	23°27′	—	—
小满	5月21日左右	20°00′	7月21日左右	大暑
立夏	5月6日左右	15°00′	8月8日左右	立秋
谷雨	4月21日左右	11°00′	8月21日左右	处暑
春分	3月21日	0°00′	9月23日左右	秋分
雨水	2月21日左右	-11°00′	10月21日左右	霜降
立春	2月4日左右	-15°00′	11月7日左右	立冬
大寒	1月21日左右	-20°00′	11月21日左右	小雪
—	—	-23°27′	12月22日左右	冬至

2. 太阳能热水辐射采暖

太阳能热水辐射采暖的热媒是温度为30～60℃的低温热水，这就使利用太阳能作为热源成为可能。按照使用部位的不同，可分为太阳能天棚辐射采暖、太阳能地板辐射采暖等几类，本文仅介绍目前使用较为普遍的太阳能地板辐射采暖。

1）系统的组成及工作原理

太阳能地板辐射采暖是一种将集热器采集的太阳能作为热源，通过敷设于地板中的盘管加热地面进行供暖的系统，该系统是以整个地面作为散热面，传热方式以辐射散热为主，其辐射换热量约占总换热量的60%以上。

典型的太阳能地板辐射采暖系统（图2-61）由太阳能集热器、控制器、集热泵、蓄热水箱、辅助热源、供回水管、止回阀若干、三通阀、过滤器、循环泵、温度计、分水器、加热器组成。

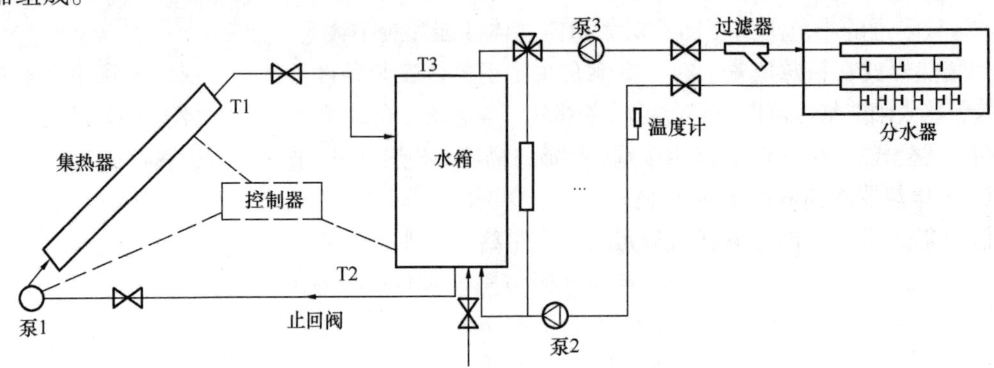

图 2-61　太阳能地板辐射采暖系统图

当 $T_1>50$℃时，控制器就启动水泵，水进入集热器进行加热，并将集热器的热水压入水箱，水箱上部温度高，下部温度低，下部冷水再进入集热器加热，构成一个循环。当 $T_1<40$℃，水泵停止工作，为防止反向循环及由此产生的集热器的夜间热损失，则需要一个止回阀。当蓄热水箱的供水水温 $T_3>45$℃时，可开启泵 3 进行采暖循环。和其他太阳能的利用一样，太阳能集热器的热量输出是随时间变化的，它受气候变化周期的影响，所以，系统中有一个辅助加热器。

当阴雨天或是夜间太阳能供应不足时，可开启三通阀，利用辅助热源加热。当室温波动时，可根据以下几种情况进行调节。如果可利用太阳能，而建筑物不需要热量，则把集热器得到的能量加到蓄热水箱中去；如果可利用太阳能，而建筑物需要热量，把从集热器得到的热量用于地板辐射采暖；如果不可利用太阳能，建筑物需要热量，而蓄热水箱中已储存足够的能量，则将储存的能量用于地板辐射采暖；如果不可能利用太阳能，而建筑物又需要热量，且蓄热水箱中的能量已经用尽，则打开三通阀，利用辅助能耗对水进行加热，用于地板辐射采暖。尤其需要指出，蓄热水箱存储了足够的能量，但不需要采暖，集热器又可得到能量，集热器中得到的能量无法利用或存储，为节约能源，可以将热量供应生活用热水。

蓄热水箱与集热器上下水管相连，供热水循环之用。蓄热水箱容量大小根据太阳能地板采暖日需热水量而定。在太阳能的利用中，为了便于维护加工，提高经济性和通用性，蓄热水箱已标准化。目前蓄热水箱以容积分为 500L 和 1000L 两种，外形均为方表。容积 500L 的水箱外形尺寸为：778mm × 778mm × 800mm，容积为 1000L 的水箱外形尺寸为：928mm × 928mm × 1300mm。

太阳能集热器的产水能力与太阳照射强度、连续日照时间及背景气温等密切相关。夏季产水能力强，大约是冬季的 4 ~ 6 倍。而夏季却不需要采暖，洗浴所需的热水也较冬季少。为了克服此矛盾，可以尝试把太阳能夏季生产的热水保温储存下来留在冬季及阴雨季节使用，这就不仅可以发挥太阳能采暖系统的最佳功能，而且还可以大大降低辅助能的使用。在目前技术条件下，最佳的方案就是把夏季太阳能加热的热水就地回灌储存于地下含水岩层中。不过该技术还需进一步研究和探讨。

2）太阳能热水辐射采暖的特点

传统的供热方式主要是散热器采暖，即将暖气片布置在建筑物的内墙上，这种供暖方式存在以下几方面的不足：

（1）影响居住环境的美观程度，减少了室内空间。

（2）房间内的温度分布不均匀。靠近暖气片的地方温度高，远离暖气片的地方温度低。

（3）供热效率低下。

（4）散热器采暖的主要散热方式是对流，这种方式容易造成室内环境的二次污染，不利于营造一个健康的居住环境。

（5）在竖直方向上，房间内的温度分布与人体需要的温度分布不一致，使人产生头暖脚凉的不舒适感觉。

与传统采暖方式相比，太阳能地板辐射采暖技术主要具有以下几方面的优点（图2-62）：

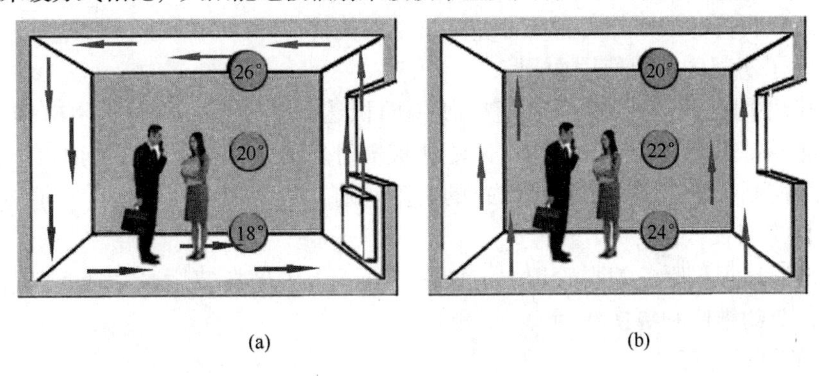

图2-62　传统采暖方式与太阳能地板辐射采暖室内温度分布对比
（a）传统采暖；（b）太阳能地板辐射采暖

（1）降低室内设计温度

影响人体舒适度的因素之一为室内平均辐射温度。当采用太阳能地板辐射采暖时，由于室内围护结构内表面温度的提高，所以其平均辐射温度也要加大，一般室内平均辐射温度比室温高2～3℃。因此要得到与传统采暖方式同样的舒适效果，室内设计温度值可降低2～3℃。

（2）舒适性好

以地板为散热面，在向人体和周围空气辐射换热的同时，还向四周的家具及外围护结构内表面辐射换热，使壁面温度升高，减少了四周表面对人体的冷辐射。由于具有辐射强度和温度的双重作用，使室温比较稳定，温度梯度小，形成真正符合人体散热要求的热环境，给人以脚暖头凉的舒适感，可提高脑力劳动者的工作效率。

（3）适用范围广

解决了大跨度和矮窗式建筑物的采暖需求，尤其适用于饭店、展览馆、商场、娱乐场所等公共建筑以及对采暖有特殊要求的厂房、医院、机场和畜牧场等。

（4）可实现分户计量

目前我国采暖收费基本上是采用按采暖面积计费的方法。这种计费方法存在很多弊端，导致能源的极大浪费。最合理的计费方法应该是按用户实际用热量来核算。要采用这种计费方法，就必须进行单户热计量，而进行单户热计量的前提是每个用户的采暖系统必须能够单独进行控制，这点对于常规的散热器采暖方式来说是不容易做到的（必须经过复杂的系统改造）。而太阳能地板辐射采暖一般采用双管系统，以保证每组盘管供水温度基本相同。采用分、集水器与管路连接，在分水器前设置热量控制计量装置，可实现分户控制和热计量收费。

（5）卫生条件好

室内空气流速较小，平均为0.15m/s，可减少灰尘飞扬，减少墙壁面或空气的污染，消除了普通散热器积尘面挥发的异味。

（6）高效节能

供水温度为30～60℃，使得利用太阳能成为可能，节约常规能源。室内设计温度值如（1）所述，可降低2～3℃。根据有关资料介绍，室内温度每降低1℃可节约燃料10%左右，因此太阳能地板辐射采暖可节约燃料20%～30%。如（4）所述，若采用按热表计量收费来代替按采暖面积收费，据国外资料统计，又可节约能源20%～30%。

（7）扩大了房间的有效使用面积

采用暖气片采暖，一般100m^{2}占有效使用面积达2m^{2}左右，而且上下立横管诸多，给用户装修和使用带来诸多不便。采用太阳能地板辐射采暖，管道全部在地面以下，只用一个分集水器进行控制，解决了传统采暖方式的诸多问题。

（8）使用寿命长

太阳能低温地板采暖，塑料管埋入地板中，如无人为破坏使用寿命在50年以上，不腐蚀、不结垢，节约维修和更换费用。

3）系统的设计计算

（1）主要设计参数的确定

①地板表面平均温度

太阳能地板辐射采暖地板表面温度的确定是根据人体舒适感、生理条件要求，参照《辐射供暖供冷技术规程》（JGJ 142—2012）来确定的，具体推荐数值见表2-8。

表2-8　太阳能地板辐射采暖的地板表面温度取值

设置位置	宜采用的平均温度	平均温度上限值
经常有人停留的地面	25～27℃	29℃
短期有人停留的地面	28～30℃	32℃
无人停留的地面	35～40℃	42℃
游泳池及浴室地面	30～35℃	35℃

②供回水温度

在太阳能地板辐射采暖设计中，从安全和使用寿命考虑，民用建筑的供水温度不应超过60℃，供回水温差宜小于或等于10℃。

③供热负荷

太阳能地板辐射采暖系统是由盘管经地面向室内散热，由于受到填充层、面层的影响，提高了传热热阻，大大降低了盘管的散热量。一般来讲，同种地板装饰层的厚度越小，地板表面的平均温度就越高，但均匀性越差；厚度越大，地板表面的平均温度将会降低，同时均匀性得到了加强。地面散热量则随着厚度的增加而有所下降，但下降的数额较少。因此，在确定热负荷时要适当考虑这些因素的影响。

另一方面，由于太阳能地板辐射采暖主要以辐射的传热方式进行供暖，形成较合理的温度场分布和热辐射作用，可有2~3℃的等效热舒适度效应。因此供暖热负荷计算宜将室内计算温度降低2℃，或取常规对流式供暖方式计算供暖热负荷的90%~95%，也就是说，可以适当降低建筑物热负荷。

另外，对于采用集中供暖分户热计量或采用分户独立热源的住宅，应考虑间歇供暖、户间建筑热工条件件和户间传热等因素，房间的热负荷计算应增加一定的附加量。因此，在设计计算热负荷时应对以上问题综合加以考虑，确定符合工程实际的建筑热负荷。

据地板辐射采暖的设计经验：

a. 全面辐射采暖的热负荷，应按有关规范进行。对计算出的热负荷乘以0.9~0.95修正系数或将室内计算温度取值降低2℃均可。

b. 局部采暖的热负荷，应再乘以附加系数（表2-9）。

表2-9　局部采暖热负荷附加系数

采暖面积与房间总面积比值	0.55	0.40	0.25
附 加 系 数	1.30	1.35	1.50

④管间距

加热管的敷设管间距，应根据地面散热量、室内计算温度、平均水温及地面传热热阻等通过计算确定。

⑤水力计算

盘管管路的阻力包括沿程阻力和局部阻力两部分。由于盘管管路的转弯半径比较大，局部阻力损失很小，可以忽略。因此，盘管管路的阻力可以近似认为是管路的沿程阻力。

⑥埋深

厚度不宜小于50mm；当面积超过30m² 或长度超过6m时，填充层宜设置间距小于或等于5m，宽度大于或等于5mm的伸缩缝。面积较大时，间距可适当增大，但不宜超过10m；加热管穿过伸缩缝时，宜设长度不大于100mm的柔性套管。

⑦流速

加速管内水的流速不应小于0.25m/s，不超过0.5m/s。同一集配装置的每个环路加热管长度应尽量接近，一般不超过100m，最长不能超过120m。每个环路的阻力不宜超来30kPa。

⑧太阳能热水器选择

我国北方寒冷地区的冬季最低温度可达-40℃。因此，选择太阳能热水器应考虑其安全越冬问题。目前国内生产的全玻璃真空管和热管式真空管已经解决了这个问题。

（2）设计计算

①供暖所需热水量的计算

单位建筑面积采暖所需的小时循环热水流量 G 可按公式（4-12）计算，

$$G = 0.86Q/(Cp \cdot \Delta T) \qquad (4\text{-}12)$$

式中　G——单位建筑面积采暖所需的小时循环热水流量，kg/（m^2·h）

Q——单位建筑面积供暖热指标，kJ/（m^2·h）；

Cp——水的定压比热容，4.18kJ/（kg·℃）；

ΔT——采暖供回水温度差，℃。

②太阳能集热器出水量的计算

全玻璃太阳能真空集热管的能量平衡方程（总集热量=有效太阳得热量-热量损失）可按公式（4-13）计算：

$$MC_p\Delta T = \tau\alpha HAa - U_L\Delta T\Delta tA_L \quad (4\text{-}13)$$

式中 M——单支真空集热管出水量，kg/d；

C_p——水的定压比热容，4.18kJ/（kg·℃）；

ΔT——采暖供回水温差，℃；

τ——真空集热管的太阳透射比；

α——真空集热管涂层的太阳吸收比；

H——太阳辐射量，kJ/（m^2·d）；

Aa——真空集热管的采光面积，m^2；

U_L——真空集热管的热损系数，W/（m^2·℃）；

Δt——累计辐射时间，h；

A_L——单支真空集热管散热面积，m^2。

由式（4-13）得单支全玻璃真空集热管的出水量为

$$M = (\tau\alpha HAa - U_L\Delta T\Delta tA_L)/(C_p \cdot \Delta T)$$

③太阳能集热器面积的计算

根据《民用建筑太阳能热水系统应用技术规范》（GB 50364—2005）。

a. 直接系统集热器总面积可根据公式（4-14）计算：

$$A_C = \frac{Q_w C_w(t_{end} - t_i)f}{J_T\eta_{cd}(1 - \eta_L)} \quad (4\text{-}14)$$

式中 A_C——集热器总面积，m^2；

Q_w——日平均用水量，kg；

C_w——水的定压比热容，4.18kJ/（kg·℃）；

t_{end}——储水箱内水的设计温度，℃；

t_i——水初始温度，℃；

f——太阳能保证率，宜为30%~80%；

J_T——当地集热器采光面上的年平均日太阳辐照量，kJ/（m^2·d）；

η_{cd}——集热器年平均及热效率，0.25~0.50；

η_L——储水箱和管路的热损失率，0.20~0.30。

b. 间接系统集热器面积可根据公式（4-15）计算，

$$A_{IN} = A_C\left(1 + \frac{F_R U_L A_C}{U_{hx}A_{hx}}\right) \quad (4\text{-}15)$$

式中 A_{IN}——间接系统集热器面积，m^2；

$F_R U_L$——集热器总热损系数，W/（m^2·℃）；对平板型集热器，宜取4~6 W/（m^2·℃）；对真空管集热器，宜取1~2 W/（m^2·℃）；具体数值应根据集热器产品的实际检测结果而定；

U_{hx}——换热器传热系数，W/（m^2·℃）；

A_{hx}——换热器换热面积，m^2。

4）地板结构形式

地板结构形式与太阳能地板辐射采暖效果息息相关，这里从构造做法和盘管辐射方式两方面进行阐述。

（1）构造做法

按照施工方式，太阳能地板辐射采暖的地板构造做法可分为湿式和干式两类。

①湿式太阳能地板采暖结构形式

图2-63为湿式太阳能地板采暖结构的示意图。在建筑物地面基层做好之后，首先敷设高效保温和隔热的材料，一般用的是聚苯乙烯板或挤塑板，在其上铺设铝箔反射层，然后将盘管按一定的间距固定在保温材料上，最后回填豆石混凝土。填充层的材料宜采用C15豆石混凝土，豆石粒径宜为5～12mm。盘管的填充层厚度不宜小于50mm，在找平层施工完毕后再做地面层，其材料不限，可以是大理石、瓷砖、木质地板、塑料地板、地毯等。

②干式太阳能地板采暖结构形式

图2-64为另外一种地板结构形式，被称为干式太阳能低温热水地板辐射采暖构造。此干式做法是将加热盘管置于基层上的保温层与饰面层之间无任何填埋物的空腔中，因为它不必破坏地面结构，因此可以克服湿式做法中重度大、维修困难等不足，尤其适用于建筑物的太阳能地板辐射采暖改造，为太阳能地板辐射采暖在我国的推广提供新动力，从而丰富和完善了该项技术的应用，是适应我国建筑条件和住宅产品多元化需求的有益探索和实践。

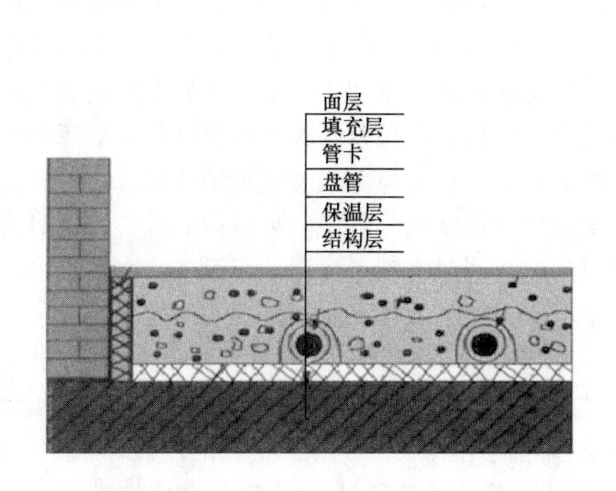

图2-63　湿式太阳能地板采暖构造示意图

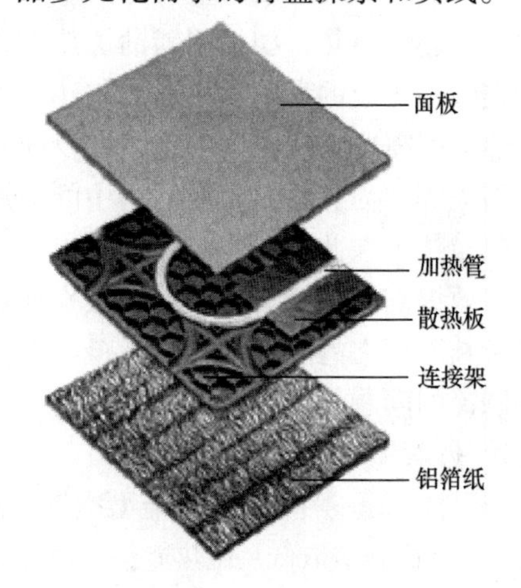

图2-64　干式太阳能地板采暖构造示意图

（2）盘管敷设方式

如图2-65所示，太阳能地板辐射采暖系统盘管的敷设方式分为蛇形和回形两种。蛇形敷设又分为单蛇形、双蛇形和交错双蛇形敷设3种；回形敷设又分为单回形、双回形和双开双回形敷设3种。

影响盘管敷设方式的主要因素是盘管的最小弯曲半径。由于塑料材质的不同，相同直径盘管最小弯曲半径是不同的。如果盘管的弯曲半径太大，盘管的敷设方式将受到限制。而满足弯曲半径的同时也要使太阳能地板辐射供暖的热效率达到最大。对于双回形布置，经过板面中心点的任何一个剖面，埋管是高低温管相间隔布置，存在“零热面”和“均化”效应，从而使这种敷设方式的板面温度场比较均匀，且铺设弯曲度数大部分为90°弯，故敷设简单

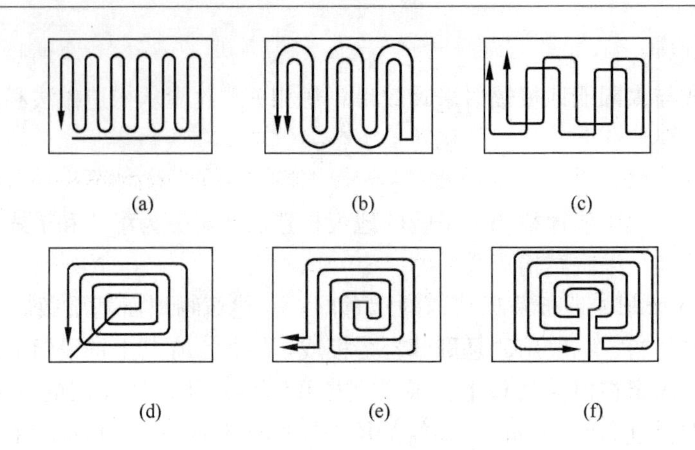

图 2-65　盘管敷设方式

（a）单蛇形；（b）双蛇形；（c）交错双蛇形；（d）单回形；（e）双回形；（f）双开双回形

也没有埋管相交问题。

3. 太阳能热泵

由于太阳能受季节和天气影响较大，能量密度较低，在太阳辐照强度小、时间少或气温较低、对供热要求较高的地区，普通太阳能供热系统的应用受到很大限制，存在诸多问题。如白天集热板板面温度的上升导致集热效率下降；在夜间或阴雨天没有足够的太阳辐射时，无法实现连续供热，如采用辅助加热方式，则又要消耗大量的其他能源；启动速度慢，加热周期较长；传统的太阳能集热器与建筑不易结合，在一定程度上影响了建筑的美观；常规的太阳热水器需要在房顶设水箱，在夜间气温较低时，储水箱和集热器向外界散热造成大量的热量损失等。为克服太阳能利用中的上述问题，人们不断探索各种新的更高效的能源利用技术，热泵技术在此过程中受到了相当的重视。将热泵技术与太阳能装置结合起来，可扬长避短，有效提高太阳能集热器集热效率和热泵系统性能，充分利用两种技术的优势，同时避免了两种技术存在的问题，解决了全天候供热问题，同时实现了使用一套设备解决冬季采暖和夏季制冷的问题，节省了设备初投资，在工程实践中已取得了非常好的实用效果。

1. 热泵技术概述

热泵技术是一种很好的节能型空调制冷供热技术，是利用少量高品位的电能作为驱动能源，从低温热源高效吸取低品位热能，并将其传输给高温热源，以达到泵热的目的，从而转能质系数低的能源为能质系数高的能源（节约高品位能源），即提高能量品位的技术。根据热源不同，可分为水源、地源、气源等形式的热泵；根据原理不同，又可分为吸收/吸附式、蒸汽喷射式、蒸汽压缩式等形式的热泵。蒸汽压缩式热泵因其结构简单，工作可靠，效率较高而被广泛采用，其工作原理如图 2-66 所示。

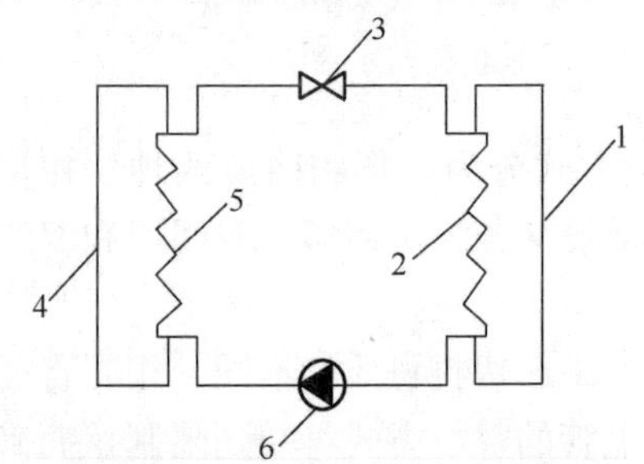

图 2-66　蒸汽压缩式热泵示意图

1—低温热源；2—蒸发器；3—节流阀；4—高温热源；5—冷凝器；6—压缩机

如图 2-66 所示，热泵可以看成是一种反向使用的制冷机，与制冷机所不同的只是工作的温度范围。蒸发器吸热后，其工质的高温低压过热气体在压缩机中经过绝热压缩变为高温高压的气体后，经冷凝器定压冷凝为低温高压的液体（放出工质的汽化热等，与冷凝水进行热交换，使冷凝水被加热为热水供用户使用），液态工质再经降压阀绝热节流后变为低温低压液体，进入蒸发器定压吸收热源热量，并蒸发变为过热蒸汽完成一个循环过程。如此循环往复，不断地将热源的热能传递给冷凝水。

根据热力学第一定律，有：

$$Q_g = Q_d + A$$

根据热力学第二定律，压缩机所消耗的电功 A 起到补偿作用，使得制冷剂能够不断地从低温环境吸热（Q_d），并向高温环境放热（Q_g），周而复始地进行循环。因此，压缩机的能耗是一个重要的技术经济指标，一般用性能系数（coefficient of performance，简称 COP）来衡量装置的能量效率，其定义为：

$$COP = Q_g/A = (Q_d + A)/A = 1 + Q_d/A$$

显然，热泵 COP 永远大于 1。因此，热泵是一种高效节能装置，也是制冷空调领域内实施建筑节能的重要途径，对于节约常规能源、缓解大气污染和温室效应起到积极的作用。

所有形式的热泵都有蒸发和冷凝两个温度水平，采用膨胀阀或毛细管实现制冷剂的降压节流，只是压力增加的不同形式，主要有机械压缩式、热能压缩式和蒸气喷射压缩式。其中，机械压缩式热泵又称作电动热泵，目前已经广泛应用于建筑采暖和空调，在热泵市场上占据了主导地位；热能压缩式热泵包括吸收式和吸附式两种型式，其中水-溴化锂吸收式和氨-水吸收式热水机组已经逐步走上商业化发展的道路，而吸附式热泵目前尚处于研究和开发阶段，还必须克服运转间歇性以及系统性能和冷重比偏低等问题，才能真正应用于实际。根据热源形式的不同，热泵可分为空气源热泵、水源热泵、土壤源热泵和太阳能热泵等。国外的文献通常将地下水热泵、地表水热泵与土壤源热泵统称为地源热泵。

2）太阳能热泵技术概述

蒸汽压缩式热泵在实际应用中也遇到了一定的问题，最为突出的就是当冬天的大气温度很低时，热泵系统的效率比较低。既然太阳能热利用系统中的集热器在低温时集热效率较高，而热泵系统在其蒸发温度较高时系统效率较高，那么可以考虑采用太阳能加热系统来作为热泵系统的热源。太阳能热泵是将节能装置-热泵与太阳能集热设备、蓄热机构相连接的新型供热系统，这种系统形式，不仅能够有效地克服太阳能本身所具有的稀薄性和间歇性，而且可以达到节约高位能和减少环境污染的目的，具有很大的开发、应用潜力。随着人们对获取生活用热水的要求日益提高，具有间断性特点的太阳能难以满足全天候供热。热泵技术与太阳能利用相结合无疑是一种好的解决方法。

这种太阳能与热泵联合运行的思想，最早是由 Jordan 和 Threlkeld 在 20 世纪 50 年代的研究中提出。在此之后，世界各地有众多的研究者相继进行了相关的研究，并开发出多种形式的太阳能热泵系统。早期的太阳能热泵系统多是集中向公共设施或民用建筑供热的大型系统，比如，20 世纪 60 年代初期，Yanagimachi 在日本东京、Bliss 在美国的亚利桑那州都曾利用无盖板的平板集热器与热泵系统结合，设计了可以向建筑供热和供冷的系统，但是由于效率较低、初投资较大等原因没有推广开来。后来，出现了向用户供应热水的太阳能热泵系统，特别是近些年来，供应 40～70℃ 中温热水的系统引起了人们广泛的兴趣，相继有众多的研究者都对此进行了深入的研究。

按照太阳能和热泵系统的连接方式，太阳能热泵系统分为串联系统、并联系统和混合连接系统，其中串联系统又可分为传统串联式系统和直接膨胀式系统。

传统串联式系统如图 2-67 所示：

在该系统中，太阳能集热器和热泵蒸发器是两个独立的部件，它们通过储热器实现换热，储热器用于存储被太阳能加热的工质（如水或空气），热泵系统的蒸发器与其换热使制冷剂蒸发，通过冷凝将热量传递给热用户。这是最基本的太阳能热泵的连接方式。

直接膨胀式系统如图 2-68 所示：

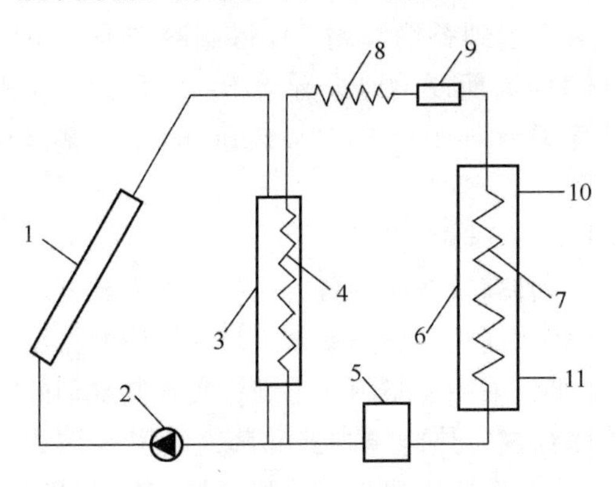

图 2-67　串联式太阳能热泵系统

1—平板集热器；2—水泵；3—换热器；4—蒸发器；5—压缩机；6—水箱；7—冷凝盘管；8—毛细管；9—干燥过滤器；10—热水出口；11—冷水入口

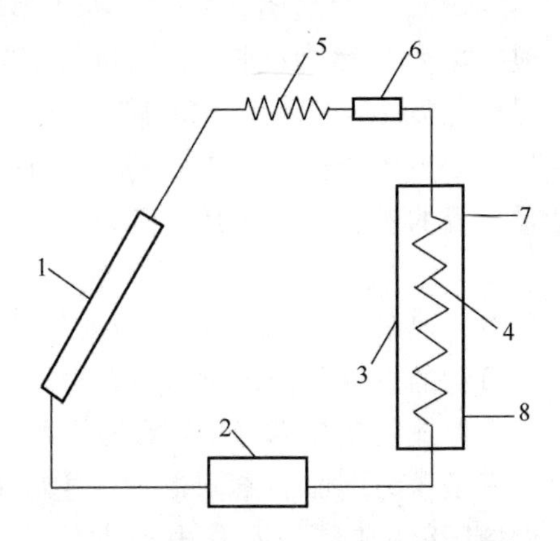

图 2-68　直接膨胀式太阳能热泵系统

1—平板集热器；2—压缩机；3—水箱；4—冷凝盘管；5—毛细管；6—干燥过滤器；7—热水出口；8—冷水入口

该系统的太阳能集热器内直接充入制冷剂，太阳能集热器同时作为热泵的蒸发器使用，集热器多采用平板式。最初使用常规的平板式太阳集热器；后来又发展为没有玻璃盖板，但有背部保温层的平板集热器；甚至还有结构更为简单的，既无玻璃盖板也无保温层的裸板式平板集热器。有人提出采用浸没式冷凝器（即将热泵系统的冷凝器直接放入储水箱），这会使得该系统的结构进一步简化。目前直接膨胀式系统因其结构简单、性能良好，日益成为人们研究关注的对象，并已经得到实际的应用。

并联式系统如图 2-69 所示。该系统是由传统的太阳集热器和热泵共同组成，它们各自独立工作，互为补充。热泵系统的热源一般是周围的空气。当太阳辐射足够强时，只运行太阳能系统，否则，运行热泵系统或两个系统同时工作。

混合连接系统也叫双热源系统，实际上是串联和并联系统的组合，如图 2-70 所示。

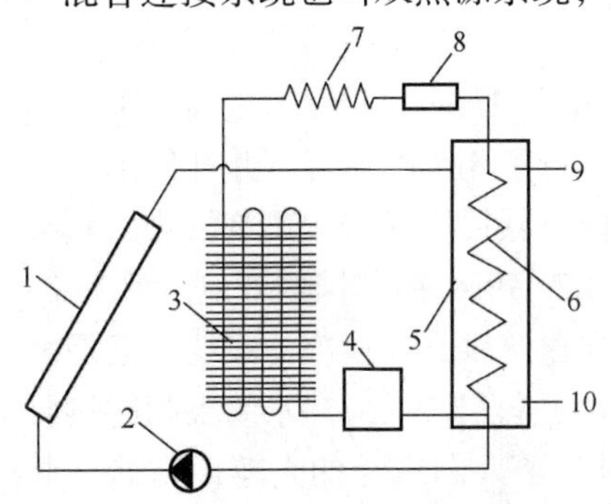

图 2-69　并联式太阳能热泵系统

1—平板集热器；2—水泵；3—蒸发器；4—压缩机；5—水箱；6—冷凝盘管；7—毛细管；8—干燥过滤器；9—热水出口；10—冷水入口

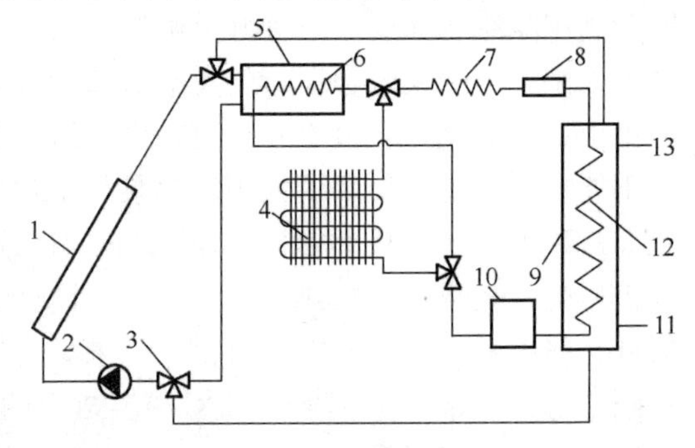

图 2-70　混合式太阳能热泵系统

1—平板集热器；2—水泵；3—三通阀；4—空气源蒸发器；5—中间换热水箱；6—以太阳能加热的水或空气为热源的蒸发器；7—毛细管；8—干燥过滤器；9—水箱；10—压缩机；11—冷水入口；12—冷凝盘管；13—热水出口

混合式太阳能热泵系统设两个蒸发器，一个以大气为热源，另外一个以被太阳能加热的工质为热源。根据室外具体条件的不同，有3种不同的工作模式：①当太阳辐射强度足够大时，不需要开启热泵，直接利用太阳能即可满足要求；②当太阳辐射强度很小，以至水箱中的水温很低时，开启热泵，使其以空气为热源进行工作；③当外界条件介于两者之间时，使热泵以水箱中被太阳能加热了的工质为热源进行工作。

3）太阳能热泵设计要点

集热器是太阳能供热、供冷中最重要的组成部分，其性能与成本对整个系统的成败起着决定性作用。为此，常在10～20℃低温下集热，再由热泵装置进行升温的太阳能供热系统，是一种利用太阳能较好的方案。即把10～20℃较低的太阳热能经热泵提升到30～50℃，再供热。

解决好太阳能利用的间歇性和不可靠性问题。太阳能热泵的系统中，由于太阳能是一个强度多变的低位热源，一般都设太阳能蓄热器，常用的有蓄热水槽、岩石蓄热器等。热泵系统中的蓄热器可以用于储存低温热源的能量，将由集热器获得的低位热量储存起来，蓄热器有的分别装在热泵低温侧（10～20℃）和高温侧（30～50℃）两边，有的只装在低温侧。因为只在高温侧一边设置蓄热槽，热泵热源侧的温度变化大，影响热泵工况的稳定性。日照不足的过渡季可简单地用卵石床蓄热。

设计太阳能热泵集热系统时，以下两个主要设计参数是必须计算研究的，一个是太阳能集热器面积；另一个是太阳能集热器安装倾角。

太阳能集热系统设计原则：

（1）太阳能集热器在冬季作用，必须具有良好的防冻性能，目前各类真空管太阳能集热器可基本满足要求，但其他类型的集热器则应配备防冻功能。

（2）太阳能集热器的安装倾角，应使冬季最冷月1月份集热器表面上接收的入射太阳辐射量最大。

（3）确定太阳能集热器面积时，应对设计流量下适宜的集热器出水温度进行合理选择，避免确定的集热器面积过大。

（4）必须配置可靠的系统控制设施，以在太阳能供热状态和辅助热源供热状态之间做灵活切换，保证系统正常运行。

（5）在太阳能集热器的选型上，要合理确定冬季热泵供热用太阳能集热量和夏季生活热水用热量以及冬季辅助加热量，做到投资运行最佳效益。

4）工程应用实例

太阳能热泵系统凭借其出色的冬季工况表现，近年来开始应用在建筑采暖及生活热水制备等领域，取得了良好效果。

位于北京天普太阳能集团工业园的新能源示范大楼（图2-71）是一座集住宿、餐饮、娱乐、展览、会议、办公等多种功能为一体的综合楼，总建筑面积8000m^2。新能源示范大楼的太阳能、热泵系统的目标是满足大楼夏季空

图2-71　北京天普新能源示范楼

调、冬季供暖的需要。经过夏季试运行及采暖季节运行考验表明，系统工作稳定，可靠性强，达到了初期的设计目标，完全可以满足采暖和空调的要求。该太阳能热泵采暖空调系统主要有以下特点：① 将集热器预制成安装模块，实现与建筑的良好结合；② 利用地源换热器作为太阳能热泵系统的辅助系统，简化了太阳能系统的构成，增加了太阳能空调采暖系统的可靠性；③ 系统设置大容积地下蓄能水池，使太阳能系统实现全年工作，也降低了蓄能的损失；④ 新能源利用率高，具有较强的节能优越性。在采暖季节，利用太阳能和废热的蓄热量接近总蓄热量的 80%，能耗比达到 3.54；⑤ 环境效益明显，具有污染物排放量很少的环保优势。

系统主要由太阳能集热器阵列、溴化锂制冷机、热泵机组、蓄能水池和自动控制系统等部分组成，优先使用太阳能集热器向储能水池存储的能量。冬季，通过板式换热器将集热系统收集的热量储存在蓄能水池；夏季，吸收式制冷机以太阳能集热系统收集的热水为热源，制造冷冻水，作为储能水池的冷源。热泵作为太阳能空调的辅助系统。冬季，当水池温度低于 33℃时或在用电低谷期启动，向蓄能水池供热；夏季，当太阳能制冷无法维持池中水温在 18℃以下时，热泵向蓄能水池供冷，保持水池的温度。

过渡季节系统仅启动太阳能部分制冷、制热，并在不同的过渡季节选用不同的工作模式。春季，系统在蓄冷模式下工作，吸收式制冷机向蓄能水池提供冷冻水，降低蓄能水池的温度为夏季供冷做准备；秋季，系统转换成蓄热模式，太阳能集热系统向蓄能水池供热，提高水池的温度为冬季供暖做准备。不论是冬季还是夏季，空调水系统的热水和冷冻水均由蓄能水池供给。冬季，室内温度低于 18℃时供能泵开启向大楼供暖，当室内温度高于 20℃，供能泵关闭；夏季，室内温度高于 27℃时供能泵向大楼供冷，当室内温度低于 23℃，供能泵关闭。建筑全年采用自然通风。

太阳能集热系统采用 U 型管式真空管集热器和热管式真空管集热器，采光面积 812m^2。考虑到与建筑一体化问题，集热器在安装前被预制成不同的模块，U 型管集热器和热管集热器由直径 58mm、长 1800mm 的真空管分别预制成 4m × 1.2m 和 2m × 2.4m 的安装模块。集热器布置在大楼南向坡屋顶，各排集热器并联连接，安装倾角 38° 左右。这样布置集热器不仅可以满足集热器的安装要求，又能够保证建筑物造型美观，充分体现出太阳能与建筑一体化的特色。在夏季，与建筑结合为一体的集热器还有隔热效果，达到了节能目的。由于太阳能的能量密度低，而且还要受时间、天气等条件的限制，要使空调系统能够全天候地工作，辅助系统是必不可少的。本系统采用了 1 台 GWHP400 地源热泵机组作为辅助系统（制冷能力 464kW，制热能力 403kW）。这样设置主要有以下优点：热泵既能制冷也能制热，不用同时增加锅炉和制冷机，降低了系统的复杂程度，简化了系统设计；热泵的启动和停止迅速，冬夏运行工况转换方便，便于控制。

为了最大限度地利用太阳能，根据建筑空调的特点，系统设置了储能水池。本系统配置的储能水池容积为 1200m^3，比通常的太阳能系统的储水箱要大得多，这是本系统设计的一大特点。大容积蓄能水池能保证水池的蓄能量，可满足建筑的需要；在建筑不需要空调的过渡季节，水池可提前蓄冷、蓄热，为空调季节做准备。蓄能水池能根据季节的要求进行蓄热和储冷，集热器全年工作，利用率大大提高。蓄能水池设置在地下，传热温差远远小于与环境的温差，有利于减少储能的损失。

新能源示范大楼的生活热水供应，采用了独立的太阳能热水系统，这样可以避免生活热水系统与空调水系统之间的切换，降低系统复杂程度。太阳能生活热水系统的储热式全玻璃真空管集热模块安装在建筑物的南立面，共安装 48 个集热模块，总采光面积 206 m^2。模块与建筑融为一体，取消了常规的框架和水箱，模块也起到了良好的隔热保温效果。

将本方案与几种典型热源方案比较，来进行经济性分析（表 2-10）。燃煤锅炉使用普通燃煤（热值为 20. 9MJ/kg），燃油锅炉以柴油为燃料（热值 42MJ/kg），燃气锅炉以天然气为燃料（热值为 49. 5MJ/kg）；燃煤锅炉、燃油锅炉和燃气锅炉的效率分别取 0. 58、0. 88 和 0. 88。对各种方案的运行费用比较，只针对热源，不包括输配系统和终端设备。为简单起见，不计管理费用和维修费用。按照初期设计热负荷 234950W，冬季热负荷指标取 30 W/m^2。使用燃煤、燃油和燃气供暖方案的运行天数以 75d 计，每天 24h 运行。用电的价格以高峰、平段和低谷分别为 0. 5 元/（kWh），0. 4 元/（kWh）和 0. 3 元/（kWh）。

通过比较可知，太阳能热泵系统的供暖费用稍高于燃煤锅炉，低于燃油锅炉和燃气锅炉。由于环境保护的需要，城市中小型燃煤锅炉逐步退出民用建筑供暖领域已是必然趋势，因此太阳能热泵系统供暖在经济运行方面已显示出优势和潜力。

表 2-10　几种典型供暖方案经济性比较

供暖方案	太阳能热泵	燃煤锅炉	燃油锅炉	燃气锅炉
能源价格（元）	—	0. 22	2. 8	1. 40
燃料耗量［kg/（m^2·年）］	—	16. 0	5. 3	4. 46
冬季供暖费用（元/ m^2）	3. 57	3. 53	14. 84	8. 68

在采暖期内，各种采暖方案单位面积排放 CO_2 的数量如下：燃煤锅炉 59. 2kg/ m^2，燃油锅炉 16. 54kg/m^2，燃气锅炉 12. 27kg/m^2，太阳能热泵系统方案不排放 CO_2。该方案对环境是最友好的。太阳能热泵系统的运行只使用电能，而其他方案除消耗电能外，均要产生 CO_2 等温室气体，尤其是燃煤锅炉产生的 NO_2、SO_2 等污染物是不容忽视的。由此可见，太阳能热泵系统用于空调采暖避免了对大气的污染，其环保优势是其他几种方案所不能比拟的。

2.5　太阳能建筑一体化策略

高效利用太阳能提供的辐射能量，以满足建筑的使用功能需求，实现安全、便利、舒适、健康的环境，是太阳能建筑设计的目标。因此，太阳能建筑不仅应实现光热、光电等现代科技与建筑的和谐应用，而且应更加注重生态的建筑设计理念，从建筑设计之初就关注太阳能的全方位应用。

为了使太阳能建筑尽可能全面、完善地满足使用要求，技术措施与建筑自身实现优化组合，尽量降低初投资和运营管理费用，达到利用最优化、产出最大化、操作简便化，在太阳能建筑的设计中，要综合考虑场地规划、建筑单体设计、技术措施应用以及围护结构采选等多方面要素，以保证太阳能建筑的合理性、实用性、高效性、美观性、耐久性。

2.5.1　光伏建筑一体化设计策略

太阳能光伏建筑一体化（BIPV）系统，是应用太阳能发电的一种新型、绿色的能源技术，是将光伏器件与建筑材料的集成化。光伏建筑一体化系统成为目前世界上大规模利用光伏技术发电的重要市场，一些发达国家都在将光伏建筑一体化系统作为重点项目积极推进。近年来，国外推行在用电密集的城镇建筑物上安装光伏系统，并采用与公共电网并网的形式，极大地推动了光伏并网系统的发展，光伏与建筑一体化已经占据了整个世界太阳能发电量的最大比例。在我国，可以充分发挥太阳能光伏发电能分散供电的优势，在偏远地区推广使用户用光伏发电系统或建设小型光伏电站，能解决无电力网的供电优势。因此，太阳能光伏技术对实现“绿色建筑”，减少能耗，节约能源，保护环境，调整能源结构有重要的实践意义。

1. 光伏发电系统与建筑结合的优点

从建筑学、光伏技术和经济效益来看，光伏发电技术和建筑学相结合的光伏建筑一体化有如下优点：

（1）可以有效地利用建筑物屋顶和幕墙，无需占用宝贵的土地资源和增加基础设施，这对于土地资源紧张的城市发展尤为重要；

（2）光伏系统发出的电能除供给建筑物本身使用，多余电力可送入公共电网；同时，省去储能单元蓄电池等设施，节省了光伏发电系统建设投资与维护费用，从而使发电成本降低；

（3）能有效地减少建筑能耗，实现建筑节能。光伏组件阵列一般安装在屋顶及墙的南立面上直接吸收太阳能，光伏发电系统在产生电能的同时，也降低了墙面及屋顶的温度，从而降低了建筑物室内冷负荷，节省了室内平衡温度所需的电力。

（4）原地发电、原地用电，在一定距离范围内可以节省电站送电网的投资；

（5）起到“调峰”作用，夏季中午电网用电高峰期正是光伏阵列发电最多的时候，光伏发电系统除保证自身建筑用电外，还可以向电网供电，缓解高峰电力需求；

（6）建筑物光伏板既可以发电，又可以用作建筑材料，起了双重作用，因而减小了光伏系统成本的回收期；

（7）建筑物光伏发电可以把电力维护、控制系统的操作都结合在建筑物内，使操控更加方便；

（8）并网光伏发电系统无噪声、无污染物排放、不消耗任何燃料，具有绿色环保的理念。

2. 光伏建筑一体化的设计原则

光伏建筑一体化是光伏系统依赖或依附于建筑的一种新能源利用形式，其主体是建筑，客体是光伏系统。因此，光伏建筑一体化设计应以不损害和影响建筑的效果、结构安全、功能和使用寿命为基本原则，违背这一原则，则视为不合格的光伏建筑一体化设计。

（1）建筑设计

光伏建筑一体化的设计应从建筑设计入手，首先对建筑物所处地的地理气候条件及太阳能的资源情况进行分析，这是决定是否选用光伏建筑一体化的先决条件；其次是考虑建筑物的周边环境条件，是否具备使用光伏建筑一体化的条件，例如被其他建筑物遮挡，则不能选用光伏建筑一体化；第三是与建筑物的外观立面相互协调，光伏组件给建筑设计带来了新的机遇和挑战，合理的光伏建筑一体化设计会使建筑更富有生机，绿色环保的设计理念更能体现建筑与自然的结合；第四是要考虑光伏发电系统组件吸收的热量对建筑物热环境的影响。

（2）结构安全性与构造设计

光伏组件与建筑结合后的结构安全性涉及两方面：一是组件本身的结构安全问题，如高层建筑屋顶的风荷载较地面大很多，普通光伏组件的强度能否抵抗风压，由风压引起的组件变形是否会影响到光伏电池的正常工作等。二是建筑物与光伏组件连接方式的安全性，组件的安装固定不是安装太阳能空调的简单固定，而是需对连接件固定点进行相应的结构安全计算，并充分考虑在使用期内的多种最不利因素。建筑的使用寿命一般在50年以上，光伏组件的使用寿命也在20年以上，因此光伏建筑一体化的结构安全性问题不可小视。

构造设计是关系到光伏组件工作状况与使用寿命的重要因素，普通组件的边框构造与固定方式相对单一。当普通组件与建筑结合时，其构造需要考虑工作环境与使用条件的变化，满足建筑隔热、抗风等功能要求，如隐框玻璃幕墙的无边框、采光顶的排水等普通组件边框已不适用。

（3）光伏发电系统设计

光伏建筑一体化的发电系统设计与光伏电站的系统设计不同，光伏电站一般是根据负载或功率要求来设计光伏阵列大小并配套系统，光伏建筑一体化则是根据光伏阵列大小与建筑采光需求来确定发电的功率并配套系统。

光伏阵列在与建筑墙面结合或集成时，一方面要考虑建筑效果，如颜色与板块大小；另一方面要考虑其光照条件，如朝向与倾角。光伏阵列的布置要求获得能量最大。对于某一具体的建筑来说，与光伏阵列结合或集成的屋顶和墙面，所能接收的太阳辐射量是一定的。为了获得更多的太阳辐射，光伏阵列的布置应尽可能地朝向太阳光入射的方向，如建筑的南面、西南面、东南面等。

建筑光伏发电系统的设计要考虑作为分布式电源的防"孤岛效应"、系统电压波动、谐波、无功平衡等问题，还要考虑控制器、逆变器等的选型，防雷、系统综合布线、感应与显示等环节要求。

3. 光伏与建筑相结合的形式

光伏与建筑的结合有两种方式。一类是建筑与光伏系统相结合，也称为建筑附加光伏（BAPV），是把光伏系统安装在建筑物的屋顶或者外墙上，建筑物作为光伏组件的载体，起支撑作用。光伏系统本身并不作为建筑构件使用，建筑与光伏系统相结合是一种常用的光伏建筑一体化形式，特别是与建筑屋面相结合的形式。

另一类是建筑与光伏组件相结合，也称为建筑集成光伏（BIPV），是指将光伏系统与建筑物集成一体，光伏组件成为建筑结构不可分割的一部分，它是光伏建筑一体化的高级应用形式。如光伏屋顶、光伏幕墙、光伏瓦和光伏遮阳装置等，把光伏组件用作建材，不仅要满足光伏发电的功能要求，同时还要兼顾建筑的基本功能要求。光伏组件既作为建材又能够发电，可以部分抵消光伏系统的高成本，有利于光伏发电的推广应用。

光伏系统与建筑结合主要包括如下几种形式：

（1）光伏系统与建筑屋顶相结合

将建筑屋顶作为光伏阵列的安装位置有其特有的优势，日照条件好，光伏发电板可以充分接收太阳辐射而不受到遮挡，并且太阳能光伏组件可替代保温隔热层遮挡屋面。光伏系统可以紧贴建筑屋顶结构安装，减少风力的不利影响。此外，由于采用大面积光伏组件与屋顶结合，属于综合利用材料的形式，降低了单位面积上的太阳能转换设施的成本，有效地利用了屋面的复合功能。图2-72为光伏系统与建筑屋顶相结合的民用建筑实例。

另一种光伏系统应用形式是太阳能瓦作为建筑材料与屋顶相结合（图2-73）。太阳能瓦是太阳能光伏电池与屋顶瓦板结合形成一体化的产品，这一材料的创新之处在于使太阳能与建筑达到真正意义上的一体化，该系统直接铺在屋面上，不需要在屋顶上安装支架，太阳能瓦由光伏组件组成，光伏组件的形状、尺寸、铺装时的构造方法都与平板式的大片屋面瓦一样。

图 2-72 光伏系统与建筑屋顶相结合的民用建筑实例

图 2-73 光伏组件与屋顶瓦板相结合的建筑实例

（2）光伏系统与建筑墙体相结合

对于多、高层建筑来说，建筑外墙是接收太阳辐射最大的外表面。为了合理地利用向阳墙面收集太阳能量，可采用适宜的墙体构造和建筑材料。将光伏系统布置于建筑墙体上，不仅可以利用太阳能产生的电力满足建筑的需求，而且还能有效降低建筑墙体的温度，从而降低建筑物室内空调冷负荷。图 2-74 为光伏系统与建筑墙体相结合的建筑实例。

（3）光伏幕墙

将光伏组件同玻璃幕墙集成化的光伏玻璃幕墙将光伏技术融入了玻璃幕墙，突破了传统玻璃幕墙单一的围护功能，把以前被当做有害因素而屏蔽在建筑物外表面的太阳光，转化为能被人们利用的电能，同时这种复合材料不多占用建筑面积，优美的外观具有特殊的装饰效果，更赋予建筑物鲜明的现代科技和时代特色。图 2-75 为光伏组件和玻璃幕墙相结合的建筑实例。

图 2-74 光伏系统与建筑墙体相结合的建筑实例

图 2-75 光伏组件和玻璃幕墙相结合的建筑实例

（4）光伏组件与遮阳装置相结合

将光伏系统与遮阳装置构成多功能建筑构件，一物多用，既可以有效利用空间为建筑物提供遮挡，又可以提供能源，在美学与功能两方面都达到了完美的统一。图2-76为光伏组件与遮阳装置相结合的应用实例。

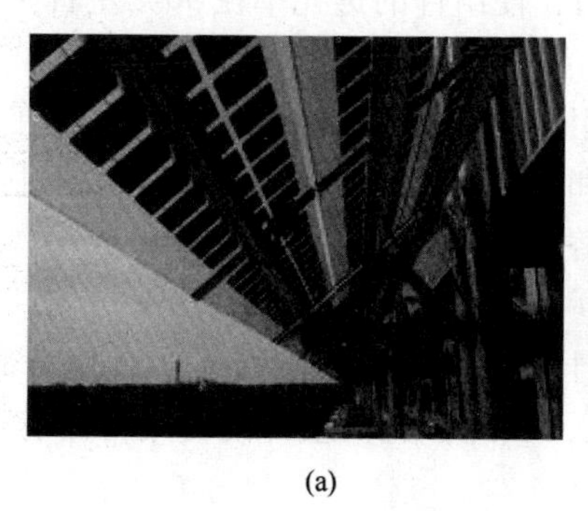

(a)

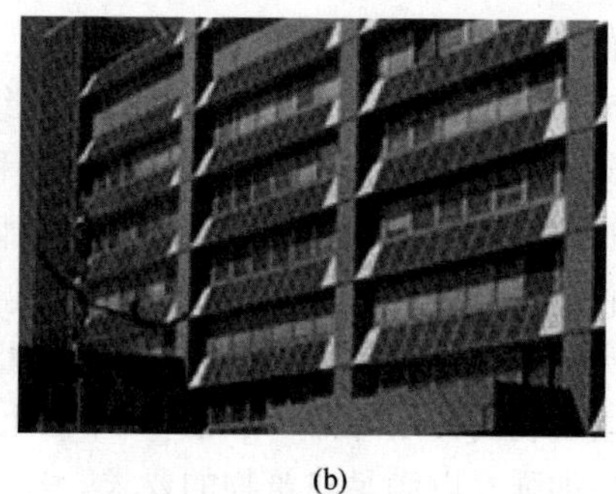

(b)

图2-76　光伏组件与遮阳装置相结合的应用实例

4. 光伏组件与窗户及采光顶相结合

光伏组件若是用于窗户、采光顶等，则必须考虑室内的通透性，还要考虑安全性、外观要求和施工简便等因素。图2-77为光伏组件与窗户及采光顶相结合的建筑实例。

5. 光伏建筑一体化对光伏组件的要求

光伏建筑一体化将太阳能光伏组件作为建筑的一部分，对建筑物的外观效果与建筑功能带来一些新的挑战。作为与建筑结合或集成的建筑新产品，光伏建筑一体化对光伏系统及光伏组件提出了如下新的要求。

图2-77　光伏组件与采光顶相结合的建筑实例

（1）建筑的美学要求

光伏建筑一体化建筑首先是一个建筑，它是建筑师的艺术品，应满足美学要求。由于光伏建筑一体化对光伏组件有安装朝向与部位的要求，在不可能作为建筑外装饰主要材料的前提下，光伏组件要和整座建筑的颜色与质感协调、和谐统一。

（2）光伏组件的力学性能

光伏组件的力学性能要符合建筑装饰材料的性能，光伏组件作为建筑玻璃幕墙或采光顶使用时，要具有一定的抗风压能力和韧性，满足建筑的安全性与可靠性需要，还要注意光伏组件热胀冷缩产生的应力，避免因此造成建筑结构和组件本身的损坏，而影响光伏组件正常工作。

（3）建筑隔热隔声的要求

普通光伏组件一般只有4mm厚，这种组件作为光伏建筑一体化组件来使用，不能满足隔热隔声的要求。这时可以将普通光伏组件做成中空低辐射隔声节能玻璃，这样既能隔热又能隔声，但技术上的难题有待解决。

(4) 建筑采光的要求

在光伏组件与建筑集成使用时，如光伏玻璃幕墙和光伏采光顶，通常它的透光性会有一定要求。因此对于本身不透光的晶体硅光伏电池而言，在制作组件时可以采用双层玻璃封装，同时通过调整光伏电池片之间的间距来调整透光量。在光伏建筑一体化组件中，为了满足室内的采光要求，电池片间距应在25mm左右，使组件的透光率在30%左右。

(5) 光伏组件安装方便的要求

光伏建筑一体化光伏组件的安装要比普通组件的安装难度大很多。光伏建筑一体化组件安装位置较高、空间较小。为使组件安装方便和提高安装精度，可以将光伏组件组装成单元式结构。比如可以采用单元式光伏玻璃幕墙代替明框幕墙和隐框幕墙。

(6) 光伏组件的使用寿命问题

普通光伏组件封装用的胶一般为EVA，由于EVA的抗老化性能弱，使用寿命为20~30年，而国内建筑物的使用寿命一般在50年以上，因此，光伏组件的使用寿命有待提高，抗老化性能需要加强，以满足建筑物的要求。

2.5.2 太阳能建筑热水系统一体化设计策略

太阳能热水系统是太阳能热利用技术最成熟、应用最广泛、产业化发展最快的领域。现在，中国是世界上太阳能热水器产量最多的国家，而太阳热水器发展需要克服的瓶颈就是如何解决与建筑物相结合的问题。所以太阳能热水系统与建筑结合应该在设计时就统一考虑，将太阳能热水系统（包括集热器，连接集热器和水箱的循环管路、控制系统和辅助加热系统）作为建筑的一个有机组成部分，与建筑形成一个有机整体，达到太阳能热水系统排布科学、有序、安全、规范，进而充分发挥太阳能热水系统的环保节能效果，实现太阳能热水系统与建筑的一体化。

1. 太阳能热水系统与建筑结合的特点

太阳能与建筑一体化的实质就是将太阳能热水器或集热器与建筑结构完美结合，实现功能和外观的和谐统一。它具有以下几个特点：

(1) 建筑的使用功能与太阳能热水器的利用有机地结合在一起，形成多功能的建筑构件，巧妙高效地利用空间，使建筑可利用太阳能的部分即向阳面或屋顶得以充分利用。

(2) 同步规划设计，同步施工安装，节省太阳能热水系统的安装成本和建筑成本。一次安装到位，避免后期施工对用户生活造成的不便以及对建筑已有结构的损害。

(3) 综合使用材料，降低了总造价，减轻了建筑荷载。

(4) 综合考虑建筑结构和太阳能设备协调，构造合理，使太阳能热水系统成为建筑的构件和建筑融合一体，不影响建筑的外观。

(5) 通过设计合理选用太阳能热水系统，根据不同的情况，推广不同的模式，使太阳能热水系统更好地为我们服务，真正达到利用太阳能的目的。

2. 太阳能建筑热水系统一体化的设计原则

(1) 一体化设计要体现太阳能热水系统的节能性，是指应尽量收集系统所能获得的太阳能，并充分利用，除非天气条件限制，否则应少用辅助能源。要合理设计集热系统，包括确定适宜当地太阳能资源、气候条件、经济承受能力的太阳能保证率；设置适宜的集热器面积；配备匹配的储水容积，选择完备的控制系统，并确保辅助热源与太阳能的衔接、转换平稳进行，使得系统实现最佳的能源比例。

（2）一体化设计要体现太阳能热水系统的使用功能。不仅要根据卫生器具的位置、居民的用热水习惯确定合理的热水供应系统，而且系统供应的热水应保证卫生的水质、充足的水量、适宜的水温、稳定的水压，即水质应符合现行的《生活饮用水卫生标准》的要求；水量应保证正常热水用量的要求；系统应提供合适的供水温度，安全可靠的温度控制，尽量减少热水的流出时间；保证卫生器具要求的最小工作压力，保证冷、热水在用水点的压力平衡。

（3）一体化设计要体现太阳能热水系统与建筑的适配性。建筑设计时要根据建筑的立面效果、太阳能的集热特点，确定设备、部件的模数要求和安装位置，特别是应考虑适宜的集热器安装部位、倾角和方位角；选择合理的安装形式，防止在风、雨、雪、雷电等气象条件下，对系统部件以及建筑本体造成损害；预留适当的接口条件，确定合理的管道井位置，保证管道系统在建筑中的合理走向。

（4）一体化设计体现了太阳能热水系统的安全性与便捷的维护性。结构设计时根据热水系统设备、部件的荷载以及风、雪等不利气象条件的影响，确定牢固的安装方法，防止脱落伤人的安全隐患。在太阳能热水系统的使用周期内有便捷的维护措施，并保证当系统达到使用寿命后，有便于更换设备、部件的措施。

3. 太阳能热水器与建筑的连接细部构造

1）整体式太阳能热水器

从专业角度及建筑整体考虑，由于整体式太阳能热水器有个不可分离的水箱，使得热水器放在建筑的任何部位都会影响甚至破坏建筑的整体形象，因此这种形式的热水器很难做到与建筑结合一体化设计。现实的安装状况也说明了这一点。常规的整体式太阳能热水器大多安装在屋顶上：在平屋顶上零散或满铺安装，使建筑简洁的立面多了一排或多排太阳能装置；在坡屋顶上装这种热水器，由于有水箱直插，集热管（或集热器）不能顺坡屋面安放，还需附加构件，有的甚至安装在屋脊上，不仅对抗风不利，还大大影响了建筑的外观。

但由于整体式太阳能热水器价格相对比较低廉，现阶段在建筑中（尤其是居住建筑中）的利用比较广泛，因此其与建筑的一体化的问题仍然是一个急需解决的问题。

（1）与平屋顶的连接

太阳能热水器在平屋顶安装时，要注意集热器的平面安装位置。应当尽量减少水平管路的长度，将集热器置于卫生间的上方。就集热器的安装而言，平屋顶的优点是施工比较方便，集热器或支架与屋顶结构的连接技术难度较小。

选择整体式太阳能热水器时，集热装置必须按一定角度倾斜安装，集热器须外加支架与屋面结构相连接。在建筑设计楼顶时，设计太阳能热水器共用安装桥架，其安装桥架支脚与楼板固定并伸出保温层和防水层，安装桥架尺寸以单元户数为依据，留出每户安装一台集热器的位置。并在安装桥架上预留出每户安装螺栓孔，针对市场上太阳能热水器自带安装架确定螺栓孔距。安装桥架距楼顶防水层 200mm 以解决屋面雨雪的排流。平屋顶安装桥架制作成水平式，因为太阳能热水器自带的支架就有倾斜角度。安装桥架为金属结构，选用角钢制作。支架的冷车 L 钢板的厚度不应当小于 2mm，不锈钢板的厚度不应小于 1.5mm。屋面构造上可以在柔性防水上另加 40mm 厚混凝土刚性防水层，预埋铁件与支架焊接或螺栓连接。

图 2-78 ~ 图 2-80 是平屋顶整体式太阳能热水器安装示意图。

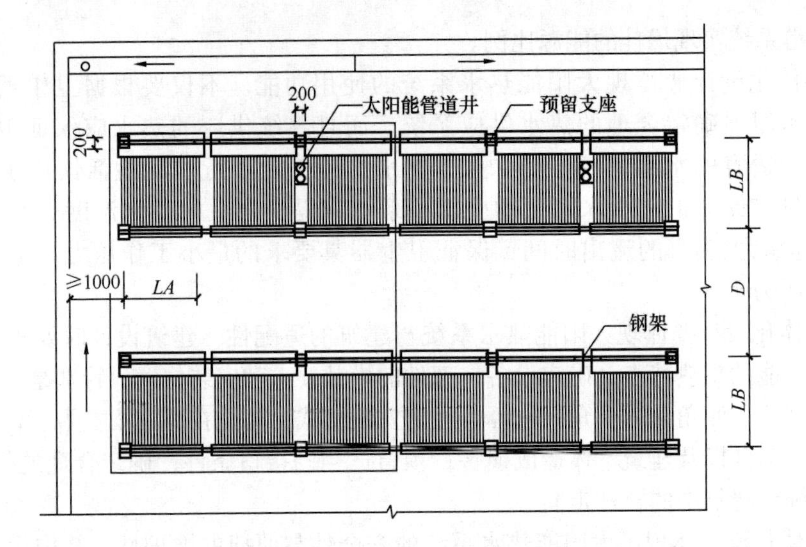

图 2-78　平屋顶整体式太阳能热水器安装平面布置示意图

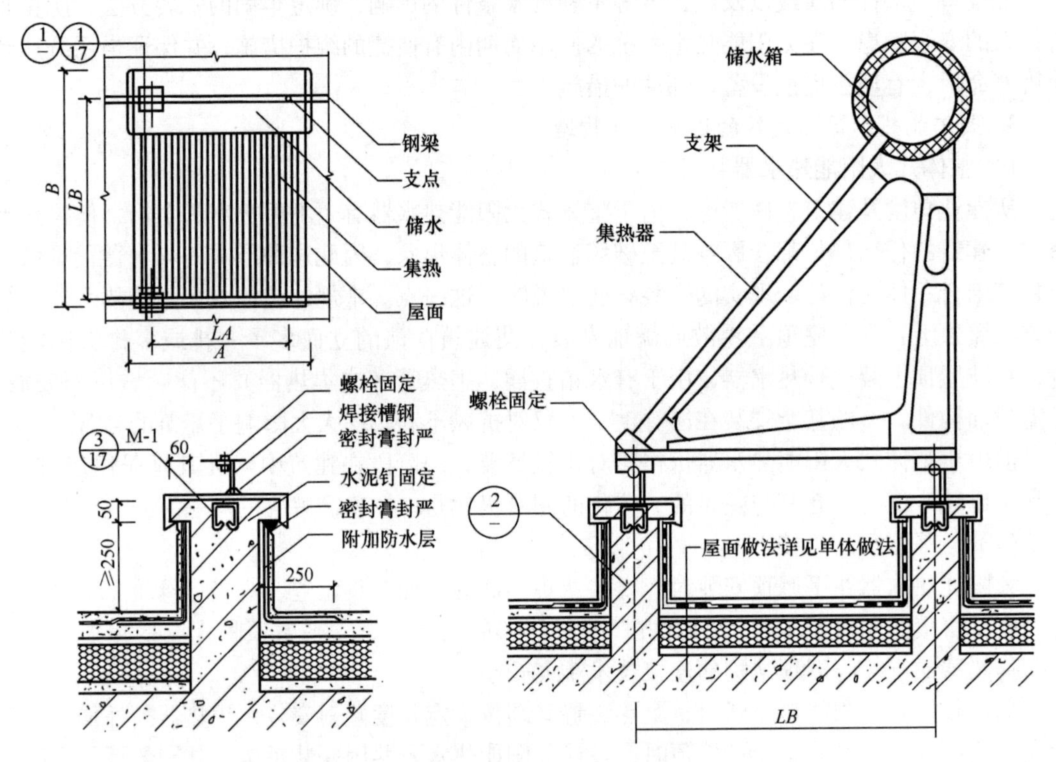

图 2-79　平屋顶整体式太阳能热水器安装平面、剖面及节点详图（一）

2）与坡屋顶的连接

（1）平脊式：图 2-81、图 2-82 是坡屋顶平脊式整体式太阳能热水器安装示意图。

（2）顺坡式：图 2-83、图 2-84 是坡屋顶顺坡式整体式太阳能热水器安装示意图。

（3）脊顶式：图 2-85、图 2-86 是坡屋顶脊顶式整体式太阳能热水器安装示意图。

（4）叠檐式：图 2-87 ~ 图 2-90 是坡屋顶叠檐式整体式太阳能热水器安装示意图。

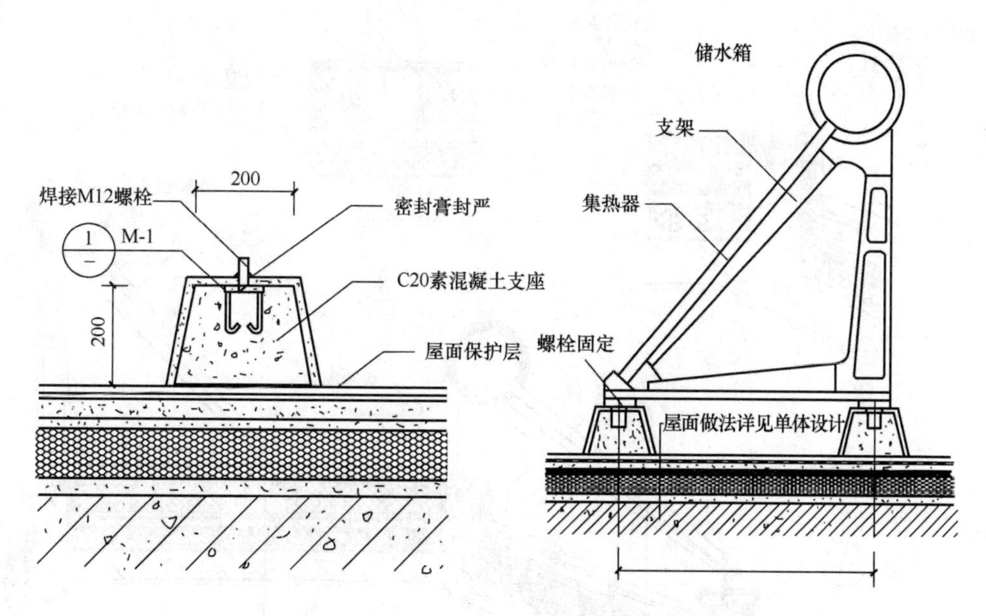

图2-80　平屋顶整体式太阳能热水器安装平面、剖面及节点详图（二）

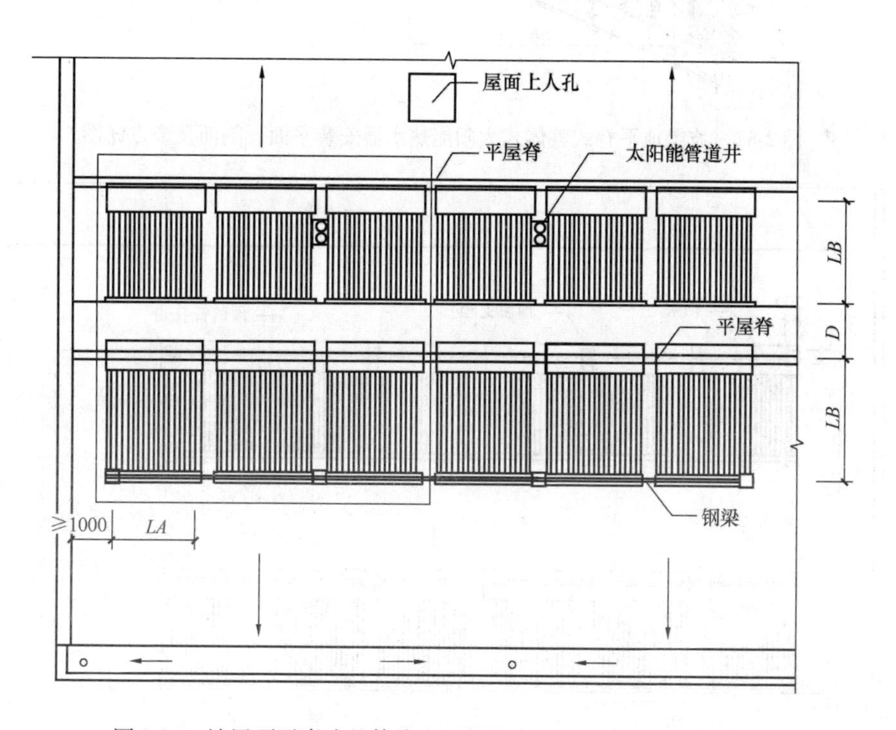

图2-81　坡屋顶平脊式整体式太阳能热水器安装平面布置示意图

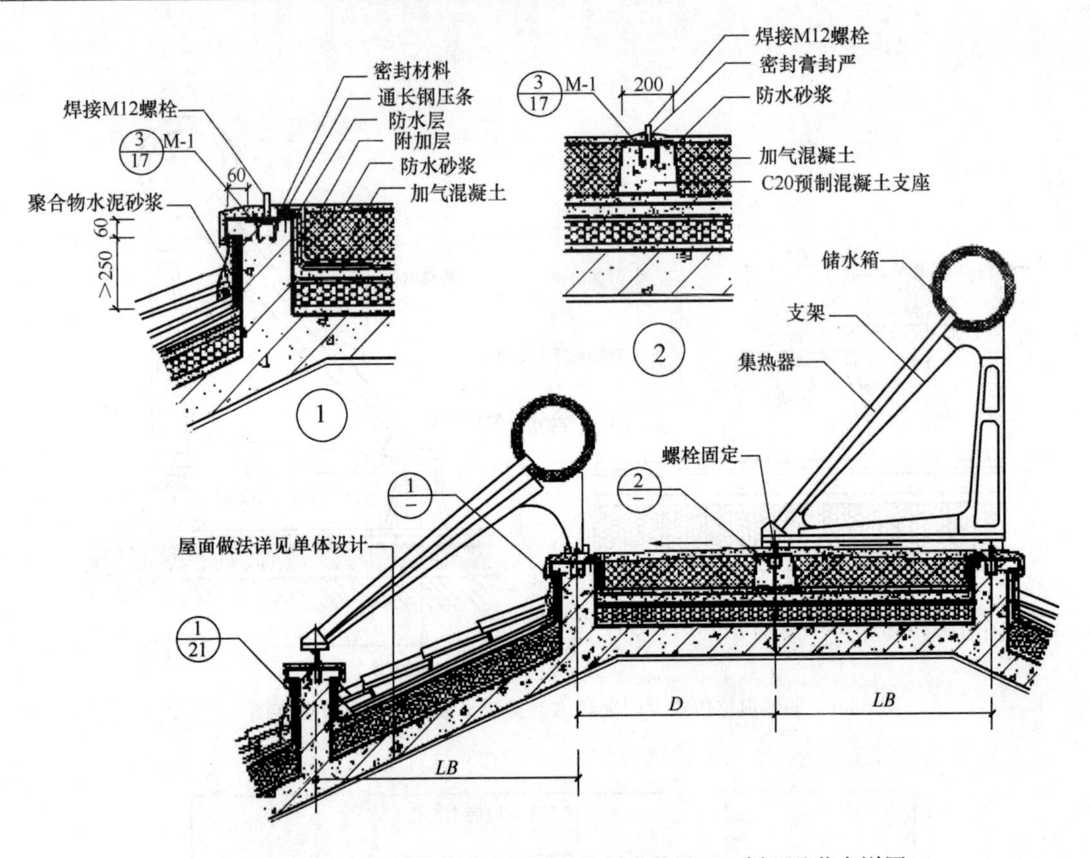

图 2-82　坡屋顶平脊式整体式太阳能热水器安装平面、剖面及节点详图

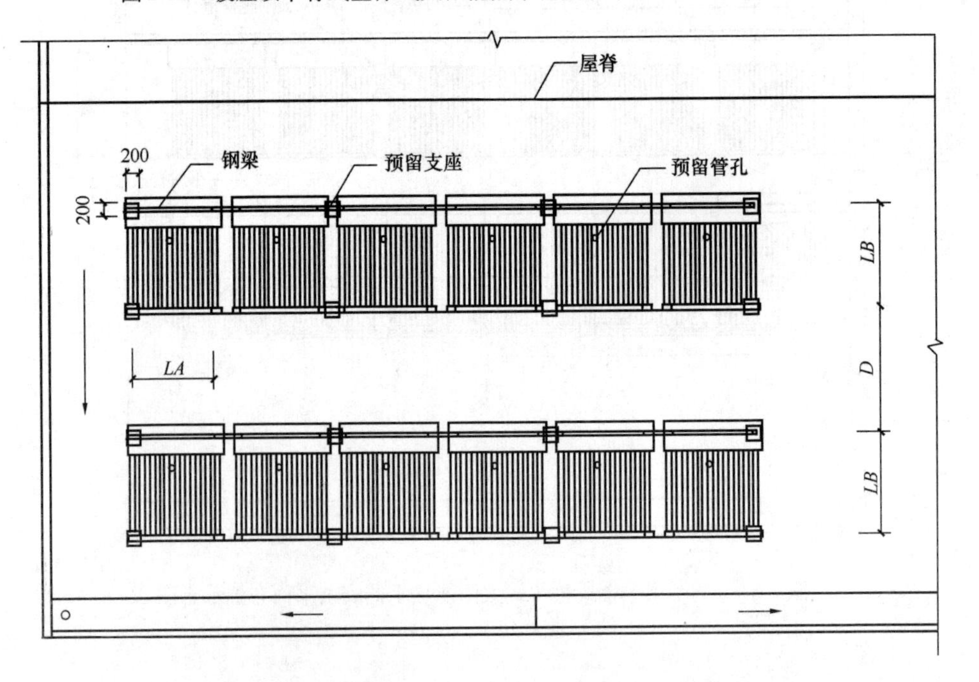

图 2-83　坡屋顶顺坡式整体式太阳能热水器安装平面布置示意图

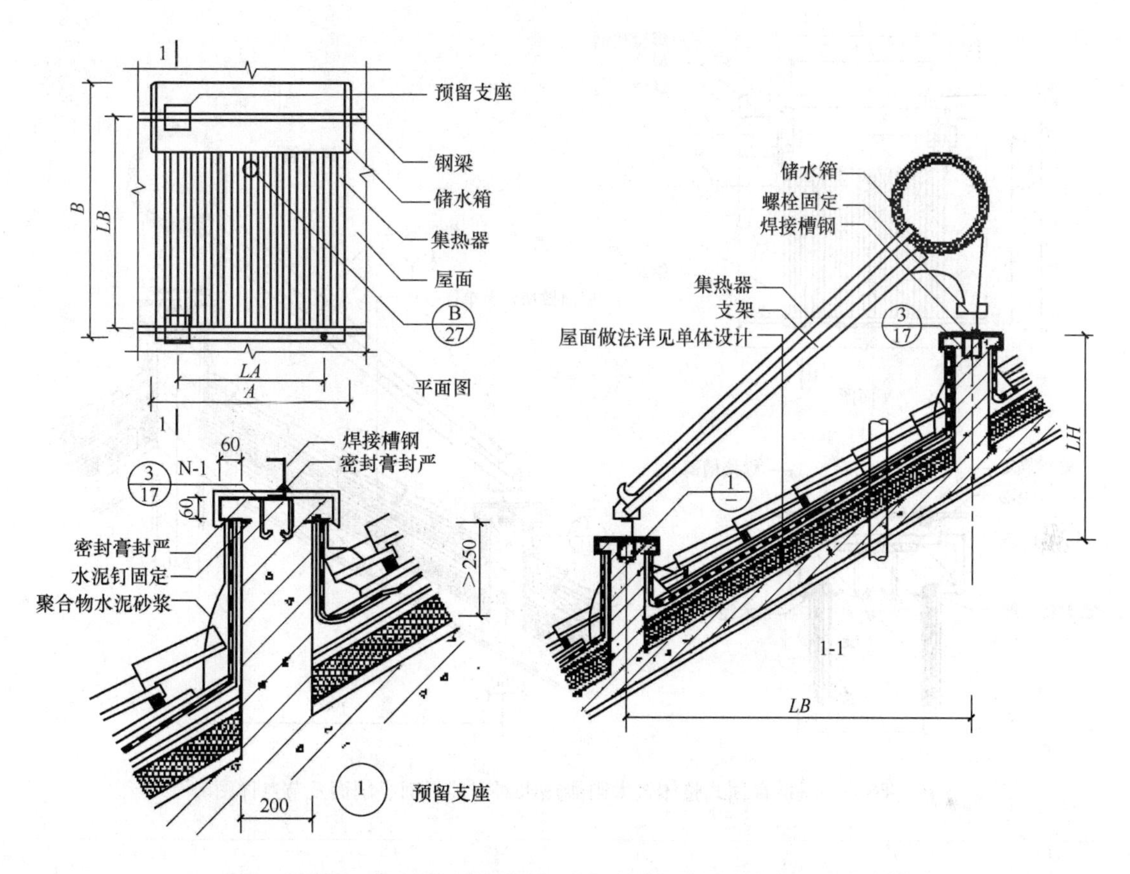

图 2-84　坡屋顶顺坡式整体式太阳能热水器安装平面、剖面及节点详图

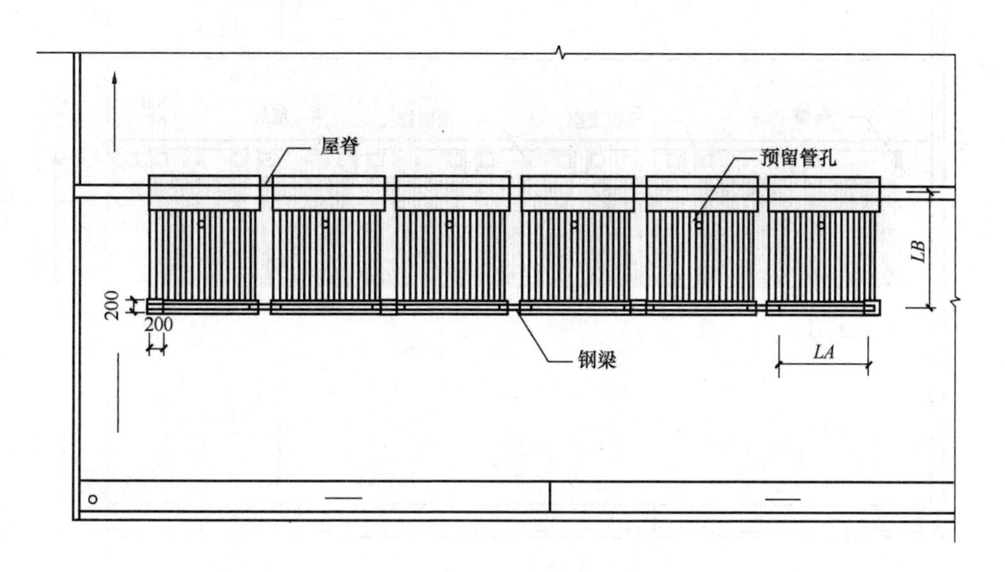

图 2-85　坡屋顶脊顶式整体式太阳能热水器安装平面布置示意图

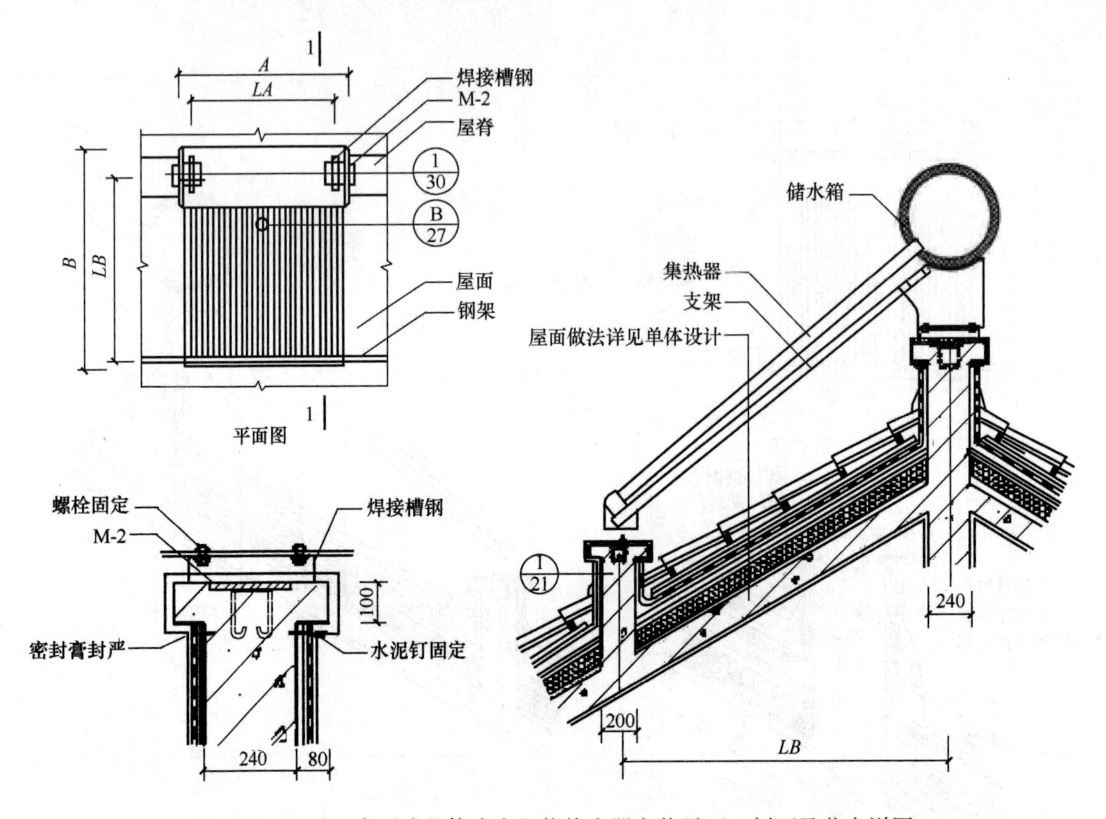

图 2-86 坡屋顶脊顶式整体式太阳能热水器安装平面、剖面及节点详图

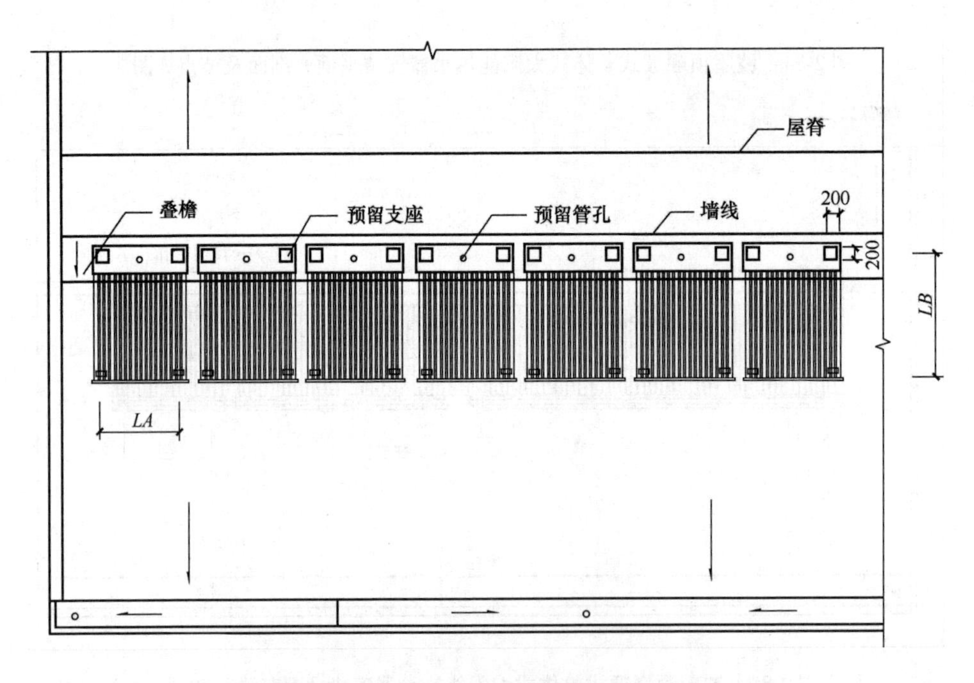

图 2-87 坡屋顶叠檐式整体式太阳能热水器安装平面布置示意图（一）

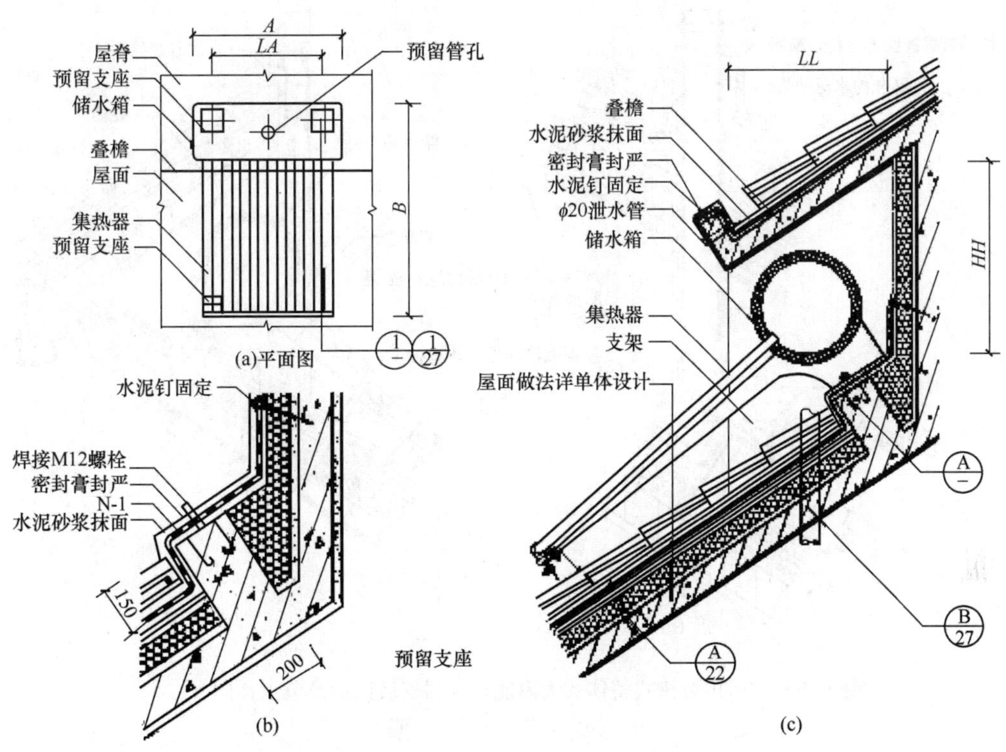

图2-88　坡屋顶叠檐式整体式太阳能热水器安装平面、剖面及节点详图一

（a）平面图；（b）节点详图；（c）剖面图

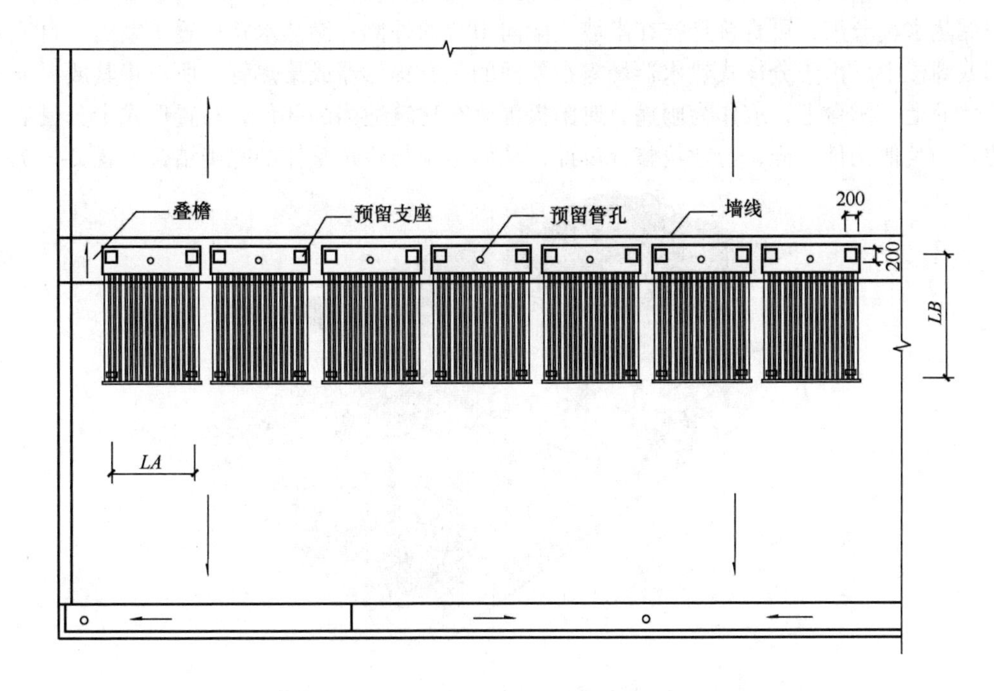

图2-89　坡屋顶叠檐式整体式太阳能热水器安装平面布置示意图（二）

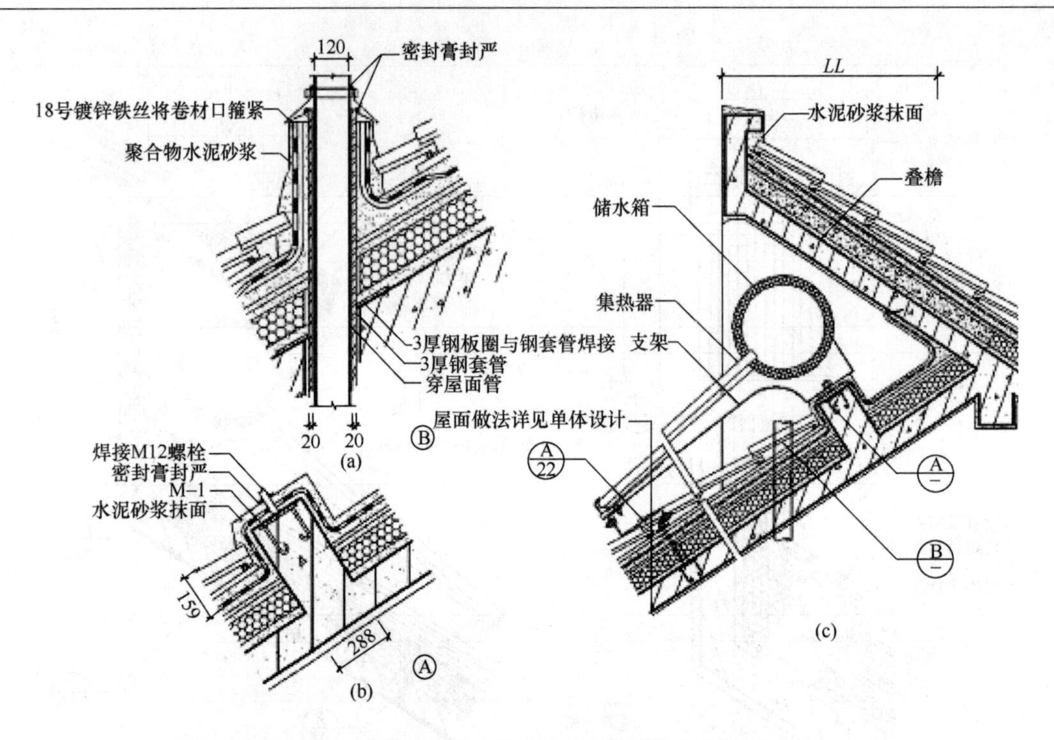

图 2-90 坡屋顶叠檐式整体式太阳能热水器安装剖面及节点详图（二）

（a）、（b）节点详图；（c）剖面图

3）分体式太阳能热水器

分体式太阳能热水器是一种可直接进入多层或高层建筑中各家住户的新型产品，其集热器与储热水箱分离，可直接悬挂在南墙或南向阳台的外侧；储热水箱可置于室内、自家阳台顶部或阁楼中。由于分体式热水器暴露在外面的只有集热器或集热管，所以将其放在坡屋面上、墙面上、阳台上，或作为雨篷、遮阳板等放在建筑适当的部位，布置形式十分灵活，如同建筑的其他构件一样，与建筑整合设计，从而达到与建筑整体的完美结合（图 2-91）。

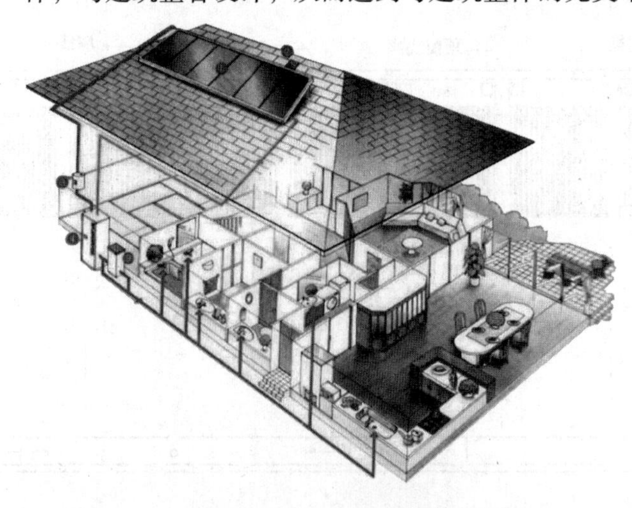

图 2-91 分体式太阳能热水器的工作原理剖视图

分体式太阳能热水器与整体式太阳能热水器相比，价格比较高（表 2-11）。但它与建筑的一体化设计上具有明显的优势，在热水系统的运行过程中也具有明显的安全性和稳定性，所以随着太阳能热水器技术的不断进步和价格的不断下降，以及人们节能意识的不断提高，分体式太阳能热水器必将成为太阳能热水器的主流。

表2-11　分体式太阳能热水中心报价

主机主要配置及价格

序号	规格型号	规格或配置				价格（元/套）	备　注
		集热器	储水箱	膨胀水箱	太阳能站		
1	LPDHWS-200-4-Y	2×CPC12	200L/1	24L/1	1	10700	此价格已含附加材料费和安装费，但只针对别墅适用
2	LPDHWS-300-6-Y	2×CPC18	300L/1	18L/2	1	12960	

主要安装附件材料明细及规格表

序号	名 称	规　格	备　注
1	集热器安装支架	专用	此安装附件材料是用在分体式太阳能热水主机系统本身上的，主机系统以外的如冷热水的进出口管道、混水阀以及淋浴头等由房产公司负责
2	铜管	外径15mm，壁厚1mm	
3	保温管	外径16mm，壁厚13mm	
4	集热器用槽框	条	
5	水箱支架	专用	

注：若别墅面积按照300m^2计算，选用200L，则为35.6/m^2；选用300L则为43.2/m^2。

为了保证足够的日照时数，分体式太阳能热水器的集热器通常安装在屋顶以及南向的外墙和阳台等。下面就不同的安装部位进行讨论。

（1）与平屋顶连接

选用分体式太阳能热水器，则集热器可以直接水平安装在屋顶上方，减小风荷载，增加系统的安全性。而且，由于集热管和反射板的遮挡，使屋面的隔热作用有所加强，从而降低住宅顶层夏季室内温度，也使构造连接的热桥效应减至最小。调试时，安装人员根据当地的位置和自然地理情况旋转集热管，将吸热体的角度调整为最佳，就可以达到比较好的集热效率。

（2）与坡屋顶连接

①坡屋面顺坡分体式太阳能热水器

顺坡式这种结合方式比较简单，一般可分两种情况来说：一种情况是在建筑设计时没有考虑将来安装分体式太阳能热水系统，在房屋建造好之后，由太阳能生产厂家单独进行设计与安装。目前我国有几家企业具有分体式太阳能热水系统生产与安装的能力。这种情况有一些弊端，比如管道的安装需要在房屋原有维护构件上进行改造，可能会导致保温与防水等问题。而且热水系统的后期维修也比较麻烦。另一种情况是建筑设计时考虑到将来安装分体式太阳能热水系统的情况，预留孔洞，以便热水系统安装人员安装，可以避免前一种情况存在的弊端，但要求建筑师更全面地了解后期太阳能热水系统的安装情况，以便更合理地做建筑设计。

在设计中，集热器的倾斜角度与屋面的倾斜角度一致，且平面位置较灵活的布置，同时水箱无需安装在屋面上，可减少屋面的荷载，增加建筑美感（图2-92）。

安装时将集热器安装在一钢制的整体底板上，上下左右均可延伸安装，水箱可放在室内或屋顶内任何地方，由小功率水泵强制循环，带微电脑智能控制器。钢制底板本身不会渗

图 2-92　坡屋面顺坡分体式太阳能热水器安装实例

水，安装时其下边缘搭在瓦片上面，左右及上边缘搭在瓦片下面，管线可敷在瓦片下，安装完毕后，太阳能热水器与屋面形成一不可分割的整体，特别是选用黑色瓦片，两者结合更是惟妙惟肖，适用于所有南向或西南向的坡顶屋面。

图 2-93 ~ 图 2-95 是坡屋面顺坡分体式太阳能热水器安装示意图。其中图 2-94 所示屋面结构为钢筋混凝土屋面板，预埋件的定位尺寸按所选太阳能集热器的产品规格确定。图 2-94中所注 *LA* 为预埋件间的横向间距；*LB* 为预埋件间的纵向间距；*LC* 为相邻两台集热器预埋件间的横向间距，施工时要确保预埋件的定位准确无误，所有预埋件均应做好防腐处理。

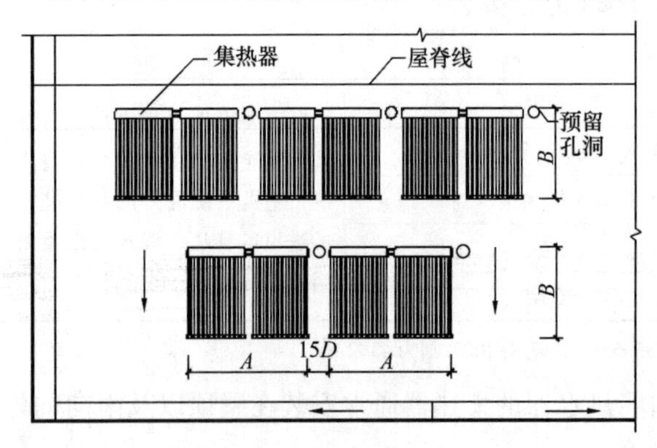

图 2-93　坡屋面顺坡分体式太阳能热水器

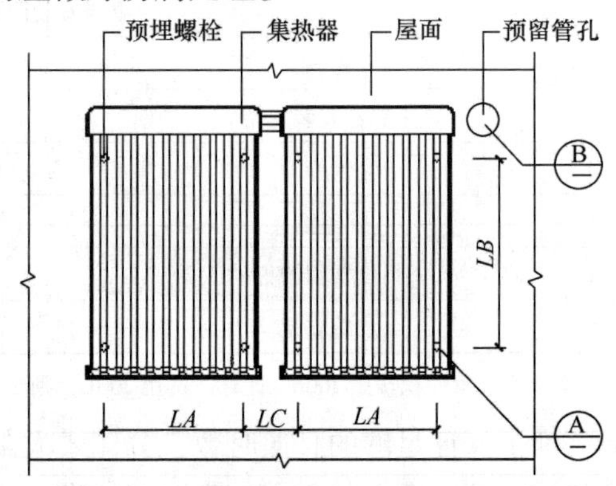

图 2-94　屋面顺坡分体式太阳能

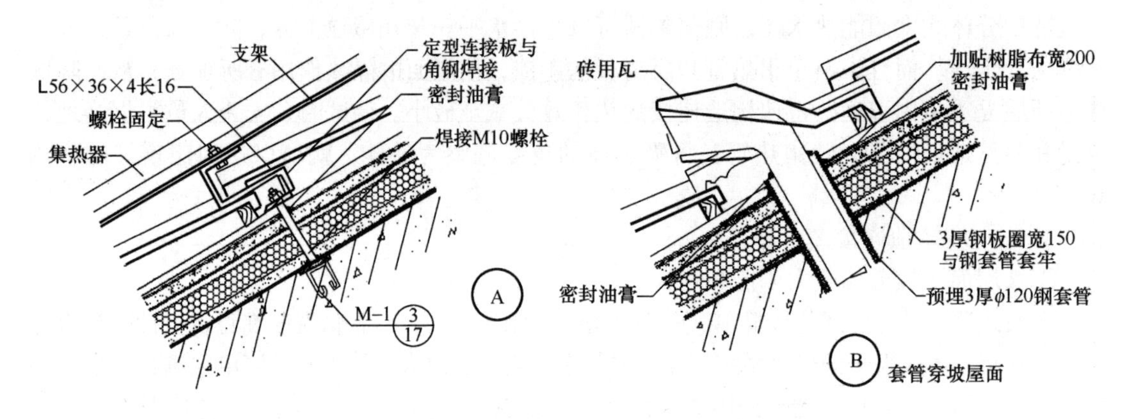

图 2-95　坡屋面顺坡分体式太阳能热水器节点详图

②坡屋面天窗式分体太阳能热水器

针对别墅或复式结构，其南面或西南面坡顶上有天窗的住宅，或带有点斜度的平顶天窗的住户，可把集热器安装在天窗的上面，既是天窗又是太阳能热水器，水箱可放在室内任何地方，由小功率水泵强制循环，带微电脑智能控制器。安装完毕，看起来还是一天窗，阳光透过集热管空隙射入室内，天窗玻璃下面还有可遮光的百叶，既实用又气派（图 2-96）。

图 2-97 ~ 图 2-100 是坡屋面天窗式分体太阳能热水器安装示意图。其中图 2-97 中 *LA* 为集热器固定预埋件间的横向中距，*LB* 为预埋件间的纵向中距，*LC* 为相邻两台集热器预埋件

图2-96　坡屋面天窗式分体太阳能热水器安装实例

间的横向中距。所有预埋件及固定件均应做好防腐处理。

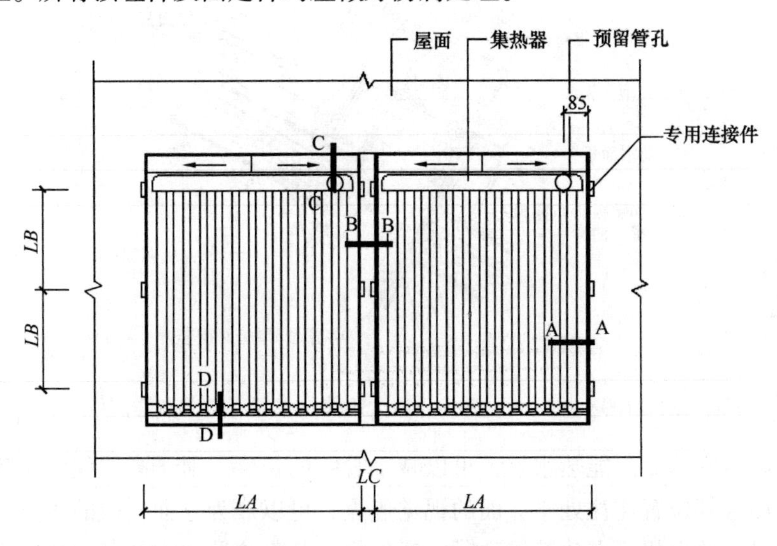

图2-97　坡屋面天窗式分体太阳能热水器屋顶平面图

图2-98是A-A处的节点，M-1是一个80mm×80mm×ϕ8的U型钢筋，顶部是80mm×80mm×5mm的钢板，焊接M12螺栓，其上用螺栓固定，用专用连接件和定形支架固定集热器。注意接口处一定要用密封油膏。

图2-99是B-B节点中，两个相邻的集热器之间必须设置定形铝排水板，排水板的两边压在集热器下面的定型防水面板下面，以防止雨水进入。

图2-100是C-C节点处，与屋面瓦交接的地方须设置定形铝排水板泛水，如图所示，空气管道两侧预埋3mm厚ϕ120的钢套管，用3mm厚宽150钢板圈与钢套管焊牢。

一般太阳能集热器的安装坡度与屋面坡度相同；设置在坡屋面的太阳能集热器的支架应与埋设在屋面板上的预埋件牢固连接，并采取防水构造措施；太阳能集热器与坡屋面结合处雨水的排放应通畅；天窗式在坡屋面上的太阳能集热器与周围屋面材料连接部位应做好防水构造处理，同时还需要满足屋面整体的保温、隔热、防水等功能要求。

（3）墙面与阳台部位安装

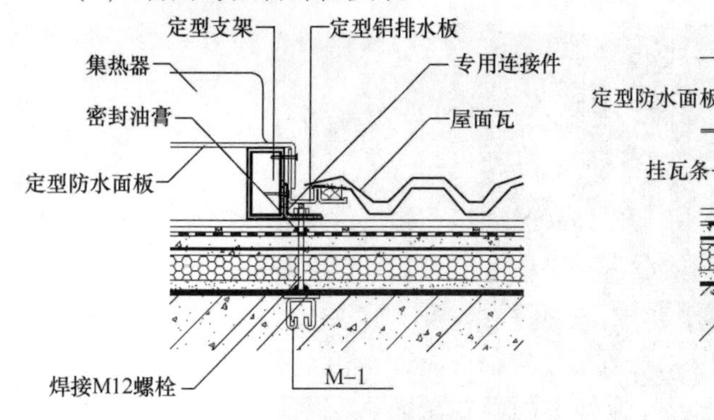

图 2-98　坡屋面天窗式分体太阳能热水器 A-A 节点详图

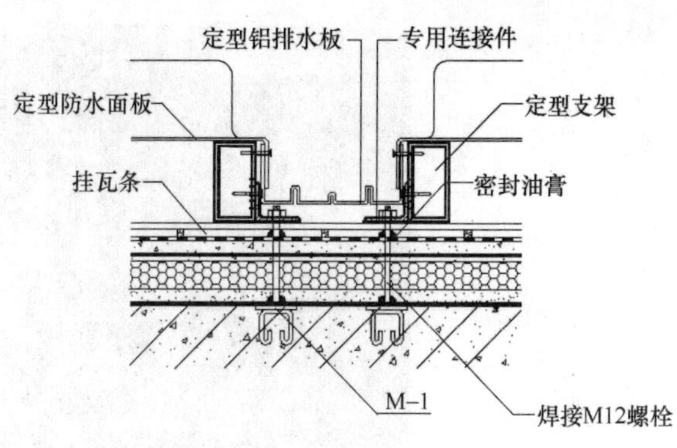

图 2-99　坡屋面天窗式分体太阳能热水器 B-B 节点详图

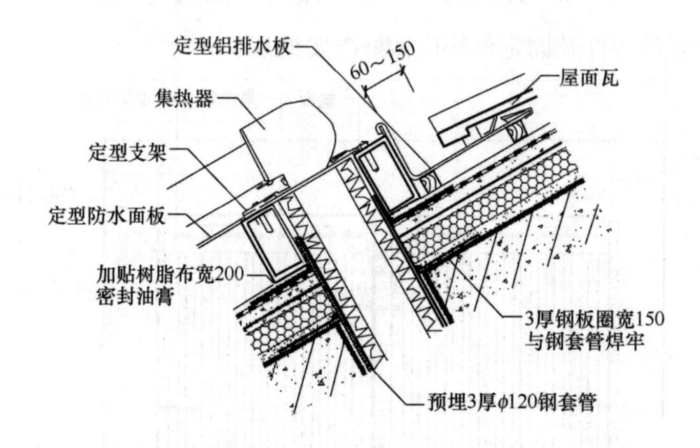

图 2-100　坡屋面天窗式分体太阳能热水器 C-C 节点详图

在墙面或阳台安装太阳能热水器，可以减小管路的长度。对于高层住宅是其他安装方式不能替代的。而且其位置往往处于立面的视觉焦点，可以成为立面构成的重要因素，这也更加符合一体化设计的思想。在建筑设计时，考虑将安装集热器地方的墙面略向内凹，整体美观性将提高不少。由于与用水端没有足够的高差，所以在墙面或阳台安装的系统必须采用顶水式管路。而且同坡屋顶一样，应选择集热器与储水箱分离的系统，可以减小坠落伤人的概率。根据使用情况的不同，构件连接可以分为固定式和活动式两种情况。

①固定式安装

固定式是指热水器在安装后用户不再移动其位置或角度。现阶段主要包括下面几种安装形式：南墙面式、阳台式、女儿墙式等，即将集热器单独悬挂于建筑物向阳的外墙窗口下方、阳台或女儿墙上，彻底解决高层建筑低层住房想装却怕管道太长及屋顶无法安装等诸多难题。水箱悬挂于阳台地面或室内墙角。管道基本不在室外，减少传输过程中的热量损失，冬季不怕冻结。

a. 南墙面式（竖直式和倾斜式）

集热器安装在建筑物的南立面外墙上，尤其是高层建筑，分体式水箱布置在室内。集热器安装后可以与墙面平行也可以成一定角度，丰富了建筑物立面（图 2-101）。

图 2-101　墙面与阳台部位分体太阳能热水器安装实例

图 2-102 、图 2-103 为建筑南墙面式（竖直式）分体式太阳能热水器的安装示意图。图中集热器安装在南向窗间墙处，集热器与立面平行。固定集热器的定型连接件上部通过螺栓与预埋件相连，下部支承在与螺栓连接在一起的角钢上。

图 2-104、图 2-105 为建筑南墙面式（倾斜式）分体式太阳能热水器的安装示意图。一般在低纬度地区集热器要有适当倾角，以接收到较多的日照，因此集热器安装在南向窗间墙处，集热器与立面成一定倾斜角度，固定集热器的定型连接件上部通过螺栓与预埋件相连，下部为了便于支撑，可在墙上悬挑异型板，在其上预埋铁件与定型连接件连接。墙面结构设计时，要考虑集热器的荷载且墙面要有一定宽度保证集热器能放置得下。

b. 阳台板式

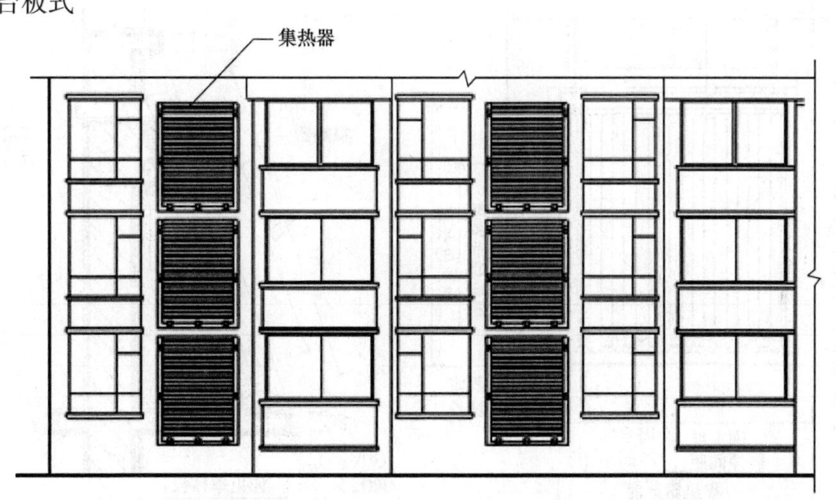

图 2-102　南墙面式（竖直式）分体式太阳能热水器南立面布置图

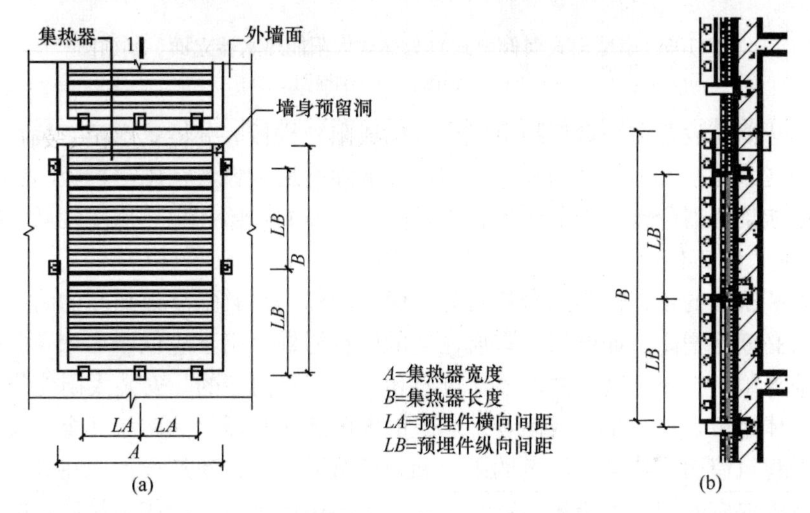

图 2-103　南墙面式（竖直式）分体式太阳能热水器立面、剖面图

（a）立面图；（b）剖面图

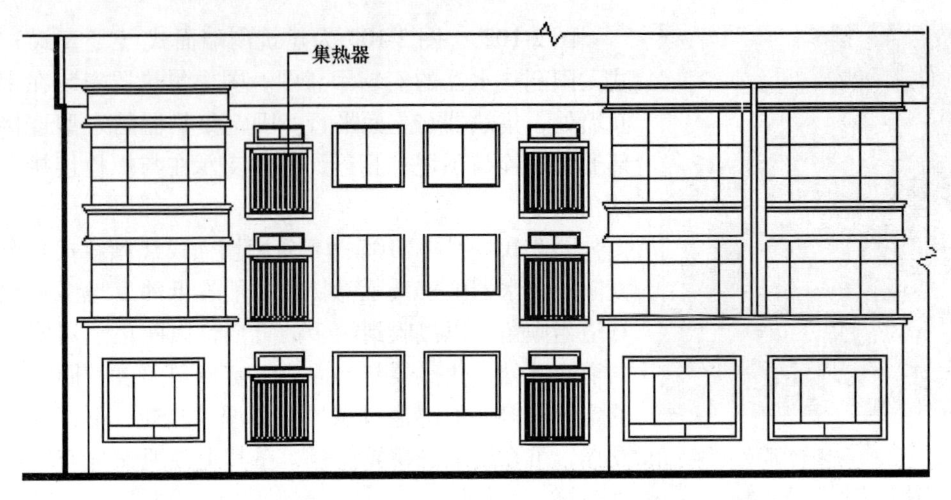

图 2-104　南墙面式（倾斜式）分体式太阳能热水器南立面布置图

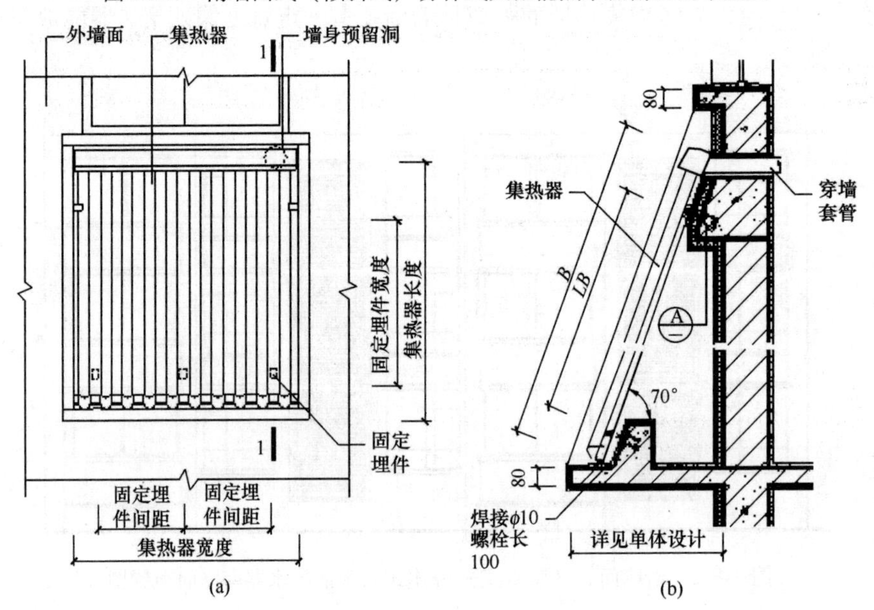

图 2-105　南墙面式（倾斜式）分体式太阳能热水器立面、剖面图

（a）立面图；（b）剖面图

太阳能集热器可放置在阳台栏板上或直接构成阳台栏板。分体式水箱安装在室内或阳台上。低纬度地区，由于太阳高度角较大，因此，低纬度地区放置在阳台栏板上或直接构成阳台栏板的太阳能集热器应有适当的倾角，以接收到较多的日照。集热器安装后丰富了建筑物立面（图 2-106、图 2-107）。

与墙面安装不同的是，作为阳台栏板与墙面不同的是还有强度及高度的防护要求。阳台栏杆应随建筑高度而增高，如低层、多层住宅的阳台栏杆净高不应低于 1. 05m，高层住宅的阳台栏杆不应低于 1. 10m，这是根据人体重心和心理因素而定的。安装太阳能集热器的阳台栏板宜采用实体栏板。挂在阳台或附在外墙上的太阳能集热器，为防止其金属支架、金属锚固构件生锈对建筑墙面，特别是浅色的阳台和外墙造成污染，建筑设计应在该部位加强防锈的技术处理或采取有效的技术措施，防止金属锈水在墙面阳台上造成不易清理的污染。

图 2-106　阳台板式分体式太阳能热水器安装实例

图 2-107　阳台板式分体式太阳能热水器

图 2-108 是阳台板式分体式太阳能热水器工作原理。

图 2-109、图 2-110 为阳台板式（竖直式）分体式太阳能热水器的安装示意图。集热器安装在南向阳台板处，且与墙面平行。因阳台栏板承载力较小，在阳台栏板上先安装挂件，定型连接件再固定在挂件上。

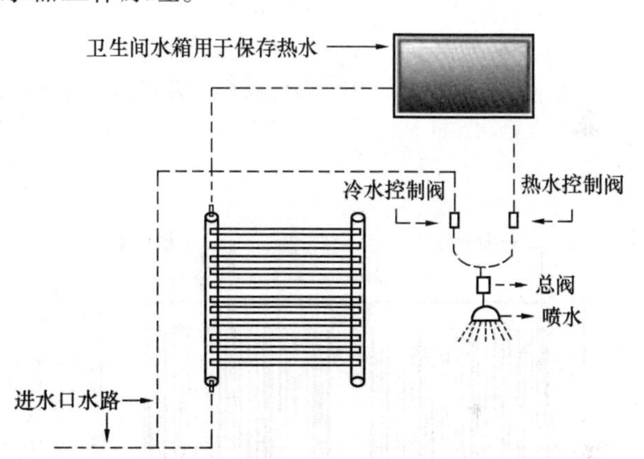

图 2-108　阳台板式分体式太阳能热水器工作原理

图 2-111 为阳台板式（倾斜式）分体式太阳能热水器的安装示意图。图中集热器安装在南向阳台板处，集热器与阳台板成一定的倾斜角度。从理论上讲倾角宜为纬度 ± 10°，但考虑到阳台的使用，倾角在北方可控制 60° ~ 75°之间。

c. 女儿墙式

集热器顺坡安装在女儿墙斜檐上，与斜檐平行，便于排水和承重；分体式水箱放置在室内，使建筑物的立面造型更加美观，同时又与建筑完美结合，构成了独特的建筑风格造型。

图 2-112 为女儿墙式分体式太阳能热水器的安装示意图。

②活动式安装

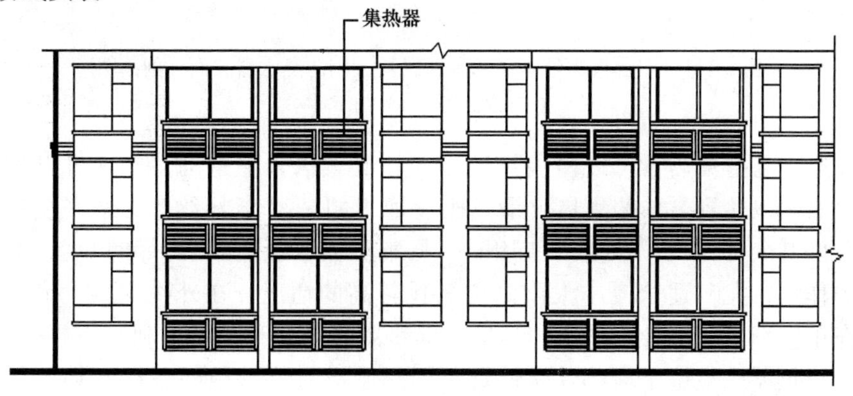

图 2-109　阳台板式分体式太阳能热水器南立面布置图

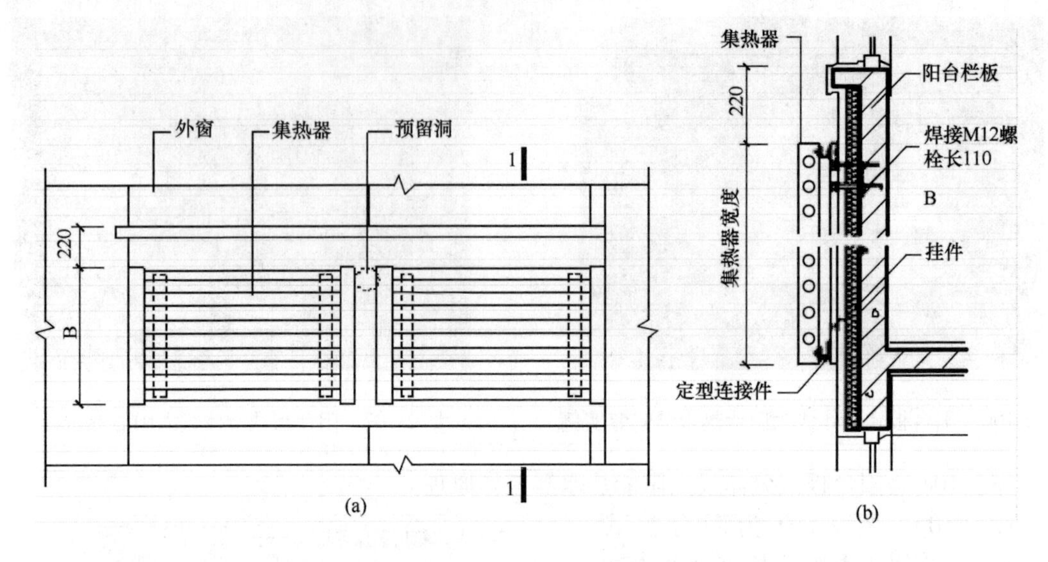

图 2-110　阳台板式（竖直式）分体式太阳能热水器立面、剖面图

（a）立面图；（b）剖面图

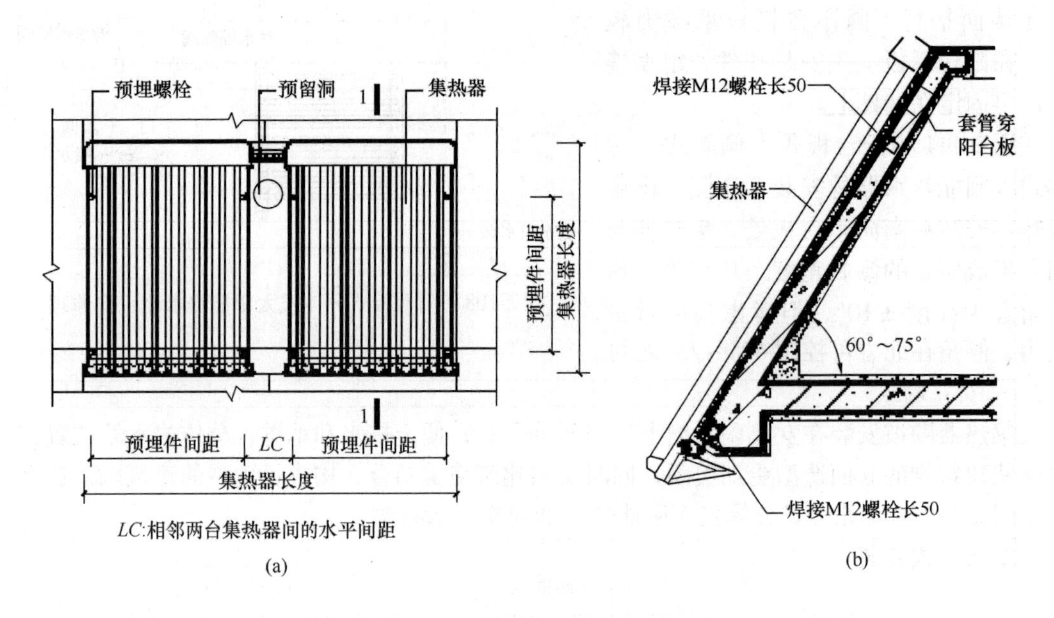

图 2-111　阳台板式分体式（倾斜式）太阳能热水器立面、剖面图

（a）立面图；（b）剖面图

活动式连接是指集热器可以由用户控制而在支架滑轨上运动，使其可以贴于竖直墙面，也可以斜出以达到最佳的集热效果。比较理想的一种情况是将支架安装在窗户的上方，除支架外其余部分可以收起。使用时，将集热器放至适当位置和角度，在集热同时起到遮阳的作用，尤其适合夏季太阳高度角比较高的情况。在外挑支架上设有档位，可使集热器在不同季节分别处于最佳的倾角。集热器的打开和收起可利用下端的拉杆完成。缺点是由于集热器已经位于窗上过梁位置，该层已没有足够空间容纳水箱，所以采用自然循环时水箱必须置于其上一层户内。因此在设计中应选择使用分体式太阳能热水器进

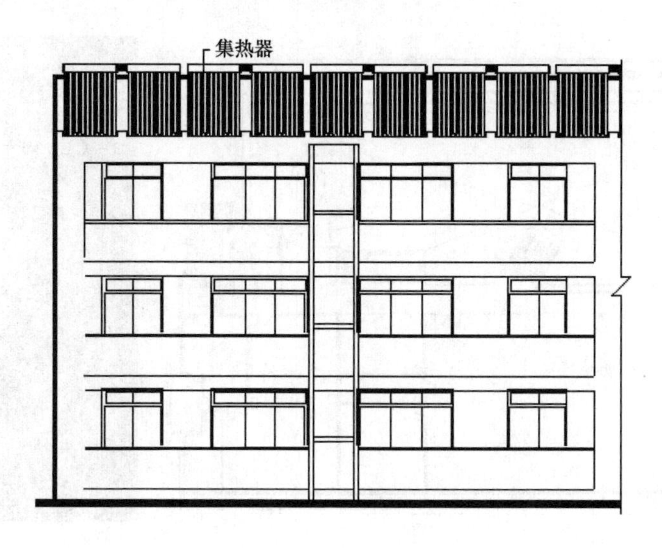

图 2-112　女儿墙式分体式太阳能热水器南立面布置图

行强制循环，则上述不便也不成为问题。此外，活动式连接还可以应用在阳台的竖直栏杆或栏板外侧。

2.6　太阳能建筑应用实例

2.6.1　东京天然气公司总部办公楼

工程概况

建造地点：日本横滨

建筑规模：5600m^2

设计者：Nikken Sekkei

东京天然气公司的总部办公楼位于横滨市。这一建筑的设计和建造表现了对提高能源使用效率的追求和公司保护环境的努力，如图 2-113 ~ 图 2-116 所示。

太阳能与生态技术

1. 太阳能光伏发电系统
2. 太阳能自然通风系统
3. 生态中庭

经济性分析

建筑的流线体型、通风、生态中庭、自然采光和通风手段等措施使得这座建筑的能源消耗只需要日本标准的 77%。

图 2-113　办公楼效果图

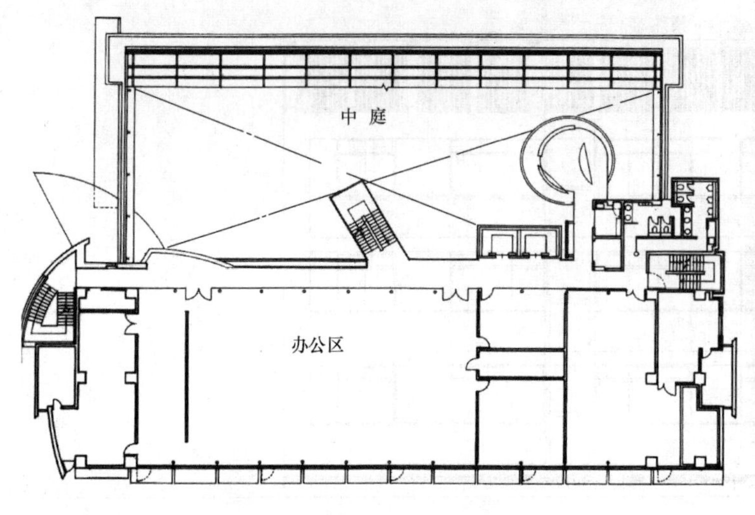

图 2-114　首层平面图

图 2-115　中庭内景

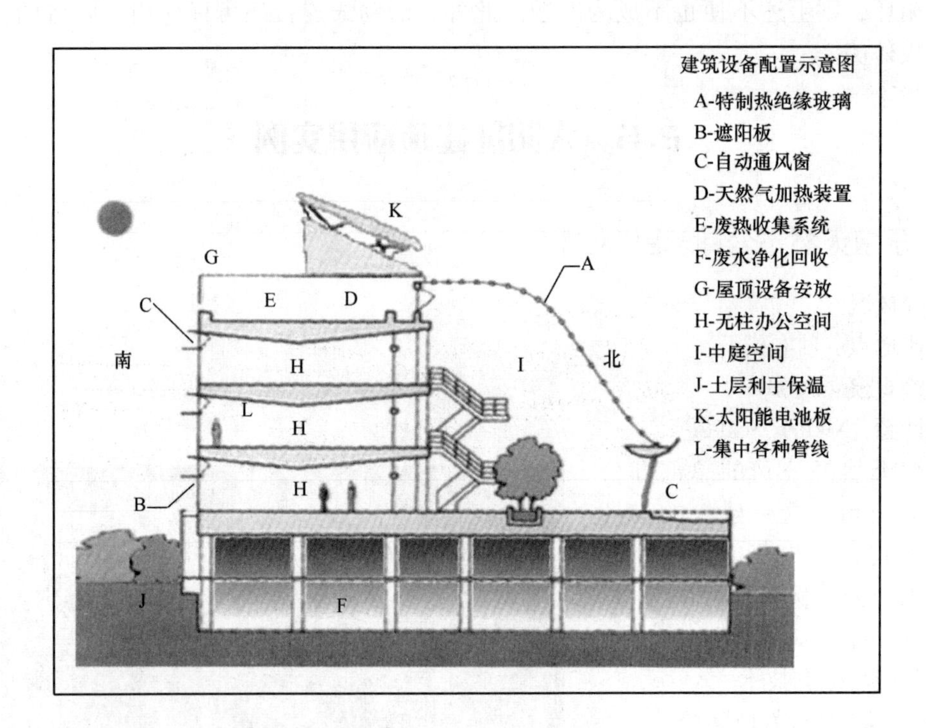

图 2-116　建筑设备配置图

2.6.2　清华大学超低能耗示范楼

工程概况

建造地点：北京市

建筑规模：3000m²

设计单位：清华大学

旨在通过其体现奥运建筑的“高科技”“绿色”“人性化”，同时超低能耗楼是国家“十五”科技攻关项目“绿色建筑关键技术”研究的技术集成平台，用于展示和实验各种低能耗、生态化、人性化的建筑形式及先进的技术产品，并在此基础上陆续开展建筑技术科学领域的基础与应用性研究，示范并推广系列的节能、生态、智能技术在公共建筑和住宅上的应用，如图 2-117 ~ 图 2-135 所示。

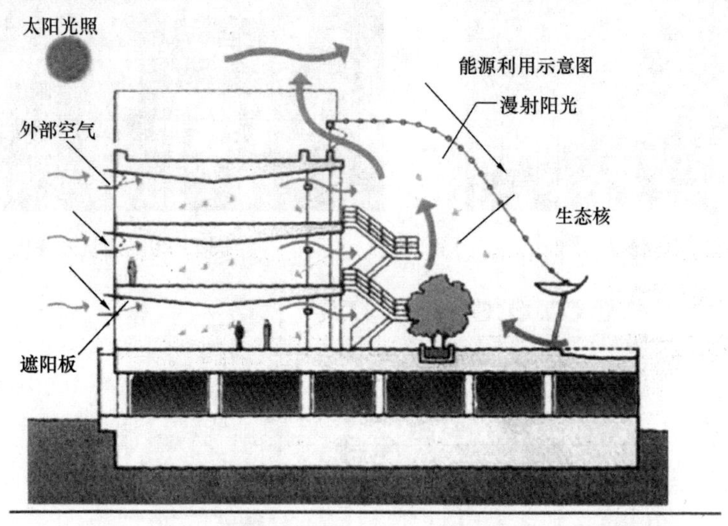

图 2-117　生态技术图解

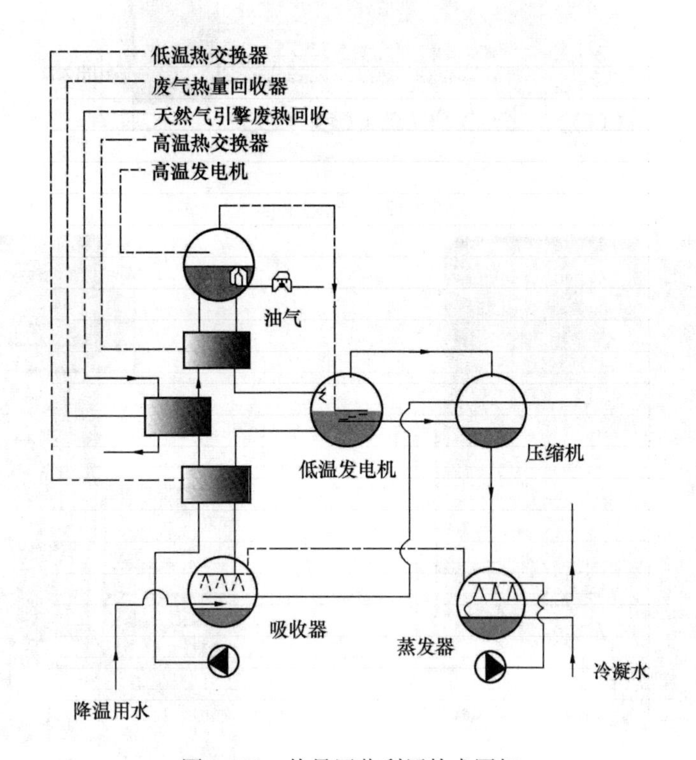

图 2-118　热量回收利用技术图解

图 2-119　南侧窗户局部

图 2-120　建筑效果图

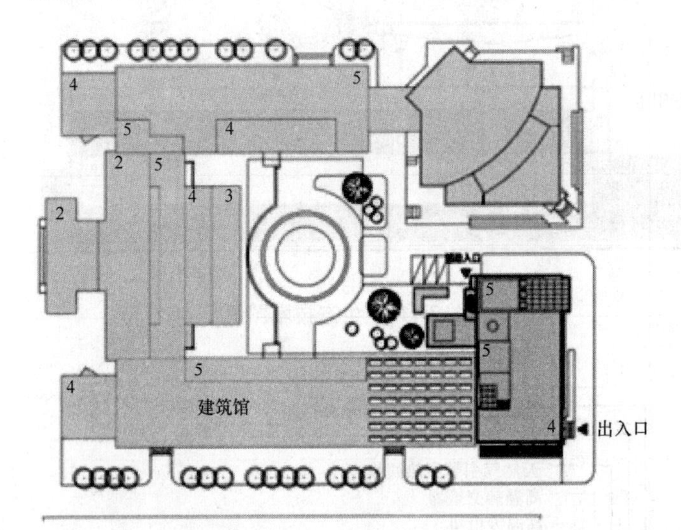

图 2-121　规划平面

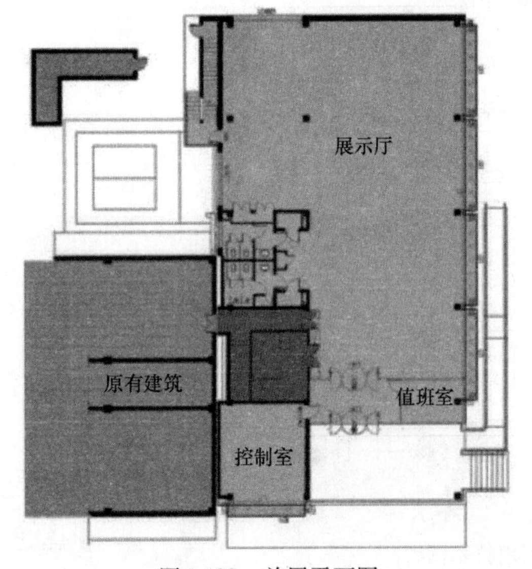

图 2-122　首层平面图

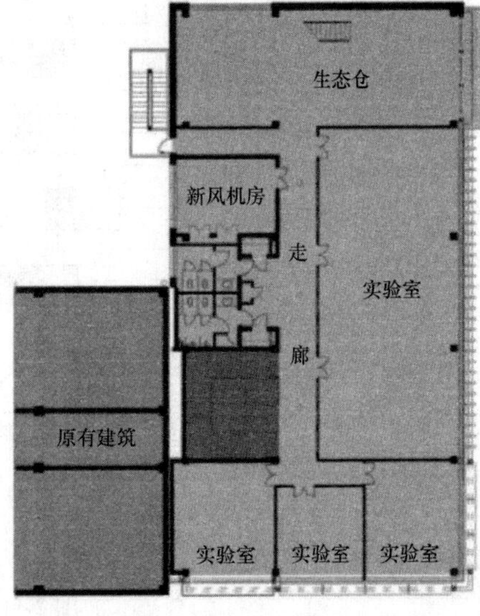

图 2-123　四层平面

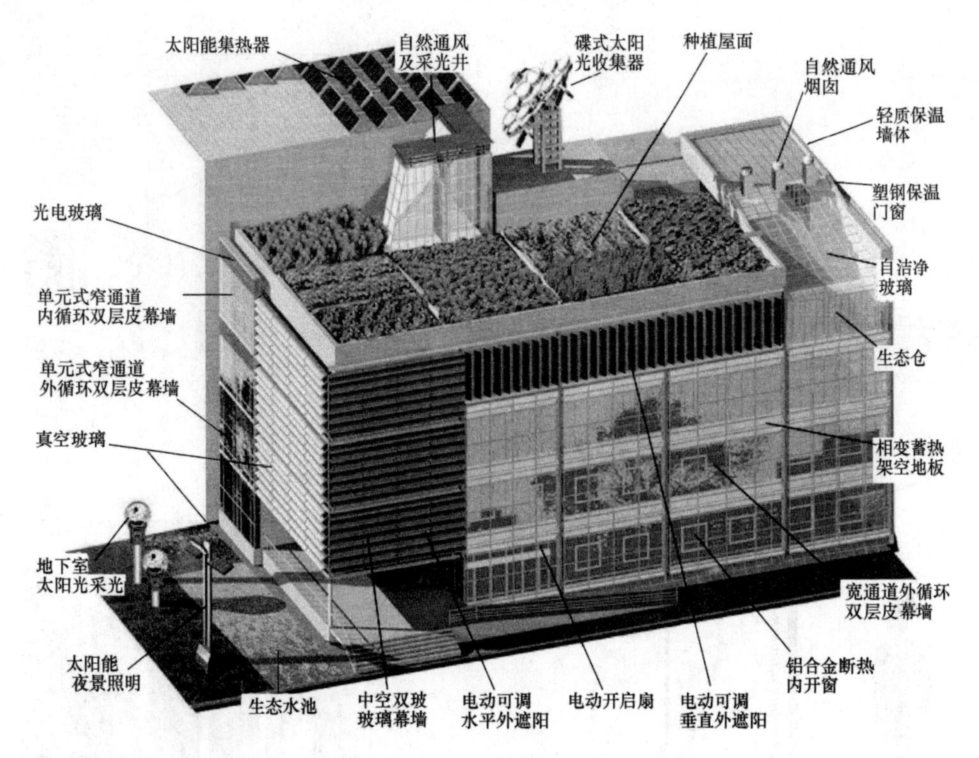

图 2-124　生态技术图解

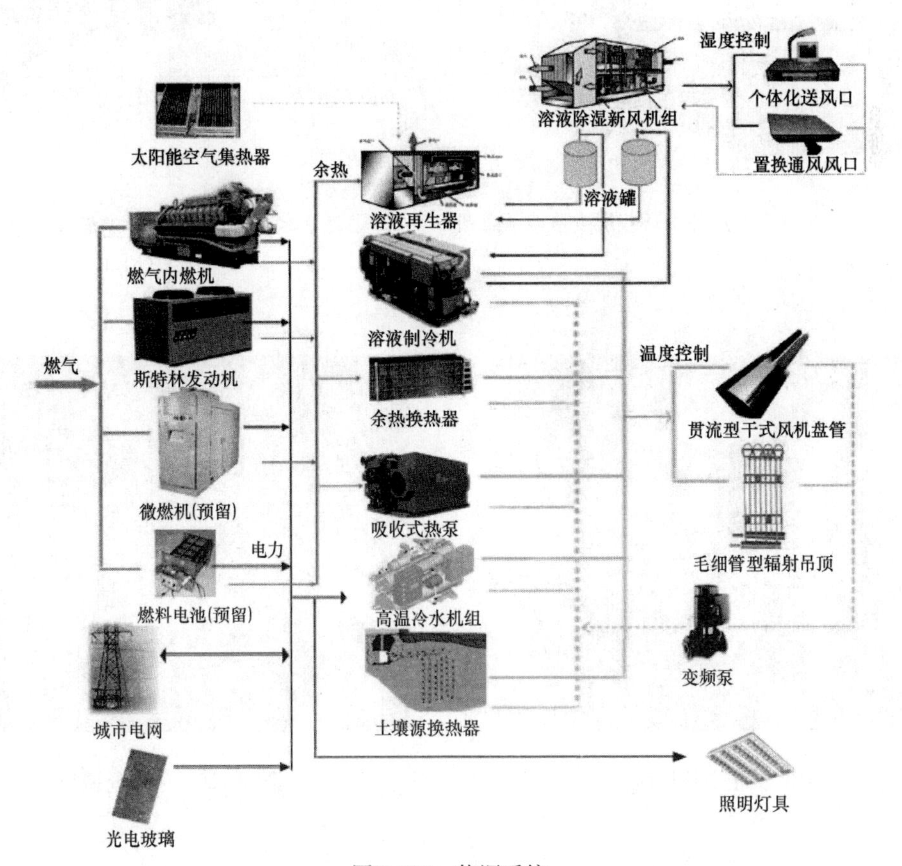

图 2-125　能源系统

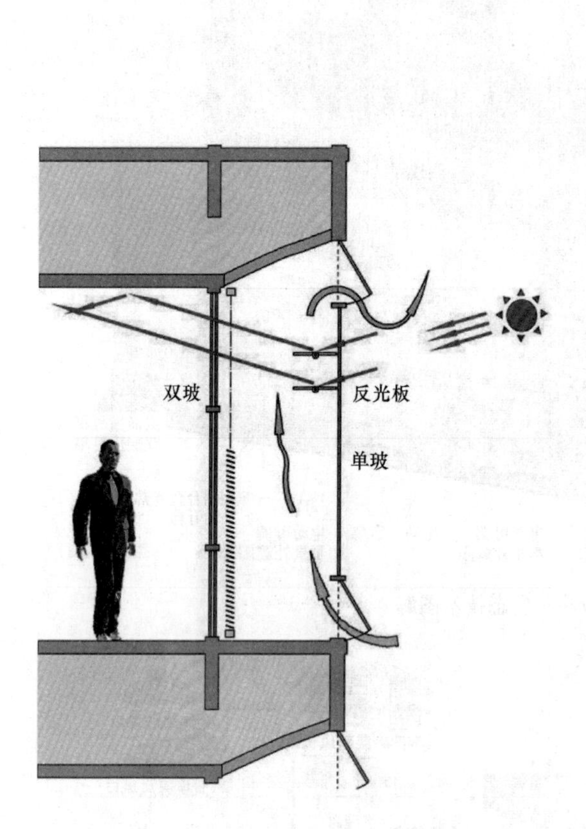

图 2-126　宽通道外循环双层皮幕墙示意图

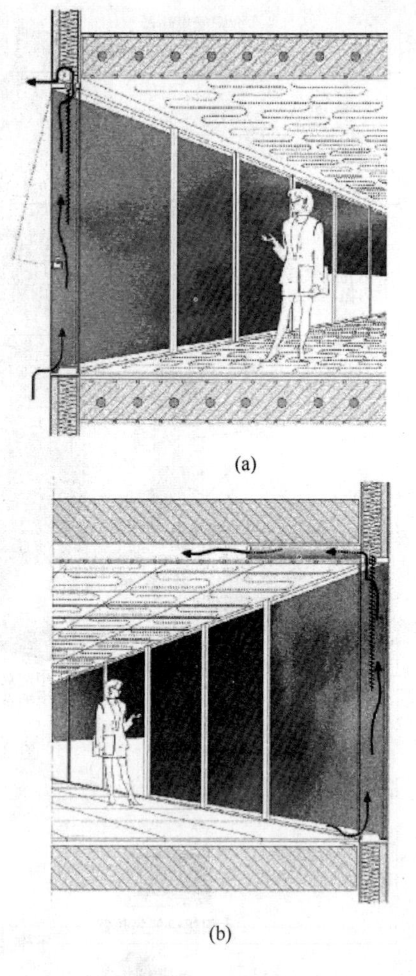

(a)

(b)

图 2-127　窄通道双层皮幕墙示意图

（a）外循环；（b）内循环

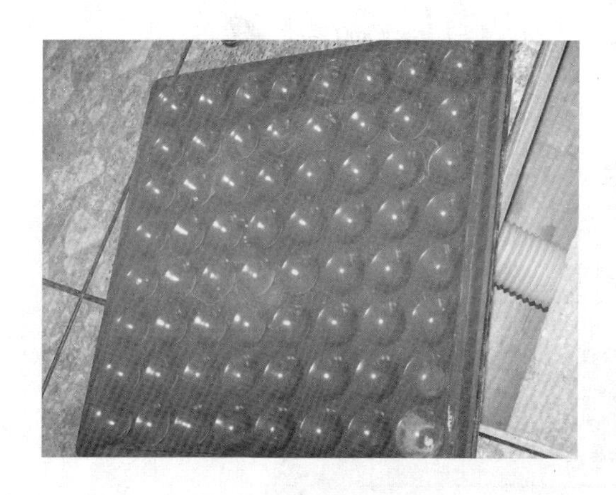

图 2-128　相变蓄热地板

图 2-129　生态仓屋顶

图 2-130　辐射网格布置方式

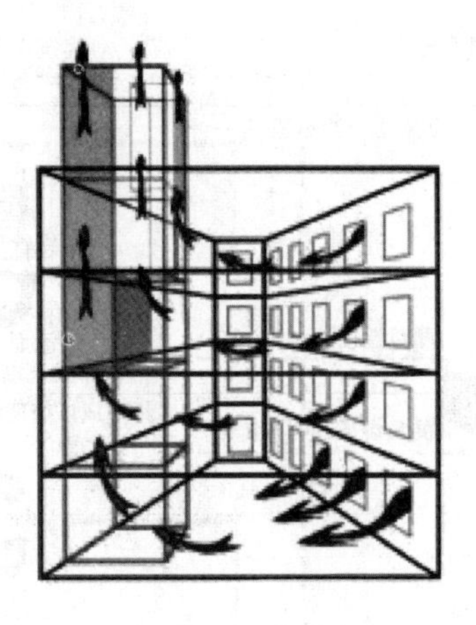

图 2-131　通风示意

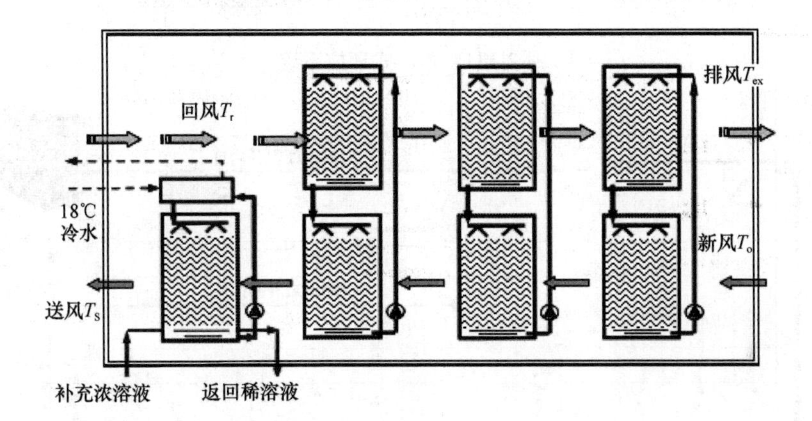

图 2-132　溶液除湿新风机组流程

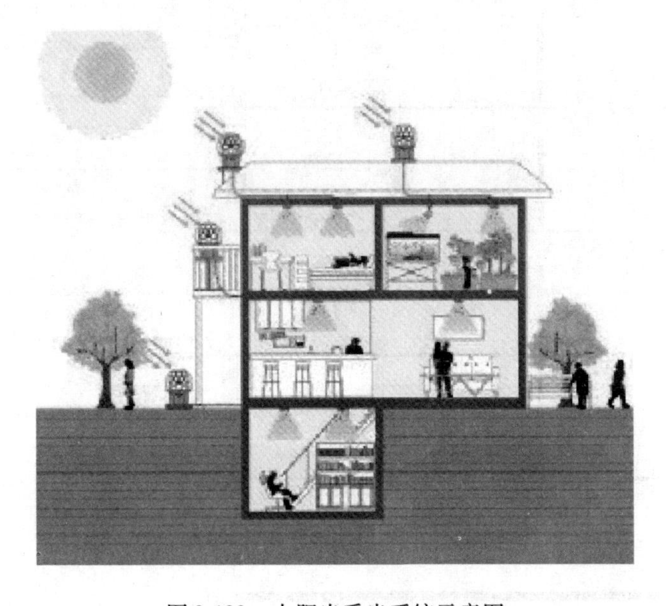

图 2-133　太阳光采光系统示意图

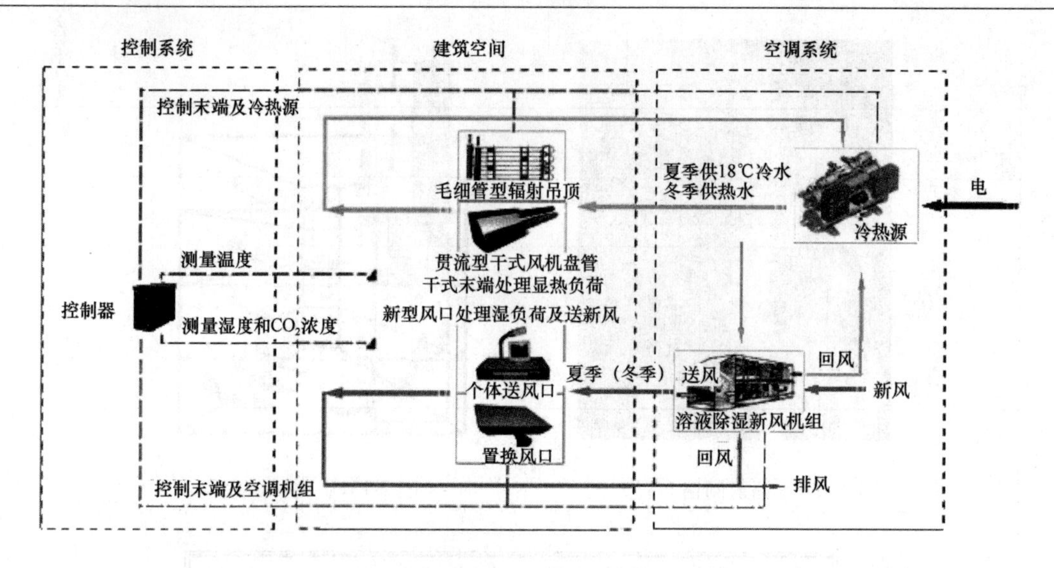

图 2-134　主动式环控系统

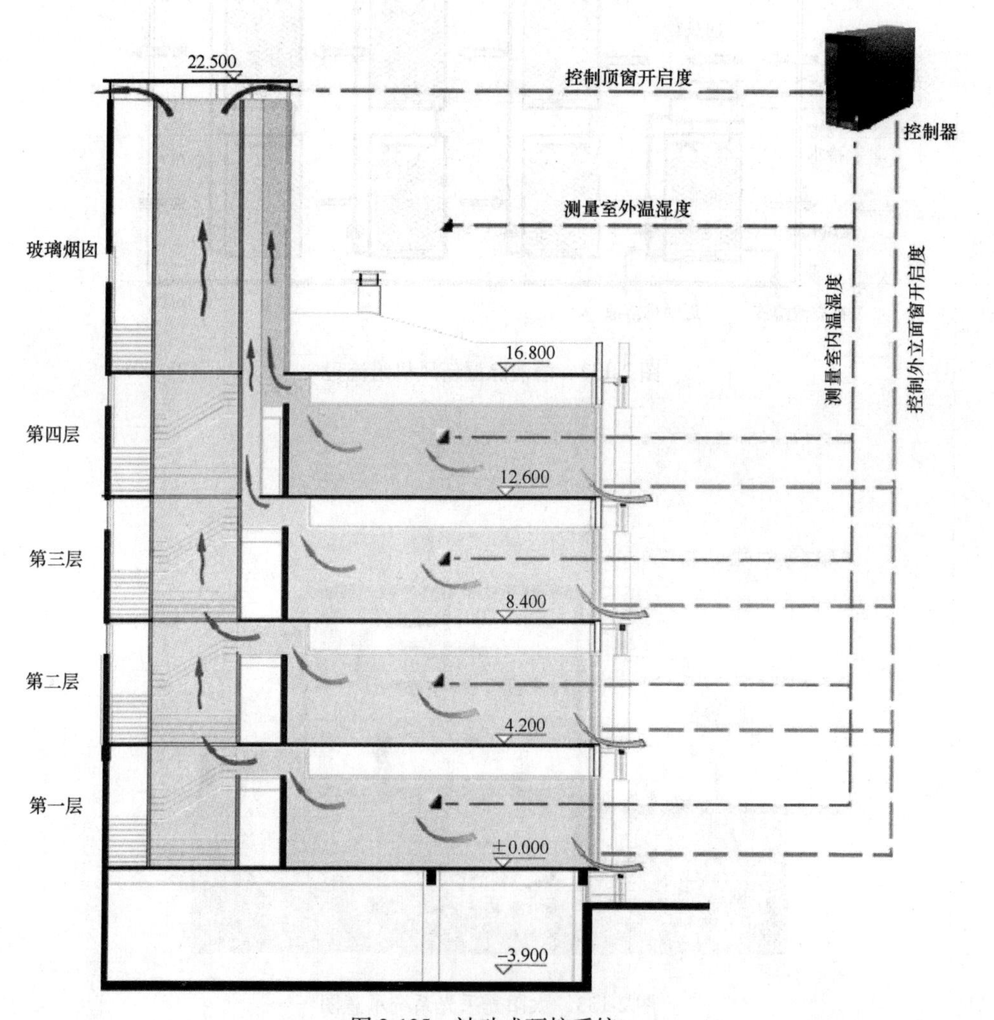

图 2-135　被动式环控系统

太阳能与生态技术

1. 驱动溶液除湿系统
2. 太阳能热发电系统
3. 太阳能光伏发电系统
4. 太阳光照明系统
5. 自然通风技术
6. 景观型湿地技术
7. 种植屋面技术

经济性分析

超低能耗楼建筑安装成本当时约为 8000 元左右，从技术经济的角度来看，超低能耗楼本身不具备整体复制性，其他工程应根据场地条件、建筑功能和项目定位有选择地选用其中的部分技术，结合自身的特点同样可到达超低能耗楼的节能效果。

2.6.3　山东建筑大学生态学生公寓

工程概况

建造地点：山东济南

建筑规模：2300m^2

设计单位：山东建筑大学

生态学生公寓位于山东省济南市山东建筑大学新校区内，建筑面积 2300m^2，六层楼房，应用的太阳能采暖技术是综合式的，由被动的直接受益窗采暖、主动的太阳墙新风采暖组合而成，是山东建筑大学与加拿大国际可持续发展中心（ICSC）合作的试验项目，旨在进行生态建筑的课题研究，实现环境的可持续发展，如图 2-136 ~ 图 2-154 所示。

图 2-136　生态公寓建成实景

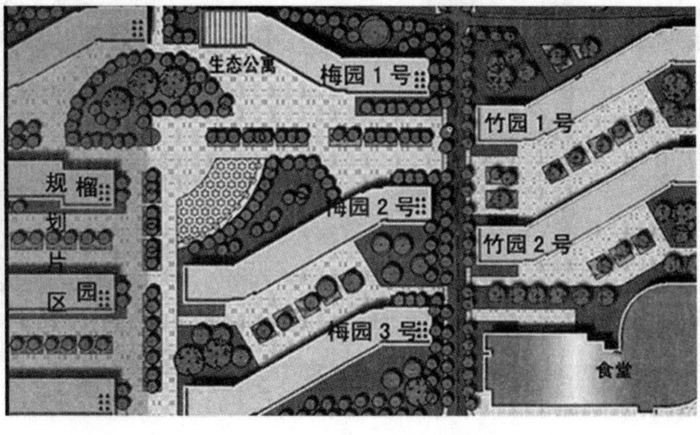

图 2-137　规划平面图

太阳能与生态技术

1. 太阳墙采暖体系
2. 太阳能烟囱通风体系
3. 太阳能热水体系

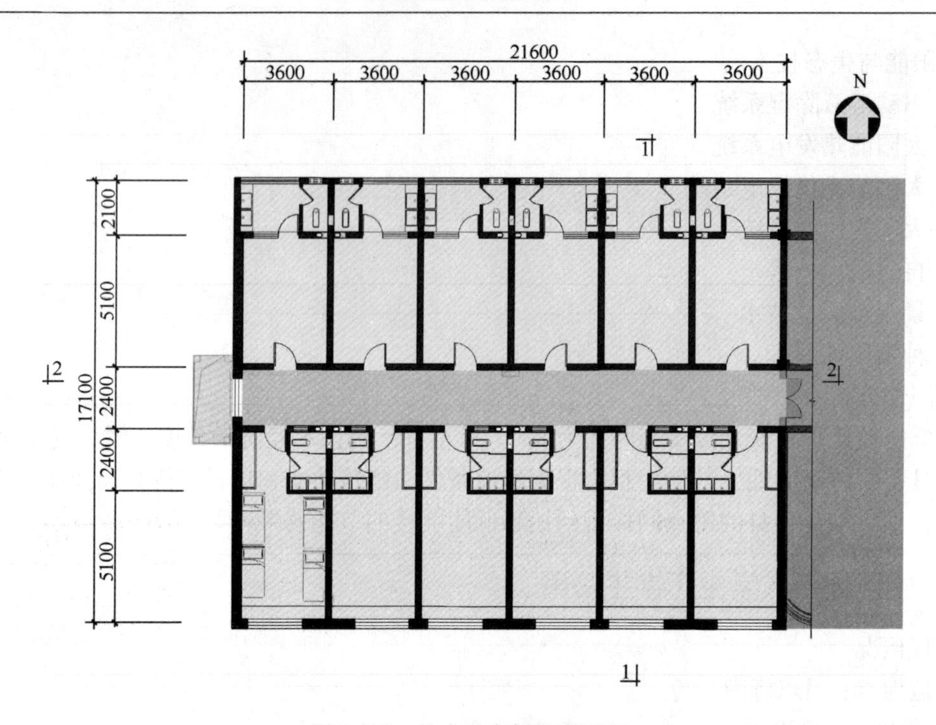

图 2-138　生态公寓标准层平面

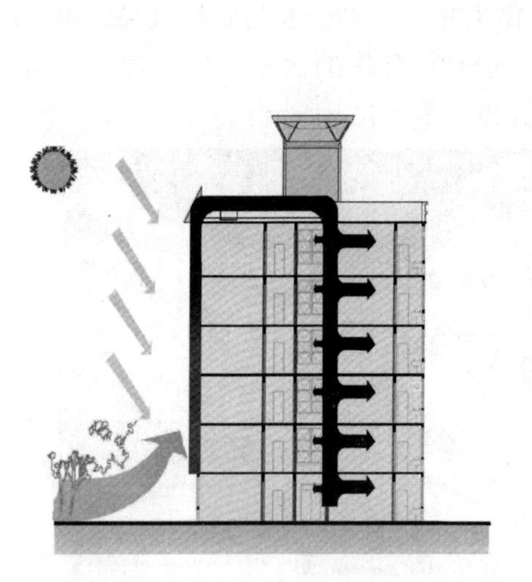

图 2-139　太阳墙通风供暖示意

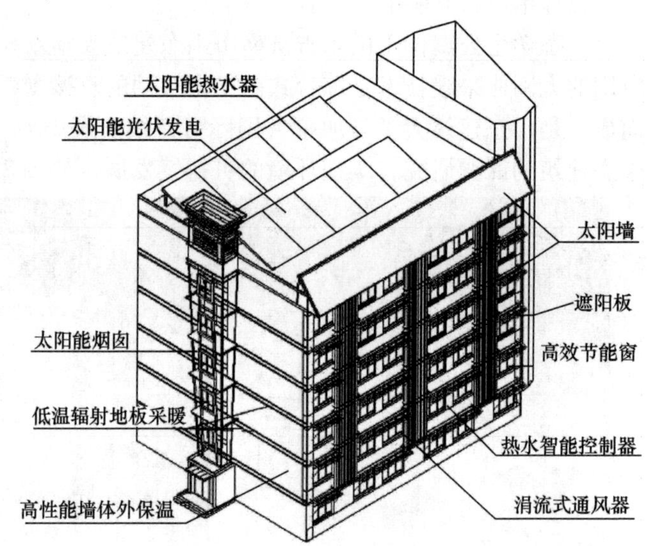

图 2-140　生态公寓综合技术示意图

4. 太阳能光伏发电体系
5. 外墙外保温体系
6. 被动换气体系
7. 中水体系
8. 楼宇自动化控制体系
9. 环保建材体系

经济性分析

图 2-141　太阳墙外景

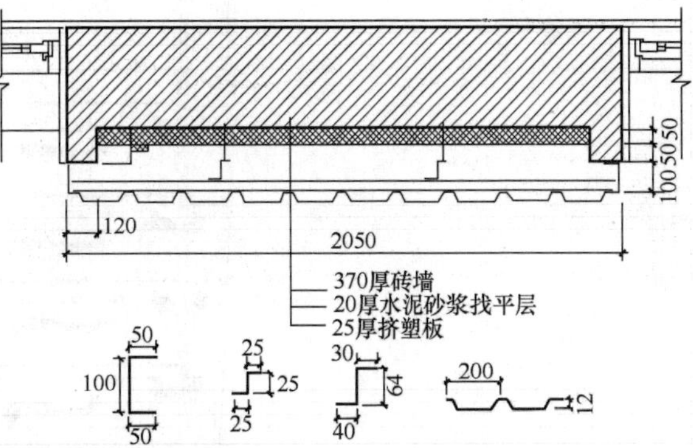

图 2-142　窗间墙处太阳墙板安装节点详图

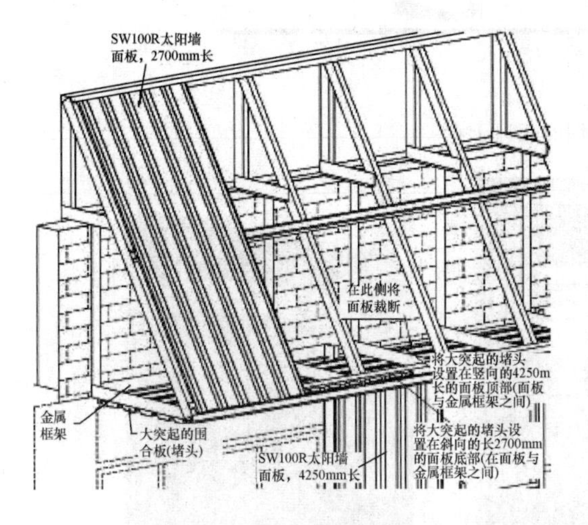

图 2-143　女儿墙位置的斜向集热部分

图 2-144　集热部分屋面位置两端的散热口和中间的出风

图 2-145　太阳墙出风口通过风机与风管相连

图 2-146　走廊内的太阳墙风管

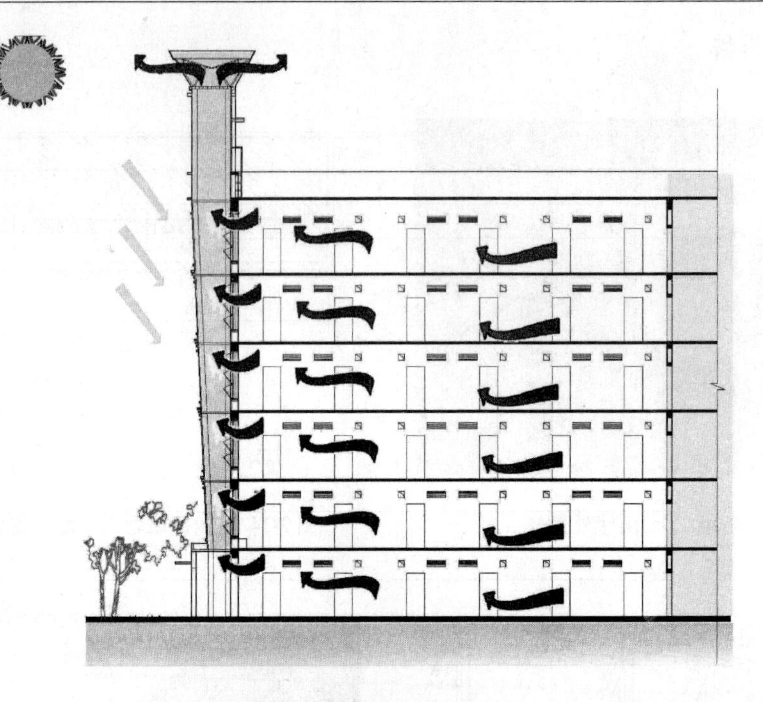

图 2-147　太阳能烟囱通风示意

图 2-148　太阳能烟囱实景

图 2-149　热水集热器外观

图 2-150　太阳能光电站

图2-151　窗上VFLC通风器实景图

图2-152　南向墙面的遮阳板

图2-153　背景通风体系风机

图2-154　背景通风体系风口

生态学生公寓总投资约为350万元人民币，生态公寓增加的造价是：太阳墙系统16万元（包括加拿大进口太阳墙板、风机及国产风管），太阳能烟囱5万元，弱电控制5万元（不包括控制太阳能热水的部分），另外还有窗和外保温，合计约34万元。建筑面积2300m^2，平均每平方米总共增加造价148元。普通做法每平方米造价1300元左右，即增加11.4%，说明采取的技术措施在现有的经济水平上具有可行性。

思　考　题

1. 我国的太阳能资源分布有何特点？
2. 主动式太阳房的特点有哪些？
3. 被动式太阳能建筑中，集热蓄热墙的特点是什么？有何设计要求？
4. 光伏建筑一体化有哪些优点？光伏系统与建筑结合主要有哪几种形式？

习　题

1. 从我国太阳能资源分布的地域性来看，山东日照属于（　　）

A. 资源丰富带　B. 资源较丰富带　C. 资源一般带　D. 资源缺乏带

2. 按照太阳能热水系统的运行方式分，太阳能热水系统可分为（　　）

A. 自然循环系统　B. 强制循环系统　C. 直流式系统　D. 集中供热水系统

3. 太阳能温室是根据（　　）的原理加以建造的。

A. 烟囱效应　B. 温室效应　C. 共生效应　D. 光化学效应

4. 太阳能电池以（　　）材料作为基体。

A. 砷　B. 玻璃　C. 碳　D. 硅

5. 在华北地区，太阳能热水系统选择的最佳集热板倾角为（　　）度。

A. 25　B. 45　C. 60　D. 90

6. 以下（　　）属于光伏组件。

A. 光伏屋顶　B. 光伏幕墙　C. 光伏瓦　D. 光伏遮阳装置

7. 在光伏建筑一体化组件中，为了满足室内的采光要求，电池片间距应在（　　）mm左右。

A. 10　B. 15　C. 25　D. 45

8. 整体式太阳能热水器与坡屋顶的连接方式有（　　）。

A. 平脊式　B. 顺坡式　C. 脊顶式　D. 叠檐式

第3章　地热能及其建筑应用

3.1　地热能概述

地热能是地球内部储存的热能，它包括地球深层由地球本身放射性元素衰变产生的热能及地球浅层由于接收太阳能而产生的热能。前者以地下热水和水蒸气的形式出现，温度较高，主要用于发电、供暖等生产生活目的，其技术已基本成熟，欧美国家有很多用于发电，我国则多用来直接供热，这种地热能品位较高，但受地理环境及开采技术与成本的影响因而受限较大；后者由太阳能转换而来，蕴藏在地球表面浅层的土壤中，温度较低，但开采成本和技术相对也低，且不受地理环境的影响，特别适合于建筑物的供暖与制冷。

在地壳中有3个地热带，即可变温度带、常温带和增温带。可变温度带由于受太阳辐射的影响，其温度有昼夜、年份、世纪、甚至更长周期的变化，其厚度一般为15～20m；常温带，其温度变化幅度很小，深度一般在20～30m处；增温带，在常温带以下，温度随深度增加而升高，其热量的主要来源是地球内部的热能。

浅层地热能是指地表以下一定深度范围内（一般为常温带至200m深），温度低于25℃，在当前技术经济条件下具备开发利用价值的地球内部的热能资源。它不是传统概念的深层地热，是地热可再生能源家族中的新成员，它不属于地心热的范畴，是太阳能的另一种表现形式，广泛地存在于大地表层中。它既可恢复又可再生，是取之不尽用之不竭的低温能源。在近地表面的恒温带以下，深度每增加1km，地下温度增加为25～30℃/km（全球平均值），恒温带以下的热能就不属于浅层地能了。

3.2　我国地热能资源状况与分布

3.2.1　我国地热田的成因

根据地热资源的成因，我国地热资源分为以下几种类型，如表3-1所示：

表3-1　我国地热田成因

成因类型	热储温度范围	代表性城市或地区
现（近）代火山型	高温	台湾大屯、云南腾冲
岩浆型	高温	西藏羊八井、羊易
断裂型	中温	广东邓屋、东山湖，福建福州、漳州，湖南灰汤
断陷盆地型	中低温	京、津、冀、鲁西、昆明、西安、临汾、运城
凹陷盆地性	中低温	四川、贵州等省份分布的地热田

1. 现（近）代火山型

现（近）代火山型地热资源主要分布在台湾北部大屯火山区和云南西部腾冲火山区。腾冲火山高温地热区是印度板块与欧亚板块碰撞的产物。台湾大屯火山高温地热区属于太平洋岛弧之一环，是欧亚板块与菲律宾小板块碰撞的产物。在台湾已探到293℃高温地热流体，并在靖水建有装机3MW地热试验电站。

2. 岩浆型

在现代大陆板块碰撞边界附近，埋藏在地表以下6～10km，隐伏着众多的高温岩浆，成为高温地热资源的热源。如在我国西藏南部高温地热田，均沿雅鲁藏布江即欧亚板块与印度板块的碰撞边界出露，是这种地热能生成模式的较典型的代表。西藏羊八井地热田ZK4002孔，在井深1500～2000m处，探获329℃的高温地热流体；在地热田ZK203孔，在井深380m处，探获204℃高温地热流体。

3. 断裂型

主要分布在板块内侧基岩隆起区或远离板块边界由断裂形成的断层谷地、山间盆地，如辽宁、山东、山西、陕西以及福建、广东等。这类地热资源的生成和分布主要是受活动性的断裂构造控制，热田面积一般几平方千米，有的甚至小于1km^2。热储温度以中温为主，个别也有高温。单个地热田热能潜力不大，但点多面广。

4. 断陷、凹陷盆地型

主要分布在板块内部巨型断陷、凹陷盆地之内，如华北盆地、松辽盆地、江汉盆地等。地热资源主要受盆地内部断块凸起或褶皱隆起控制，该类地热源的热储层常具有多层性、面状分布的特点，单个地热田的面积较大，达几十平方千米，甚至几百平方千米，地热资源潜力大，有很高的开发价值。

3.2.2 我国地热资源分布

中国地热资源中能用于发电的高温资源分布在西藏、云南、台湾，其他省区均为中、低温资源，由于温度不高（小于150℃），适合直接供热。全国已查明水热型资源面积10149.5km^2，分布于全国30个省区，资源较好的省区有：河北省、天津市、北京市、山东省、福建省、湖南省、湖北省、陕西省、广东省、辽宁省、江西省、安徽省、海南省、青海省等。从分布情况看，中、低温资源由东向西减弱，东部地热田位于经济发展快、人口集中、经济相对发达的地区（图3-1）。

我国地热资源的分布主要与各种构造体系及地震活动、火山活动密切相关。根据现有资料，按照地热的分布特点、成因和控制等因素，可把我国地热资源的分布划分为以下6个带：

1. 藏滇地热带

主要包括冈底斯山、唐古拉山以南。特别是沿雅鲁藏布江流域，东至怒江和澜沧江，呈弧形向南转入云南腾冲火山区。这一带，地热活动强烈，地热资源集中，是我国大陆上地热资源潜力最大的地带。这个带共有温泉1600多处，现已发现的高于当地沸点的热水活动区有近百处，是一个高温水汽分布带。据有关部门勘察，西藏是世界上地热储量最多的地区之一，现已查明的地热显示点达900多处，西藏拉萨附近的羊八井地热田，孔深200m以下获得了172℃的湿蒸汽；云南腾冲热海地热田，浅孔测温，10m深135℃，12m深145℃。

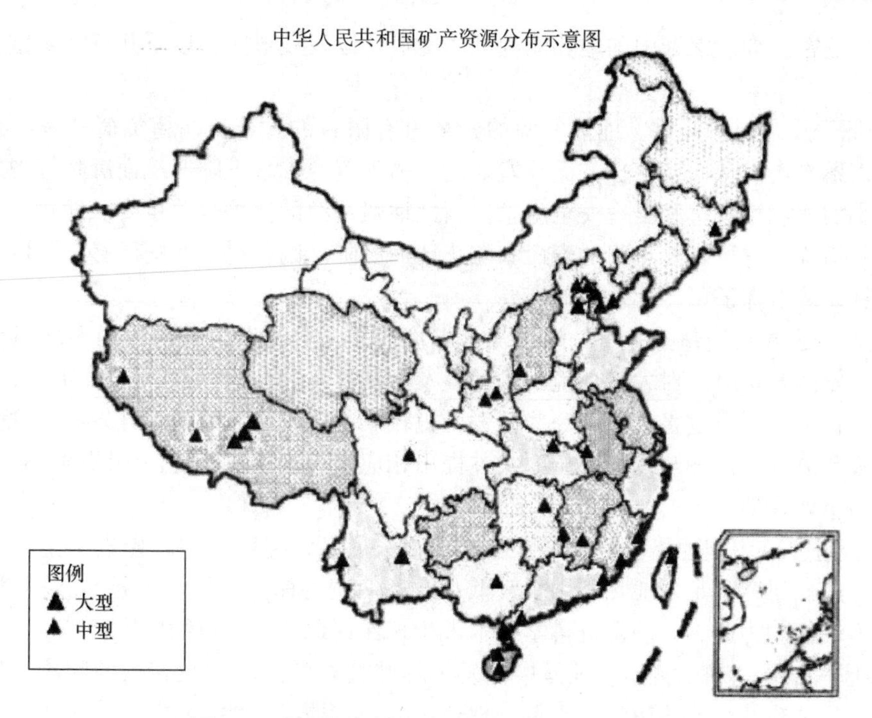

图 3-1　中国各省（自治区）探明地热资源分布

2. 台湾地热带

台湾是我国地震最为强烈、最为频繁的地带，地热资源主要集中在东、西两条强震集中发生区。在 8 个地热区中有 6 个温度在 100℃以上。台湾北部大屯复式火山区是一个大的地热田。自 1965 年勘探以来，已发现 13 个气孔和热泉区，热田面积 50km² 以上，在 11 口 300～1500m 深度不等的热井中，最高温度可达 294℃，地热蒸汽流量 350t/h 以上，一般在井深 500m 时，可达 200℃以上。大屯地热田的发电潜力可达 80～200MW。

3. 东南沿海地热带

主要包括福建、广东以及浙江、江西和湖南的一部分地区，其地下热水的分布和出露受一系列北东向断裂构造的控制。这个带所拥有的主要是中、低温热水型的地热资源，福州市区的地热水温度可达 90℃。

4. 山东—安徽庐江断裂地热带

这是一条将整个地壳断开的、至今仍在活动的深断裂带，也是一条地震带。钻孔资料分析表明该断裂的深部有较高温度的地热水存在，已有低温热泉出现。

5. 川滇南北向地热带

主要分布在从昆明到康定一线的南北向狭长地带，以低温热水型资源为主。

6. 祁吕弧形地热带

包括河北、山西、汾渭谷地、秦岭及祁连山等地，甚至向东北延伸到辽南一带。该区域有的是近代地震活动带，有的是历史性温泉出露地，主要地热资源为低温热水。

3.3　我国地热能发展战略

地热能源利用必须走可持续的发展道路，使其既能满足当代人的需求，而又不对后代人的需求构成危害。如何保证中国地热能源利用走可持续发展道路？以下几点将是重要的考虑因素：

1. 资源开发与保护并重。地热资源的开采是有限量的。若长期超负荷开采，必然会导致资源供需不平衡，从而产生多方面开发效应，诸如资源参数下降、地面沉降等现象，直接或间接地影响热利用效率和出现安全隐患。因此地热资源的保护至关重要。地热回灌是资源保护的有效措施，它可延长热田的寿命和防止地面沉降。因此对地热资源必须采取开发与保护并重方针，才能保证可持续发展的需要。

2. 资源开发与环境保护并重。地热流体温度高，成分复杂，其中相当多的组分超过一定浓度或积累的含量时，对大气环境、水环境及土壤环境会造成污染，如不加以控制，必将对人类和生物造成严重危害。因此一些开发历史较早的国家已注意到在开发利用地热资源的同时，积极开展环境监测与保护的研究，并提出相应措施来解决环境污染问题。这是地热可持续发展的重要保证。

3. 科技进步。中国地热事业发展，已取得很大成绩，但距离国际先进水平仍有不少差距，表现在热储研究不足，地热利用率较低，设备使用寿命短，环境保护与科学管理较差，发展也很不平衡。为此，必须促进科学技术进步来保证地热的可持续发展。

4. 管理科学化。缺乏科学管理是中国发展地热存在的一个比较普遍的问题。地热资源的合理开发、地热井的凿井申请与审批、地热工程项目的可行性论证与技术要求、地热开发的动态监测、热储模拟与回灌，以及地热开发利用的环境保护等都需要有科学的管理。这是保证地热可持续发展的另一重要环节。

5. 地热产业化、规模化。实现地热产业化、规模化才能最大限度地促进科技进步，利用最新技术促进产品优化，降低设备投资，提高地热利用经济性，实现地热产业化、规模化。还可促进地热勘察—开发—保护—设备制造和供应体系的形成，并建立和完善生产运行和服务体系，逐步形成全国性的比较规范的信息网络体系。这对地热可持续发展将有重大促进作用。

3.4 国内外地热能建筑应用现状

3.4.1 国外地热能建筑应用现状

1. 美国

在美国，大多数系统都是根据高峰制冷负荷设计的，它高于供暖负荷（主要是北方地区）。这样，估计平均每年有1000个小时满负荷供暖。在美国，地源热泵装机容量能稳定在12%，大多数安装在中西部地区和从北达科他州到佛罗里达州的东部地区。

2. 德国

德国地热热泵在住宅利用的数量是巨大的，许多小型系统安装在独立的房子里，而较大系统用于一些需要供暖和制冷的办公楼等商业区域。德国的大部分地区夏季的湿度允许制冷不带除湿，例如冷却顶棚。热泵系统就很适合直接利用地下的冷能，不需要冷却器，更加节能。第一个利用井下热交换器和直接制冷的系统在1987年安装的，同时该项技术成为一个标准设计选择。在德国，地热热泵已经走过了研究、开发和开发现状阶段，当前的重点是选型和质量安全性。德国地热利用以采暖为主，特点是建立相对集中的大型供热站。由于热泵用电，引用了“季节特性系数”，即供热量与消耗电量之比，一般为5～7的范围；此外，全年热量输出的85%使用地热，全年热量的15%采用由石油或燃气燃烧器形成的辅助热源，主要解决峰值供暖负荷。德国广泛使用分散的浅层地热能及小型地热热泵，供采暖之用。

3. 瑞士

地热热泵系统在瑞士以每年15%的速度快速增长。浅层水平管（占所有安装热泵的比例小于5%）、井下换热器系统（100～400m深，占65%）、地下水水源热泵（占30%）。瑞士的热泵系统应用从1980年开始，经过快速发展，现在是瑞士地热直接利用里最大的部分。小型系统（<20kW）显示了最高的增长速度（大于15%）。据不完全统计，截止2012年底，瑞士境内约有5万多座以高温地下水或蒸汽形式利用地热的各类装置，年发电量约为295亿kWh。地热热泵以分散方式进行安装，适合于独立用户需要，避免了如同区域供暖系统的昂贵的热分配。安装位置在建筑物附近（或建筑物地下），相对自由，在建筑物内对空间的要求也不高。小型土壤源热泵系统不需要进行回灌，在系统闲置期（夏天）地下的热能可以自动恢复，不会对地下水造成污染，并且可以减少温室气体二氧化碳的排放。对环境污染小的热泵，当地给予用电费用优惠。瑞士是世界上地源热泵使用密度最高的国家。

4. 英国

在英国，路特·开尔文努力发展了热泵理论，但利用热泵进行供暖却进展缓慢。第一个安装地热热泵的记载要追溯到1976年夏天。小型闭路系统的先锋设置是在20世纪90年代初期苏格兰的住宅进行安装的。在20世纪90年代中期，通过吸取加拿大、美国和北欧地区利用热泵的经验教训，英国的地热热泵开始缓慢发展。他们利用很长时间确定合理的技术来适用于本国的住宅材料，以及克服英国特有的各种问题。利用英国电网的地热热泵系统将会立刻减少40%～60%的二氧化碳排放量。随着英国电网在将来几年变得越来越清洁，长寿热泵的排放量也会进一步下降。目前地热热泵系统已经遍布整个英国，私人建筑家、房地产商和建筑协会现在都成为这些系统的消费者。室内安装热泵系统一般在2.5～25kW之间，主要选择各种水对水和水对空气的热泵，安装在几种不同地质条件的地区。另一个利用地热热泵的重要领域就是供暖和制冷都需要的商业和公共建筑。2002年国际能源协会热泵中心安排了首批国家级研究，对热泵可能减少二氧化碳的排放量进行研究。其中第一个就是在英国展开的，研究结论是热泵系统应用于办公室和小商店效果最好。第一个不在室内安装的热泵仅25kW，是在Scilly的Isles的健康中心，这个系统在接下来的时间迅速发展。热泵的利用已经发展到学校、单层或者多层的办公楼和展览中心。显著的一个例子就是Derbyshire的国家森林展览中心、Chesterfield、Nottingham、Croydon地区的办公楼以及Cornwall的Tolvaddon能源公园。

5. 瑞典

20世纪80年代初期，地热热泵在瑞典开始盛行。热泵是瑞典小型住宅区最流行的液体循环的供暖方式，由于当前的高油价、高电费和木炭炉的危险性，热泵逐步替代了部分燃油、电和木炭。除了住宅方面，还有一些大型的系统安装用于区域供暖。瑞典地源热泵的安装通常建议占标称负荷的60%，即每年大约3500～4000个小时满负荷运行。大约80%的热泵采用的是垂直类型（钻孔类型）。在住宅里，钻孔的平均深度大约125m，水平类型平均循环长度大约350m。开式、充满地下水的单U形管几乎用于所有的热泵系统。不同容量的系统越来越被关注，例如在同一个机组里分别安装一个小型机组和一个大型机组，夏天，生活热水可以通过小型机组来供给。一些生产商通过利用废气作为热泵的热源，废气可以预热从钻孔开采出来的热流体，或者在热泵闲置时将废气加热的热水灌入地下。在大型钻孔型热泵系统里，为了确保系统长期运行，不得不考虑地下热能的平衡。如果主要是满足热负荷，则在夏天必须向地下回灌热能。在 Nasby 公园，在建筑物下面安装了一套系统，施工了 48 个 200m 深的钻孔，利用 400 kW 的一个热泵提供基本热负荷，每年运行6000 个小时。夏天，从附近的湖引来的地表温水（15 ~20℃）通过钻孔灌入地下。

6. 法国

法国对地热的利用发展于 20 世纪 80 年代。法国以供水井和回灌斜井组成的“对井”而著称；两口地热井在地面上相距 10m，但深入地下可达 400 ~1000m；1998 年的统计资料，巴黎仍有 41 个区域供暖的“对井”机房在运行，至 2005 年时数量略有减少。为了在 2020 年实现法国替代能源达到 130 万吨石油当量的目标，法国地热能专业协会认为地热能网络的数量应该增加两倍，并应大量使用配有热泵生产的超低温地热能。电力生产的功率也应由 17MW 提高到 80MW，为此，应在国内进行进一步的操作并使用增强型地热系统。

目前，法国在欧洲地热能生产国排名中位居第五位。该国地热能专业协会称，2010 年，国内地热能的产电量达到了 4150GW · h。全国各地都能够开发地热资源，尤其是超低温地热能。在配有热泵生产的地热能市场中，地热能的产量每年增长 7%。集体住宅安装的地热装置的数量增加了 10. 5%。2011 年，法国地热能电力生产设备的总装机功率为 17. 2MW，地热能为 44 万 t 石油当量，地热能的使用确保了法国 3. 4% 可再生能源热量生产活动的进行。

3.4.2 国内地热能建筑应用现状

地热资源是一种清洁无污染或极少污染的清洁能源。我国一些大城市为净化环境出现开发地热能部分替代常规能源的新形势，如北京、天津、西安等大城市，为治理大气环境，发展地热采暖呼声很高。北京市已将发展地热采暖列入能源调整规划；在我国一些地区为发展现代化高效生态农业，对开发清洁的地热能的积极性也很高。

地热资源既是一种清洁能源，同时又是一种具有医疗保健等多种用途的资源。经过近 40 年对地热资源开发利用的实践，我国在地热采暖、供热（洗浴）、医疗保健、旅游度假、农业温室与水产养殖等方面已取得了一定的经验与成就，初步形成了一批有示范作用的典型；为地热开发利用而兴起的地热钻井业、地热设备制造业、地热工程设计施工等服务业已逐步形成。为合理开发利用地热资源，一些代表性地区建立了管理机构，制定了管理制度。我国地热资源的开发利用促进了经济增长，产生了明显的经济、社会和环境效益。

推广应用高效节能热泵技术条件日趋成熟。我国是低温地热资源的大国，近 3000 处温泉和几千口地热井，其中大部分是低温地热资源，平均温度约 54. 8℃。40℃以下的地热资源或采暖后排放的温度在 40℃左右尾水往往难以利用。热泵技术能将这部分低能位的“废热”变成高品位能利用的有用热量，甚至可利用常温地下水作为热源。热泵技术的应用，改变了传统意义的地热资源概念，大大扩大了地热利用的空间和温度界线，从而会大大提高地热在能源系统中的地位和作用。北京市已率先建立了与热泵技术相结合的“低温地热空调示范工程”，已初见成效。

3.5　地热能技术概述

地热资源是储藏于地球内部的天然热能，具有储量巨大、稳定可靠、清洁环保、就地取用等优点。2011 年 5 月，联合国政府间气候变化专门委员会（IPCC）发表分析报告指出，就技术开采潜力而言，地热能是仅次于太阳能的第二大清洁能源。IPCC 和国际能源署（IEA）的报告一致预测，到 2050 年，地热发电装机容量将占世界电力总量的 3% 以上，地热能发展前景广阔、潜力巨大。我国利用地热资源的方式主要是高温地热发电和中低温地热直接利用。

3.5.1　地热发电技术

地热发电是地热利用的最重要方式。地热能实质上是一种以流体为载体的热能，地热发电属于热能发电，一切可以把热能转化为电能的技术和方法理论上都可以用于地热发电。由于地热资源种类繁多，按温度可分为高温、中温和低温地热资源；按形态分有干蒸汽型、湿蒸汽型、热水型和干热岩型；按热流体成分则有碳酸盐型、硅酸盐型、盐水型、卤水型。

高温地热流体应首先应用于发电。我国高温地热资源（温度高于 150℃）主要集中在西藏南部、云南西部和台湾东部。目前已有 5500 个地热点，45 个地热田，热储温度均超过 200℃。如果能将其全部转化为电能，将会对我国能源结构产生巨大影响。地热发电是利用地下热水和蒸汽为动力源的一种新型发电技术。其基本原理与火力发电类似，也是根据能量转换原理，首先把地热能转换为机械能，再把机械能转换为电能。

对温度不同的地热资源，有 4 种基本地热发电方式，即直接蒸汽发电法、扩容（闪蒸式）发电法、中间介质（双循环式）发电法和全流循环式发电法。

1. 直接蒸汽发电法

直接蒸汽发电（图 3-2）站主要用于高温蒸汽热田。高温蒸汽首先经过净化分离器，脱除井下带来的各种杂质后推动汽轮机做功，并使发电机发电。所用发电设备基本上同常规火电设备一样。

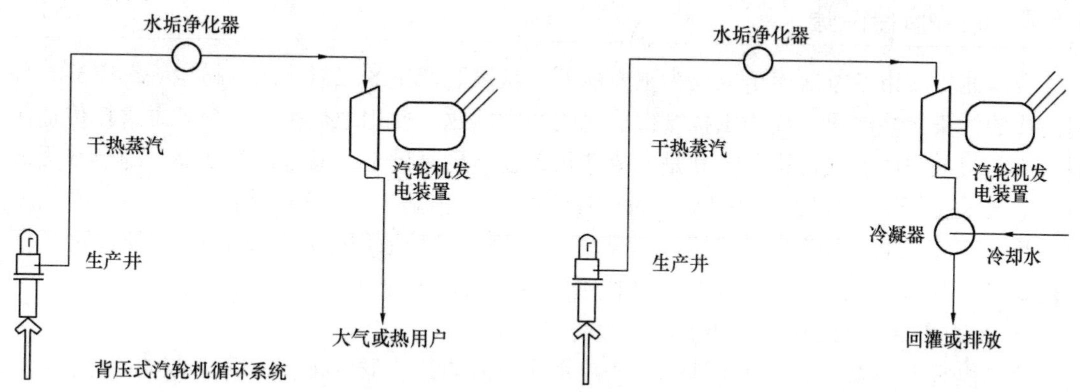

图 3-2　凝汽式汽轮机循环系统

2. 扩容（闪蒸式）发电法

扩容法（图 3-3）是目前地热发电最常用的方法。扩容法是采用降压扩容的方法从地热水中产生蒸汽。当地热水的压力降到低于它的温度所对应的饱和压力时，地热水就会沸腾，一部分地热水将转换成蒸汽，直到温度下降到等于该压力下所对应的饱和温度时为止。这个过程进行得很迅速，所以又形象地称为闪蒸过程。

3. 中间介质（双循环式）发电法

中间介质法（图3-4），又叫双循环法，一般应用于中温地热水，其特点是采用一种低沸点的流体，如正丁烷、异丁烷、氯乙烷、氨和二氧化碳等作为循环工质。由于这些工质多半是易燃易爆的物质，必须形成封闭的循环，以免泄漏到周围的环境中去。所以有时也称为封闭式循环系统，在这种发电方式中，地热水仅作为热源使用，本身并不直接参与到热力循环中去。

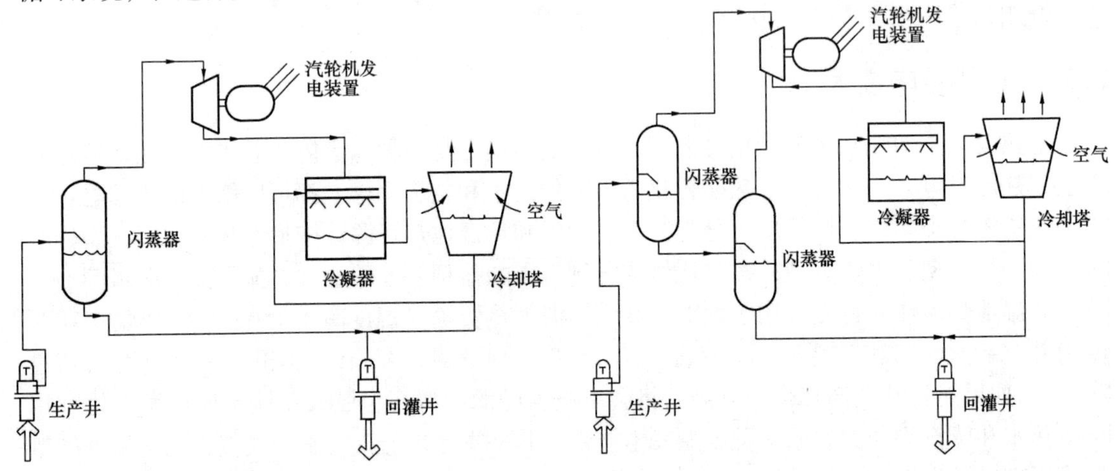

图3-3　扩容（闪蒸式）发电法　　　图3-4　中间介质（双循环式）发电法

4. 全流循环式发电法

全流循环式发电法是针对汽水混合型热水而提出的一种新颖的热力循环系统。核心技术是一个全流膨胀机，地热水进入全流膨胀机进行绝热膨胀，膨胀结束后汽水混合流体进入冷凝器冷凝成水，然后再由水泵将其抽出冷凝器而完成整个热力循环。

3.5.2　地热直接供暖

我国北方城市冬季取暖仍以煤为主要能源，其燃烧产生的二氧化碳、粉尘等对空气、环境造成的污染日趋严重，成为困扰城市居民的一大问题。使用地热采暖系统则可直接传递热量，绝不会对空气造成污染。尤其是在改造传统设备的基础上，通过热交换器，地热水无需直接进入采暖管道，只留干净的水在管道中循环，基本解决了腐蚀、结垢的问题。不仅如此，其经济效益也十分明显。采用地热供暖，其费用只是采用燃油气锅炉的10%，燃煤锅炉的20%。因此，大力提倡与推广地热供暖，将对环保事业做出重要的贡献。

1. 地热供暖系统的组成（图3-5）

地热供暖就是以一个或多个地热井的热水为热源向建筑群供暖。在供暖的同时满足生活热水以及工业生产用热的要求。根据热水的温度和开采情况，可以附加其他调峰系统（如传统的锅炉和热泵等）。地热供暖系统主要由3个部分组成：

第一部分为地热水的开采系统，包括地热开采井和回灌井，调峰站以及井口换热器；

第二部分为输送、分配系统，它是将地热水或被地热加热的水引入建筑物；

第三部分包括中心泵站和室内装置，将地热水输送到中心泵站的换热器或直接进入每个建筑中的散热器，必要时还可设蓄热水箱，以调节负荷的变化。

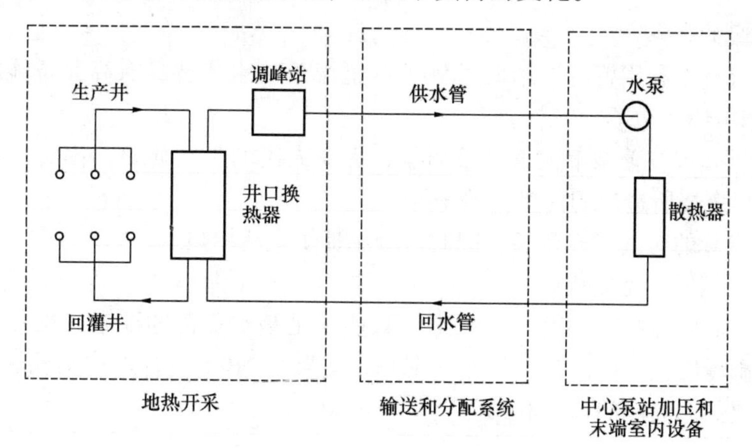

图3-5　地热供暖系统的组成

（1）单管系统，即直接供暖系统，水泵直接将地热水送入用户，然后从建筑物排出或者回灌。直接供暖系统的投资少，但对水质的要求高。直接供暖的地热水水质要求固溶体小于 300×10^{-6}，不凝气体小于 1×10^{-6}，而且管道和散热器系统不能用铜合金材料，以免被腐蚀。目前我国的地热采暖系统大多是利用原有的室内采暖设备，循环后水温大约降低10～15℃后排放，如图3-6a所示。

（2）双管系统，利用井口换热器将地热水与循环管路分开。这种方式就是常见的间接供暖方式，可避免地热水的腐蚀作用，如图3-6b所示。

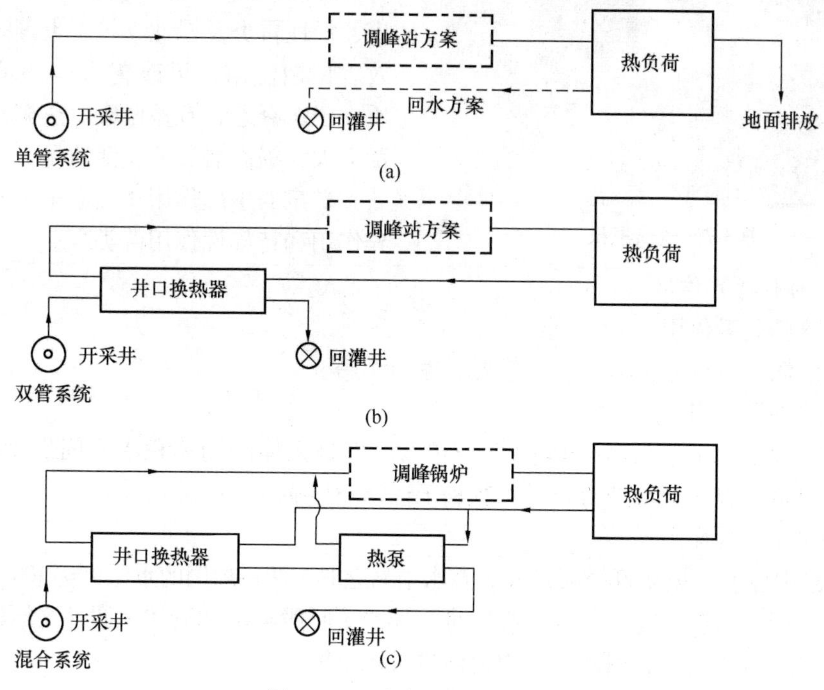

图3-6　几种常用的供暖系统

（a）单管系统；（b）双管系统；（c）混合系统

（3）混合系统，采用地热热泵或调峰锅炉将上述两种方式组成为一种混合方式，如图 3-6c 所示。

2. *地热供暖的优点*

（1）充分合理地利用资源：用低于 90℃的低温地热水代替具有高品位能的化学燃料供热，可大大减少能量的损失。

（2）地热供暖可改善城市大气环境质量，提高人民的生活质量。因为我国大城市大气污染中，由燃料燃烧所造成的污染占 60% 以上。

（3）地热供暖的时间可以延长，同时可全年提供生活用热水。

（4）开发周期短，见效快。

在地热供暖取代传统锅炉时，北方地区只能满足基本负荷的要求，当负荷处于高峰期时，需要采取调峰措施，增加辅助热源（锅炉、热泵）。其次，合理控制地热供暖尾水的排放温度，大力提倡地热能的梯级利用。

3.5.3 地热医疗

地热被应用于人类医疗及卫生保健事业，远在工农业应用之前，有着十分悠久的历史。关于地热医疗，我国古书上有很多记载，最早可追溯到公元前四千年。

图 3-7　地热温泉

地热水（图 3-7）富含硼、硅、锶、氟、锂、碘等多种矿物质，有一定的医疗保健、养生作用，适用于循环机能不全疾病。经常用热矿水进行洗浴，对心血管硬化、坐骨神经痛、慢性风湿性关节炎、湿疹、牛皮癣、慢性胃炎及慢性支气管炎等病有一定疗效。长期洗浴，可改善人体环境、增强体质、延缓衰老、有益健康。热矿水入室，无疑会大大提高居民的生活质量。

矿泉的生理作用概括起来可归纳为非特异作用和特异性作用两类。

1. *矿泉的非特异作用*

（1）温度的刺激作用

温度的刺激作用可分为温热、不感温、凉冷作用。

（2）泉水的浮力作用

人在水中失去的重量约等于体重的 9/10。浮力是人体和同体积水之间发生的重量差，故人在水中重量变轻，运动变得容易，有利于运动障碍病人的肢体活动。

（3）静水压力的作用

人在盆浴中静水压力为 40 ~ 60g/cm^2，在水中站立时，两足周围的水压可达 100 ~ 150g/cm^2。水可压迫胸、腹、四肢，使呼气易，吸气难，加强了呼吸运动和气体代谢，又压迫体表血管及淋巴管，使体液易回流，引起人体内血液进行再分配。

（4）动水压的作用

水流冲击人体时，皮肤、肌肉受到机械刺激，即使在静水状态，人在水中运动时也受到机械的刺激。此作用可提高血液及淋巴循环，增强温热作用的循环改善。

2. 矿泉的特异性作用

特异性作用是指矿泉中所含各种化学成分的作用，可通过以下几种形式作用于人体。

（1）对皮肤表面的刺激作用

矿泉的成分极为复杂，给予人体的影响是综合性的，但每种矿泉都因所含特殊成分的不同，而具有其特异性作用。如碳酸泉的碳酸气可使皮肤表面的毛细血管扩张，碳酸氢钠能软化皮肤角质层，并清洁皮肤产生清凉感。在矿泉浴时通过皮肤进入体内物质的数量，决定于矿泉水的温度、pH 值、固体成分的含量、洗浴时间的长短等，同时人体本身的因素也很重要。通过皮肤所吸收矿物成分，不仅在入浴时，而且在浴后仍可对人体继续起作用，因为在皮肤或皮下停滞的矿物成分可渐渐通过血液及淋巴循环而送至全身。

（2）饮用矿泉水

饮用矿泉水最能充分利用矿泉的各种有益成分，包括水的渗透压、pH 值、温度等。饮泉疗法适应胃肠疾病，饮用不同类型的矿泉水，对人体就有不同的医疗作用，目前主要是含硫酸盐、硫化氢、铁、碳酸、氡等矿物成分的矿泉水。

（3）吸入矿泉水

吸入矿泉水是将含特殊气体成分的热矿泉水喷成细雾状，经呼吸道吸入体内，通过黏膜进入循环系统作用于机体，对黏膜的血液循环、营养、腺体活动及全身都会有良好作用。吸入法常用的矿泉有重碳酸盐泉、氯化物泉、氡泉、硫化氢泉等，主要适应证是：上呼吸道炎症、慢性支气管炎、哮喘、肺炎后遗症、代谢病、Ⅰ～Ⅱ期高血压、尘肺等。

（4）洗胃法

矿泉水洗胃法应用 38～40℃ 的矿泉水。洗胃方法与普通洗胃法一样，每次需矿泉水 2000～5000mL，每日或隔日一次，5～6 次为一疗程，洗胃时间在早晚空腹为宜。其适应证为胃张力不全、胃下垂、幽门痉挛、慢性胃炎等。

3.5.4　种植、养殖

依托地热井，可以建造温泉温室，种植名优花卉、特种蔬菜（供给大的饭店、宾馆、酒楼之用）等，也可以用来发展旅游农业。热水养殖，可以大大缩短多种水生物的孵化期和生长周期。可以依托地热资源发展高产鱼类养殖业等养殖产业。

1. 地热种植

地热温室以地热能和太阳能作为热源，因而生产成本低，在各种能源温室中占据十分有利的地位。温室栽培已经成为调节产期，减少污染，净化环境，为人们生产各种优质农产品的重要途径。全国地热温室面积目前已超过 $100\times10^4 m^2$，其中 22% 在河北省。

目前大多数地热温棚选用塑料或玻璃作为覆盖物，以最少的成本覆盖最大限度的地面，获得最大量的日射率，并在结构上坚固方便，这是不同类型温室发展的基本准则。现在大多数采用塑料覆盖物，主要有以下几种类型。

（1）屋脊大棚（图 3-8）

屋脊大棚有连栋和单栋两种。椽子是木料的，上面覆盖软质薄膜，在薄膜上面采用压条，然后用钉子将压条固定在椽子上，使薄膜不易游动，抗风性能好且操作简单。特别是在强风地区或积雪地区多采用这种大棚。

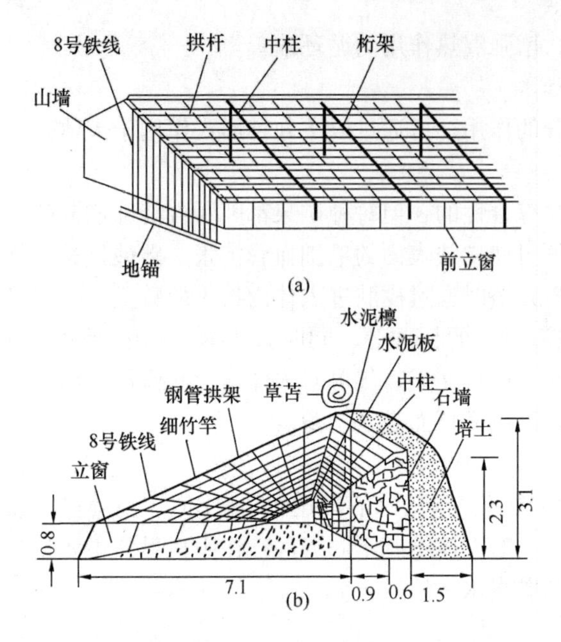

图 3-8　屋脊大棚

（2）拱圆形大棚（图 3-9）

大棚骨架构造以钢架为主，大多使用角钢，间距为 1.8 ~2.0m，屋顶为拱圆形，这样可以减少风的阻力和薄膜的抖动。檩条使用圆竹或方木，近年随着新材料的出现，尽量使用铁丝筋的聚氯乙烯塑料或用玻璃钢杆，力求延长使用年限。这种大棚很多是连栋的，适宜种植黄瓜、番茄、茄子、青椒、芹菜等。这种形式的大棚在日本得到广泛应用。

（3）大型塑料棚（图 3-10）

大型塑料棚是 1965 年前后诞生的。为了棚顶具有稍缓的斜坡，温棚中腰呈拱圆状略有突出，两侧外张，对风的阻力有所减小。其结构的主要部分采用钢材，其他部件利用竹片、竹竿等。为了提高种植面积，减少棚内中柱，一般跨度为 10m 以上，甚至达到 18m。这种大型塑料棚的最小面积约 1000m^2。为了能够全年使用，必须有能耐夏季高温的通风换气系统，也有冬季保持室内正常温度的采暖系统。利用地热采暖，不仅能使温度保持均匀，并且节约燃料。

图 3-9　拱圆形大棚

图 3-10　大型塑料棚

（4）管架大棚（图 3-11）

这种大棚用弯曲后的直管，从左右两边向中央连接而形成骨架，组装和拆卸都很简单。但只适合于冬季不需要加温或微加温，以及植株低矮的作物，如草莓等。这种塑料棚一般为单栋结构，但也有跨度较大的连棚形式。

在我国北方有地热资源的地区，大多数温棚利用地热采暖，以保持冬季作物正常生长所需温度。

2. 地热养殖（图 3-12）

我国有 19 个省市自治区利用地热水越冬养鱼，

图 3-11　管架大棚

至2000年总养殖面积已经达到2000多亩，其中福建省有近700亩，主要养殖罗非鱼、鳗鱼、甲鱼、胡子鲶、白鲳、福寿螺等，随着农业技术的不断发展，养殖的品种也越来越多。

图3-12　地热养殖池

3.5.5　娱乐、旅游

依托温泉浴疗，可以开发游泳馆、嬉水乐园、康乐中心、会议中心、疗养中心、温泉饭店、温泉度假村、高级宾馆等一系列娱乐旅游项目。20世纪80年代以来，中国各地利用地热医疗与景观资源优势，大力发展地热旅游业已取得长足进展。中国藏南、滇西、川西和台湾的一些高温温泉和沸泉区，不仅拥有高能位地热资源，同时还拥有绚丽多彩的地热景观，为世人所瞩目，在地热旅游开发方面具有广阔前景。

3.6　地热建筑应用技术

地源热泵空调技术是一种利用浅层地热能，通过热泵技术将低位能向高位能转移，以实现供热、制冷的高效节能的供热空调技术。冬季，地源热泵从浅层地面提取热量，通过热媒输送到室内，为建筑供暖。夏季，地源热泵将室内的热量取出来释放到地下，为建筑供冷。地源热泵的冷热源温度全年变化幅度较小，其制冷、供热系数比传统中央空调系统高。作为一种高效的供热空调方式，地源热泵系统在近几年得到了较快的发展。

3.6.1　地源热泵空调技术分类

地源热泵供热空调系统利用浅层地热能资源作为热泵的冷热源，按与浅层地热能的换热方式不同可分为3类：地埋管换热、地下水换热和地表水换热。3种热源利用方式对应的热泵名称分别叫做土壤源热泵、地下水源热泵、地表水源热泵。而选择何种地源换热方式，主要取决于当地的水文地质情况和有效的土地面积等。

3.6.2　土壤源热泵

1. 土壤源热泵系统原理

夏季制冷时，土壤是热泵机组的低温热源，热泵机组将室内冷媒的热量输送到地源侧循环介质，地源侧循环介质（水或与其他液体的混合物）在封闭的地下埋管中流动，热量从温度相对较高的地源侧循环介质，传递到温度相对较低的土壤。与夏季相反，冬季供热时，循环介质从地下提取热量，由末端系统把热量带到室内。图3-13为土壤源热泵系统原理图。

土壤源热泵的地热换热器分为水平埋管和竖直埋管。水平埋管的地热换热器有水平单管、水平双管、水平四管和水平六管等形式。最近又开发了两种新形式：即水平螺旋状和扁平曲线状。实践证明，水平埋管换热器的寿命较长。这种换热器通常设置在1～2m深的地沟内。图3-14为土壤源热泵系统示意图。

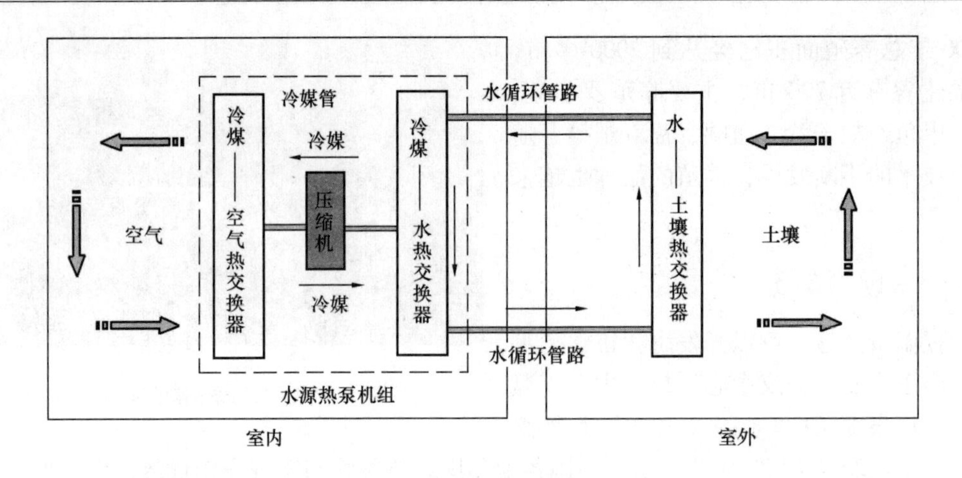

图 3-13　土壤源热泵系统原理图

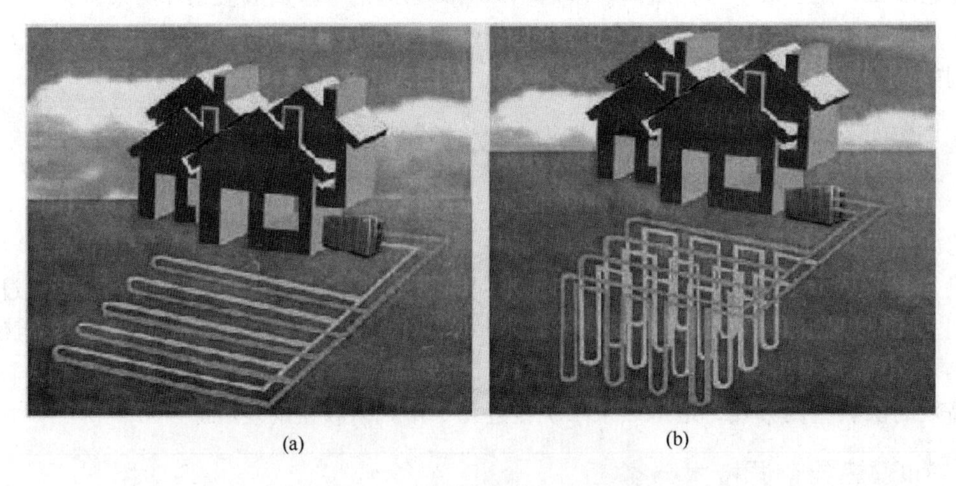

图 3-14　土壤源热泵系统示意图

（a）水平埋管；（b）竖直埋管

竖直埋管的地热换热器的形式有单 U 型管、双 U 型管、小直径螺旋盘管、大直径的螺旋盘管、立柱状和蜘蛛状（图 3-15）。在竖直埋管换热器中，目前应用最为广泛的是单 U 型

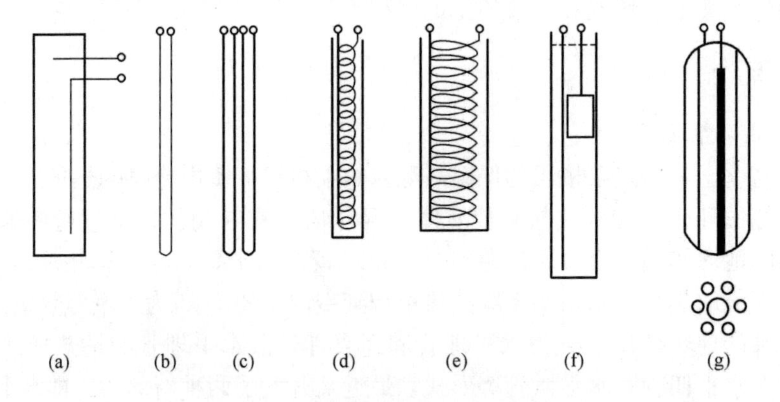

图 3-15　竖直埋管形式分类

（a）同心式；（b）单 U 式；（c）双 U 式；（d）螺旋式；（e）大口径螺旋式；（f）立柱式；（g）蜘蛛式

管，埋深大约在30～150m。选择哪种埋管方式，主要取决于场地大小、当地岩土类型及挖掘成本。如果场地足够大且无坚硬岩石，则水平式较经济。当场地面积有限时，宜采用竖直埋管方式。

2. 水平埋管土壤源热泵系统

早在20世纪70年代，我国就进行了水平埋管用于地源热泵系统的研究，但是水平埋管系统的应用有局限性，目前，水平埋管用于地源热泵的典型项目不多。

一方面，水平埋管的换热指标一般为15～30W/m。如果在较大的建筑中使用，埋管占地面积较大，一般的基地没有足够的面积埋设盘管。另一方面，专为水平埋管开挖2～3m的埋深深度，其土石方的工作量也很大，特别是在岩土层的地质条件下使用水平埋管土壤源热泵系统，造价非常高。因此，水平埋管土壤源热泵系统应用受到了限制。

水平埋管适合在小负荷的建筑中使用。埋管层数由建筑冷、热负荷，埋管面积和地质条件决定。如果说软土层的深度不够而面积较大，则只能考虑一、二层的水平埋管；若软土水平面积不够，就只能考虑向深度方向发展，但由于开挖深度和安装的限制，也只能控制水平埋管系统在四层以下。水平埋管的每层竖向间距约为1m，四层的间距为3m，第一层水平埋管覆土厚度不小于1.5m，以避免太阳辐射的影响，埋管的深度约为5m，而且施工过程中要不断地做保护层和回填层，这也给施工带来了难度。

单纯为埋设水平管而深挖是不合适的，土方量较大，成本高。这里有两种更经济的利用方式，一是用在高填方建筑中，二是随建筑的基础回填。对于不同地块天然标高的不同，要将低标高的地块填到一定的标高，若标高差异很大，填方的量也很大，这就称为高填方。这种地貌中的建筑就可以适用水平埋管。因为填方的目的不是为水平埋管服务，而是建筑需要将低标高的地块回填。水平埋管可以利用回填的过程将水平埋管在施工中埋入，这就大大降低了水平埋管的造价，而且还可以根据填方高度控制水平埋管的层数，特别是有的地方填方高度达到十多米，水平埋管可以做到10层左右。当然，其应用条件是必须在平场之前就确定使用水平埋管地源热泵，而且在施工过程中，暖通作业必须提前介入，否则将破坏埋入的水平埋管。对于建筑基础，一般情况下均可以使用。在没有筏板基础的地下室，一般采用地梁来承重。而地梁之间就天然形成了水平埋管的埋设区域，这些区域主要以土壤为主，而地下室形成必须要进行回填形成地下室的地面层，在回填施工过程中，就可以将水平埋管埋入。这同样可以降低造价。由于埋管处于地下，不受到太阳辐射的影响，其换热效果还优于与埋管上垫面为地表的水平埋管系统。

3. 竖直埋管土壤源热泵系统

竖直埋管在不同地质条件下，施工造价不同。在沿海地区，由于土壤层比较厚，竖直埋管钻孔的费用比较低，钻孔的造价在40元/m以下，施工难度不高。在以砂岩为主的地区，竖直埋管的费用较高，孔的造价在100元/m左右。而在北方的大部分地区和南方的某些地区，地质状况以卵石层为主，竖直埋管的费用更高，钻孔的造价在150元/m以上。若岩石层为金刚石等坚硬岩土，钻孔的难度大，这种情况也建议慎用竖直埋管地源热泵系统。在钻孔过程中钻头受力不均匀，钻头容易打坏，形成的孔壁也容易塌方，塌方高度高的地质条件，要保证竖直埋管地源热泵的使用，必须要使用套管进行护壁，这种情况就会导致竖直埋管的相关技术措施造价过高。若地下地质条件有地下水流动或有溶洞，竖直埋管就可能出现问题。由于竖直埋管的换热条件是要保证孔洞内回填的紧密性，出现上述情况就无法保证回填物质能够将孔洞封闭，影响土壤源地源热泵的使用效率，因此，应根据不同的地质条件作具体的技术经济分析才能选择恰当的方案。

4. 土壤源热泵主机组选择

在传统空调设计中，先进行负荷计算，并依据计算结果进行设备选型。而土壤源热泵系统的设计，必须要考虑夏季热量的排放和冬季热量的吸收平衡问题，否则地埋管的换热温差会降低，影响换热效率。而且系统始终处于高负荷下运行，这就会对热泵机组和地下换热器造成损害。因此，地源热泵系统中的设备选择特别重要。

图 3-16 为某建筑全年空调负荷。由于地下换热器处于冬季吸热和夏季排热两种状态，两个季节之间的过渡期是一个恢复期，上一季节地下换热器的换热状态直接影响下一季节的换热状态。如果仅从一年为周期来考虑，夏季的运行导致地温的升高，这种升高实际是有利于冬季换热器的运行状况的。同理，冬季的运行导致地温的降低，这种状态恰恰是有利于夏季换热器的运行，虽然这种交替的运行使冬夏形成了互补，提高了换热器的换热质量。但是一个运行周期（一般是一年）下来，夏季向土壤释放的热量多于冬季从土壤提取的热量，而且在过渡季节土壤温度没有得到好的恢复，连续几个运行周期下来土壤的温度会升高。如果夏季向土壤释放的热量少于冬季从土壤提取的热量，而且在过渡季节土壤温度没有得到好的恢复，连续几个运行周期下来土壤的温度会降低。上述两种状况均不利于系统的稳定运行，加速了地下换热器换热能力的衰减，并且降低了土壤源热泵系统的运行效率。因此，从系统生命周期看，过渡期的土壤温度恢复有利于系统长期高效的运行，并且尽量使系统在夏季运行或冬季运行后地下换热器周围岩土温度能够在下一季节运行前恢复。

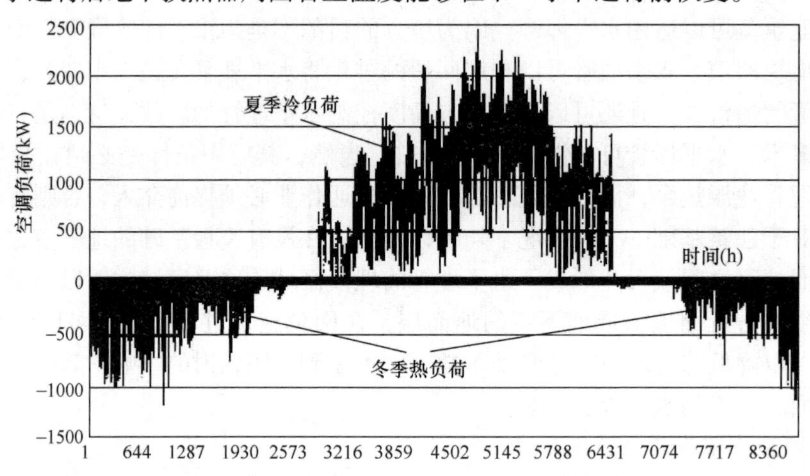

图 3-16　某建筑全年空调负荷

地源热泵系统设备选型必须和负荷的动态变化相匹配。因此，选择地源热泵系统的设备必须要进行全年 8760h 的逐时负荷分析，在此基础上才能进行地源热泵系统设备的选择。逐时负荷分析应区分冷量或热量的使用时间，在夏季过渡期或冬季过渡期可能没有负荷，这部分时间同样要考虑，这一方面可以确定负荷的形成时间，同时也能分析到季节负荷对下一季节的影响程度。

设备容量确定后对设备进行选择，应根据负荷特性来确定设备的台数。在负荷分析时，也许全年的高峰负荷可能很少，将这部分高峰负荷和大多数运行状况下的负荷进行比较，其差值就可以得到一台较小的设备，该设备就用于保证满足短时间高峰负荷的要求。

负荷持续系数小、负荷强度太大的工程，不宜按设计负荷确定主机容量和地下换热器规模。

设备的装机容量不可能和室内的计算负荷一致，在这种情况下，设备选型的型号对应的负荷值应尽可能大于实际运行负荷。这才能保证设备有部分余冷量或余热量，这种设备匹配就能保证系统运行具有停机时间，使地下换热器有一定的恢复时间。但是，这样就会增加系统的初期投入，需要进行系统周期内的技术经济比较。国外已经有人提出，地源热泵系统可以将系统初期投入和地下换热器效率作为地源热泵的技术经济综合参数，利用该参数作为基准参数，与系统生命周期结束后系统的折旧率和该时期内的地下换热器换热效率折算成另一个技术经济综合参数。该参数和基准参数进行比较，得到一个值，如果该值在合理的范围内，该系统的投资和系统设计就是合理的。

5. 地下环路设计

地下环路是保证系统正常运行的关键。地下环路设计首先是埋管孔阵的布置最优，其次是要保证地下换热器的流量最佳，再次是管路的连接。

（1）管路布置

管路连接有两种方式（图3-17）：一种是地下换热器的管路各自独立，水系统直接连接到地源热泵机组（或集分水器）；另一种方式是地下换热器之间进行分区，每区内通过串联或并联的方式进行连接。

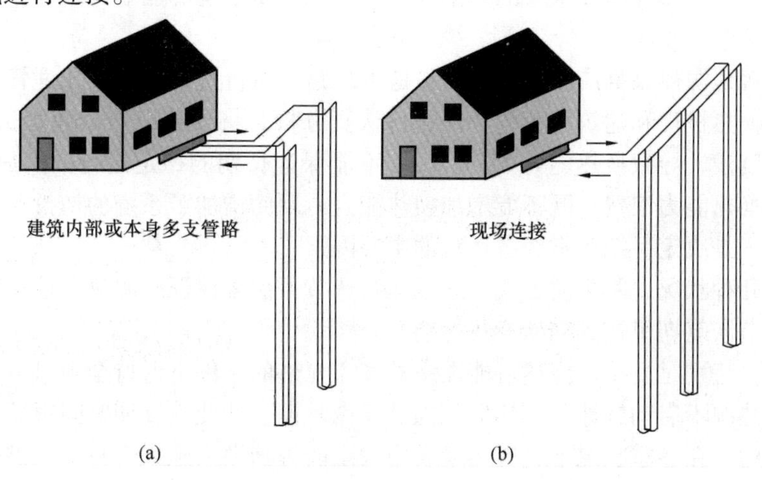

图3-17　管路连接的两种方式

（a）换热器并管路直接接入机房；（b）换热器并管路汇集到集水器

上述两种方式中，第一种方式的特点是安全。即使地下换热器局部有问题，也不会影响到其他换热器，且管路中可以无接头，防止管路中的隐藏弊病，而且可以采用直埋方式。第二种方式可以方便地进行分区控制，即可以根据实际情况设定为不同的区，根据建筑负荷特征进行有效的控制，相对于第一种方式，地下环路的分集水器不多，调节比较容易，但综合造价高于第一种方式。

地下环路布置决定了系统各支路的流量分配是否均匀，如果流量分配不好，可能就会导致某些地下环路流量大，某些环路流量小。流量过大并不一定增加地下换热器的换热量，流量过小又不能最大限度地发挥地下换热器的换热能力。因此，应做到环路流量平衡。第一种方式地下支路独立，接入到集分水器不能够保证做到各支路平衡，第二种方式要保证各管路的水量分配均匀，可以通过同程管来做到各环路平衡，由于分区管路有接头和支环路主管，必须要构筑管沟。同时，管沟内的主管要制作支架，回水应采取保温等措施。

综上，采用两种管路布置对系统的影响是不同的。如果地源热泵系统较小，地下环路小，就没有必要进行分区控制，也没有必要采取管沟等相关措施，各支路的流量不平衡率小；在系统较大的情况下，地下换热器多，环路复杂，不采取分区控制就很难做到各支路流量平衡。同时，由于地下换热器数量大，要保证地下换热器的换热寿命，应该针对负荷特征对地下环路进行分区控制，保证各区都能够做到间歇运行，使地温的波动在一个可控制范围内。建议系统比较小的地源热泵系统环路连接采用第一种方式，系统较大的地源热泵系统环路连接采用第二种方式。

（2）流量确定

环路流量是地源热泵换热器是否高效运行的重要参数，流量大能增加地下换热器的换热能力，但会增加水泵的能耗；流量小可以降低水泵能耗，但却不能充分发挥地下换热器的换热能力。由于地下换热器与周围岩土换热主要是以不稳定导热进行，导致地下换热器的换热能力有限，在这种情况下利用增加环路流量来增加地下换热器换热量的措施是有一定限度的。因此，在负荷特性下要找到系统的最佳流量值。满足这个流量值，就可以保证地下换热器的换热效果，又能保证循环水泵的功率消耗最小，使得系统的能效比最佳。

（3）埋管深度

影响岩土源地源热泵推广的主要原因是地下环路的造价过高，即钻孔埋管费高。如果对地下换热器的换热机理和建筑负荷的特征进行认真分析，将导致换热器埋管长度的不合理。换热器埋管长度浅，导致换热能力不足，系统不能保证长期的稳定运行；换热器长度过深，导致换热器的换热能力浪费，既不能增加换热能力，反而增加了系统的初投资。因此，确定合理的埋管深度是决定系统正常经济运行的主要因素。

对于上述几种状况，其主要方式是通过运行调节方法来保证地源热泵地下换热器能够在日恢复期或季节恢复期里达到初始换热性能。

系统运行，特别是夏季，应尽可能在室外气象允许的条件下保持全新风运行。在这种状态下，系统冷热源不启动，地下换热器就能处于恢复期。即使恢复期时间很短，对地下换热器仍然是有利的。在冬季状况下，应尽量采用太阳能等辅助措施来进行间歇供暖，让地下换热器处于一个恢复期。

对于负荷的动态变化，地下换热器并非时刻保持全部投入运行，地下换热系统可设计为多区系统。在这种条件下，适应负荷变化的系统调节方式就可以按照分区调节方式进行，保持孔阵中地下换热器为非连续工作，让换热器能有一个“休息期”。在这种条件下，各区中的地下换热器就能保持高效运行，同时又能够与室内环境控制要求适应。

6. 钻孔技术

岩土源地源热泵系统的关键技术是地下换热器的安装。地下换热器是安装在竖直孔洞内，孔洞的形成依靠钻孔技术完成，常用的钻孔机械为旋转钻机。

旋挖钻机施工法又称钻斗钻成孔法，它是利用钻杆和钻头的旋转及重力使土屑进入钻斗，土屑装满钻头后，提升钻头出土，这样通过钻斗的旋转、削土、提升和出土，多次反复而成孔。由于地质的不同，钻机在钻孔形成中，主要遇到的问题是孔壁塌陷和孔垂直度偏差过大。孔壁坍陷将导致成孔深度不够，同时也影响孔洞形成进度。而孔垂直度偏差过大将导致地下换热器不能顺利放入孔洞中，甚至会导致无法放入换热器而使得该孔报废。

对于孔壁塌陷，其主要表现形式为：钻进过程中，如发现排出的泥浆中不断出现气泡，或泥浆突然漏失，则表示孔壁有塌陷迹象。其防治措施有：

（1）在松散易塌土层中，适当埋深护筒，用黏土密实填封护筒四周。

（2）随时补充孔内泥浆，保持孔内水位高出护筒底1～2m。

（3）控制钻头升降速度，根据不同的桩径和地质情况采取不同的升降速度。

（4）尽量避免重型机械在施工区域附近行走，掏出来的泥土及时清运。

（5）充分选用密度和黏度较大的泥浆，必要时向孔内添加黏土。

（6）使用优质的泥浆，提高泥浆的密度和黏度。

（7）注意地下换热器的安放，搬运和吊装时应防止变形，下放过程中避免碰撞孔壁。

（8）注意工序安排，在保证施工质量的情况下，尽量缩短放管和回填时间。

桩孔垂直度偏差较大形成原因为：

（1）钻机安装就位稳定性差，作业时钻机安装不稳。

（2）地面软弱或软硬不均匀。

（3）土层呈斜状分布或土层中夹有大的孤石或其他硬物等情形。

其防治措施有：

（1）场地施工前先夯实平整。

（2）进入不均匀地层时，钻速要慢。

（3）遇到孤石地层或硬层时，钻速要慢，钻孔偏斜时，可提起钻头上下反复扫钻几次，以便削去硬土，如纠正无效，应于孔中局部回填黏土至偏孔处0.5m以上，重新钻进。

7. 回填技术

回填技术的关键问题是回填材料和回填方式。对于回填材料，目前主要的材料是岩浆、细砂、细砂及岩浆混合物、膨润土与岩浆混合物、超强吸水树脂与源土混合、混凝土等几种。岩浆回填能够很好地保证原有孔洞内岩土的传热性能。由于有大量的水分存在，在灌浆过程中要不断地沉降，保证回填严密。细砂的回填过程中要不断地充水，保证细砂正常沉降。但是若地下换热器运行恶劣，孔洞周围没有其他水分进行补充，运行一定时间后可能会导致一定的空穴，对传热不利。因此，单纯采用细砂仅适合于湿润地层，在其他地方则应该采用细砂及岩浆混合物。膨润土及岩浆混合物回填后，能够有效防止灌浆过程中形成的空穴，膨润土吸湿后膨胀，填堵空穴，有利传热。但是，膨润土的最大缺点是没有水分后仍然将形成空穴，同样较适合于湿润地层。超强吸水树脂与源土混合作为回填材料，在注入少量水的情况下，能够很好地改善土壤的非饱和性，增大源土壤的导热系数，提高了土壤的热恢复性能，很明显地增大了单位管长的吸热量，适合于干旱、土壤非饱和以及地下水位比较低的地区。混凝土的传热性能好，只要注意了回填方法，一般不会出现空穴现象，适合所有地质情况，其主要问题是造价较高。

在回填技术中，除选择好回填材料外，关键技术就是回填方式。回填料灌料时，若人工从上边回填，会因压力不够，井内空气排不出来造成填料与井壁及换热器之间空隙较多，严重影响传热效果。在回填过程中，除注意灌浆方向外，还应控制灌浆的速度，即速度不能过快，否则将导致卷入空气，形成空隙。

8. 防冻技术

在北方地区，若出现地下换热系统的循环水低于0℃的极端情况，必须要考虑采用防冻液。

地埋管地源热泵工程中常用的防冻液主要是乙二醇溶液，这种溶液对金属锌有腐蚀作用。目前中央空调水系统DN50以下的管道大多采用镀锌钢管丝接，空调末端设备水-空气换热器水的通道内也有镀锌保护层。大型热泵机组冬夏换向不可能采用制冷剂四通阀而是采用水系统阀门切换供暖工况是末端水流经热泵机组的冷凝器，而地埋管系统循环水流经热泵机组蒸发器，如果采用防冻液，则热泵机组蒸发器中充满了乙二醇防冻液。夏季供冷时，末端系统循环水要流经热泵机组的蒸发器，这样换向后蒸发器中的防冻液均进入末端系统管道，对镀锌保护层造成腐蚀。当由供冷工况转入供热工况时冷凝器中的情况也是如此。当然可以将蒸发器、冷凝器中的防冻液全部放掉再进行清洗，但这样浪费太大，也给管理工作带来了很大的麻烦。

9. 土壤源热泵与太阳能系统联合运行

集热系统和埋地盘管系统共同或交替来提供。该系统可通过阀门的控制来实现太阳能直接供暖、太阳能热泵供暖、太阳能—土壤源热泵联合（串联或并联）运行供暖、土壤源热泵供暖及太阳能集热器集热土壤蓄热等运行。其工作原理是：夏季使用空调时，以土壤源作为冷源将空调房间内的余热通过埋地盘管释放至土壤中，同时将部分热量蓄存于土壤中以备冬季采暖用；冬季采暖时，以太阳能及土壤中夏季蓄存的部分热量作为低位热源直接或间接通过热泵提升后供给采暖用户。同时，在土壤中蓄存部分冷量以备夏季空调用；夏季与过渡季节，太阳能集热器主要用于提供生活用热水。图3-18为太阳能—土壤源热泵系统原理图。

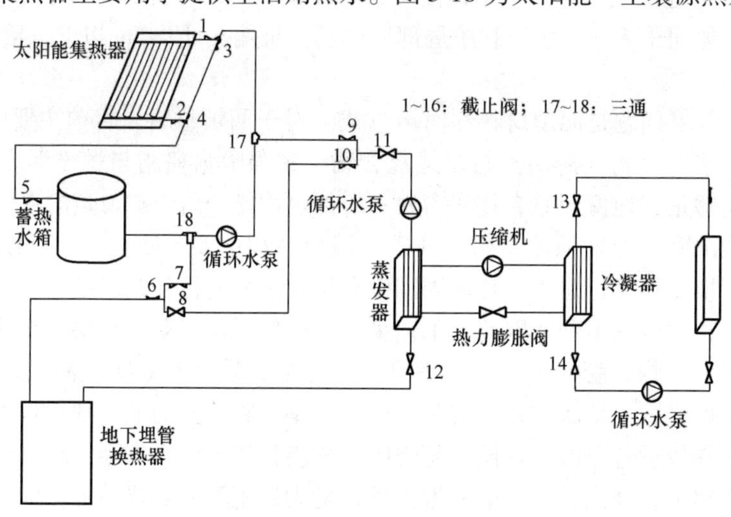

图3-18 太阳能—土壤源热泵系统原理图

冬季采暖时，当集热器所提供的热量能够满足建筑物的用热时，可以由太阳能集热器直接供暖；当集热器温度较高，供热量有余时，可将部分热量转移到地下土壤中储存，这不仅有助于土壤温度的恢复，而且还可降低进入集热器的流体温度，提高集热效率；如果提供的热量不够，可采用太阳能热泵（晴天白天）或GSI—IP（阴雨天和夜间）的运行方式：当供暖负荷继续增大时，可将集热器与埋地盘管联合起来运行，从两热源中同时取热；同时，冬季也可利用地源热泵来融化集热器表面的积雪。

当太阳能集热器所提供的热量不足以满足建筑物的热需求时，可以考虑启动埋地换热盘管来进行联合运行，具体有如下两种运行方式：

（1）当太阳辐射有一定的强度，集热器的有效集热量大于零，但用其提供的热量作为热泵的低位热源所得的制热量满足不了建筑物的热需要时，可考虑采用太阳能集热器与土壤埋地盘管联合运行的运行方式。

（2）当太阳辐射强度较弱，集热器的有效集热量为零，且蓄热水箱中所储存的热量不足以满足建筑物的热需求时，可考虑采用土壤地埋盘管与蓄热水箱联合运行的运行方式。

10. 带辅助冷却塔的土壤源热泵系统（图3-19）

在夏季负荷大于冬季负荷的条件下，岩土埋管量采用冬季负荷进行埋管，夏季多余的负荷采用冷却塔来承担，这种措施可以避免冬夏负荷的不平衡现象。由于冷却塔的投资在岩土源地源热泵工程项目中占的比例很小，而岩土源地源热泵项目的推广的最大难点是投资过大，利用冷却塔承担部分负荷可以降低岩土源地源热泵的初投资。

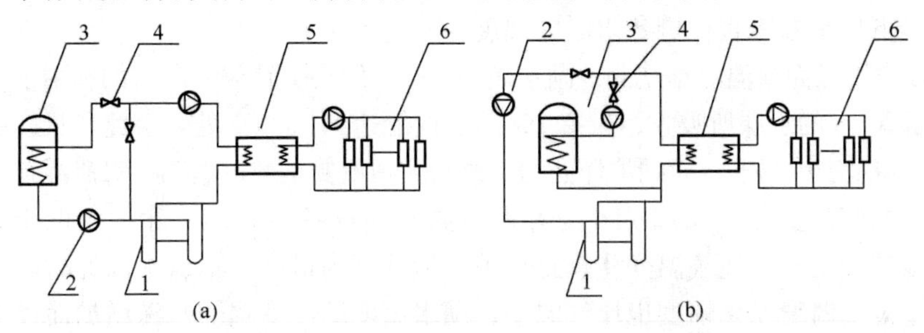

图3-19　带辅助冷却塔的土壤源热泵系统

（a）串联式；（b）并联式

1—地埋管；2—循环水泵；3—闭式冷却塔（或开式冷却塔＋水水换热器）；

4—二通调节阀；5—热泵机组；6—末端设备

在岩土源地源热泵系统中增加冷却塔系统，称为复合式地源热泵系统。加入冷却塔系统并非降低了岩土源地源热泵系统的运行效率，反而会提高系统的整体效率，效率的提高主要表现在保持地下换热系统初始温度的恒定，特别是每日负荷强度大的建筑负荷特征下，采用冷却塔系统提高岩土源地源热泵系统效率效果明显。由于地下换热系统的传热过程是一个不稳定的传热过程，若出现地源热泵系统连续运行，而地下换热系统没有任何“恢复期”的情况，换热器周围的岩土温度会随运行时间的延长而升高，而岩土初始温度的提高必然降低岩土源地源热泵系统的运行效率。为保护岩土的初始温度，必须要停止地源热泵系统的运行，而建筑功能的需求又必须要求空调系统连续运行，这就可以利用冷却塔进行辅助散热。这种技术措施就能够使地下换热系统保持一定的恢复期，从而使地温得到恢复。

对于全年保持空调的岩土源地源热泵项目，在夏季空调的初期，冷却塔的效率比较高，基本接近岩土源地源热泵项目的运行效率，利用冷却塔对地温进行“保护”，实际是保证地源热泵系统效率的长期高效运行。

冷却塔与岩土源地源热泵系统的联合运行策略通过温差控制，即主要对热泵进（出）

口流体温度与周围环境空气干球温度之差进行控制，当其差值超过一设定值时，启动冷却塔及循环水泵进行辅助散热，主要有以下3种控制条件：第1种控制条件，当热泵进口流体温度与周围环境空气干球温度差值>2℃时，启动冷却塔及冷却水循环水泵，直到其差值<1.5℃时关闭；第2种控制条件，当热泵进口流体温度与周围环境空气干球温度差值>8℃时，启动冷却塔及冷却水循环水泵，直到其差值<1.5℃时关闭；第三种控制条件，当热泵出口流体温度与周围环境空气干球温度差值>2℃时，启动冷却塔及冷却水循环水泵，直到其差值<1.5℃时关闭。

3.6.3 湖水源热泵

1. 水体自然水温变化规律

湖、水库、水塘的水温全年变化幅度比气温变化幅度小，水温主要受太阳辐射、天空辐射、气温变化影响。冬季气温下降，水体表层散热量大，水体上冷下热，冷热混渗强烈，温度不是稳定的数值，上下温差小，冬季末整个水体温度均匀，接近冬末气温。夏季受气温和太阳辐射影响，表层吸热升温，水体上热下冷，温度稳定，冷热混渗难，靠导热向下传热，上下温差大，下层水温一直保持冬末时的温度。

湖水吸收太阳能而增温。据观测，湖水表层1m左右吸收了80%左右的辐射能，且部分能量被靠近水面20cm的水层所吸收，只有1%的能量能达到10m深处。由此可见，部分太阳辐射能用于提高湖水表层温度，而湖泊深处的热量交换则主要是通过涡动、对流混合来进行的。

湖泊水温的年内变化，大致可分为春夏增温期和秋冬冷却期。除气温低于0℃时期以外，湖泊水温年变化与当地气温变化息息相关。但其年内最高、最低水温的时间，大约比气温晚一个月左右，温度变化幅度也比气温小，湖水温度的年变幅随水深增加而递减。湖泊水温沿垂线分布有两种情况：

（1）正温成层（图3-20a）出现在暖季，水温自表层随水深而降低，最低不小于4℃。

（2）逆温成层（图3-20b）出现在冷季，水温随水深增加而增高，但下层最高不大于4℃。在正温成层时，湖面冷却可引起水的对流循环，使上下水层温度趋于均匀；在逆温成层时，湖面增温会引起对流循环，使水温趋于均匀。

湖泊和水库按其垂向温度结构形式，大致分成3种类型：混合型、分层型、过渡型。

混合型（又称等温型）分布特征是一年中任何时间湖内或库内水温分布比较均匀，水温梯度很小，库底水温随水库表面水温而变，库底层水温的年较差可达15~24℃，水体与库底之间有明显的热量交换，对于小型浅水水库和池塘，其水很浅（一般水深在3m以内），这类水体多为混合型，即使夏季整个水体水温分布也较一致，水温的变化受气象条件变化的影响很大，夏季天气最热也正是冷负荷最大时，其水温也达到最高，冬季气温最低也是热负荷最大时，水温却达到最低，这类型水体不是水源热泵冷热源的理想选择。

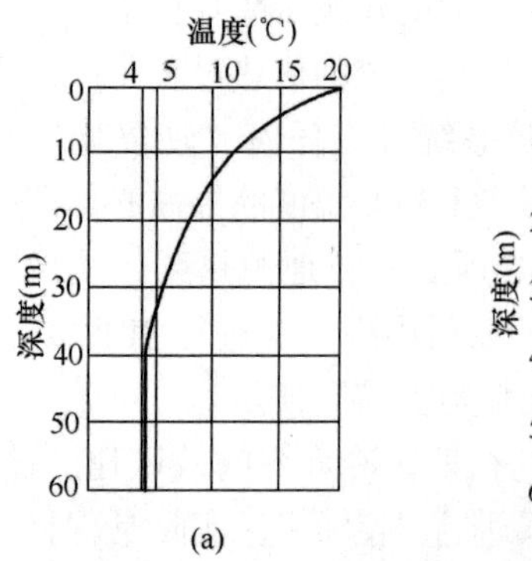

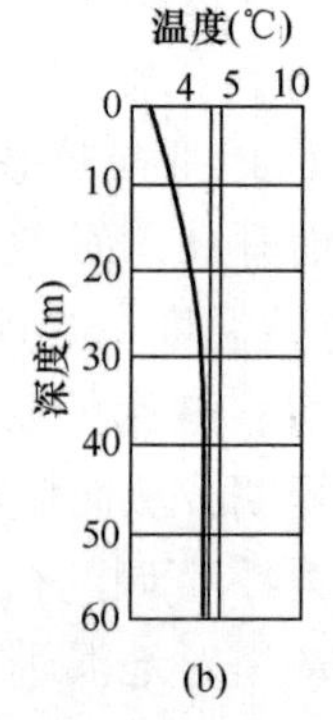

图3-20 湖水正温成层和逆温成层示意图
（a）湖水正温成层；（b）湖水逆温成层

分层型的湖泊和水库表层受气温、太阳辐射

和水面上的风作用，温度较高，混合均匀，成为湖面温水层；温水层以下，温度竖向梯度大，称为温跃层；其下温度梯度小，称为底温层。但到冬季则上下层水温无明显差别。过渡型湖泊和水库介于两者之间，同时兼有混合型、分层型的水温分布特征。

对于大型湖泊和大型深水库（水深 >10m），其水较深，水面很广，水量巨大，在春季的中后期、夏季全季和秋季的初期、中期水温在垂直方向上呈现明显的热分层现象，但到冬季，则全湖或全库水温一致，上下层无明显温差，且该类湖泊和水库从某一深度处开始水温几乎全年保持不变，如夏热冬冷地区在10℃左右。对这类水体来说，一般其水面很广，适宜水源热泵的水量很大，且从水温角度来说，品质较高，其水体热容量可视为无限大。

2. 水体供冷能力及影响因素分析

滞流水体的蓄能量与气候条件、水体面积、水体深度等因素密切相关，例如7m深水体的供冷能力基本是5m深水体的4.5倍；而水体供冷能力与自然水体水温分布、气候条件、用能形式、取回水方式等因素相关。对具体的滞流水体冷热利用工程，应根据其水温分布特点选择适宜的用能形式。

3. 水体冷热资源利用条件及限制

1）可利用的水源条件限制

虽然湖、水库、水塘等滞流水体拥有巨大的冷热资源，但是并不是所有这类水体均能保证系统高效、安全、稳定运行。在工程利用中，湖水源热泵的利用受到了一定条件的限制，水源热泵系统的水量、水温、水质和供水稳定性是影响系统运行效果的重要因素。对水源系统的原则要求是：水量充足、水温适度、水质适宜、供水稳定。

（1）水源与水量

不同工程的所处的环境不同，水文地质条件千差万别，应从工程的实际情况出发，判断是否有充足的水源可利用。当有不同水源可供选择时，应通过技术经济分析比较，选择适用水源。

水量是影响水体冷热资源利用系统工作效果的关键因素，水源热泵系统所需水量由该工程冷热负荷和冷水机组性能确定，所选择的水源水量应满足负荷要求。如水量缺口较大，不能满足负荷要求，就应考虑其他方案。如果水量略有不足，可以用补充其他水源或者设置辅助冷热源设备作为补充。

（2）水温

在进行湖水源热泵方案分析时，必须考虑冬夏季水体的自然水温以及负荷条件下的水温变化。湖、水库、水塘等滞流水体的自然水温分布受气候条件的影响非常大，全国不同地域滞流水体的水温随季节、气候区域的不同而存在巨大差异。因此我们在利用湖、水库、水塘等滞流水体的冷热资源时，必须根据水体所处的气候区分别考虑利用形式、技术方案。

（3）水质

湖、水库、水塘等水体总是处于无休止的循环运动中，不断与大气、土壤和岩石等环境介质接触、互相作用，因而具有复杂的化学成分、化学性质和物理性质。目前，对地表水源热泵所用水源的水质尚无有关规定。在实际工程中应进行水源水质分析，确定影响系统设备、管件、管道等的不利成分。采取水处理或防腐等相应的措施消除或减小水质对系统和设备的腐蚀作用。

（4）供水稳定性

湖、水库、水塘等水体的季节恢复能力不同，应保证全年均能满足系统用能的需求。这些水体全年的蓄水量要能稳定，满足系统所需水量的要求，并且能够在整个水源系统寿命期内提供足够的水。根据建筑物的负荷，和水源热泵系统的全年工作情况，分析水体的恢复能力是否满足取水温度的要求。

2）投资的经济性限制

不同地区、不同用户的用能政策、燃料价格不同，水源热泵系统的一次性投资及运行费用各不相同。水源热泵系统的投资比传统的供热制冷系统大，在各个气候区的运行成本不同。例如在我国北方地区，冬季湖水等水体出现结冰的现象，此时用水源热泵供热就不好实现了，需要用集中供热或其他热源系统满足冬季供热的需求，增加了投资成本和运行成本。对于湖水源热泵的利用通常从系统“全寿命周期”的角度进行评价。

3）环境影响限制

湖、水库、水塘等水体与江河相比，流动水体流动相对较慢，热泵系统释放的冷热量在水体内蓄积，长期运行时大量的冷热量蓄积会引起水体水温升高或降低，影响水体内生活的植物、鱼类和微生物的种类及数量的变化，因此，在利用这类水体热能资源时，必须进行详细的环境影响评价，避免对生态环境造成破坏。

4. 水体冷热资源利用系统形式

目前，对湖、水库、水塘等地表水冷热资源的利用上，主要有 2 种方式：

（1）直接从这种水体取水，用于建筑物采暖降温。

（2）采用热泵技术从水源中提取能量，提高其冷热品位，通过空气或水作为载冷剂送到建筑物中；

前一种系统直接从水体取水，要求夏季水温较低（通常低于 15℃）、冬季水温较高且水体容量相对较大。对于湖、水库、水塘等自然地表水而言，虽然夏季能够较好地运行，但是，难以满足冬季高水温的要求，冬季仍需要热泵技术对水进行加热，或者加辅助热源。对于大部分湖、水库、水塘等地表水源，我们在进行冷热资源利用时，由于受水体水温限制，大都采用热泵技术提升冷热品位加以间接利用。

5. 热泵系统

湖、水库、水塘等地表水的夏季水温存在分层现象，水体上热下冷，冬季整个水体水温上下基本均匀。夏季尽量提取水体下部冷量并且将热量排至水体上部，冬季则恰好反过来。

图 3-21　热泵系统直接系统示意图

对于大型的深水库或湖（特别是深度超过 30m 的水体），其夏季深水水温常低于 18℃。在这种条件下，应尽量考虑采用直接冷热源利用方式，直接从深层取水，为建筑提供冷量。当水源冬季水温为 12～22℃，夏季水温为18～30℃，或者不便于直接从水体深层提取冷水时，水源水质较好的水源可以直接进入热泵机组，系统能量损失少，系统管路简单，运行维护方便，有空调效果；但是对水源水质水温要求较高，适用性受到限制，图 3-21 为热泵系统直接系统示意图。

当不便直接利用冷热量、水源水温又不适合热泵机组时，需要对设备进水温度加以调节控制，夏季水源水温低于18℃时，或冬季水源水温高于22℃时，水源水不宜直接进入冷水机组，建议采用混水方式或中间板式换热器，将冷水机组与水源侧水分离开，以保证机组高效稳定运行，图3-22为热泵系统间接系统示意图。

图3-22　热泵系统间接系统示意图

6. 常见问题及解决措施

在对湖、水库、水塘水体冷热资源的利用中，主要的利用方式是采用热泵系统将其热能进行提升后加以利用。根据对现有地表水源热泵工程运行情况的调研，主要存在以下几个方面的问题：

（1）进水温度过低，机组保护停机

地表水水温随着季节和地理环境的不同而变化。夏季地表水水底水温一般不超过32℃，制冷没有问题。冬季，特别是北方地区，地表水温度很低，甚至结冰。这种温度很低的水源进入系统换热后温度进一步降低，如果换热温差过大，就会有冰冻堵塞或者胀裂管道的危险，可能影响整个系统的运行。为了防止这种故障的发生，热泵系统一般都会设置进水温度保护装置。当水温低于设定值时，机组保护停机，水温恢复到设定值以上时，机组重新开机。如果水温反复变化，机组就会出现频繁的开停机，严重影响机组的寿命。

保护停机或频繁的开停机影响了建筑物的空调效果，这种情况下一般采取加辅助热源的方式保证系统正常运行。辅助热源有锅炉、电加热和太阳能等。锅炉辅助热量较多，但投资较大；电加热启动速度快，但能源利用效率较低；太阳能是绿色环保的辅助热源，但是受天气的影响很大，见效相对也慢一些。在实际使用中，辅助热源的选择要根据具体情况慎重考虑，以保证系统的经济高效运行。

（2）水处理不当，引发二次污染

自然水体一般都含有各种各样的杂质，这些水源在进入热泵系统前要进行处理。目前，空调水处理很多用投放磷系化合物的方法，在运行过程中，如果出现泄漏、不经处理排放，含磷物质就会进入自然水体。磷本身就是富营养物质，它能使水中的植物迅速生长并消耗掉水中的氧，导致水中动物因缺氧而死亡。

现在空调中常用的防冻液主要由乙二醇和水配兑构成，如果操作管理不当，就会进入自然水体，给环境和空气造成污染，进入人体就容易使人体内酸碱平衡失调。二次污染对环境的影响不容忽视，在空调水处理时，要尽量避免使用化学方法。即使使用化学方法，排放物也要经过处理达到排放标准后排放。

（3）取水温差过大，破坏生态环境

水温是影响水生物生长繁殖和分布的重要环境原因，在适宜的温度范围内，生物的生长速度与温度成正比，超过适宜的温度范围时，生物的行为活动以及生长繁殖都将受到抑制，甚至死亡。夏季，取水温差过大，即超过35℃时，水中浮游生物的种类和数量减少，群落的物种多样性也会降低：冬季，取水温差过大会出现较低的温度，不仅影响了水中的生物种类，还有可能冻坏空调水管。

（4）安装管理不当，损坏换热盘管

地表水源热泵闭式系统主要的换热装置是浸在水中的换热盘管。这些换热盘管如果放置在公共水域中，很容易遭到人为的破坏，导致盘管变形或破裂。如果水域中水流速度过大，也会导致盘管变形或破裂。换热盘管变形会影响换热效果，导致机组出力不足。如果破裂，闭环系统中的防冻液就会泄漏出来，不仅影响了系统的正常运行，还会造成环境污染。

因此，工程实际使用中可以在放置盘管的地方设置警示牌，并且把换热盘管放置在流速适当的地方，从而减少流速过大带来的负面影响。

（5）取水、排水口位置不当，机组运行效率降低

热泵系统在制冷工况时，冷热源温度越低，热泵效率越高；制热工况时，冷热源温度越高，热泵效率越高。制冷时，经过换热的水再次排放到水体中，如果取水口和排水口设置位置不当，排出的水还没有经过充分的自然冷却又从取水口进入系统，无疑降低了热泵的效率。制热工况亦然。

通常情况下，取排水口的布置原则是取水口和排水口之间要有一定的距离，保证排水再次进入取水口之前温度能最大限度地恢复。

3.6.4 江、河水源热泵

1. 江河水冷热源

图3-23为长江寸滩水文站月平均水温变化示意图。由此可知，长江水夏季月均水温为22～25℃，冬季月均水温为11～16℃。由于夏季水温较空气温度低而冬季较空气温度高，且水的密度和比热都比空气的大，因此长江水作为水源热泵系统的冷热源，可以提高热泵机组的性能系数和能源的利用率，具有潜在的节能性。此外，长江水温符合《水源热泵机组》（GB/T 19409—2003）中第4.3.2节地下水式热泵机组制冷制热水温要求（10～25℃），能够保证机组的正常有效运行。

图3-24为长江寸滩水文站月均含沙量的变化示意图，由图可知，长江水夏季月均含沙量为370～920mg/L，冬季月均含沙量为23～42mg/L，年平均含沙量为522mg/L。与采用地下水、地表水的水源热泵机组对水质含沙量的规定（<6.5mg/L）相比，长江水含沙量大大超标，且其含沙量全年均不能满足热泵机组的要求。

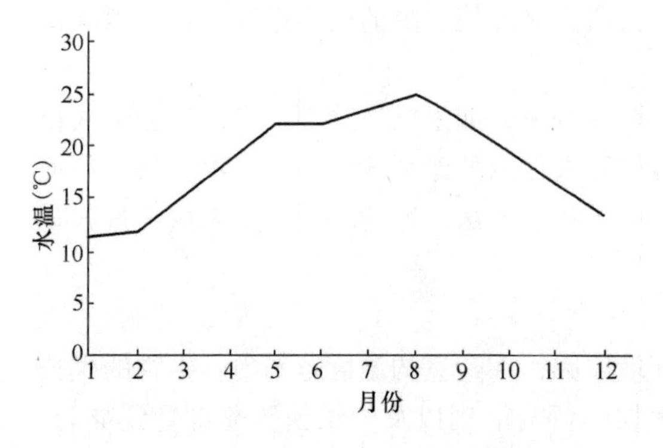

图3-23 长江寸滩水文站月平均水温的变化

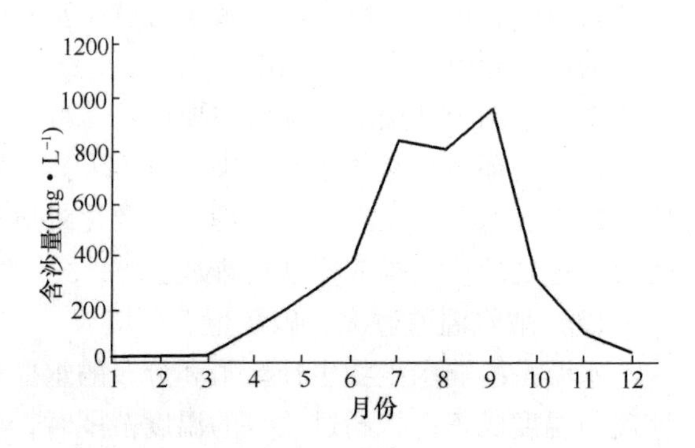

图3-24 长江寸滩水文站月均含沙量的变化

江河水作为建筑冷热源，有如下优点：

（1）江河水通常夏季低于当地气温，冬季高于当地气温，相比空气可以提高热泵机组的性能系数。如冷热源温度在夏季每降低1℃，机组制冷系数提高3%。则江河水若比当地空气湿球温度低5℃时，为建筑提供相同的冷量，则其热泵机组可比以空气为冷热源的机组节约电能超过15%。

（2）水量充足，其丰水期出现在夏季建筑耗能高峰期。对于目前我国建筑夏季用电出现的能耗过高问题具有一定的缓解作用。

（3）由于具有流动性，江河水可以直接将太阳辐射以及市区内热源产生的热量（如人体热、机械排热）通过热泵系统带出市区，不会直接提高或影响市区温度，可减轻热岛效应。另外，相对于以空气为冷热源的常规空调系统，不会因热岛效应产生附加能耗，从而引起市内热环境的进一步恶化。

（4）合理利用江水作为冷热源，可减少由于电力以及燃料燃烧而造成的大气污染。利用具有更高品质的江水作为冷热源的热泵系统，在节约电能消耗的同时，也间接地减少了由于发电而产生的污染物排放量，同时可部分减少以一次能源如煤炭、燃油和燃气直接作为能源的高污染采暖系统。

2. 江河水利用中的技术问题

江河水作为建筑冷热源，由于其温度范围较空气温度更具有可利用性，可节约能源的消耗，但也不能采集后输送到建筑物内作为冷热源直接使用，需要通过热泵系统间接利用。因此其利用存在的技术问题主要有两个：

一是由于江河水的水质问题，其作为热泵机组的冷热源，存在当地水源的水质不能满足现有热泵机组对水质的要求问题。这在技术上需要解决水质的问题以及开发新的热泵系统形式。

二是江河水取水问题。由于江河水水位随季节变化，以及建筑物通常距离江河水水源有一定的距离和高差，而在非生产性建筑物用冷却水水量相对较小时，必须合理选择取水方式，以达到取水的合理性和降低取水水泵的能耗。

考虑到江水的水质问题，按江水是否直接进入热泵蒸发器或冷凝器，分为直接式江水源热泵与间接式江水源热泵；按换热器换热类型分为壳管式、板式、浸泡式和淋水式。

（1）壳管式换热江水源热泵系统

该系统属于直接式江水源热泵系统，其流程如图3-25所示。

与间接式江水源热泵系统相比，该系统可减少江水温度的损失、提高冷热源的能量利用率，是发展江水源热泵的趋势。广州地铁二号线四车站以珠江水为冷源采用该系统进行集中供冷时，水质处理采用了格栅、加氯、过滤、清洗等过程，但实际运行效果并不理想，很难满足换热要求。为使制冷系统正常运行，安装了胶球清洗装置，但仍然存在机组清洗频繁、实际维护费用较高的问题。重庆市火力发电厂采用长江水冷却发电

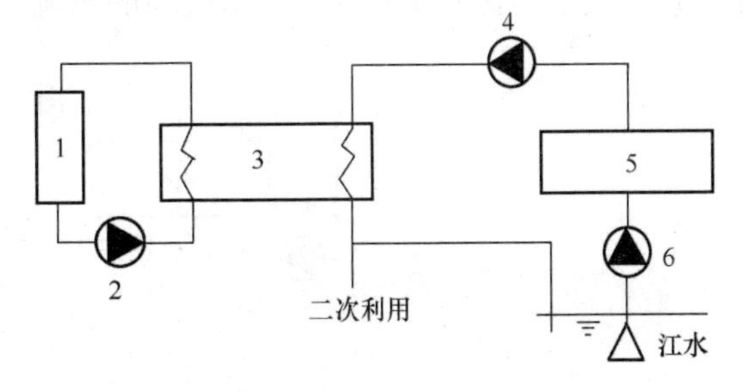

图3-25　壳管式换热江水源热泵系统

1—末端设备；2—末端循环水泵；3—热泵机组；4—二次水泵；5—水处理设备；6—取水泵

机组，水处理方式仅设置了沉淀池而未作其他处理，运行过程中换热器出现了悬浮物堵塞严重、清洗频繁的问题。因此在应用该种热泵系统时，需根据实测江水水质，并经系统运行可靠性和水处理经济性分析，合理选择水处理工艺，解决好换热器堵塞、管束腐蚀和磨损等问题。

（2）板式换热江水源热泵系统

板式换热江水源热泵系统属于间接式江水源热泵系统，其流程如图3-26所示。

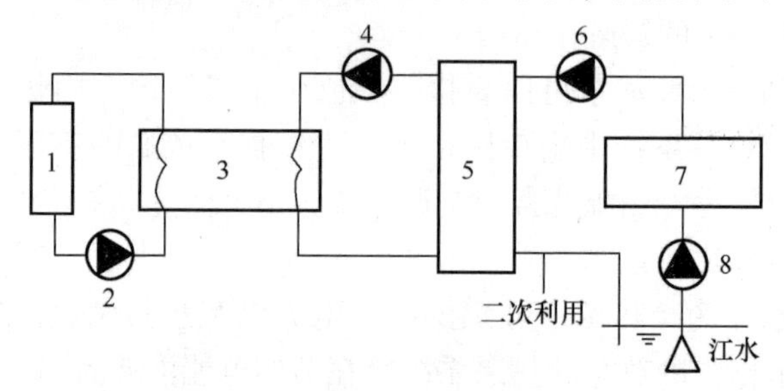

图3-26　板式换热江水源热泵系统

1—末端设备；2—末端循环水泵；3—热泵机组；4—机组循环泵；

5—板式换热器；6—二次泵；7—水处理设备；8—取水泵

由于该系统的热泵机组相对独立，因此只需对板式换热器进行清洗维护，但存在江水温差损失、能量利用率较低的问题。此外，板式换热器对水质要求更加严格，对于水质差的水源，水处理工艺要求高、系统的清洗周期短。该系统适于分散式水源热泵机组。

（3）浸泡式换热江水源热泵系统

浸泡式污水源热泵系统是将换热管束布置在污水池中，管束外的流体换热形式为自然对流换热，并通过管束将热量传递给管内流体。对于浸泡式系统在江水源热泵中的应用主要有两种形式：一种是将管束直接布置在河道中，这种系统换热效果好，换热形式类似强制对流换热，而且无需水处理，理论上较理想；但施工难度大，系统清洗困难，推广应用的可行性较小。第二种是将管束布置在沉淀池中，沉淀池相当于一个大的壳管式换热器，其流程如图3-27所示。与壳管式换热器相比，该种形式的热泵系统是利用自然对流和微强制对流进行换热。由于该系统在水处理池中布管，因此水处理工艺简单，不易出现管道堵塞现象，系统清洗方便。但由于是非强制对流换热，换热效果稍差，故适于夏季江水温度较低而冬季江水温度较高的地区和工程规模相对较小的建筑。设计时应根据江水水温、工程规模进行技术

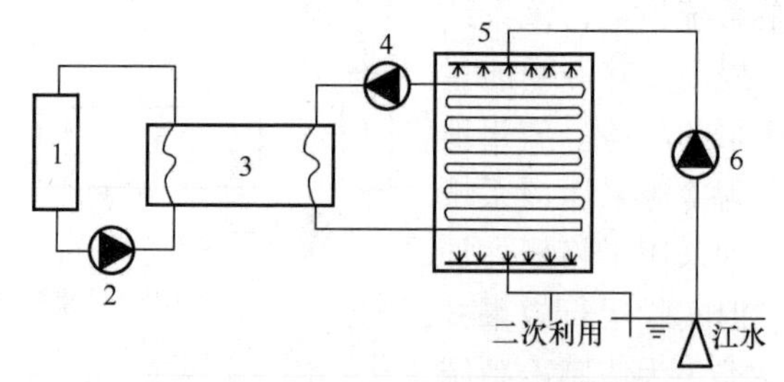

图3-27　浸泡式换热江水源热泵系统

1—末端设备；2—末端循环水泵；3—热泵机组；

4—机组循环水泵；5—换热沉淀池；6—取水泵

和经济分析。

（4）淋水式换热江水源热泵系统

挪威、瑞典等一些北欧国家于1983年开发出淋水式蒸发器污水源热泵系统，其流程如图3-28所示。

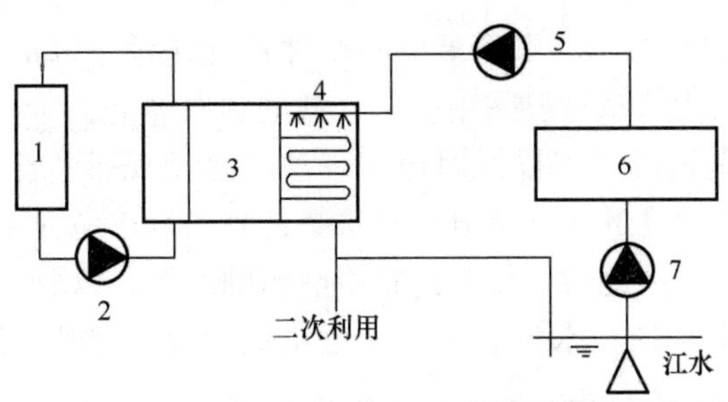

图3-28　淋水式换热江水源热泵系统

1—末端设备；2—末端循环水泵；3—热泵机组；4—淋水式换热器；5—二次泵；6—水处理设备；7—取水泵

将经粗效过滤处理后的江水喷淋在板式（或管束）换热器外侧，江水呈膜状流动并通过管壁与制冷剂直接换热，与封闭式换热器相比，其换热效率低。该系统运行几天后可用高压水冲洗换热管，以除去沉积附着在换热面的污物。

3. 江水源热泵的取水

江河水的利用首先要适应城市规划和建设的需要，保证取水的安全可靠，必须考虑水量充沛、水质较好、河床稳定、施工简单、经济合理和运行管理方便等因素。

选择利用江河水作为冷热源，其水源位置应全面掌握河流特性，根据取水河段的水文水质、地形、地质、卫生防护、河流规划和综合利用等条件进行综合考虑，一般应考虑如下基本依据：

（1）取水河段的形态特征是不同的水流在特定的条件下长期运行形成的结果，因而泥沙和漂浮物的分布也会因岸形的不同有很大差异。在选择取水地理位置时，如能利用有利的岸形条件，就能充分利用河流的水流特征和河床演变规律。顺直微弯段，应选在深槽微下游处；有限弯曲段应选在凹岸湾稍下游处；蜿曲段则不宜取水；在河流分叉段则应选在较稳定或水量充足且处于发展阶段的部位。

（2）选择水流特征较稳定的河段作为取水位置，应根据水流的动力学特性，考虑和研究取水河段的发展趋势及泥沙运动特点，观察和推算它的演变规律及可能出现的不利因素，以判别取水河道是否稳定。

（3）考虑人工构筑物和天然障碍物对取水位置的影响。河道中的人工构筑物和天然障碍物的种类和形式很多，一般有桥梁、拦河坝、丁坝、码头、污水排出口、河岸及河床局部地形等，通常这些人工构筑物和天然障碍物对河道的流速、流向、水深和水质都有影响。在选择取水位置时，应尽量避免人为和天然的各种不利因素。

（4）取水位置具有良好的地质、地形和施工条件。取水位置不宜设在断层、滑坡、冲积层、移动沙丘、风化严重和岩溶发育地段；同时应考虑施工条件，要求交通运输方便。

取水构筑物的设计要求：

（1）建筑物和江河水相对位置应保证枯水季节仍能取水，并满足设计枯水保证率下取得所需的设计水量。尤其在山区性河段，冬季枯水季节时，往往出现流量难以满足水量需要的现象。同时由于水位过低给取水带来不便，如在长江重庆段，夏季洪水季节和冬季枯水季节的流量比最大可达44倍。

（2）所构建的取水构筑物在洪水季节应不受冲刷和淹没，以免给水源利用系统带来不便。通常设计高水位和最大流量一般采用百年一遇的频率确定。

（3）在泥沙量较多的河流，应根据河道中泥沙的移动规律和特征，避开河流中含沙量较多的位置，并根据不同深度的含沙量分布，选择适宜的取水高程。通常含沙量和泥沙粒径都随着深度的增加而增加，因此对于作为建筑冷热源的水源，以取表层水为好。

（4）取水位置同时应选择在水流通畅和靠近主流地段，避开河流汇总的回流区或“死水区”，以减少水中悬浮物、杂草、泥沙等进入取水口。

4. 配套系统

江河水作为热泵冷热源，与其他水源不同之处在于取水难度大，投资多，需要配套一定的取水构筑物，常用的取水构筑物有：

（1）缆车式取水。将水泵机组置于缆车上，缆车在岸边坡地设置的轨道上滑行，用卷扬机作缆车的牵引力并控制其位置，随着水源水位的变化移动缆车的位置，吸取河流或水库中的表层水。这种取水方式由缆车车身、牵引设备、联络管、输水管、岸边轨道、出水池、岸边控制室等组成（图3-29）。这种取水方式的优点是：施工简单，相对投资较小，供水可靠，操作简便；缺点是当水位变化较快时，更换联络管很麻烦，特别是它只能取岸边的水，水质往往较差，岸坡轨道容易淤死从而影响泵车上下滑行，另外因缆车内面积和空间较小，工作条件很差。一般只适用于水流平稳、河床稳定、便于布置轨道的河段，避免设在水深不足、冲淤严重的地方，也要避免设在回水区或在岸坡凸出的附近地段。

（2）浮船式取水。将水泵机组设在浮船上，船体随着水位的涨落而上下移动。这种取水方式与缆车比的最大差别是，以浮船代缆车，因而无需轨道，但需加装摇臂和球接头（图3-30）。浮船式取水的主要优点是：投资小，无复杂的水下工程，因此施工简便，见效快；船体便于移动，有较高的适应性，取水保障率高。缺点是船体易受到水位、风浪、航运的影响，安全性较差：河流水位涨落时，需要移动船位，操作管理相当麻烦。适用条件：①河流水位变幅在10～35m，水位变速不大于2m/h；②河道水流平稳，风浪小，停泊条件好；③河床稳定，岸边有较适宜的倾角（与缆车要求同）；④当联络管采用阶梯式接头时，

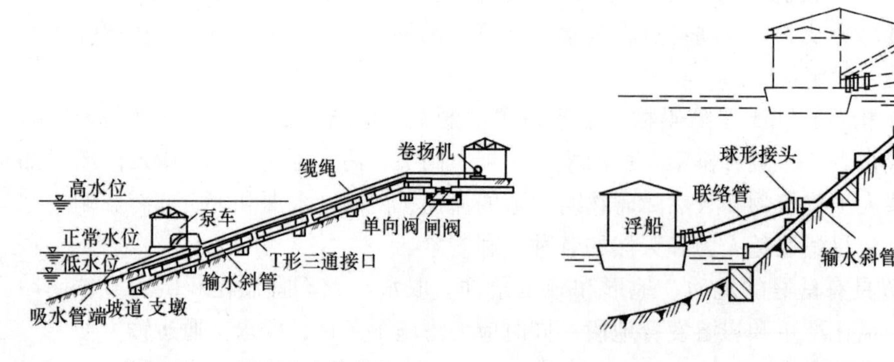

图3-29　缆车取水构筑物

图3-30　浮船取水构筑物

岸坡的角度以20°～30°为宜；⑤采用摇臂式接头时，岸坡角度越陡越有利，一般宜大于45°；⑥取水河段的漂浮物少，不容易受冰凌、船只等的撞击。

（3）圆筒形深井泵房取水。在水面涨落幅度较大、水位变化较快的河段，采用圆筒形深井泵房比较普遍，是一种比较传统的取水方式。其泵房在最高水位及以下部分采用钢筋混凝土结构，以上部分为砖混结构，泵房与岸边的连接采用交通桥。另外，为保证取到表层含沙量低的水，沿进水廊道侧壁在不同高度处开有进水孔。为保证枯水位时也能取到水，在远处设有取水头部，并通过引水管与泵房进水廊道连接。这种泵房采用圆筒形构筑物将水隔开，或者将水引进泵房内再由泵提起，其主要优点是：泵房下部或一侧为进水廊道，地面以上部分设操作室，运行管理较方便，工作可靠；采用立式深井泵时可以减少泵房面积，同时取水的保证率高。缺点：①土建工程量大，工程投资多，特别是水位高时，圆筒也高；②防渗和抗浮稳定的要求高，前者在高水位时最不利；③因上下交通不便，于深井中的水泵机组检修困难，维护不方便；④通风、散热和采光条件差。一般适用于水位变幅大、机组台数少的场合。

（4）淹没式泵房取水。这种泵房平面布置、结构与深井泵房大体相似，不同的是去掉了上部的圆筒，改用钢筋混凝土密闭顶盖，从而形成了淹没式泵房（内部为干室）。为便于交通，它与岸边之间设交通廊道，泵房内装机组，岸上设控制室。这种取水的最大特点是泵房常年位于洪水水位以下，其优点是泵房高度低，土建投资省，不受水位变幅影响；建筑物隐蔽性好，一般不影响库区或河流的航运。缺点是：①水泵不便取库中表层水；②泵房及廊道长年处于淹没状态，泵房通风、散热、采光等条件差，机组检修、维护不方便。为解决上述问题，通常将控制室设在岸上，泵房和廊道内设机械通风，廊道里布置有出水管、通风管、电缆管、设备运输小车和轨道，控制室内设有卷扬机。适用条件：①河岸地基比较稳定，河流的含沙量较少；②河流水位变幅可以很大，但洪水期历时短，长时期为平枯水期水位最好。

由以上介绍和对比可见，考虑到利用建筑用冷热源用水量少，且为节省初投资，以浮船式取水方式为好。

5. 系统对水环境的影响

虽然节能和制冷剂的减排以及对城市热岛效应的缓解都会带来可观的环境效应，但是利用黄浦江的江水作为冷热源，在规模化应用过程中会有大量的冷量和热量排入江中。尽管水体流动、船只运行会产生江水扰动，但排热（冷）还是可能对特定的区域水体温度场分布产生影响，进而对水环境造成一定的污染。例如水温升高，会降低水中的溶解氧含量；温度增加，将加速有机污染物的分解，增大耗氧作用，也会使水体中某些毒物的毒性提高。这对鱼类的影响很大，甚至引起鱼的死亡；同时水温的升高还会破坏生态平衡的温度环境条件，加速某些细菌的繁殖，助长水草丛生，厌气发酵、散发恶臭。表3-2为铜绿微囊藻和斜生栅藻在不同温度时的生长参数。

表3-2　两种藻类在不同温度时的生长参数

藻　类	最大增长率（U_{max}/d^{-1}）		最大现存量［X_{max}/（个/cm^3）］	
	15℃	25℃	15℃	25℃
铜绿微囊藻	0.805	1.812	1.1×10^6	8×10^6
斜生栅藻	0.549	0.784	6×10^5	4×10^6

热水的排放，使得水体温度上升，对物理过程和生物过程都有重要的影响，从而引起水质一定的变化。2002 年 6 月 1 日起实施的《地表水环境质量标准》（GB 3838—2002）中规定：中华人民共和国领域内江、河、湖泊、水库等具有适用功能的地面水水域，人为造成的环境水温变化应限制在周平均最大温升≤1℃，周平均最大温降≤2℃。

3.6.5 海水源热泵

1. 海水水温

我国近海海水的温度状况，除取决于热量平衡的分布与变化外，受气象条件、海流、地形等影响也较大。渤海和黄海北部易受大陆气候的影响，水温的季节变化最大；黄海南部和东海的水温与海流、水团的分布关系密切；南海的水温状况显示出若干热带深海的特征——终年高温，地区差异和季节变化都小。

根据我国近海水温分布的特点，可把水温归结为冬季型、夏季型和过渡型 3 种类型。冬季型出现在 11 月至翌年 3 月，为全年水温最低季节。此时表面水温高于气温，陆上气温低于海上气温，故沿岸水温低，外海水温高。表面水温自北向南逐渐递增。等温线密集，水平梯度大，等温线分布大致与海岸平行，高温水舌与水流方向一致。夏季型于 6 ~ 8 月出现，这时太阳辐射增强，使我国近海表层水温普遍升高，成为一年中水温最高的季节。因气温高于水温，沿岸水温高于外海，所以水温分布比较均匀，水平梯度小，等温线分布规律性差，南北温差小。过渡型发生在 4 ~ 5 月和 9 ~ 10 月季节交替时期，其中春季为增温期，秋季为降温期。过渡型的主要特点是温度状况复杂多变且不稳定，规律性差。

（1）水温的水平分布

渤海辽东湾冬季表层水温为 -1℃左右，渤海南部为 0℃左右，渤海中央水温约 2℃，温度自中央向四周递减，东部高、西部低，沿岸浅水区并有冰冻出现。表层以下各层水温分布趋势基本相同。夏季渤海沿岸浅水区及表层水温增温很快，使辽东湾、渤海湾及莱州湾都成为高温区，水温达 26 ~ 28℃，而渤海中央成为相对的低温区，水温为 24 ~ 26℃。低温中心在辽东半岛西南及渤海海峡北部，中心值低于 24℃。在黄河口附近，黄泛水的高温水舌向渤海中央伸展。跃层以下的水温分布与表层不同，被深层冷水所控制，冷中心出现在辽东湾中部和渤海中央，水温为 18℃左右。

黄海冬季各层水温分布都较规则，沿岸低，外海高，黄海中央为一高温水舌由南向北伸展。黄海北岸表层水温 -1 ~ 2℃，东岸 2 ~ 6℃，西岸 3 ~ 5℃，中央为 5 ~ 12℃。黄海夏季表层水温升至 26 ~ 28℃，但在成山角和朝鲜半岛西南部附近，各自出现一个低温区，中心温度低于 24℃，这可能由于深层冷水上升的缘故。跃层以下至海底，基本上被黄海冷水团盘踞，使各层水温分布趋势一致，呈现出四周高中央低的低温特性。整个黄海深处存在几个冷中心：北黄海一个，南黄海东、西侧各一个。前者位置比较稳定，年际变化小，中心值在 6℃以下；后者位置各年不一，既有经向摆动，又有纬向移动，中心值低于 7℃。

东海冬季表层水温以等温线密集和冷、暖水舌清晰为其主要特征。浙、闽沿岸仅 6 ~ 14℃；台湾暖流区水舌伸向西北，直冲杭州湾附近；黑潮区水温最高，达 19 ~ 23℃，等温线分布与流向一致；对马暖流区水温 14 ~ 19℃，暖水舌伸向朝鲜海峡；黄海暖流区水温 12 ~ 16℃，暖水舌指向西北伸入南黄海。与此同时，来自黄海西部的冷水舌南下伸向东南，插入东海北部的中央，与暖水构成明显的峰面，成为东海表层水温水平梯度最大的区域。夏季沿岸水温升至 27～28℃；除长江口附近有一弱而极薄的暖水向东北方向伸出外，东海表层水温均在 27～29℃，分布极为均匀。但在个别地区出现上升流，形成低温区。如舟山群岛附近，8 月表层水温为 23～25℃，比周围海域低 2～3℃。台湾海峡地区冬季等温线密集，呈东北-西南向分布，西部表层水温 14～16℃，东部为 17～23℃；夏季表层水温达27～28℃。

台湾以东海域终年受黑潮控制，四季高温，冬季表层水温 24～25℃，夏季为 28～29℃。

南海北部浅水区和北部湾，水温易受陆地及气象条件的影响。冬季水温较低，一般在 16～22℃，等温线分布大致与海岸平行，温度由岸向外海递增，到南海中部表层水温达25～26℃。由于受东北季风漂流的影响，南海表层水温的分布并非与纬度平行，而与海岸有一交角，呈东北—西南向。南部距赤道较近，表层水温仍达 27℃左右。南海夏季表层水温均达 28～29℃，但因西南季风的作用，导致越南中部、南部以及中国海南岛东岸等出现深层冷水涌升现象，造成夏季的低温区，温度分别为 25℃和 23℃。

（2）水温的垂直分布

中国近海水温的垂直分布受气象因子的影响很大，冬季主要受变性极地大陆气团的控制，海面经常遭到强劲的偏北风吹刮，海面失热，表层水温冷却密度增大，产生上下水层的对流混合。在混合所及的深度内，水温的垂直分布趋于均匀一致。冬季愈严寒，海面失热愈大，垂直对流过程就愈强，其混合所及深度也愈大。因此，使浅海区的水温自海面到海底呈均一状态，具体时间是渤海自 10 月至翌年 3 月，黄海为 11 月至翌年 4 月，东海陆架浅水区为 12 月至翌年 4 月，南海北部浅水区为 12 月至翌年 3 月。东海、南海深水区也可形成 75～150m 的均匀层。均匀层形成和持续时间是随海区而异的，北部海域出现早，持续时间长；南部海域出现晚，而持续时间短。

冬季过后，太阳辐射增强，天气变暖，表层水温逐渐升高；加上风力引起的海水混合往往不能到达下层，均匀一致状态渐渐消失，开始出现微弱的温度垂直梯度（跃层）如图3-31 所示。随着时间的推移，跃层逐渐增强，至 7、8 月间温跃层达最强。在跃层的上面，风的混合形成高温的上均匀层；跃层之下，因受跃层的屏障作用，太阳辐射不易往下传递，海水仍保留着冬季的低温特征。这种现象尤以黄海最为显著。深层冷水与跃层之上的暖水形成鲜明的对照，其温差可达 15～20℃之多，人们常把这一深层冷水叫黄海冷水团。夏季黄海的水温垂直分布分为 3 层：上层为高温暖水，深层为低温冷水，中间为跃层。跃层的深度主要取决于风的强度，跃层强度主要由前一年冬季的降温以及当年夏季的增温程度而定。若去冬严寒，今夏又很

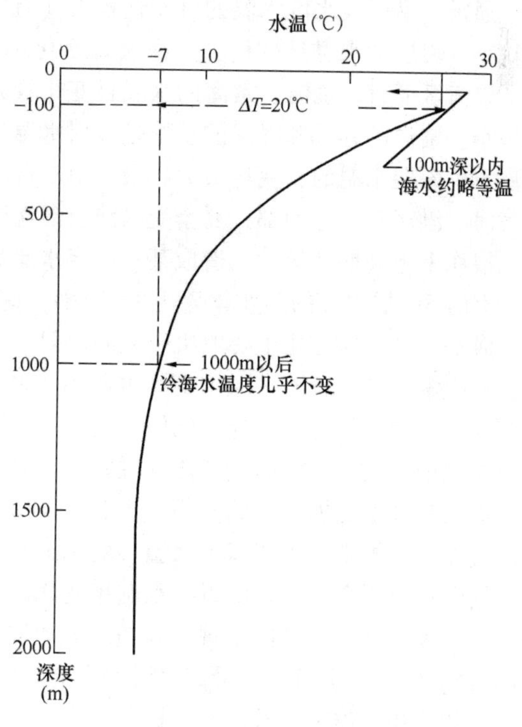

图 3-31　海水温度垂直分布示意图

炎热，则会出现很强的温跃层。渤海跃层位于水下5～15m处，黄海位于10～25m处，东海位于20～100m处，南海位于20～150m处。

随着秋季的到来，海面开始降温，密度增大，又出现对流混合，使跃层强度减弱，上均匀层厚度增大，跃层厚度下沉，跃层遭到破坏。至12月或1月，50m以内海域的跃层几乎完全消失，又恢复到冬季型的垂直均一状态。

在东海和南海的深水区，因海流及混合较强，夏季上均匀层可达50m左右，冬季可达100～150m。在此深度以下，水温的垂直分布几乎终年不变。在近岸岛屿众多和地形复杂的海域，如渤海海峡、成山角、舟山群岛以及朝鲜半岛西南端等，潮混合强，水温的垂直梯度终年很小，夏季也难以形成强跃层。另外，夏季骤然的大风天气，也会使浅水区水温在短时间内重新分布。强劲的大风往往产生强烈的垂直涡动混合，使高温的上层水温迅速降低，下层水温升高，造成上下水层温度几乎趋于均匀一致。

（3）水温的变化

水温除有显著的地区差异外，还有明显的日变化、季节变化和多年变化。影响中国近海水温日变化的因子主要有太阳辐射、天气条件以及内波等。

一般说来，在晴天风平浪静之时，表层水温的日变化与气温的日变化趋势一致。日最高水温出现在午后13～15时，日最低水温发生在日出前的4～6时。水温极值出现的时间比气温要落后2个小时左右。但在多数情况下并非都是这样。例如天气突然变化时，气温变化较大，但这种短时间的气温突然变化，并不能使保守性较大的水温也发生较大的变化，使水、气温的日变化趋势难以趋于一致；相反，偶然的天气变化如大风引起的垂直涡动，还会破坏水温正常的日变化规律。

通常，沿岸浅水区水温的日变化较大（有的达3～4℃），海区中央及深水区的水温日变化较小。表层的水温日变化大，深层日变化小，各层水温日变化的幅度随深度的增加而减小。以海区而言，渤海、黄海的水温日变化较大，东海次之，台湾以东海域及南海水温日变化最小。增温的春季和降温的秋季是表层水温日变化最大的季节，而日变化最小发生在冬季和夏季。深层水温的日变化最大、最小值出现的时间，将落后于表层。某些温跃层强的海区如黄海、渤海和东海西部，夏季受内波及潮流影响，使跃层附近水温的日较差增大。内波可使跃层作上下周期性运动，造成某一固定水层具有很大的日变化，甚至超过表层水温的日变幅，有时5m层水温的日变化竟达8℃之多。这种内波引起的日变化只限于中层。

海水温度的年变化主要取决于太阳辐射、气象要素的年变化以及海流或水团的影响。依其影响因素，我国近海水温年变化可归纳为两类。第一类为太阳辐射和海面-大气间热交换引起的年变化，具有与气温变化相对应的一年周期，水温年变曲线规则，接近正弦曲线，但降温期比增温期短，海面冷却比升温要快。第二类是太阳辐射—平流引起的年变化，它是在第一类的基础上叠加了不同水系（水团）的消长，使正常的水温年变化遭到破坏，水温年变曲线显得不规则，表层以下水温年变化出现两个或两个以上的高峰和低谷。

据资料分析得知，我国近海水温年变化以8～9月最高，1～3月最低。最高值出现以表层最早，表层以下最高值出现时间随深度增加而推迟，底层最晚。表、底层最高温度出现的时间可相差1～4个月。与最高水温出现的时间不同，最低水温出现的时间从表到底基本上是同时的，相差仅1个月左右。这是因为冬季对流混合向下传递热量较快。

渤海表层水温以8月最高，约28℃；1～2月水温最低，约－1～2℃。3～6月增温最快，增温率平均每月4～5℃；10～12月降温最快，降温率平均每月5～6℃。

黄海表层水温与浅水区的水温年变化与渤海相似，但南黄海深水区的中、下层因受黄海冷水团影响，破坏了正常的水温季节变化规律，出现两峰两谷现象。以中层为例，最低值在3月上中旬，约7～10℃；4～6月逐渐升高，至7月达次高，约14～18℃；7月以后因冷水团侵入势力最强，水温又下降，到9～10月水温最高，约18～23℃；10月后又转入降温时期，水温急剧下降。

东海水温年变化的地区差异较大。以表层为例，黑潮区最高水温出现在7月下旬至8月中旬（29～29.7℃），最低水温发生在2月中下旬（21～23℃）。对马暖流区水温以8月中旬最高（28～29℃），比黑潮区推迟半个多月；最低水温出现在2月中旬至3月中旬（14～20℃）。黄海冷水南伸海域，8月上中旬水温最高（25～26℃），3月上、中旬最低（9～12℃）。台湾暖流区于8月中旬至9月中旬水温最高（27～29℃），3月中旬最低（14～18℃）。由于降温率与增温率不等，水温年变曲线也就不对称。这种不对称性在黑潮区最小，愈往北不对称现象也愈强。

南海北部和南部的水温年变化有较大的差异，前者仍以年周期为主，最高水温出现在8月（约29℃），最低值发生在2月（约21℃）。9月至翌年1月为降温期，降温率为每月1～2℃;2～6月为增温期，增温率为每月0.5～3.0℃。后者距赤道较近，水温年变化具有半年周期的特点。一年中有两峰两谷。最低水温仍出现在2月（约27℃），最高水温出现在4～5月（约29℃）和11月（28.5℃）。显然，水温的这种半年周期与太阳辐射量有关。

2. 海水利用中存在的技术问题

海水对金属尤其是黑色金属有强烈的腐蚀作用。如何解决海水对材料的腐蚀问题，而且要简单易行，成为海水源热泵技术的关键。在材料选择和换热器结构上要考虑海水的腐蚀性，同时采取相应防腐措施。传统的海水机组方式一般为，海水进入换热器前首先经过机组与海水抽水井间设置的可拆卸的钛板式换热器，以解决海水对换热器的腐蚀问题。这样做虽然解决了腐蚀问题，但是又带来了其他问题。首先是钛板换热器价格昂贵，其次水路系统复杂。另外，在换热器海水与循环水交换中间存在温差。制热工况下进入蒸发器的水温降低，而在制冷工况下进入冷凝器水温提高，使制热量、制冷量降低，机组效率下降。所以如何从真正意义上解决海水的腐蚀问题，是海水源热泵能否大量应用和推广的关键。

海洋生物包括固着生物（藤壶类、牡蛎等）、粘附微生物（细菌、硅藻和真菌等）、附着生物（海藻类等）和吸营生物（贻贝、海葵等）。它们在适宜条件下大量繁殖，给海水循环带来极大危害。有些海生物极易大量粘附在管壁上，形成黏泥沉积引起结垢，严重时可直接堵塞管道。同时海生物给海水循环带来严重的腐蚀问题，海生物控制是海水源热泵的常见技术。

常用海生物控制的措施有：

（1）设置过滤装置。过滤是防止海生物等污染物质进入循环冷却水系统的有效方法。它包括：海水入口的一次滤网，即各种拦污栅、格栅及筛网，主要阻止海生物等异物进入海水冷却系统；进入凝汽器前的二次滤网，即在凝汽器入口尽可能设置粗滤器及涡流过滤器等设备，使进入的一些海生物等异物不能最后进入冷凝器。

（2）防污涂漆。防污涂漆的主要成分以有机锡系和硅系漆为主。涂层的主要部位包括循环水系统（循环水管、海水管、冷凝水室、循环水泵等）和吸水口周围设备（旋转筛网等)。防污漆法是通过漆膜中的防污剂的药物作用和漆膜表面的物理作用来防止海生物污损的。

(3)投加杀生剂。海生物包括菌藻、微生物及大海生物，其中控制菌藻、微生物的药剂有许多种类，但控制大海生物如贝类等的药剂很少。控制海生物的杀生剂主要包括氧化型杀生剂（氯气、二氧化氯和臭氧等）和非氧化型杀生剂（新洁尔灭、十六烷基氯化吡啶和异氰尿酸酯等）两大类。黏泥杀菌剂有松香胺、松香胺与环氧乙烷聚合物等。

取水水泵的腐蚀问题是海水源热泵的技术问题之一。若泵轴本身没采取任何防腐措施，泵上下轴承支撑结构导致海水在泵管内形成滞留区，下轴承区导流罩外处于主流道的位置，海水流量大，不锈钢易保持钝性状态，泥沙不易沉积。导流罩内海水受到阻滞，不锈钢不易钝化，轴和轴承之间的润滑通过辅助叶轮将水打入轴承间隙润滑，上轴承安装在由泵体伸出管上，海水通过盘根和泵体上压盖间隙维持循环，如果泥沙堵塞或流量减少，形成恶劣的局部环境，造成上轴承区轴的严重腐蚀，而下轴承区相对较轻。另外，腐蚀部位集中在海水流动性差、结构缝隙的部位，表面腐蚀的发生和发展与相对静止的环境有关，腐蚀不会在运转期间发生，而是在静止期间发生。

3. 取水方式

对于海水的取水，目前有两种方式：直接取水和间接取水。直接取水即通过管道和水泵将海水直接送至机房；而间接取水则是通过海滩砂层的过滤作用，海水渗透到建筑附近的取水井，利用取水管道将取水井的水送至机房。渗透取水（图 3-32）的水质较好，避免了藻类等对系统不利的因素。更为重要的是，由于渗透经过了土壤的热交换，冬季水温要比海水本身的温度高，有利于提高海水源热泵的效率。直接取水时因为海水的分层现象不明显、水温稳定、水位稳定，不会因冬季和夏季水位的不同而需要考虑合适的取水口，即取水口的设置相对简单。为避免取水扬程过大，同时在过渡季节取水管道中无水的现象，取水一般在取水头侧设置潜水泵，水泵出水管道安装止回阀，防止管道缺水。为避免海浪对潜水泵的冲击造成位移，在潜水泵的安装位置要设置取水构筑物固定水泵。同时，潜水泵的供电线路沿取水管道走向进行铺设，并做好防腐措施。

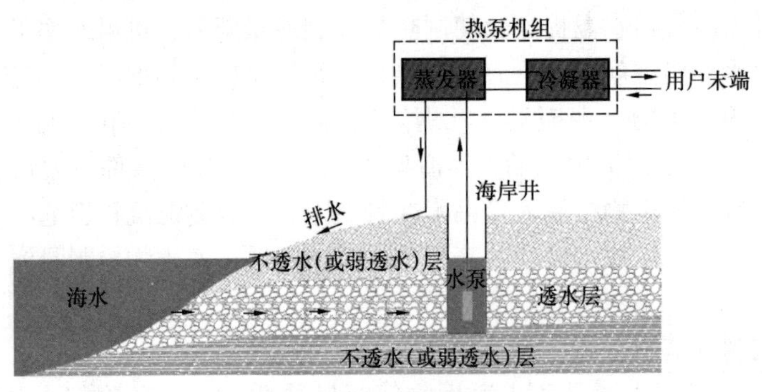

图 3-32　渗水取水

4. 海水利用方式

在海水源热泵系统利用的初期，直接取水方式一般采用在海水和机组之间加中间换热器的传统做法，中间换热器采用价格昂贵的钛合金换热器避免海水的腐蚀。这种方式却增大了海水的传热温差，即不能有效地利用海水的能量，同时由于要设置一次水泵和二次循环水泵，也导致水泵的能耗增加。这种海水利用方式可以满足传统的水源热泵机组的要求，但是不能达到较大的系统能效比。

另外一种方式是改变传统水源热泵机组的构造，海水直接进机组成为可能。这种方式减小了传热温差，提高了机组的效率。

海水间接利用方式通常采用闭式系统。这种方式避免了海水取水口设置问题。但由于管材采用防腐蚀的塑料管材，海水和管壁之间有传热温差的存在，会导致不能充分利用海水的能量。特别是在冬季温度较低的区域，闭式系统内的循环水可能结冰。因此，海水侧的循环水可能要充注防冻液。

大规模采用闭式海水源热泵系统，换热器在海水中的安装是技术难点。海浪对海中物体的冲击，将可能导致损坏固定闭式换热器的设施。另外，临海人员和船只的活动也可能损坏换热器。对于建筑负荷相对较小、建筑紧临海岸、便于管理的区域，可以采用闭式海水源热泵；而建筑负荷大、不便管理的区域，建议不采用闭式海水源热泵系统，而应采用其他利用方式。

5. *海水源热泵原理*

海水源热泵空调系统由海水循环管路系统，水环热泵系统和室内空调管路系统3部分组成。其工作原理是在夏季将建筑物中的热量转移到海水中，由于海水温度相对于空气温度要低，所以可以高效地带走热量，而冬季则从海水中提取低位热能，由热泵原理通过温度提升后的空气或水送到建筑物中，为室内供热（图3-33）。冬季供热时，从取水口来的海水通过换热器将热量传递给水环系统的循环工质（水或抗冻的混合溶液），海水放出热量后，温度降低，由排水口排入大海中，这一过程为一次换热过程。水环系统的循环工质将吸收来的热量送入热泵机组的蒸发器中，将热量传递给热泵工质，这一过程为二次换热过程。热泵机组再通过热泵原理来加热室内送风。因此海水源热泵空调系统通过两次换热过程将从海水吸收来的热量传递给室内空气，达到向室内供热的目的。当室内空调末端采用风机盘管或提供生活热水时，则选用水—水热泵机组，利用海水的热量加热空调回水或加热洗澡用热水。

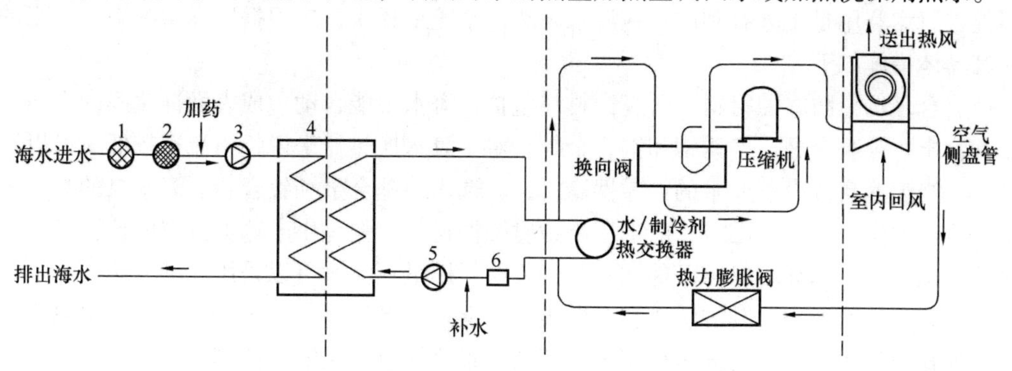

图3-33　冬季海水源热泵供热模式原理图

1—粗过滤器；2—精过滤器；3—循环水泵；4—板式换热器；5—冷却水泵；6—电子水处理仪

夏季制冷时，从取水口来的海水通过板式换热器将冷量传递给水环系统的循环工质（水或抗冻水溶液），海水放出冷量后，温度升高，由排水口排入大海中，而水环系统的循环工质将吸收来的冷量在热泵机组的冷凝器中释放出来，通过热泵循环再将冷量输送给热泵机组蒸发器来冷却室内送风（图 3-34）。

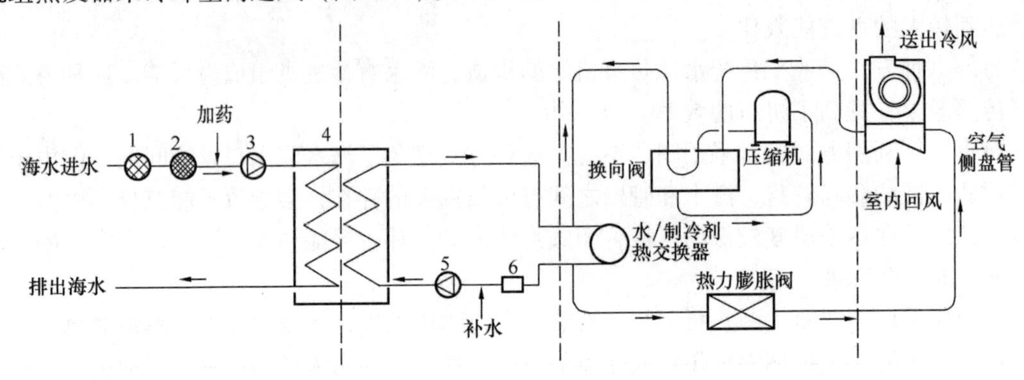

图 3-34　夏季供冷模式原理图

1—粗过滤器；2—精过滤器；3—循环水泵；4—板式换热器；5—冷却水泵；6—电子水处理仪

当热泵系统需要同时供热供冷时，可通过水环热泵系统实现系统内部热量转移。在该工程中，夏季空调系统需要制冷时，浴室热水供应系统需要供热，因此可通过水环系统的循环工质将空调系统排出的部分冷凝热输送给热水供应系统，用来加热储热水箱中的洗澡热水，而多余的热量则排放给海水。当需热量与需冷量平衡时，可不需向海水排热或从海水吸热，这一系统循环方式的转换通过配套的自动控制系统来完成。

6. 应用问题及策略

1）腐蚀问题及防腐措施

海水中具有自然界中最丰富的天然电解质，有很强的腐蚀性，许多材料在海洋环境中使用时都会遭受不同程度的腐蚀破坏，而材料腐蚀会造成相当大的经济损失。金属在海水中的腐蚀程度主要与海水的盐度、电导率、pH 值与溶解氧有关。目前，对于海水腐蚀问题国内外均有较成熟的经验，已不再是海水利用的障碍，而且高新技术仍在不断地研究开发之中，这对促进海水利用是十分有利的。在海水源热泵系统工程中，应根据实际情况采取适当的措施，其具体措施如下：

（1）合理选择防腐蚀材料：防腐蚀材料包括在海水中能自动形成表面钝化膜的金属，如钛及其合金、镍基合金、不锈钢和铜合金等。对于海水换热器来说，当流速较低时可以采用铜合金；当流速高或设备要求的可靠性高时，应选用镍基合金和钛合金。海水泵的某些配合件不允许产生腐蚀且防护困难，应选用高耐腐蚀性材料。但是由于这类金属的价格高，应根据实际情况选用，如环境腐蚀条件比较苛刻或材料用量不大时可以采用此种方法。

（2）管道涂层保护：其方法是在金属表面涂上一层保护膜，将金属管道与海水隔离。目前国内外普遍使用的涂料有环氧树脂漆、环氧沥青涂料以及硅酸锌漆等。

（3）阴极保护：利用金属电化学腐蚀原理，将被保护的金属设备进行外加阴极极化，以减轻或防止海水管道的金属表面由于电化学原因引起的均匀和局部腐蚀。通常的做法有牺牲阳极的阴极保护法和外加电流的阴极保护法。这种方法投资少，收效大，保护周期长。

2）海洋生物附着问题及防护措施

海洋附着生物又称为污损生物，最常见的有两种：①硬壳生物：结壳苔藓虫、软体动物、珊瑚虫等；②无硬壳生物：海藻、腔肠动物或水螅虫等。

海生物附着造成的破坏作用包括：①由于海生物附着不完整、不均匀，将造成金属管道的局部腐蚀或缝隙腐蚀；②由于生物的生命活动，使局部海水的成分发生改变，如藻类植物由于光合作用将使附着区域海水的氧浓度增加，从而加速某些金属的腐蚀速度；③藻类、硬壳类生物附着在管道内部，在适宜的条件下大量繁殖，可堵塞管道，影响设备的正常运行。因此，海生物附着对系统运行造成很大的影响，应采取措施加以防护。

主要措施如下：①为防止硬壳类生物进入管道系统，应在外网取水口附近设置过滤装置；②对于无硬壳海生物，设置过滤器无法拦截，应采取向管路系统投放药物的方法加以防护，如氧化型杀生剂（氯气、二氧化氯、臭氧等）和非氧化型杀生剂（十六烷基化吡啶、异氰尿酸酯等）；或采用电解海水法，使电解产生的次氯酸钠杀死海洋生物幼虫或虫卵。

3.6.6　地下水源热泵

地下水源热泵系统近几年在我国得到了迅速的发展，这种系统以地下水作为热泵机组的低温热源，因此，需要有丰富和稳定的地下水资源作为先决条件。地下水源热泵系统的经济性与地下水层的深度有很大的关系，如果地下水位较低，不仅成井的费用增加，而且运行中水泵耗电过高，将大大降低系统的效率。地下水资源是当前最紧缺、最宝贵的资源，任何对地下水资源的浪费或污染都是绝对不允许的，因此，地下水源热泵系统必须采取可靠的回灌措施，确保置换冷量或热量后的地下水 100% 回灌到同一含水层。

1. 地下水源热泵的工作原理（图 3-35）

水源热泵技术是利用地球表面浅层水源（如地下水、江河湖海水）、城市污水中吸收的太阳能和地热能而形成的低温低位热能资源，并采用热泵原理通过少量的高位电能输入，实现低位热能向高位热能转移的一种技术。

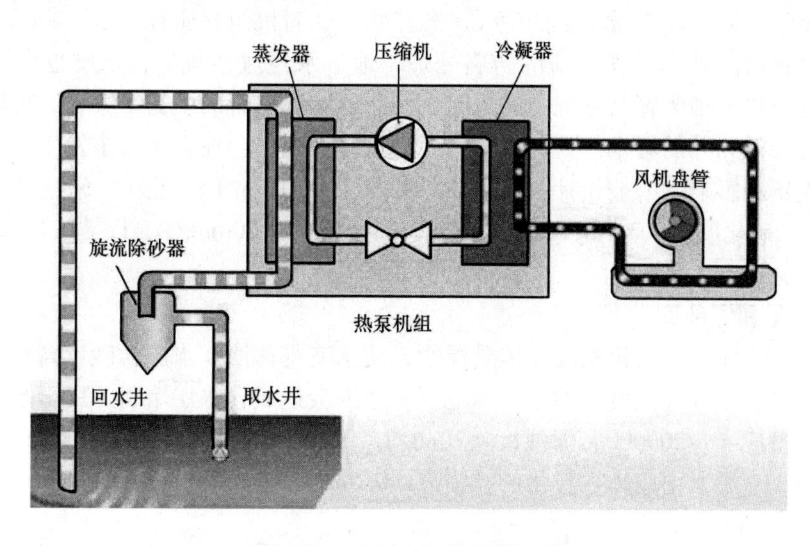

图 3-35　地下水源热泵原理图

地下水源热泵又称深井回灌式水源热泵，低位热源是从水井中抽取的地下水。冬季，热泵机组从供水井提供的地下水中吸热，提高品位后，对建筑物供热，把低位热源中的热量转移到需要供热和加湿的地方，取热后的地下水通过回灌井回到地下。夏季，则供水井与回灌井交换，而将室内余热转移到低位热源中，达到降温或制冷的目的。另外还可以起到养井的作用。如果地下水水质良好，则可以采用开式环路水系统，地下水直接进入热泵机组进行热交换。实际工程中更多采用闭式环路形式的热泵循环水系统，即采用板式换热器把地下水和通过热泵的循环水分隔开，以防止地下水中的泥沙和腐蚀性杂质对热泵机组造成影响。

由于较深的地层不会受到大气温度变化的干扰，故能常年保持恒定的温度，远高于冬季的室外空气温度，也低于夏季的室外空气温度，且具有较大的热容量，因此地下水源热泵系统的效率比空气源热泵高，COP 值一般在 3.5 ~ 5 之间，并且不存在结霜等问题。此外，冬季通过热泵吸收大地中的热量提高空气温度后对建筑物供热，同时使大地中的温度降低，即蓄存了冷量，可供夏季使用；夏季通过热泵把建筑物的热量传输给大地，对建筑物降温，同时在大地中蓄存热量以供冬季使用。这样，在地下水源热泵系统中大地起到了蓄能器的作用，进一步提高了空调系统全年的能源利用效率。

2. 影响因素分析

地下水源热泵对当地水源、场地环境、地质情况都有一定的要求，充足稳定的水量、合适的水温、合格的水质是保证水源热泵系统运行效果的重要因素。

（1）地下水水温

地下水水温随自然地理环境、地质条件及循环深度不同而变化。近地表处为变温带，变温带之下的一定深度为恒温带，地下水温不受太阳辐射影响。不同纬度地区的恒温带深度不同，水温范围 10 ~ 22℃。恒温带向下，地下水温随深度增加而升高，升高多少取决于不同地域和不同岩性的地热增温率。经江西省科学院能源研究所地下水源热泵实验平台动态测试，南昌地区恒温带地下水温基本维持在 21.4 ~ 22.4℃之间，适合热泵系统的运行。

（2）水质条件

地下水中通常溶有不同离子、分子、化合物和气体，使得水具有酸碱度、硬度、矿化度和腐蚀性等化学性质，还有微生物的生长、悬浮物等，对机组材质有一定影响。目前国内的地下水回路管道材料基本不作严格的防腐处理，地下水经过系统后，水质也会受到一定影响。这些问题直接表现为管路系统中的管路、换热器和滤水管的生物结垢和无机物沉淀，造成系统效率的降低和井的堵塞。更为严重的是，这些现象也会在含水层中发生，对地下水质和含水层产生不利影响。一般设计时对水质的要求主要有：pH 值应为 6.5 ~ 8.5，CaO 含量应 <200mg/L，矿化度应 <3g/L，$Cl^- < 100$mg/L，$SO_4^{2-} < 200$mg/L，$Fe^{2+} < 1$mg/L，$H^2S <$ 0.5mg/L，含砂量 $<1/200000$。

（3）含砂量和浑浊度

有些水源含有泥沙、有机物与胶体悬浮物，使水变得浑浊。水源含砂量高对机组和管阀会造成磨损。含砂量和浑浊度高的水用于地下水回灌会造成含水层堵塞。用于水源热泵系统的水源，含砂量应 $<1/200000$，浑浊度 <20mg/L。如果水源热泵水系统为闭式环路，采用了板式换热器，水源水中固体颗粒物的粒径应 <0.5mm。

（4）地质构造

为保护地下水资源，确保水源热泵系统长期可靠地运行，水源热泵系统工程中一般应采取回灌措施。回灌量大小与水文地质条件、成井工艺、回灌方法等因素有关，其中水文地质条件是影响回灌量的主要因素。一般来说，出水量大的井回灌量也大。在基岩裂隙含水层和岩溶含水层中回灌，在一个回灌年度内，回灌水位和单位回灌量变化都不大；在砾卵石含水层中，单位回灌量一般为单位出水量的 80% 以上；在粗砂含水层中，回灌量是出水量的

50%～70%；细砂含水层中，单位回灌量是单位出水量的30%～50%。

3. 存在问题分析

最近几年地下水源热泵系统在我国得到了迅速的发展，虽然它是一种环保、节能、先进的空调方式，但对于利用地下水这种资源仍然存在一些需要注意的问题：

（1）地质问题

地下水属于一种地质资源，大量采用地下水源热泵，如无可靠的回灌，将会引发严重的后果。地下水大量开采引起的地面沉降、地裂缝、地面塌陷等地质问题日渐显著。例如地下水的过度抽取引起的地面沉降，在我国浙江、江苏和整个华北平原，情况都仍然非常严重。地面沉降除了对地面的建筑设施产生破坏作用外，还会产生海水倒灌、河床升高等其他环境问题。对于地下水源热泵系统，若严格按照政府的要求实行地下水100%回灌到原含水层的话，总体来说地下水的供补是平衡的，局部的地下水位的变化也远小于没有回灌的情况，所以一般不会因抽灌地下水而产生地面沉降。但现在国内的实际使用过程中，由于回灌的堵塞问题没有根本解决，有可能出现地下水直接地表排放的情况。而一旦出现地质环境问题，往往是灾难性和无法恢复弥补的。

（2）水质问题

现在国内地下水源热泵的地下水回路都不是严格意义上的密封系统，回灌过程中的回扬、水回路中产生的负压和沉砂池，都会使外界的空气与地下水接触，导致地下水氧化。地下水氧化会产生一系列的水文地质问题，如地质化学变化、地质生物变化。另外，目前国内的地下水回路材料基本不作严格的防腐处理，地下水经过系统后，水质也会受到一定影响。这些问题直接表现为管路系统中的管路、换热器和滤水管的生物结垢和无机物沉淀，造成系统效率的降低和井的堵塞。更可怕的是，这些现象也会在含水层中发生，对地下水质和含水层产生不利影响。更深层的问题是地下水经过地下管路时温度、压力的变化是否会影响其热力学平衡状态，地下热环境会对区域生态带来怎样的影响。水资源是当前最紧缺、最宝贵的资源，任何对水资源的浪费和污染都是绝对不允许的。

4. 采用水源热泵必须注意的问题

虽然地下水源热泵是一种节能环保型的空调系统，但应用时必须保证对工程区地下水环境无影响或不良影响程度最小。应注意以下几个方面：

（1）回灌困难造成的水量损失。目前我国应用地下水源热泵系统时，有些工程的地下水回灌有困难，回灌井很容易堵塞。因此，回灌一段时间以后必须对回灌井进行回扬，排出一定水量，然后才能继续回灌。回扬所排出的水量完全废弃掉。另外有些用户人为将部分回灌水量私自排入市政管线，造成地下水资源损失，从而造成地下水资源的浪费。

（2）采用抽灌复合井方案可减少回灌井回扬水量损失，同时可以避免地面沉降问题。

（3）水温度场变化影响水质变化。目前，国家还没有关于地下水源热泵空调系统回灌水水质的具体标准，但回灌水水质至少等同于原抽取的地下水水质，以保证地下水回灌后不会引起区域性地下水质的污染。为此在采用地下水源热泵空调系统时应采取：在回灌井中设置回水管，并浸没于地下水位以下，确保地下水在封闭系统中；热泵空调系统中与地下水接触的部件应采用无污染、耐腐蚀材料制造；取水管路和回灌水管路应装有水表和采集水样用的旋塞阀；定期对地下水进行水质分析并将试验结果报送有关部门备案；发现地下水水质异常，应及时采取措施。

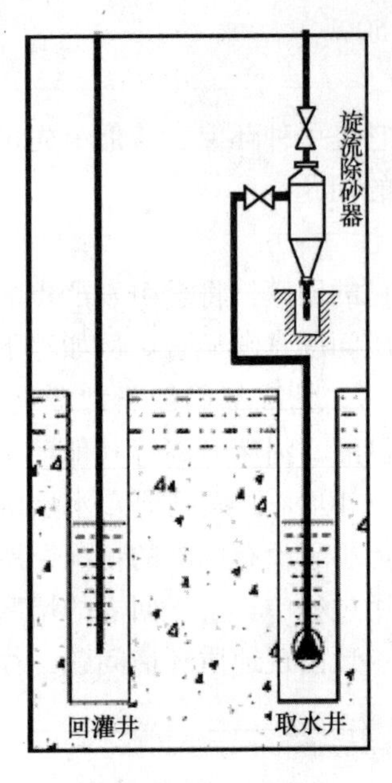

图 3-36　双井回灌

（4）地下水源热泵空调系统引起的地面沉降问题。根据土力学原理，地下水位下降，原地下水位以下土体的自重应力增加，对于高压缩性黏性土地基，特别当回灌率不足时，可能造成长期而难以察觉的地面沉降风险。因此，抽水井井位布设应尽可能远离建筑物基础，并控制抽水量，避免水位过大降深。

5. 回灌技术

（1）单井回灌与双井回灌

“中央液态冷热源环境系统”实际就是地源热泵系统的一种。该系统通过井水作为载体，使系统与浅表土壤进行能量交换。冬天，提取井水中的热量，夏天，提取井水中的冷量，把室内冷热量通过井水从另一口井回灌至地下的一般称为双井回灌（图 3-36）。而单井回灌（图 3-37），就是井水抽出经过热量交换后又回灌到原来同一口井中。单井回灌，下部潜泵抽水，上部回灌。图 3-38 为回灌井构造示意图。

（2）单井回灌的短路现象

“短路”就是回灌水没有充分与浅表土壤进行热量交换，温度尚未恢复到初始温度，就被抽回。

从理论上说，若井管隔板正好与隔水黏土层吻合，此隔水黏土层又连续足够大，就可以做到上回下抽不产生短路现象。但由于抽水量和回灌量的比例是由含水层地质构造所决定的，所以井管内分隔板的位置也不能随意确定，而隔水黏土层的位置更是千变万化，又由于黏土层厚度、连续性的不确定性，滤料与止水层的设计与施工无法做到准确一致。另外，有些地区没有隔水黏土层，为单一砂质卵石层，所以，短路现象非常普遍。

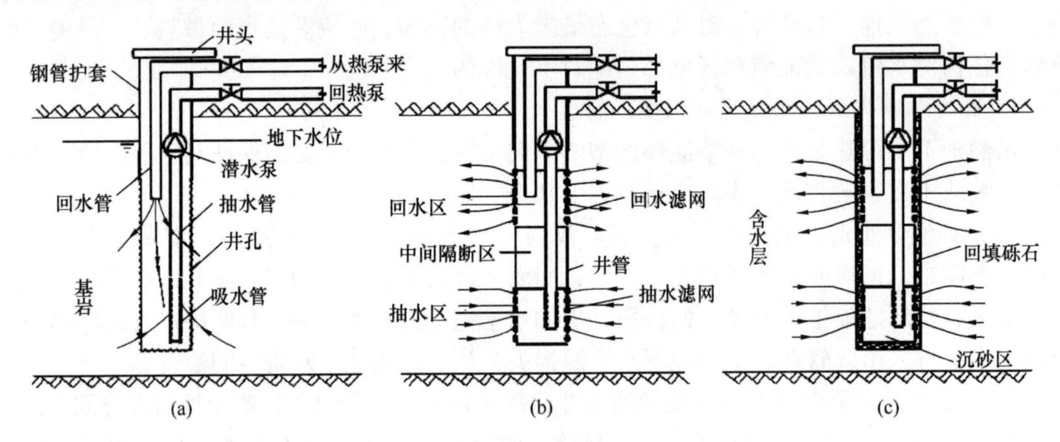

图 3-37　单井回灌

（a）循环单井；（b）抽灌同井；（c）填砾抽灌同井

由于回灌水到抽水口路程太短，回灌水与浅表土壤没有充分进行能量交换，温度不能复原，致使产生严重后果。冬天，井水出水温度会越来越低，甚至系统不能继续运转。夏天相反，井水出水温度会越来越高。经实际调查，某汽配城的单井回灌在酷热季节，其井水出水温度均在 37℃以上。

双井回灌的回灌水由于有足够长的时间和路程与土壤进行热量交换，所以不管夏天多热、冬天多冷，连续运行时都能使井水温度基本稳定在初始温度。因此，所有双井回灌系统夏天冷却水的初始温度都在15℃左右（北京地区）。在《中央液态冷热源环境系统设计施工图集》中，却把夏天制冷标准工况冷却水（即井水）进出口温度定为32℃/37℃。这是因为短路现象普遍存在，井水温度实在降不下来的缘故。

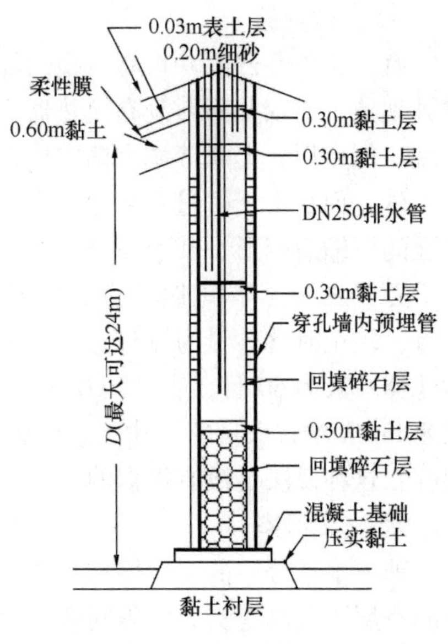

图3-38　回灌井构造示意图

（3）耗能问题

① 单井回灌大幅降低热泵机组效率，增加了投资费用和运行费用

由于夏天井水出口温度单井比双井高15℃以上，由《中央液态冷热源环境系统设计施工图集》第7页图表中看出，冷凝器出口温度从20℃提高到35℃，热泵制冷效率将下降9%，在其他条件不变情况下，机组容量将增大，机组投资增加，机组运行电费将提高。

② 冬天的单井回灌系统

冬天出水温度降低，不仅会降低热泵效率，严重者还会因结冰而无法继续运转。

③ 单井回灌并不比双井回灌少投资

单井回灌表面上好像比双井回灌少打井。其实不然，在相同地质条件下，出水量决定于含水层厚度。粗略讲，一口井只能半口抽，半口回，所以出水量必然要减少，总的打井数量并不能减少。

另外，由于井水出水温度夏天升高，冬天降低，《中央液态冷热源环境系统设计施工图集》中规定只能利用井水5℃温差的热量。而双井回灌，夏季可利用10℃温差，冬天可利用7~8℃温差，这样，单井回灌打井数量必须大于双井回灌的数量才能达到相同效果，从而增加了无效的投资。

④ 增加了泵送水量的功率损耗

5℃温差井水和10℃温差的相比，提取相同能量，将增加一倍水量，泵送功耗将增加到8倍，泵送电费也将增加到8倍。

（4）单井回灌的物理本质缺陷

水井是地源热泵系统与浅表地层土壤的换能器。井水是热泵系统与地层土壤交换能量的载体。从某种意义上讲，在抽水量相同条件下，抽水与回灌水的路径范围，决定了能提供能量的土壤范围，决定了热泵机组能输出能量的大小。

单井回灌，《中央液态冷热源环境系统设计施工图集》中规定最小井距为10m，就按此计算，其可提供能量的土壤为一直径10m的圆柱体。而双井回灌，距离一般为50m，回灌区直径为100m，其可提供能量的土壤为一直径100m的圆柱体。两者相差甚多。

（5）双井回灌的几个问题

有人指出双井回灌有3大问题，一是有移砂现象，会引起房倒屋塌；二是交叉污染；三是90%以上回灌一年后都堵塞。

① 移砂现象

有人称单井回灌井口有一换热器，不设除砂装置，抽上来的砂都回灌到原位，不会出现移砂现象。而双井回灌没有换热器，有除砂器，砂子回不到原位。日积月累就会把砂掏空，出现房倒屋塌。上海等城市确实出现过地面沉降、局部塌陷的现象，但其原因，不是由于抽出了砂，而是由于过量开采地下水。承压的地下水被抽走后，地下土层中的泥砂、黏土受到更强的压缩而变形，其中黏土变形占70%，砂层变形占30%。合格的井，水中含砂量仅为二十万分之一（体积比），而且井水的含砂量是逐渐降低的。据成都西郊水源地17眼管井调查，竣工时含砂量为万分之一，投产一年后只有百万分之几。就算有二十万分之一的砂，过滤器一般为60目，直径约0.3mm，滤除的仅是0.3以上的砂子。10000m^2的建筑，需一眼80m^3/h左右水量的水井。一年滤出的砂子也就是几千克到十几千克，怎么会引起房倒屋塌呢？这种说法是没有根据的。

② 交叉污染

地下水是分层的，每层水都在流动。只要取水和回灌路径是封闭的，没有污染物进入，在同一层内就没有交叉污染问题。交叉污染一般应指层间交叉污染，尤其应指大部分已被污染的地表水和未被污染的深层水之间的交叉污染。对于目前地源热泵水源井，一般只允许开采浅层地表水。无论对于单井回灌还是双井回灌，应该说都是安全的。要说有问题，单井40℃左右热水的回灌倒是一个值得注意的问题。

③ 回灌堵塞问题

任何过滤器都有一个易堵塞的问题。水井井管外围都有一个大过滤器，井水回灌时，不论是单井还是双井都可能会堵塞，关键是能否采取有效的措施加以防止和克服。这些措施包括井的设计、井的施工、井的管理。只要措施得当，回灌堵塞问题不难解决。举一个例子，水系统过滤器，一般用反冲来定期清洗，就能保证长期连续工作而不堵塞。双井回灌，定期抽灌轮换，实际上也是定期反冲清洗，是长期保持回灌不堵的一个重要方法。在这一点上，单井回灌就很难实现，就不如双井回灌有利。

从技术上讲，双井回灌比单井回灌优点更多，运行也更安全。

3.6.7 污水源热泵

城市原生污水中存在巨大的能量，在城市中应用与发展污水源热泵，是改变以煤为主的能源消费有效途径，为可再生能源的应用拓展了新的空间，原生污水再利用，让城市原生污水源热泵空调系统成为供暖制冷的新方式。

我国每年排放城市原生污水可达400亿t左右，随着城市化进程的加快，污水排放量还将继续增加。原生污水源热泵空调系统的工作原理与风冷热泵基本相同，都是一个“搬运”能量的过程。城市原生污水源热泵是建筑节能必不可少的重要设备，是采用市政污水这种可再生能源作为冷热源来为用户供暖制冷，这种设备替代了传统锅炉和空调两套供暖制冷系统，既节能又环保。城市原生污水水温在冬季通常为13～17℃，在夏季为22～25℃。为用户供热时，污水源热泵空调系统从原生污水源中提取低品位热能，通过电能驱动的水源热泵主机送到高温段，以满足用户中央空调等供热需求。用户供冷时，城市原生污水源热泵空调系统将用户室内的余热通过水源热泵主机（制冷）转移到原生污水源中，以满足用户制冷需求。

1. 城市污水热能

城市原生污水具有明显的3大特点：一是城市原生污水水温“冬暖夏凉”。冬季城市原生污水管道内集中收集的污水平均温度在15℃左右，由于各个城市自来水水源不同导致污水温度有所差异，采用地下水作为自来水水源的城市污水温度在18～22℃之间，采用地表水作为自来水水源的城市污水温度在10～15℃之间，整体高于环境温度；夏季，城市污水温度在22～26℃之间，整体低于环境温度。可见，城市污水的温度是可以很好地与热泵机组匹配。二是，城市原生污水水量巨大且流量稳定。城市原生污水主要由生活污水和工业废水组成，城市原生污水的日流量时有变化，经过研究人员对典型污水干渠流量的监测，小型干渠污水流量昼夜变化在40%左右，大型干渠污水流量昼夜变化在20%左右，其中生活污水的水量变化与人的生活习性相吻合，工业废水的流量相对稳定。三是污水水质复杂。城市原生污水的物理成分复杂，主要有动植物残体、塑料袋、毛发、纸屑等大尺度污杂物。这些物质主要表现为硬性、脆性、柔性，存在的形式主要是球状、块状、条状、片状、丝状等。这些大尺度污杂物浓度较大，经测量平均浓度为1%，也就意味着如果利用100t原生污水，每小时将要过滤掉1t的污杂物。

城市污水冷热资源利用的对象是经处理后的污水或未经处理的污水，城市污水具有以下热能方面的特点。

（1）冬暖夏凉

与河水水温和气温相比，城市污水水温在冬季最高，夏季最低。这种差值是因为城市污水吸收大量城市中排放的能量造成的，在有些地区这种现象可能更为明显。随着城市设施不断完善、人民生活水平不断提高和经济的快速发展，城市人均能源消费水平进一步增加，城市热量排放增多，冬季污水水温变得更高，这将有利于把城市污水作为热源回收利用。

（2）年水温变化幅度较小

城市污水处理厂的出水水量稳定，水温比较恒定，常年保持在一定的范围内，具有冬暖夏凉的特点。以北京市某污水处理厂为例，其处理后的二级出水冬季水温可达13.5～16.5℃，平均高出周围环境温度20℃左右，夏季出水水温为22～25℃，要低于外界环境温度十几摄氏度。重庆市城市生活污水温度夏季在22～27℃，冬季在14～20℃。城市污水中含有大量的低位能源，若以适当的途径加以利用，可以节约大量能源，降低部分污水处理费用，还可以为节约能源与新能源的开发利用寻找一个有效的途径。

（3）受气候影响小

利用太阳能的主要缺陷是除夜间不能利用外，还受阴雨等气候因素的影响很大，因而太阳能是一种不稳定的热源。而城市污水中的热能利用，受气象等因素的影响很小。

（4）热能的存量较高

看似没用的城市污水中其实蕴藏着不少能源，如黄河以及长江流域污水处理厂的二级出水冬季温度为17～28℃，在整个采暖期内水温波动不大，因此城市污水是热泵系统优良的低温热源。目前，热泵技术已发展到可直接回收利用未经处理的城市污水的热能。我国大部分城市均可应用污水源热泵系统，根据日本东京都下水道局的测算，在可利用的城市热能中，城市污水的热量最高，约占总体的39%。在尚未有效利用的低位能源中，城市污水因一年四季温度变化较小、数量稳定、具有冬暖夏凉的温度、赋存的热量较大、易于通过现有的城市污水管道进行收集等特点，被公认为是可回收和利用的清洁能源。有效回收与利用城市污水热能，将是今后城市污水资源化的一项理想的先进技术。

（5）污水热能口可在低温区利用

虽然城市污水热能赋存量很大，但从有效利用的角度看却不适于用做动力，只适合在50℃左右以下的低温区内进行利用，而在这一区域则有很大的潜力。随着人民生活水平的提高和城市化进程的加快，城市生活中在空调（冷气和暖气）和热水供应方面所消耗的能源增加显著，而这种能源需求受气候影响较大，温度要求通常在5～60℃范围内的低温区域。对这部分庞大的能源消费，目前通常是通过燃烧化石燃料来获取几百度到上千度以上的高温来实现的，从而导致了大量的能源浪费。如果通过利用城市污水中赋存的热能来满足这部分能源需求，无疑会大大节省能源，并且提高能源的综合利用

（6）污水排放量的趋势

城市每天都要排出大量污水，并且逐年在提高，预计到2015年我国城市污水年处理量将达到420亿吨。随着生活水平的提高，我国城市污水的排放还在逐年提高。

2. 污水源热泵的工作原理

污水源热泵的工作流程如图3-39所示。冬季供热运行时，废水经旋转式连续过滤除污器净化后，由污水提升泵加压流经污水源热泵专用蒸发器，在蒸发器内，废水中的热焓被进入蒸发器的低温液态工质汽化吸收。废水温度降5～7℃后回放至排水口排放，或进入中水处理装置处理后另做它用。在蒸发器内汽化后的低温工质气体经吸气管进入压缩机，经绝热压缩后变为高温高压工质过热气体，并经排气管进入污水源热泵专用冷凝器，在冷凝器内，采暖（空调）系统的回水，吸收高温高压工质气体的汽化潜热温度升至55～60℃后向用户供热，而高温工质气体则冷凝为液态，经节流后再进入蒸发器。重复上述过程，不断地吸收废水中的热量。夏季供冷时，系统水路进行切换，即空调系统水进蒸发器，降温后供向用户，污水进入冷凝器，升温后将热量带走排放掉。

3. 利用的条件

要利用城市排水中蕴藏的冷热资源，需要具备以下一些基本条件：

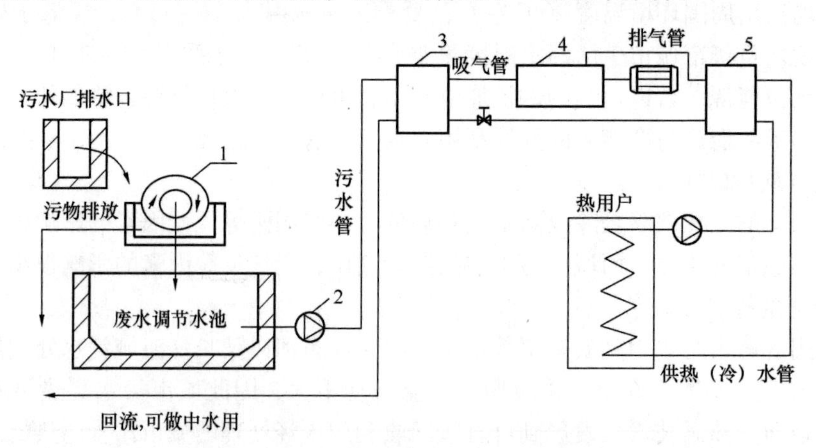

图3-39　污水源热泵原理图

1—旋转式连续过滤除污器；2—污水提升泵；3—污水源热泵专用蒸发器；4—半封闭螺杆式压缩机；5—污水源热泵专用冷凝器

（1）排水温度要适合作为冷热源的品位要求。例如，当建筑物需要热量而排水温度低于建筑物内的温度时，不能直接将排水冷热资源用于供热中，而是要通过热泵等装置消耗电能或其他形式的能量与热能之间的转化来吸收排水中的热量以达到制热的目的。而热泵的效率直接和排水温度相关，热泵效率随排水温度的降低而减少。当排水温度降低到某一临界值时，即使技术上可行，但利用排水冷热资源在经济上已失去了可行性时，该排水的品位就失去了利用的必要。

（2）排水量要满足可靠性和稳定性的要求。一定数量的城市排水量所能提供的冷热资源总是有限的。因此，要满足城市排水作为建筑冷热源的容量要求，必须要求有足够的排水流量。城市排水量在全天和全年均具有明显的时间峰谷性，排水流量须在波谷期间满足流量要求，否则将需要其他形式的能量供应形式来弥补城市排水冷热资源容量波动的缺陷。

（3）排水水质要满足水处理技术难度的要求。对城市排水冷热资源的利用必然伴随着对排水水质的处理，水质处理程度可能随排水水质和排水冷热资源利用技术本身而不同。简易的水质处理技术，如过滤、沉淀等是城市排水冷热资源利用在技术和经济上可行的前提。

（4）应用选择要满足环境和相关法规要求。城市排水冷热资源利用选址要确定在排水量丰富并稳定的排水管段，并且尽量与所服务的建筑保持较近的输配距离以节省取水和能量输配所需的能量。此外，选址对环境的影响要小，排水尤其是污水的臭气对居民和环境的影响要通过环境影响评价。选择还不能影响市政排水系统原来设计的流量分布，需要和城市市政实施管理部门和城市排水系统管理部门取得协调，满足国家和地方相关的法规要求，不能因为排水冷热资源的利用而造成城市排水系统的紊乱。

4. 利用的方式

污水源热泵技术是城市排水冷热资源利用的主要技术。根据采用的水质不同，污水源热泵系统可分为两类：①以未处理污水为热源；②以二级出水或中水为热源。未经处理的污水称为原生污水，是污水源热泵系统应用的主体对象，在城市污水干管上广泛分布，资源丰富，取水方便；而二级出水或中水则局限于污水处理厂，应用地点受到限制。目前污水源热泵系统首推的是前者，即原生污水源热泵系统。

根据污水是否直接进入热泵机组，污水源热泵系统可分为直接式与间接式两类。若污水直接进入热泵机组的蒸发器或冷凝器换热则为直接式系统，若污水与中介水换热，中介水进入机组则为间接式系统。蓄冷/蓄热槽通常在实际工程中就是空调末端系统或者卫生热水供应的用水末端器具。完全不加处理的城市原生污水，只要使用旋转反冲洗的防阻技术，整个系统便可长期连续安全取热、取冷运行。

由于直接式系统对污水源热泵机组蒸发器与冷凝器的抗堵塞、抗污染与抗腐蚀的能力有很高的要求，故蒸发器与冷凝器必须使用合金钢材质，例如镍铜合金、钛合金等。又由于同样的原因，换热表面不可采用波纹、内肋等加强换热、节省换热面积的措施，蒸发器应为满液式，这些都将大大提高了合金钢用量，从而提高蒸发器与冷凝器的制造成本。与此相比，虽然间接式系统需多设一级换热器，但该换热器完全可以使用碳钢材质，而蒸发器与冷凝器中由于是水的闭式循环，其造价可大大降低。因此总的来看直接式系统初投资要高于间接式系统。另一方面，间接式系统比直接式多了一级中间换热，显然会增大整个系统的阻力损失，这就意味着系统能源利用效率的降低以及相应运行费用的提高。但由于间接式系统的可靠性和对机组防腐防堵性能要求的降低，目前实际工程中应用较多的还是间接式污水源热泵系统。

5. 污水源热泵应用需要注意的问题

城市污水是由生活污水和工业废水组成的，成分比较复杂。这样就给以城市污水为水源的污水热能回收系统带来挑战。针对生活污水和工业废水的特点参考相关文献，提出以下几个需要注意的问题。

（1）污水在流经管道和设备时，在换热器内部表层易出现积垢，有益于微生物繁殖，甚至污水中的油性物质也会粘附在管道内壁上，稍大些的悬浮物会堵塞管道口和设备入口。最终导致污水流动受阻，使设备传热受到影响。

（2）污水中还有氧化性强的物质可以腐蚀管道壁，使设备使用寿命缩短。

（3）由于污水流动受阻或者设备入口堵塞，给设备维修和管理带来不便，工作量增加。

（4）污水流动受阻或者设备老化结垢会导致机组耗功增加。冷凝温度升高1℃，耗电量增加3.2%。当冷凝器结水垢为1.5mm时，冷凝温度升高2.8℃，耗电量增加9.7%。

综上所述，污水源热泵系统需要设置一定的污水处理装置，防止污水腐蚀管道和设备；污水管道应使用耐腐蚀抗氧化的材料；要对设备和管道及时清洁防止堵塞；保护设备的同时也要考虑到系统运行后，污水热量变化对后续处理工艺的影响。

6. 关键技术

虽然城市污水中赋存较多的热量，但城市污水中常含有大量的容易堵塞热交换器等一些机械设备的悬浮物、油脂类污物以及容易使管道腐蚀生锈的硫化氢等。特别是直接利用未经处理的城市污水时，其悬浮物、油脂类污物、硫化氢等均要比二级处理水高出十倍乃至几十倍。因此，为了有效地回收与利用城市污水热能，使城市污水热能回收与利用系统达到理想的运行效果，必须解决以下相应的技术上的问题。

（1）污水防阻机

该设备由哈尔滨工业大学科研人员发明前置处理设备。该设备又称“滤面水力连续自清装置”，它可以使用污水本身对滤面进行连续的清洗，确保了经过该设备的污水到后面的换热设备中安全换热。

设备的原理如图3-40所示。滤面自身旋转，在任意时刻都有部分滤面位于过滤的工

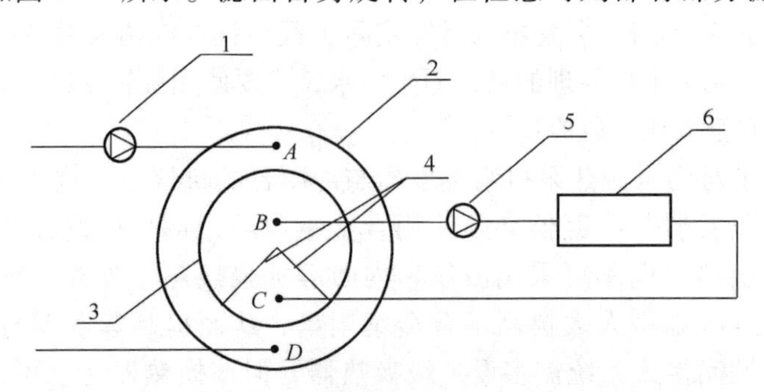

图3-40　滤面水力连续自清装置

1—一级污水泵；2—外壳；3—旋转滤网；4—内挡板；5—二级污水泵；6—污水换热器

作区，另一部分滤面位于水力反冲区。在滤面旋转一周的几秒到十几秒时间内，每个滤孔都有部分时间在过滤的工作区行使过滤功能，另一部分时间在反冲区被反洗，以恢复过滤功能，这里称之为滤面过滤功能的再生。污水过滤后在换热设备内无堵塞换热，换热后的污水回到污水热能处理机的反冲区对滤面实施反冲，并将反冲掉的污杂物全部带走至排放处。该装置可用于任何污杂物含量的污水，工作可靠，价格低廉，无需人工清理污杂物。

如果使用污杂物含量很高的原生污水，那么使用该装置几乎是唯一的办法。即使是使用水质较好的江、河、湖、海水，为防止污杂物在换热设备中的积累，也可以使用该设备。

（2）污水换热器

前已述及，污水的黏度大，对换热面污染严重，这就决定了污水换热器与普通的换热器有很大的不同。首先，为了防堵塞、抗污染，换热器中污水的流道应该比较宽大、平滑，不可采用通常的所谓加强换热的几何措施；其次，考虑污水黏度和结垢的影响，对换热器应该进行不同于清水的正确的设计计算；第三，污染毕竟是不可避免的，换热器应该具有方便人工清洗的措施。根据这些要点，在已有的紧凑式换热器形式中，壳管式是比较适用的。壳管式换热器的管流道是对污水最适合的流道，它平直易于除污。根据对该换热器的重新设计计算发现，该换热器必须是多管程的，具有特定的结构形式。

3.7 地热建筑应用实例

3.7.1 某地产项目土壤源热泵项目

此项目规划建设用地面积约56.34公顷，总建筑面积约176万m^2，其中住宅建筑面积101万m^2，公建建筑面积约75万m^2。项目首期C地块主要建设住宅，规划总建筑面积420913m^2，其中地上建筑面积375525m^2（包括住宅总面积347925m^2，36班小学15500m^2，18班幼儿园4000m^2，沿街商业3000m^2，综合楼5100m^2），地下建筑面积45388m^2（包括地下车库面积35990m^2，地下住宅储藏室9398m^2）。

住宅全部为32层高层剪力墙结构。高层设计中层高3.0m，首层层高3.8m，每单元设计入户大堂，大堂高度达到4.45m，并根据规范比例考虑无障碍设计。每户设置凸窗、阳台，考虑厨房烟道和空调机位设计。因市政供热管网暂无法提供，采暖采用地源热泵供暖。

1. 工程设计参数

室外气象参数

冬季空调室外计算温度：－10℃

采暖期室外平均温度：－7℃

夏季空调室外计算干球温度：34.7℃

夏季空调室外计算湿球温度：26.5℃

2. 室内设计温度

冬季室内设计温度：20±2℃

夏季室内设计温度：26 ±2℃

3. 末端供回水设计参数

冬季供回水设计参数为45/40℃，夏季供回水设计参数为7/12℃。

4. 冷热负荷估算

空调系统覆盖的建筑面积375525m^2，系统总冷负荷20654kW，热负荷16899kW。

5. 土壤埋管换热系统设计

（1）简述地埋管换热系统的钻孔总长度。

本工程根据计算负荷，得出钻孔总长度约为314000m。

（2）简述地埋管类型、钻孔深度、孔间距、埋管管径等信息。

地埋管换热器采用竖直埋管，选取矩阵型排列。钻孔深度100m，钻孔间距取4.0m×4.0m（行间距×列间距），钻孔半径设为0.065m。本方案选用单U型DE25的PE管。

（3）说明该工程使用的埋管材料及其耐压值

该工程的埋管管材采用目前国际上广泛使用的高密度聚乙烯管(PE3408)，其导热系数为0.42W/(m℃)；标准尺寸比为SDR11。公称压力为1.6MPa。

（4）根据实测数据，该地区土壤埋管换热系统的单位管长放热量为71W/m，单位管长取热量为68W/m，本设计单位孔深放热量取71W/m，单位孔深取热量取68W/m。

（5）全年热泵从岩土中取热量15573773kWh，向岩土层放热量14228372kWh。

6. 热泵系统原理图（图3-41）

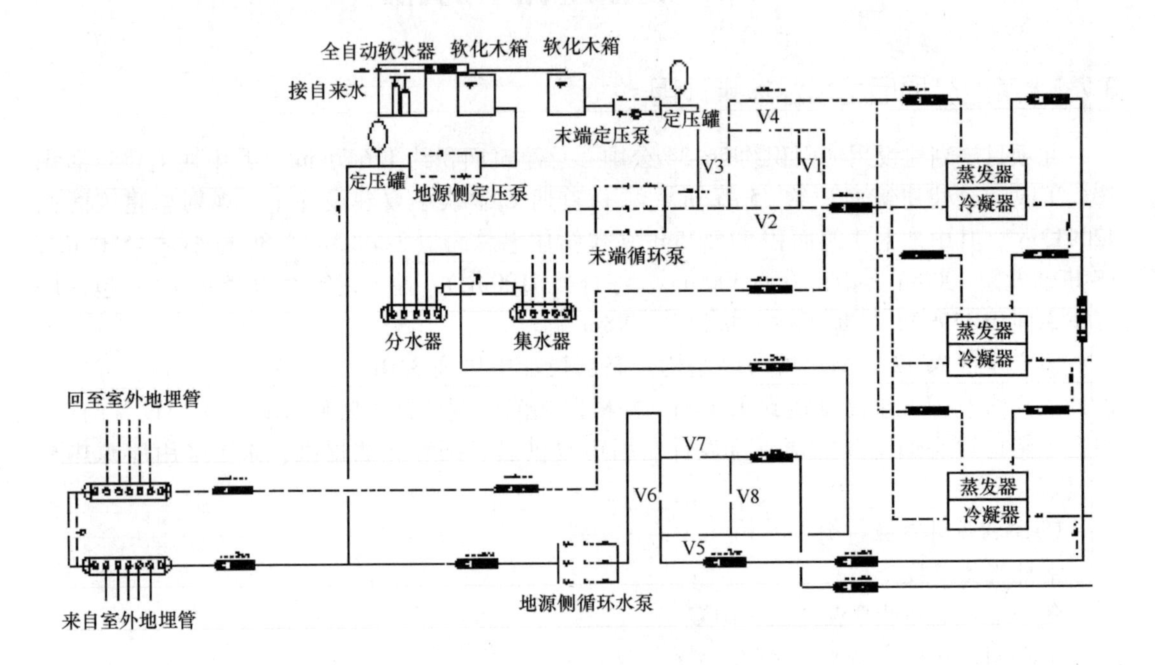

图3-41 地源热泵空调系统环路构成示意图

7. 主要设备表及设备参数（表3-3）

（列出该工程的主要设备名称、设备型号、台数、性能参数）

表3-3　主要设备表

	设备名称	品　牌	规格型号	数　量	性能参数
主要设备材料	地源热泵机组	上海富田	SPING-WH-520A-2D	12台	
	末端水泵	上海凯泉	KQW150/345-30/4	12台	
	地源侧水泵	上海凯泉	KQW150/320-22/4	12台	
	定压罐	上海凯泉	$\phi 1000 \times 2000$	4台	
	地源侧分、集水器		$\phi 700 \times 4200$	8台	
	末端分、集水器		$\phi 600 \times 2700$	8台	
	地源侧软化水箱		$2000 \times 2000 \times 3500$	4台	
	末端软化水箱		$2500 \times 2500 \times 2500$	4台	
	全自动软水器	威海前卫机械厂	$850m^3/h$	4台	
	末端定压补水装置		$\phi 1000 \times 2000$；$Q = 41m^3/h$，$H = 81mH_2O$	4台	一罐两泵

8. 节能设计

地埋管地源热泵系统，是通过循环液（水或以水为主要成分的防冻液）在封闭的地下埋管中流动，实现系统与大地之间的传热。由于较深的土层在未受干扰的情况下常年保持恒定的温度，因此地源热泵系统可克服空气源热泵的技术障碍，且效率大大提高。此外，冬季通过热泵把大地中的热量升高温度后对建筑供热，同时使大地中的温度降低，即蓄存了冷量，可供夏季使用；夏季通过热泵把建筑物中的热量传输给大地，对建筑物降温，同时在大地中蓄存热量以供冬季使用。这样在地源热泵系统中大地起到了蓄能器的作用，进一步提高了空调系统全年的能源利用效率。

地源热泵系统在冬季制热模式下，建筑供热所需热量有70%以上来自于地下，其系统运行费用仅为普通中央空调系统的40%~60%，地源热泵系统以电力为驱动能源，无燃煤、油、气装置及相关设施，运行安全可靠，节能环保。

3.7.2　某发电厂综合楼海水源热泵项目

1. 工程实例概况

该工程建筑共2层，一层为职工食堂，二层为工会办公楼，层高均为4.5m，建筑面积$2400m^2$。空调总面积为$1871.5m^2$（不计算浴室面积）。此热泵空调系统同时供应洗澡热水，按$100m^3$/天计。一层职工食堂，分为就餐区和厨房灶间两部分，24小时正常营业。厨房灶间由于有蒸汽锅等散热量较大的设施、设备，冬季白天温度大约在26~28℃，需要制冷运行，晚上需要制热运行。二层为工会办公室、歌舞厅、健身活动室以及会议室，各自冷热温度需求不同，使用时间分散且不固定。

2. 海水计算温度

此地沿海海水温度水下5m处，冬夏海水温度变化不大，因此本设计海水温度按照最低水位水下5m计算，其数值夏季(7月)25.2℃，冬季(12月)6.39℃，冬季(1~2月)3.74℃。

3. 空调负荷

夏季冷负荷：$QL = 231.5kW$；冬季热负荷：$QR = 187.2kW$；浴室热负荷：

$OR = 273.5kW$。

海水中含有一些生物活性和高含量的固体粒子（沙子、有机物质等），含盐量也很高。这些颗粒可能会在表面形成沉淀物，结果会增加生物活性以及微生物腐蚀的可能性。为了避免这些，在海水引入口安装一个机械过滤器来过滤掉这些颗粒，还要通过杀死细菌的方法减少生物活性。

4. 换热系统设计

为了避免海水直接进入热泵机组而对蒸发器产生腐蚀，该系统设计中引入了抗海水腐蚀的二级换热器，换热器采用钛板制作。

盐量也很高。这些颗粒可能会在表面形成沉淀物，结果会增加生物活性以及微生物腐蚀的可能性。为了避免这些，在海水引入口安装一个机械过滤器来过滤掉这些颗粒，还要通过杀死细菌的方法减少生物活性。

5. 海水管道设计

海水管道采用硬聚氯乙烯给水管材，海面下管道在海底开槽挖沟安装，陆地上管道直埋敷设。

6. 能耗特征与节能性分析

该工程经过冬季制热和夏季制冷运行监测，机组运行效果非常良好，达到设计预期目标。

室外空气温度的变化幅度较大，而海水供水温度则变化比较缓慢，且受室外空气温度的变化影响小，最高供水温度为4.3℃，最低供水温度为3.2℃，平均供水温度为3.8℃，从总体趋势来看海水供水温度较为稳定。

海水源热泵系统仅用少量电能实现采暖、制冷，不燃气、不燃煤，无污染物的排放，环保效益显著。海水源热泵空调系统一个采暖及空调（制冷）季总运行费用<30元/米·年，比传统中央空调可节能约30%～40%。

3.7.3 某公司供排水厂污水源热泵项目

这个公司主要负责处理“引黄济青”工程中淄博段黄河给水的处理和销售，以及另一公司生产过程中污水的处理和排放。进入该公司的污水温度为30～40℃，为了满足污水处理工艺过程的要求，在处理过程中，要向污水中加入大量的地下水，以降低污水的温度达到排放指标。该厂主要由净化车间、设备间、库房和办公楼组成，总建筑面积约为9000m^2。净化车间全年需要保持一定的温度，因此原有设计方案为，净化车间冬季利用汽—水换热器换热制备低温热水来供暖，末端设备为暖气片；夏季采用150台分体空调维持室内温度；办公楼和设备间冬季均采用散热器热水供暖，夏季无空调设施。因此原有夏季空调面积大约为3000m^2，冬季供暖面积约为5500m^2。根据本公司提供的数据，该公司冬季采暖所耗费用为85万元，夏季空调所耗电的费用为48万元，觉得费用太高，希望能够根据现有条件，对原有系统进行改造和设计，降低运行费用。

1. 全年空调方案

通过调查发现，该公司有优越的自然条件可以利用，首先有充沛的地下水资源，可利用的深井水流量在100m^3/h以上，地下水温度为16～20℃；其次具有大量工业污水，污水温度为30～40℃。这些有利条件很适合使用水源热泵空调来为公司供冷和供热。经过协商，决定采用水源热泵空调系统，具体方案如下：

冬季，直接利用生产污水作为办公楼、设备间、库房和净化车间的吸热源向房间供热。为了节省设备费用，冬季设备间和净化车间仍采用原有的散热器供暖，只有办公楼和车间的值班岗位增设了风机盘管作为房间的末端设备。夏季，利用地下水作为热泵机组的放热源，利用水源热泵机组为办公楼提供7～12℃的冷冻水。空调总冷负荷约为450kW，热负荷为500kW。考虑到以后的发展，选用SGHP600A螺杆水源热泵机组，机组额定工况下制冷量为522kW，进出水温度为7～12℃，制热量为574kW，进出水温度为52～42℃。

采用该方案后，一方面，充分利用了污水中的热量，节省了使用蒸汽采暖的费用，同时，使污水温度降低，减少了污水处理过程中地下水的用量，节省了地下水的用量，真可谓一举两得。

2. 污水源供暖方案

考虑到污水水质对热泵机组的影响，本工程中采用间接式污水源热泵系统，冬夏季工况采用水侧切换方式。如图3-42所示，冬季供暖时，阀门V1、V3、V5、V7、V8关闭，其余阀门开启。在该工程中，所利用的污水源主要是匀质池中的污水。由于污水中含有较高氯根、有机溶剂、碱性和悬浮物，因此污水对铁、铜、普通不锈钢、部分种类的塑料都具有较强腐蚀性。最终选择采用PEX管作为污水换热器管材，换热器内加入自来水作为循环介质，通过自来水吸取污水中热量，然后与热泵机组进行热交换为用户提供50℃左右热水。在污水池中，污水换热器的设计直接影响到机组的制热量。考虑到匀质池的清淤问题，污水换热器沿着池内壁均匀敷设，而且管之间相隔一定间距，以利于热量的吸收和污水换热器的清洗。由于管子紧靠池内壁敷设，使得换热器的传热效果降低，因此传热面积应适当加大。本工程中采用ϕ32的PEX管，长度约5000m，传热面积约500m^2。

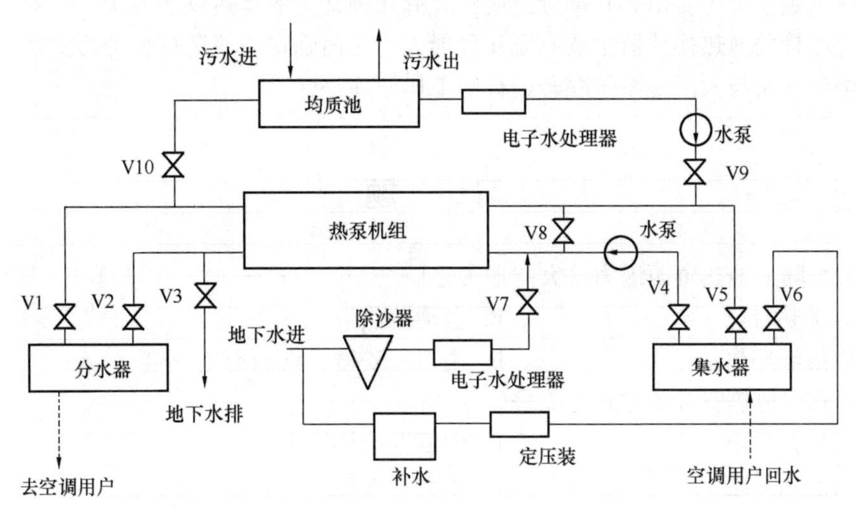

图3-42　间接式污水源热泵系统流程图

3. 地下水供冷方案

由于该公司污水温度较高，夏季温度在35℃左右，因此采用污水作为冷却水不经济。而该地有丰富的地下水资源，地下水温度在16℃左右，是很好的冷却水源，而且该厂已有的地下水井水量充沛，管道连接方便。因此，夏季利用深井水作为热泵机组的冷却水，将用户的热量通过机组释放到深井水中，同时制备冷冻水为用户提供冷量。井水中因含有泥沙，硬度较高，需经过处理才能进入机组。本工程中采用螺旋除沙器去除泥沙，用电子水处理仪防止结垢。如图 3-42 所示，夏季工况时，阀门 V1、V3、V5、V7、V8 开启，其余阀门关闭。

4. *使用情况*

该工程于 2006 年 1 月投入运行，运行结果表明，机组冬季供给用户的热水温度在 46℃左右，回水温度为 41℃左右。污水侧污水换热器内进口温度为 25℃左右，出口温度为 30℃左右。2006 年 1 月 22 日，通过实测，办公楼和值班岗位室内实际温度在 20～22℃之间，库房和车间温度达到 12℃以上（工艺要求达到 10℃以上即可），结果表明，采用该方案后，室内空气温度完全达到用户要求。

5. *原有方案经济性分析*

采用原有方案时，根据公司方提供的数据，净化车间冬季采暖蒸汽耗量约为 2.4t/h，当地蒸汽价格为 124 元/吨，当地采暖期按 120 天计算，故该厂冬季采暖费用约为 $2.4\times24\times120\times124=857088$ 元，净化车间夏季共有 150 台分体空调，每台的额定功率为 1.5kW，假定夏季空调运行时间为 90 天，当地电价按 0.6 元/kWh，则夏季消耗电费为 $1.5\times150\times24\times90\times0.6=291600$ 元。故该厂净化车间一年采暖及空调运行费用约为 115 万元。

思 考 题

1. 针对温度不同的地热资源，地热发电技术有哪 4 种基本发电方式？各自有什么特点？
2. 地热供暖系统主要由哪几部分组成？有哪几种常见的地热供暖系统？
3. 竖直埋管的地热换热器主要有哪几种形式？如何确定应该选择哪种形式？
4. 土壤源热泵与太阳能系统联合运行的工作原理是什么？

习 题

1. 我国大陆上地热资源潜力最大的地带是(　　)

A. 藏滇地热带　　B. 台湾地热带

C. 东南沿海地热带　　D. 山东—安徽庐江断裂地热带

2. 我国利用地热资源的方式主要是(　　)

A. 高温地热发电　　B. 中低温地热发电

C. 高温地热采暖　　D. 中低温地热直接利用

3. 地源热泵供热空调系统按与浅层地热能的换热方式不同可分为(　　)

A. 地埋管换热　　B. 地下水换热

C. 地表水换热　　D. 浅水层换热

4. 回填技术的关键问题是(　　)

A. 回填时间　　B. 回填材料

C. 回填方式　　D. 回填深度

5. 土壤源热泵的地热换热器分为(　　)

A. 水平埋管　　B. 交叉埋管

C. 竖直埋管　　D. 叠加埋管

6. 分层型的湖泊和水库的(　　)层温度梯度大。

A. 湖面温水层　　B. 温跃层

C. 混合层　　D. 底温层

7. 在海水源热泵系统中，对于海水换热器来说，当流速高或设备要求的可靠性高时，应选用(　　)作为防腐蚀材料。

A. 铜合金　　B. 不锈钢

C. 钛合金　　D. 镍基合金

8. 污水与中介水换热，中介水进入热泵机组的是(　　)

A. 直接式系统　　B. 中介式系统

C. 间接式系统　　D. 阶梯式系统

第4章　风能及其建筑应用

风能是由于地球表面大量空气流动而产生的可供人类利用的能量，其蕴藏量丰富、可再生、分布广泛、不产生污染。与其他可再生能源利用方式相比，风力发电是解决我国电力和能源紧缺的重要战略选择。风能是一种清洁的可再生能源，也是目前可再生能源中技术相对成熟，并具规模化开发条件和商业化前景的一种能源。一般情况下，可利用风能超过地球上可利用水力的10倍，达到100亿kW。虽然太阳每年向地球辐射的能量只有1%转变为风能，但这些风能相当于全球每年消耗的石油、煤炭等化石燃料的总和。因此在可再生能源中，风能是一种非常有前途的能源。

4.1　风能资源状况与分布

风能作为一种取之不尽、清洁无污染，并且具有大规模开发利用前景的能源，是可再生能源中非常廉价，同时也是最具潜力的绿色能源之一。风力发电则是利用风能来为人类工业提供新型绿色能源的一种有效形式，它是将风能通过风力机的转动的动能转化为可方便使用的电能。现在，风力发电技术已经成为世界各国专家为缓解能源危机，实现全球可持续发展的重点研究的方向。而风能资源状况与分布也成为风能电场设置的首要问题。

4.1.1　风与风能的形成及其特征

1. 风与风能的形成

太阳的辐射造成地球表面的受热不均，引起大气层的压力分布不均，空气沿水平方向运动形成风。所以，风就是水平运动的空气。空气产生运动主要是由于地球上不同纬度所接受的太阳辐射强度不同而形成的。在赤道和低纬度地区，太阳高度角大，日照时间长，太阳辐射强度强，地面和大气接受的热量多，温度较高；在高纬度地区太阳高度角小，日照时间短，地面和大气接受的热量小，温度低。这种高纬度与低纬度之间的温度差异，形成了南北之间的气压梯度，使空气作水平运动。地球自转时空气水平运动发生偏向的力，称为地转偏向力，所以地球大气运动除受气压梯度力外，还要受地转偏向力的影响。大气真实运动是这两种力综合影响的结果。

实际上，地面风不仅受这两个力的支配，而且在很大程度上受海洋、地形的影响，山隘和海峡能改变气流运动的方向，还能使风速增大，而丘陵、山地由于摩擦力大，会使风速减少，孤立山峰却因海拔高使风速增大。因此，风向和风速的时空分布较为复杂。

2. 风能的基本特征

各地风能资源的丰富与否，主要取决于该地每年刮风的时间长短和风的强度。所以在谈这个问题之前要普及一些关于风能的基本知识，了解风的某些特性，例如风速、风级、风能密度等。

（1）风速

风的大小常用风的速度来衡量，风速是单位时间内空气在水平方向上所移动的距离。专门测量风速的仪器，有旋转式风速计、散热式风速计和声学风速计等。它是计算在单位时间内风的行程，常以 m/s、km/h、mile/h 等来表示。因为风速是不恒定的，所以风速常常变化，甚至瞬息万变。风速是指风速仪在一个极短时间内测到的瞬时风速。若在指定的一段时间内测得多次瞬时风速，将它平均计算起来，就得到平均风速。例如日平均风速、月平均风速或年平均风速等。当然，风速仪设置的高度不同，所得风速结果也不同，它是随高度升高而增强的。通常测风高度为 10m。根据风的气候特点，一般选取 10 年风速资料中年平均风速最大、最小和中间的三个年份为代表年份，分别计算该三个年份的风功率密度，然后加以平均，其结果可以作为当地常年平均值。

风速是一个随机性很大的量，必须通过一定长度时间的观测计算出平均风功率密度。对于风能转换装置而言，可利用的风能是在“启动风速”到“停机风速”之间的风速段，这个范围的风能即“有效风能”，该风速范围内的平均风功率密度称为“有效风功率密度”。

（2）风级

风级是根据风对地面或海面物体影响而引起的各种现象，按风力的强度等级来估计风力的大小。早在 1805 年，英国人蒲福（Francis Beaufort，1774 ~ 1859）就拟定了风速的等级。国际上称为“蒲福风级”。自 1946 年以来风力等级又做了一些修订，由 13 个等级改为 18 个等级。实际上应用的还是 0 ~ 12 级的风速。表 4-1 为风级的表现。

表 4-1　蒲福风级

风级	名　　称	相应风速（m/s）	表　　现
0	无风	0 ~ 0.2	零级无风炊烟上
1	软风	0.3 ~ 1.5	一级软风烟稍斜
2	轻风	1.6 ~ 3.5	二级轻风树叶响
3	微风	3.4 ~ 5.4	三级微风树枝晃
4	和风	5.5 ~ 7.9	四级和风灰尘起
5	清劲风	8 ~ 10.7	五级清风水起波
6	强风	10.8 ~ 13.8	六级强风大树摇
7	疾风	13.9 ~ 17.1	七级疾风步难行
8	大风	17.2 ~ 20.7	八级大风树枝折
9	烈风	20.8 ~ 24.4	九级烈风烟囱毁
10	狂风	24.5 ~ 28.4	十级狂风树根拔
11	暴风	28.5 ~ 32.6	十一级暴风陆罕见
12	飓风	>32.6	十二级飓风浪滔天

（3）风能密度

通过单位截面积的风所含的能量称为风能密度，常以 W/m^2 来表示。风能密度是决定风能潜力大小的重要因素。风能密度和空气的密度有直接关系。而空气的密度则取决于气压和温度。因此，不同地方、不同条件的风能密度是不同的。一般说，海边地势低，气压高，空气密度大，风能密度也就高。在这种情况下，若有适当的风速，风能潜力自然大。高山气压低，空气稀薄，风能密度就小些。但是如果高山风速大，气温低，仍然会有相当的风能潜力。所以说，风能密度大，风速又大，则风能潜力最好。

（4）风能的计算

一个国家的风能资源状况是由该国的地理位置、季节、地形等特点决定的。目前通常采用的评价风能资源开发利用潜力的主要指标是有效风能密度和年有效风速时数。有效风速是指3～20m/s的风速。有效风能密度是根据有效风速计算的风能密度。风能密度的计算公式是

$$W = \frac{\rho \sum N_i v_i^3}{2N} \tag{4-1}$$

式中 W——平均风能密度，W/m^2；

v_i——等级风速，m/s；

N_i——等级风速 v_i 出现的次数；

N——各等级风速出现的总次数；

ρ——空气密度，kg/m^3。

风能的大小实际就是气流流过的动能。总体上说，风能大小与风速和风能密度有关，但是计算起来两者不是相等的关系。必须指出，风的能量大小与风速是成立方关系，也就是说，在风能密度没有多大变化时，风速的大小将是风能的决定因素。常用的风能公式如下所示：

$$W = \frac{1}{2}\rho v^3 A \tag{4-2}$$

式中 A——气流通过的面积，m^2。

从上式可以看出，风能大小与气流通过的面积、空气密度和气流速度的立方成正比。因此，在风能计算中，最重要的因素是风速。风速取值准确与否对风能的估计有决定性作用。风速大1倍，风能可以大8倍。

全国风能资源储量估算值是指离地10m高度层上的风能资源量，而非整层大气或整个近地层内的风能量。估算的方法是先在全国年平均风功率密度分布图上划出$10W/m^2$、$25W/m^2$、$50W/m^2$，$100W/m^2$、$200W/m^2$各条等值线，已知一个区域的平均风功率密度和面积便能计算出该区域内的风能资源储量。设风能转换装置的风轮扫掠面积为$1m^2$。风吹过后必须前后左右各10m距离后才能恢复到原来的速度。因此在1km范围内可以安装$1m^2$风轮扫掠面积的风能转换装置1万台，即有1万m^2截面积内的风能可以利用。全国的储量是使用求积仪逐省量取了$10W/m^2$、$10\sim25W/m^2$、$25\sim50W/m^2$、$50\sim100W/m^2$、$100\sim200W/m^2$、$>200W/m^2$各等级风功率密度区域的面积后，乘以各等级风能功率密度，然后求其各区间积之和，计算出中国10m高度层的风能总储量为$322.6\times10^{10}W$，即32.26亿kW，这个储量称作“理论可开发总量”。实际可供开发的量按上述总量的1/10估计，并考虑风能转换装置风轮的实际扫掠面积，再乘以面积系数0.785（即1m直径的圆面积是边长1m的正方形面积的0.785)，得到中国10m高度层可开发利用的风能储量为2.53亿kW，这个值不包括海面上的风能资源量。

4.1.2　风的全球资源及分布

1. 风的全球分布

在北纬30°和南纬30°之间，空气在赤道区受热而上升，又不断地被来自北方和南方的较强冷空气所补充，这就形成了所谓的哈德利环流。在地球表面，这意味着冷风刮向赤道；而来自北纬30°和南纬30°的空气又非常干燥，并且向东运动，这是因为地球自转的速度在这些纬度比在赤道的低得多。在这些纬度上有许多沙漠区，例如撒哈拉沙漠。北纬30°~70°之间、南纬30°~70°是西风盛行区。这些风形成波形环流，向南（或北）输送冷空气，向北（或南）输送暖空气。这种类型称作罗斯比环流，即中纬度环流，如图4-1所示。

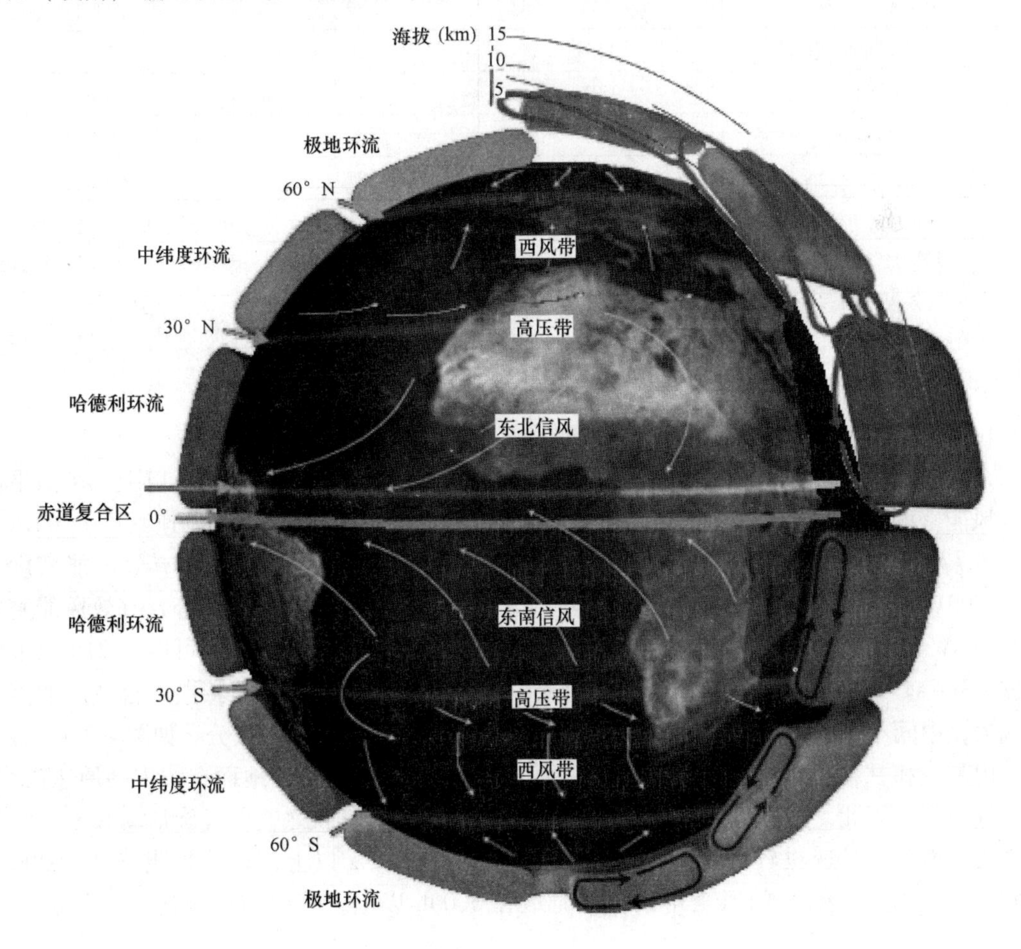

图4-1　大气环流图

2. 风的全球资源估评

1981年，世界气象组织（WMO）主持绘制了一份世界范围的风资源图。该图给出了不同区域的平均风速和平均风能密度。但由于风速会随季节、高度、地形等因素的不同而变化，因此风的资源量只是一个推算估评。

根据世界范围的风能资源图估计，地球陆地表面$1.07\times10^8km^2$中27%的面积年平均风速高于5m/s（距地面10m处）。表4-2给出了地面平均风速高于5m/s的陆地面积。这部分

面积总共约为 $3\times10^{7}km^{2}$。

表 4-2 世界风能资源评估表

地　　区	陆地面积（$\times10^{3}km^{2}$）	风力为 3～7 级所占的比例和面积	
		比例（%）	面积（$\times10^{3}km^{2}$）
北美	19339	41	7876
拉丁美洲和加勒比海湾	18482	18	3310
西欧	4742	42	1968
中东和北非	8142	32	2566
撒哈拉以南非洲	7255	30	2209
太平洋地区	21354	20	4188
（中国）	9597	11	1056
中亚和南亚	4299	6	243
总计	106660	27	29143

注：根据地面风力情况将全球分为 8 个区域（中国不算作一个独立区域），面积单位为 $10^{3}km^{2}$，比例以百分数表示。3 级风力代表离地面 10m 处的年平均风速在 5～5.4m/s；4 级代表风速在 5.6～6.0m/s；5～7 级代表风速在 6.0～8.8m/s。

4.1.3 影响中国风能资源的因素

1. 大气环流对中国风能分布的影响

东南沿海及东海、南海诸岛因受台风的影响，最大年平均风速在 5m/s 以上。东南沿海有效风能密度≥$200W/m^{2}$，有效风能出现时间百分率可达 80%～90%。风速≥3m/s 的风全年出现累积小时数为 7000～8000h；风速≥6m/s 的风有 4000h。岛屿上的有效风能密度为 200～$500W/m^{2}$，风能可以集中利用。福建的台山、东山，台湾的澎湖湾等，有效风能密度都在 $500W/m^{2}$ 左右，风速≥3m/s 的风累积为 8000h，换言之，平均每天可以有 21h 以上的风速≥3m/s。但在一些大岛，如台湾和海南，又具有独特的风能分布特点。台湾风能南北两端大，中间小；海南西部大于东部。我国全年风速大于 3m/s 小时数分布如图 4-2 所示。

内蒙古和甘肃北部地区，高空终年在西风带的控制下。冬半年地面在蒙古高原东南缘，冷空气南下，因此，总有 5～6 级以上的风速出现在春夏和夏秋之交。气旋活动频繁，当每一气旋过境时，风速也较大。这一地区年平均风速在 4m/s 以上，有效风能密度为 200～$300W/m^{2}$，风速≥3m/s 的风全年累积小时数在 5000h 以上，是中国风能连成一片的最大地区。

云南、贵州、四川、甘南、陕南、豫西、鄂西和湘西风能较小。这一地区因受西藏高原的影响，冬半年高空在西风带的死水区，冷空气沿东亚大槽南下很少影响这里。夏半年海上来的天气系统也很难到这里。所以风速较弱，年平均风速约在 2.0m/s 以下，有效风能密度在 $50W/m^{2}$ 以下，有效风力出现时间仅为 20% 左右。风速≥3m/s 的风全年出现累积小时数在 2000h 以下，风速≥6m/s 的风在 150h 以下。在四川盆地和西双版纳最小，年平均风速 < 1m/s。这里全年静风频率在 60% 以上，有效风能密度仅 $30W/m^{2}$ 左右，风速≥3m/s 的风全年出现累积小时数仅 3000h 以上，风速 > 6m/s 的风仅 20 多小时。换句话说，这里平均每 18

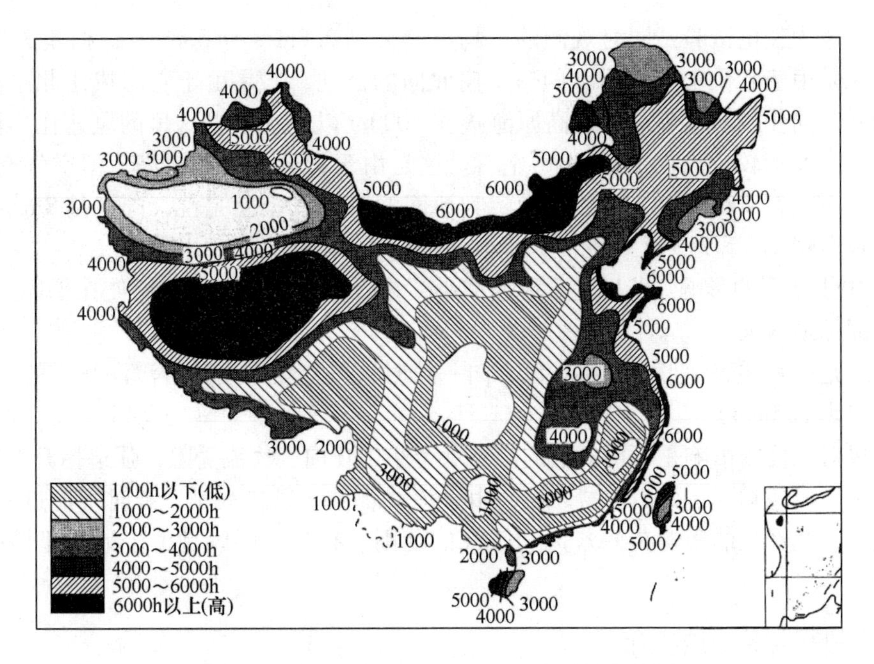

图 4-2　我国全年风速大于 3m/s 小时数分布图

天以上才有一次 10min 的风速≥6m/s 的风，风能是没有利用价值的。

2. 海陆和水体对风能分布的影响

中国沿海风能都比内陆大，湖泊都比周围湖滨大。这是由于气流流经海面或湖面摩擦力较小，风速较大。由沿海向内陆或由湖面向湖滨动能很快消耗，风速急剧减小。故有效风能密度，风速≥3m/s 和风速≥6m/s 的风的全年累积小时数的等值线不但平行于海岸线和湖岸线，而且数值相差很大。福建海滨是中国风能分布丰富地带，而距海 50km 处，风能反变为贫乏地带。若台风登陆时在海岸上的风速为 100%，而在离海岸 50km 处，台风风速为海岸风速的 68% 左右。

3. 地形对风能分布的影响

地形影响风速，可分山脉、海拔高度和中小地形等几个方面。

（1）山脉对风能的影响。气流在运行中遇到地形阻碍的影响，不但会改变大形势下的风速，还会改变方向。其变化的特点与地形形状有密切关系。一般范围较大的地形，对气流有屏障作用，使气流出现爬绕运动。所以在天山、祁连山、秦岭、大小兴安岭、太行山和武夷山等的风能密度线和可利用小时数曲线大多平行于这些山脉。特别明显的是东南沿海的几条东北-西南走向的山脉，如武夷山等。所谓华夏式山脉，山的迎风面风能是丰富的，风能密度为 200W/m^2，风速≥3m/s 的风出现的小时数约为 7000 ~ 8000h。而在山区及其背风面风能密度在 50W/m^2 以下，风速≥3m/s 的风出现的小时数约为 1000 ~ 2000h，风能是不能利用的。四川盆地和塔里木盆地由于天山和秦岭山脉的阻挡为风能不能利用区。雅鲁藏布江河谷也是由于喜马拉雅山脉和冈底斯山的屏障，风能很小，不值得利用。

（2）海拔高度对风能的影响。由于地面摩擦消耗运动气流的能量，在山地，风速是随着海拔高度增加而增加的。

事实上，在复杂山地，很难分清地形和海拔高度的影响，两者往往交织在一起，如在北京和八达岭风力发电试验站同时观测的平均风速分别2.8m/s和5.8m/s，相差3.0m/s。后者风大，一是由于它位于燕山山脉的一个南北向的低地，二是由于它海拔比北京高500多米，是两者共同作用的结果。青藏高原海拔在4000m以上，所以这里的风速比周围大，但其有效风能密度却较小，在150W/m^{2}左右。这是由于青藏高原海拔高，但空气密度较小，因此风能也小，在4000m的空气密度大致为地面的67%。也就是说，同样是8m/s的风速，在平地海拔500m以下为313.6W/m^2，而在4000m只有209.9W/m^2。

（3）中小地形的影响。蔽风地形风速减小，狭管地形风速增大。即使在平原上的河谷，风能也较周围地区大。

海峡也是一种狭管地形，与盛行风方向一致时，风速较大，如台湾海峡中的澎湖列岛，年平均风速为6.5m/s。

局地风对风能的影响是不可低估的。在一个小山丘前，气流受阻，强迫抬升，所以在山顶流线密集，风速加强。而山的背风面，由于流线辐散，风速减小。有时气流过一个障碍，如小山包等，其产生的影响在下方5~10km的范围。有些地层风是由于地面粗糙度的变化形成的。

4.1.4 我国风能资源的特点

我国风能资源分布有以下特点：

1. 季节性的变化

我国位于亚洲大陆东部，濒临太平洋，季风强盛，内陆还有许多山系，地形复杂，加之青藏高原耸立于我国西部，改变了海陆影响所引起的大气环流和气压分布，增加了我国季风的复杂性。冬季风来自西伯利亚和蒙古等中高纬度的内陆，那里空气十分严寒干燥，冷空气积累到一定程度，在有利高空环流引导下，就会爆发南下，俗称寒潮。在此频频南下的强冷空气控制和影响下，形成寒冷干燥的西北风侵袭我国北方各省（直辖市、自治区）。每年冬季总有多次大幅度降温的强冷空气南下，主要影响我国西北、东北和华北，直到次年春夏之交才会消失。

夏季风是来自太平洋的东南风、印度洋和南海的西南风。东南季风影响遍及我国东半部，西南季风则影响西南各省和南部沿海，但风速远不及东南季风大。热带风暴是太平洋西部和南海热带海洋上形成的空气涡旋，是破坏力极大的海洋风暴，每年夏秋两季频繁侵袭我国，登陆我国南海之滨和东南沿海，热带风暴也能在上海以北登陆，但次数很少。

2. 地域性的变化

中国地域辽阔，风能资源比较丰富。特别是东南沿海及其附近岛屿，不仅风能密度大，年平均风速也高，发展风能利用的潜力很大。在内陆地区，从东北、内蒙古，到甘肃走廊及新疆一带的广阔地区，风能资源也很好。华北和青藏高原有些地方也能利用风能。

东南沿海的风能密度一般在200W/m^2，有些岛屿达300W/m^{2}以上，年平均风速7m/s左右，全年有效风时6000多小时。内蒙古和西北地区的风能密度也在150~200W/m^2，年平均风速6m/s左右，全年有效风时5000~6000h。青藏高原的北部和中部，风能密度也有150W/m^2，全年3m/s以上风速出现时间5000h以上，有的可达6500h。

青藏高原地势高亢开阔，冬季东南部盛行偏南风，东北部多为东北风，其他地区一般为偏西风，冬季大约以唐古拉山为界，以南盛行东南风，以北为东至东南风。

我国幅员辽阔，陆疆总长达2万多千米，还有18000多千米的海岸线，边缘海中有岛屿5000多个，风能资源丰富。我国现有风电场场址的年平均风速均达到6m/s以上。一般认为，可将风电场分为3类：年平均风速6m/s以上时为较好；7m/s以上为好；8m/s以上为很好。我国相当于6m/s以上的地区，在全国范围内仅仅限于较少数几个地带。就内陆而言，大约仅占全国总面积的1/100，主要分布在长江到南澳岛之间的东南沿海及其岛屿。这些地区是我国最大的风能资源区以及风能资源丰富区，包括山东、辽东半岛、黄海之滨、南澳岛以西的南海沿海、海南岛和南海诸岛、内蒙古从阴山山脉以北到大兴安岭以北、新疆达坂城、阿拉山口、河西走廊、松花江下游、张家口北部等地区以及分布各地的高山山口和山顶（表4-3）。

中国沿海水深在2～10m的海域面积很大，而且风能资源好，靠近我国东部主要用电负荷区域，适宜建设海上风电场。

我国风能丰富的地区主要分布在西北、华北和东北的草原或戈壁，以及东部和东南沿海及岛屿。这些地区一般都缺少煤炭等常规能源。在时间上，冬春季风大，降雨量少；夏季风小，降雨量大，与水电的枯水期和丰水期有较好的互补性。

表4-3　风能资源较丰富省区

省区	风力资源（万kW）	省区	风力资源（万kW）
内蒙古	6178	山东	394
新疆	3433	江西	293
黑龙江	1723	江苏	238
甘肃	1143	广东	195
吉林	638	浙江	164
河北	612	福建	137
辽宁	606	海南	64

4.1.5　我国风能资源的区划

风能分布具有明显的地域性的规律，这种规律反映了大型天气系统的活动和地形作用的综合影响。而划分风能区划的目的，是为了了解各地风能资源的差异，以便合理地开发利用。

1. 区划标准

第一级区划选用能反映风能资源多寡的指标，即利用年有效风能密度和年风速大于等于3m/s风的年累积小时数的多少将全国分为4个区，如表4-4和图4-3所示。

表4-4　风能区划标准

指标＼区	丰富区	较丰富区	可利用区	贫乏区
年有效风能密度（W/m^2）	≥200	200～150	150～50	≤50
风速≥3m/s的年小时数（h）	≥5000	5000～4000	4000～2000	≤2000
占全国面积（%）	8	18	50	24

第二级区划指标，选用一年四季中各季风能大小和有效风速出现的小时数。

第三级区划指标，采用风力机安全风速。即抗大风的能力，一般取30年一遇。

一般按照一级指标划分，就可以粗略地了解风能区划的大的分布趋势。

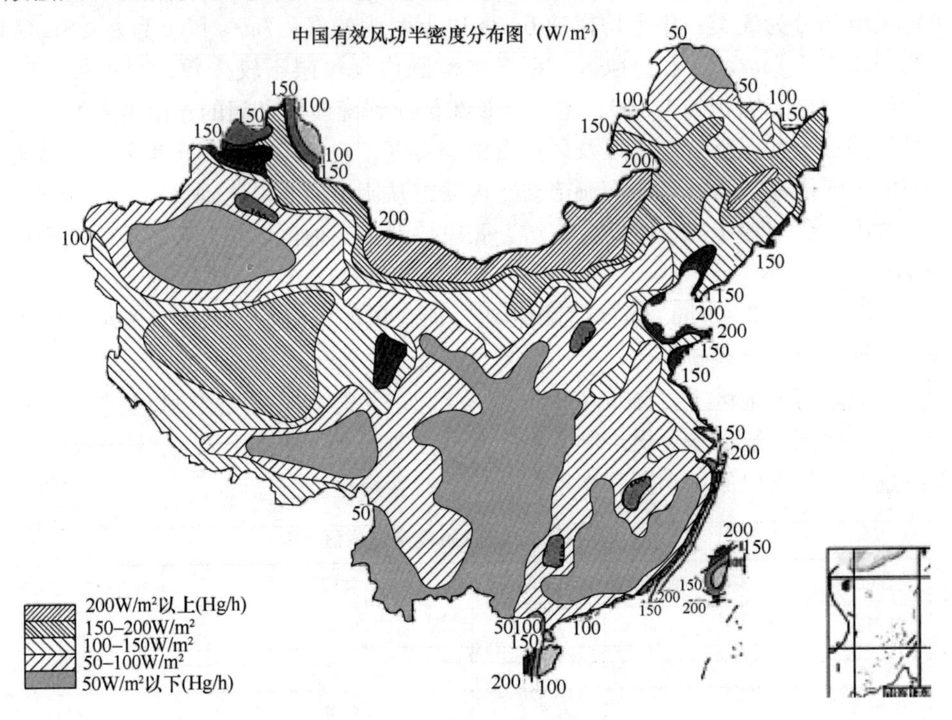

图4-3　中国风能资源区划图

2. 中国风能分区及各区气候特征

1）风能丰富区

（1）东南沿海、山东半岛和辽东半岛沿海区。这一地区由于面临海洋，风力较大，愈向内陆，风速愈小。在我国，除了高山气象站——长白山、天池、五台山、贺兰山等外，全国气象站风速≥7m/s的地方，都集中在东南沿海。平潭年平均风速为8.7m/s，是全国平地上最大的。该区有效风能密度在200W/m^{2}以上，海岛上可达300W/m^{2}以上，风速≥3m/s的小时数全年有6000h以上，风速≥6m/s的小时数在3500h以上，其中平潭最大，分别可达7939h和6395h。也就是说，风速≥3m/s的风每天平均有21.75h。这里的风能潜力是十分可观的。

这一区，风能大的原因，主要是由于海面比起伏不平的陆地表面摩擦阻力小。在气压梯度力相同的条件下，海面上风速比陆地要大。风能的季节分配，山东、辽东半岛春季最大，冬季次之，这里30年一遇10min平均最大风速为35~40m/s，瞬时风速可达50~60m/s，为全国最大风速的最大区域。而东南沿海、台湾及南海诸岛都是秋季风能最大，冬季次之，这与秋季台风活动频繁有关。

（2）三北地区。本区是内陆风能资源最好的区域，年平均风能密度在200W/m^{2}以上，个别地区可达300W/m^2，风速≥3m/s的时间1年有5000~6000h，风速≥6m/s的时间1年在3000h以上，个别地区在4000h以上。本区地面受蒙古高压控制，每次冷空气南下都可造成较强风力，而且地面平坦，风速梯度较小，春季风能最大，冬季次之。30年一遇10min

平均最大风速可达30~35m/s，瞬时风速为45~50m/s，本区地域远较沿海为广。

（3）松花江下游区。本区风能密度在200W/m^{2}以上，风速≥3m/s的时间有5000h，每年风速≥（6~20）m/s的时间在3000h以上。本区的大风多数是由东北低压造成的。东北低压春季最易发展，秋季次之，所以春季风力最大，秋季次之。同时，这一地区又处于峡谷中，北为小兴安岭，南有长白山。这一区正好在喇叭口处，风速加大，30年一遇10min平均最大风速25~30m/s，瞬时风速为40~50m/s。

2）风能较丰富区

（1）东南沿海内陆和渤海沿海区。从汕头沿海岸向北，沿东南沿海经江苏、山东、辽宁沿海到东北丹东，实际上是丰富区向内陆的扩展。这一区的风能密度为150~200W/m^2，年风速≥3m/s的时间有4000~5000h，风速≥6m/s的有2000~3500h。长江口以南，大致秋季风能大，冬季次之；长江口以北，大致春季风能大，冬季次之。30年一遇10min平均最大风速为30m/s左右，瞬时风速为50m/s。

（2）三北的南部区。从东北图们江口区向西，沿燕山北麓经河套穿河西走廊，过天山到新疆阿拉山口南，横穿三北中北部。这一区的风能密度为150~200W/m^2，风速≥3m/s的时间有4000~4500h。这一区的东部也是丰富区向南向东扩展的地区。往西部北疆是冷空气的通道，风速较大也形成了风能较丰富区，30年一遇10min平均最大风速为30~32m/s，瞬时风速为45~50m/s。

（3）青藏高原区。本区的风能密度在150W/m^{2}以上，个别地区可达180W/m^2，而3~20m/s的风速出现时间却比较多，一般在5000h以上。所以，若不考虑风能密度，仅以风速≥3m/s出现时间来进行区划，那么该地区应为风能丰富区。但是，由于这里海拔在3000~5000m以上，空气密度较小，在风速相同的情况下，这里风能较海拔低的地区为小，若风速同样是8m/s，上海的风能密度为313.3W/m^2，而呼和浩特为286.0W/m^2，两地高度相差1000m，风能密度则相差10%。因此，计算青藏高原的风能时，必须考虑空气密度的影响，否则计算值会大大偏高。青藏高原海拔较高，离高空西风带较近，春季随着地面增热，对流加强，上下冷热空气交换，使西风急流动量下传，风力变大，故这一区地春季风能最大，夏季次之。这是由于此地区夏季转为东风急流控制，西南季风爆发，雨季来临，但由于热力作用强大，对流活动频繁且旺盛，所以风力也较大，30年一遇10min平均最大风速为30m/s，虽然这里极端风速可达11~12级，但由于空气密度小，风压却只能相当于平原的10级。

3. 风能可利用区

（1）两广沿海区。这一地区在南岭以南，包括福建海岸向内陆50~100km的地带，风能密度为50~100W/m^2，每年风速≥3m/s的时间为2000~4000h，基本上从东向西逐渐减小。本区位于大陆的南端，但冬季仍有强大冷空气南下，其冷风可越过本区到达南海，使本区风力增大。所以，本区的冬季风力最大，秋季受台风的影响，风力次之。由广东沿海的阳江以西沿海，包括雷州半岛，春季风能最大。这是由于冷空气在春季被南岭山地阻挡，一股股冷空气沿漓江河谷南下，使这一地区的春季风力变大。秋季，台风对这里虽有影响，但台风西行路径仅占所有台风的19%，台风影响不如冬季冷空气影响的次数多，故本区的冬季风能较秋季为大，30年一遇10min平均风速可达37m/s，瞬时风速可达58m/s。

（2）大小兴安岭山地区。大小兴安岭山地的风能密度在100w/m^{2}左右，每年风速≥3m/s的时间为3000~4000h。冷空气只有偏北时才能影响到这里，本区的风力主要受东北低压影响较大，故春、秋季风能大，30年一遇最大10min平均风速为30～32m/s，瞬时风速可达45～50m/s。

（3）中部地区。东北长白山开始向西过华北平原，经西北到中国最西端，贯穿中国东西的广大地区。由于本区有风能欠缺区（即以四川为中心）在中间隔开，这一区的形状与希腊字母“π”很相像，它约占全国面积50%。在“π”字形的前一半，包括西北各省的一部分、川西和青藏高原的东部和南部。风能密度为100～150W/m²，一年风速≥3m/s的时间有4000h左右。这一区春季风能最大，夏季次之。“π”字形的后一半分布在黄河和长江中下游。这一地区风力主要是冷空气南下造成的，每当冷空气过境，风速明显加大，所以这一地区的春、冬季节风能大。由于冷空气南移的过程中，地面气温较高，冷空气很快变性分裂，很少有明显的冷空气到达长江以南。但这时台风活跃，所以这里秋季风能相对较大，春季次之，30年一遇最大10min平均风速为25m/s左右，瞬时风速可达40m/s。

4. 风能贫乏区

（1）川云贵和南岭山地区。本区以四川为中心，西为青藏高原，北为秦岭，南为大娄山，东面为巫山和武陵山等。这一地区冬半年处于高空西风带“死水区”内，四周的高山，使冷空气很难入侵，夏半年台风也很难影响到这里，所以，这一地区为全国最小风能区，风能密度在50W/m²以下，成都仅为35W/m²左右。风速≥3m/s的时间在2000h以下，成都仅有400h。南岭山地风能欠缺，由于春、秋季冷空气南下，受到南岭阻挡，往往停留在这里，冬季弱空气到此也形成南岭准静止风，故风力较小。南岭北侧受冷空气影响相对比较明显，所以冬、春季风力最大。南岭南侧多为台风影响，故风力最大的在冬、秋两季，30年一遇10min平均最大风速20～25m/s，瞬时风速可达30～38m/s。

（2）雅鲁藏布江和昌都区。雅鲁藏布江河谷两侧为高山，昌都地区也在横断山脉河谷中。这两地区由于山脉屏障，冷暖空气都很难侵入，所以风力很小，有效风能密度在50W/m²以下，风速≥3m/s的时间在2000h以下。雅鲁藏布江风能是春季最大，冬季次之，而昌都是春季最大，夏季次之，30年一遇10min平均最大风速25m/s，瞬时风速为38m/s。

（3）塔里木盆地西部区。本区四面亦为高山环抱，冷空气偶尔越过天山，但为数不多，所以风力较小。塔里木盆地东部由于是一马蹄形“C”的开口，冷空气可以从东灌入，风力较大，所以盆地东部属可利用区，30年一遇10min平均最大风速25～28m/s，瞬时风速为40m/s左右。

4.2 我国风能发展战略

1992年，联合国环境与发展大会后，中国政府就环境和发展问题提出了10条对策和措施，明确要“因地制宜地开发和推广太阳能、风能、地热能、潮汐能、生物质能等新能源”。1994年，中国国务院通过的中国21世纪议程中再次强调指出：“中国要实现国民经济快速发展，就必须将开发利用新能源和可再生能源放到国家能源发展战略的优先地位”。2012年3月国家科技部在发布的《风力发电科技发展“十二五”专项规划》中提出了未来五年我国风电科技发展的战略方向为，“逐步实现从量到质的转变，完善和发展风力发电科技的实力，实现从风电大国向风电强国的转变”。

中国现代风力发电机技术的开发利用起源于20世纪70年代初，经过初期发展、单机分散研制、示范应用、重点攻关、实用推广、系列化和标准化几个阶段的发展，无论在科学研究、设计制造，还有试验、示范应用推广等方面均有了长足的进步和很大的提高，并取得了明显的经济效益和社会效益，特别是在解决常规电网外无电地区农、牧、渔民用电方面走在世界的前列，生产能力、保有量和年产量都居世界第一。在 21 世纪初，中国还有约 2000 万人口没有用上电，在常规电网外，推广独立供电的风力发电机组，对解决农、牧、渔民看电视、听收音机、照明和用电动鼓风机做饭等生活用电问题，对于改善和提高当地经济，促进地区社会文化事业发展，加强民族团结，巩固国防建设有着重大的意义。

大容量风力发电技术的应用始于 20 世纪 80 年代初，风力发电技术的商业化发展则是 90 年代初期开始的。1994 年，电力部发布了风力发电上网有关规定之后，并网风力发电技术的发展越来越受到重视。风力发电产业从新疆、内蒙古和东南沿海部分地区起步，到 1996 年底，已初具规模，风力发电装机容量达到 60MW。近十多年来，在国家有关部门的大力支持下，并网风电场的建设发展迅速，目前全国已经出现了十几个超过万千瓦级的大型风电场。

4.2.1　我国风电发展情况

风能的动力应用已有数千年的悠久历史，但风力发电的研发开始于十九世纪末期，直至二十世纪七八十年代并网风电场才进入了电力系统。由于单机容量的迅速提高，技术与经济性能的明显改善，从 1993 年起至 2011 年底世界风力发电的总装机容量以每年 30% 以上的速度增长，如表 4-5 所示，2005 年达到约 6 千万千瓦，其中欧洲六国的份额达 60. 8%，所生产的电能已占世界总电量的 0. 5%。近年来，我国风力发电也呈现了良好的发展势头，表4-6 列出了我国近年总装机容量的增长情况，自 1986 年 4 月第一个风电场在山东荣成并网发电以来，到 2012 年底，全国（不含港、澳、台）共建设 1445 个风电场，安装风电机组 52827 台。单机容量 1. 5MW 和 2MW 的风电机组是目前国内风电市场主流机型，占吊装容量的 81%。到 2012 年底，全国风电并网装机容量为 6266 万 kW，比上年增加 1482 万 kW，增长率 31%，全年风电发电量 1008 亿 kWh，比 2011 年增长 41%，风电发电量约占全国总上网电量的 2. 0%。按照我国火电有关指标折算，2012 年的风电发电量相当于节约燃煤 3286 万吨标准煤、用水 1. 67 亿吨，减少排放二氧化碳 8434 万吨、二氧化硫 22. 8 万吨、烟尘 4 万吨、氮氧化物 24. 2 万吨。

风电已然成为全球能源市场中的重要成员，装机超过 1GW 的国家已有 22 个。欧盟 2012 年新增装机 11. 6GW。我国规划到 2015 年，累计并网风电装机达到 1 亿 kW，年发电量超过 1900 亿 kWh，其中海上风电装机达到 500 万 kW，基本形成完整的、具有国际竞争力的风电装备制造产业。到 2020 年，累计并网风电装机达到 2 亿千瓦，年发电量超过 3900 亿 kWh，其中海上风电装机达到 3000 万 kW，风电成为电力系统的重要电源。我国风力发电在大规模非水能可再生能源发电中的先行地位已经明确。

表 4-5　世界累积装机容量及前 10 位国家

国家	累积装机容量（万千瓦）	%
德国	1842. 75	31. 2
西班牙	1002. 7	17. 0

续表

国家	累积装机容量（万千瓦）	%
美国	914.9	15.5
印度	443.0	7.5
丹麦	312.8	5.3
意大利	171.74	2.9
英国	135.3	2.3
中国	126.0	2.1
荷兰	121.9	2.1
日本	104.0	1.8
10 个国家总量	5175.09	87.7
其他国家和地区总量	723.07	12.3
世界总量	5898.16	100.0

表 4-6　中国历年总装机容量　（单位：万 kW）

年　份	1990 前	1993	1994	1995	1996	1997	1998
当年新增		1.05	1.48	0.68	2.14	10.92	5.69
累积容量	0.1	1.45	2.93	3.61	5.75	16.07	22.36
年份	2000	2001	2002	2004	2005	2010	2012
当年新增	7.65	5.72	6.69	19.74	58.3	1890	1482
累积容量	34.43	39.98	46.80	76.14	126	4470	6266

注：不包括台湾的 9.1 万 kW

4.2.2　我国风能发展战略目标

为了能顺利实现 2020 年的规划目标和满足在 2050 年达到装机几亿千瓦的大规模发展的需求，针对当前面临的重大问题，近期内应特别注意抓紧下列主要工作。

1. 大力加强大容量风电机组的研制，加快风电设备制造国产化步伐。增大风电机组的单机容量一直是风电设备发展的主要方向，它能有效减轻单位千瓦的重量，提高转换效率，降低单位千瓦的造价与运行维护成本，是增大风电场容量与提高竞争能力的主要条件。国际上，最大单机容量 5000kW，叶轮直径 124m，安装高度 120m，额定风速 13m/s 的机组已投入运行。我国风电场的建设，1998 年以前基本上依靠进口机组，国产机组容量仅占 1.2%，由于近年来的积极努力和产业发展，国产机组份额大幅提升，能够批量生产的最大单机容量是 600kW，正在研制兆瓦级以上的机组，要成为定型产品还需要一段时间。在风电场建设的投资中，风电机组约占 70%，大规模风电发展必须主要依赖于国产化的装备，首要的是大容量机组的国产化。风电机组研发属高科技范畴，其主要难度是机组应在野外可靠运行

20 年，经受住各种极端恶劣的天气和非常复杂的风力交变载荷，要有长期的实践积累，在研发与产业化方面国家必须给予长期持续的大力支持。

2. 解决好大规模风力发电进入电网的有关问题，使风电成为我国电力发展的重要组成部分。风力发电的特点在于其间隙性，有风才有电，不能连续供电，从而大规模进入电网给电力系统安全、可靠运行带来了一些新问题，如：①风电份额要能保证无风电时的用户供电。②与风电的变化相适应，努力提高整个系统的快速、自动调节能力。③风电要与其他发电方式合理协调发展，确保用户供电安全可靠。要充分发挥电力部门的积极性，注意采取有效措施，在积累运营经验和统一协调规划基础上有序前进。

3. 大力组织全国风能资源详查，建立数据库，为风电发展提供坚实的科学基础。我国陆地资源虽已普查了 3 次，但均是以气象站 10m 高度资料为基础做的统计结果，有其局限性，尚需利用高精技术深入工作绘制出全国和各省资源精细分布图，建立数据库，对大规模风电场的可能地址进行实地测风，为风电发展与电场选址提供科学可靠基础。海上风能资源普查我国基本上尚未开展工作，应在各海域建立观测塔，得到海上风能储量、分布与区划的资料，为开发海上风能提供科学依据。还应开展对风的预报，气候变化对风能影响的研究等工作，为风能开发做出必要的预测和决策建议。

4. 开展海上风电场的科学、安全、合理开发的前期研究。近海风能资源比陆上大，风速一般也高 20%，湍流强度小，设备使用寿命长，20 世纪 80 年代欧洲积极探讨了海上离岸风电的可行性。1990 年瑞典安装了第一个单机容量 220kW 的示范机组。欧洲计划海上风电 2020 年达 7 千万 kW。我国近海风能资源估计为陆地上的 3 倍，从而开发利用海上风能也引起我国科技界的关注。但我国是受热带气旋影响最多的国家之一，台风影响我国沿海地区每年平均 11 次，其中强台风 1 ~ 2 次，强台风主要在长江口以南地区，海面上风速极大值往往超过 70m/s，台风是强烈的旋转风，还能引起叶片、塔架和传动机构的扭曲损伤，所以海上风电开发必须研究解决抗台风问题。2003 年 9 月 2 日“杜鹃”台风将我国汕尾风电场的 25 台机组中的 13 台造成不同程度的损伤，2006 年 8 月 10 日“桑美”超强台风在浙江苍南县登陆，风速 68m/s，造成 5 台风机被刮倒，1 台机头刮掉，20 台叶片刮坏，更引起了人们的重视。对我国应否、能否发展海上风电存在不同见解，还需进行深入的研究。近期内应积极研究 50 年一遇台风的极大风速、湍流强度、风垂直切变和风谱特性等，为对风电装备提出标准要求提供科学基础，大力开展抗台风装备的研制，与建设示范性电场取得必要的实践经验，经过一段工作后再做出是否大发展的决定。我国陆地大规模风电建设初具规模，还有时间认真进行开发海上风电的前期研究。

5. 采取有力措施，积极贯彻实施可再生能源法，以形成良好的发展环境。从国家已进行的 3 次特许权招标情况看，应实行更合理的电价机制，解决电价偏低的问题。

总体来看，风力发电是近期技术最成熟、最具大规模开发条件和商业化前景的非水能可再生能源电方式。我国已有较好基础并得到各方面广泛重视，应该针对存在的问题，抓紧有关工作，保证 2020 年建成 3000 万 kW 的风电场，进而在 2050 年达到数亿千瓦的规模，成为未来可持续发展的一个重要支柱。

4.3 国内外应用现状与政策

近些年，风力发电在各国能源总量中所占的比例逐渐提高。国际风电界开始致力于提高风力发电机系统、可靠性、安全性和开发大型及超大型近海专用型风力发电机、采用新型结构和材料、改善风场选址和设计的相关技术，不断扩大经济利用风能资源量及降低风力发电成本。目前，兆瓦级大型风力发电机已完全市场化。另外，风电的利用及建设已列为清洁能源工业发展的一项重要任务。

4.3.1 风能的国内外开发利用现状

1. 国内风能开发利用现状

中国风能资源丰富，可开发利用的风能资源总量约为2.53亿kW。国内最著名的风电场是新疆乌鲁木齐附近的达坂城风电场，总装机容量1.68万kW。在2000年我国风电装机达到40MW以上的目标，为21世纪大规模开发风电打下了良好的基础。作为一种自然资源，风电正受到发展中国家的重视。中国西部、印度北部、巴西西北部、拉丁美洲的安第斯山脉和北非都是风能资源丰富的地区。我国的风力发电技术也在积极跟上先进国家，我国可用于风力发电的总潜力可达2.5亿kW。在西部地区，如新疆、内蒙古、西藏、青海、甘肃等地，由于地理位置特殊，又缺少水源，风力发电就成为能源发展的首选项目。在广东汕头市的南澳岛，由于充分利用了海洋风这一优越的自然资源，截至2011年底，南澳岛的风电总装机容量为14.328万kW。目前在新疆达坂城、内蒙古辉腾锡勒、河北张北等地，已建成大规模的风力发电站。我国已形成生产30万台100～5000W独立运行小型风力发电机组的能力。在内蒙古已有60万居住在偏远地区的牧民，用风力发电解决了生活、生产用电。每套小型风力发电机（含蓄电池）价格在2000元左右，风力发电可用来照明、看电视、提井水饮牲畜、分离牛奶、剪羊毛等，极大地提高了劳动生产率。

目前国内大中型水电站每千瓦造价为7000～8000元，火电站加上脱硫环保设施，每千瓦造价也要超过7000元。我国风电场年利用小时数一般为2700h；一些地方达到3200h，因而风电成本为0.45～0.70元/kWh，在现阶段仍需国家政策给予扶持。随着对能源需求的增加和环保法规执法力度的不断加大，风电技术作为一门不断发展和完善中的多学科的高新技术，通过技术创新，提高单机容量，改进结构设计和制造工艺，以及减小部件质量，降低造价，它的优势和经济性必将日益显现出来。

近年来，中国政府把风力发电放在很优先的位置，中国具有世界级的风力资源，总技术潜力资源估计为250GW。在少数几个发电站中正在安装550～600kW的机组。另外，中国风力专家已在主要地区开展风力资源勘测项目。中国政府的发展目标是，到2015年达到1亿kW。从风速、潜力及所处的位置来说，最有吸引力的风场是内蒙古的辉腾锡勒。内蒙古的风场在中期有最大的潜力，因为它们和最大的京津塘电网互联。内蒙古自治区政府也支持风力发电场的发展。虽然新疆达坂城风场具有良好的风速和潜力，但新疆电网是由独立的小电网组成的。2000年新疆电网总容量达5000MW，最大的乌鲁木齐电网附近安装了600MW的抽水蓄能设备，这对开发风电场是有利的，意味着可以将风能存储起来，能得到稳定的容量。但是，这一风场将受当地小电网的渗透而使发展受到限制。在风力资源丰富而其他替代资源昂贵的岛屿上，发展风力发电也会有吸引力。像广东和浙江这样的沿海省份，也是发展风力发电的地方。

当前，以煤炭、石油作为主要燃料的国家，已面临严重的环境污染，加上化石燃料有限储量减少的双重危机日益加深，开发利用新能源已经成为世界能源可持续发展战略的重要组成部分，而风能又是新能源中具有极大发电潜力的一个领域。世界一级的主要污染源是燃烧煤、油或天然气的发电站，它们排放的二氧化碳约占总排放量的 40%，由此造成大气层温室效应无法克服；燃烧煤油产生的二氧化碳、氮氧化物和大气中水汽相结合而形成的酸雨，污染环境，危害人体健康。生态环境问题越来越受到我国政府的关注，保护环境是我们基本国策之一。《中华人民共和国电力法》中规定：国家鼓励和支持利用可再生和清洁能源发电。

被称为“蓝天白煤”的风力资源，是一种取之不尽、又不会产生任何污染的可再生能源。人类早在远古时代便开始利用风力，但直到 19 世纪末丹麦才建成全球第一个风力发电装置。由于风力发电与火电、核电、水电等其他发电方式相比有诸多优点，所以，20 世纪 80 年代以来，世界风电装机容量迅猛增长。1981 年为 15MW，到 2012 年底，全球风电累计并网装机容量已达到 2. 82 亿 kW，目前仍保持着快速发展的势头。1999 年 10 月 5 日，欧洲风能协会在布鲁塞尔发表了一项国际能源研究报告。报告称风力发电到 2020 年可提供世界电力需求的 10%，创造 170 万个就业机会，并在全球范围内减少 100 多亿吨二氧化碳废气。据专家估计，地球上的风能资源约为每年 200 万亿 kWh，目前已被开发的只是微不足道的一部分。仅 1% 的地面风力，就能满足全世界对能量的需求，可见其潜力是多么巨大。目前，美国已有 1. 7 万台风机在运转，大多数在加利福尼亚，发电量已达 1700MW，预计 2050 年风力电将占美国发电总量的 10%。

与世界先进水平相比，我国风电发展还有一定的差距。2000 年以来，我国风电产业开始驶入发展的快车道，风电装机容量一年一个台阶。“十一五”期间，我国已启动海上风电开发，首个海上项目上海东海大桥风电场安装 34 台国产 3. 0MW 风电机组，并于 2010 年 6 月全部实现并网发电；2010 年 9 月，国家能源局组织完成了首轮海上风电特许权项目招标，项目总容量 100 万 kW，位于江苏近海和潮间带地区。

到 2012 年底，我国风电累计并网装机容量为 6300 万 kW，居世界第一位。其中，新增风电并网装机容量 1500 万 kW，亦领先于他国。2012 年，中国海上风电装机约 34 万 kW，仅次于英国和丹麦，居世界第三；当年新增海上风电装机 12. 7 万 kW，海上风电发展速度加快。

根据中国风能协会 2013 年 3 月 14 日发布的《2012 年中国风电装机容量统计》报告，2012 年，中国（不包括台湾地区）新增安装风电机组 7872 台，装机容量 12960MW，同比下降 26. 5%；累计安装风电机组 53764 台，装机容量 75324. 2MW，同比增长 20. 8%。图4-4 为我国 2001 ~2012 年风电装机容量柱状图。

2. 国外风能开发利用现状

大、中型风电机组并网发电，已经成为世界风能利用的主要形式，随着并网机组需求持续增长生产量上升，机组更新换代，单机容量提高，机组性能优化，故障降低，生产成本下降。风电已接近与常规能源竞争的能力。据全球风能理事会统计，2012 年全球新增风电装机 4471 万 kW，与 2011 年 4056 万 kW 的新增装机容量相比有所增加，连续 3 年保持在 4000 万 kW 左右，全球风电开始进入平稳发展阶段。

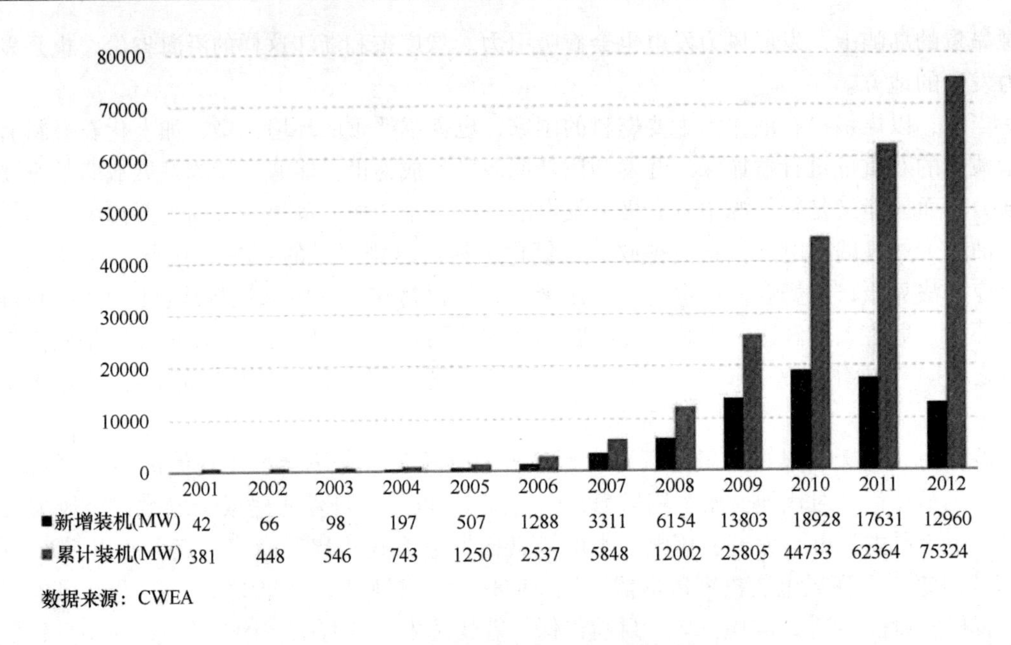

图 4-4　我国 2001 ~ 2012 年风电装机容量

数据显示，到 2012 年底，全球风电累计并网装机容量达到 2.82 亿 kW。其中，中国、美国和德国位居前三，累计并网装机容量分别为 6300 万 kW、6000 万 kW 和 3115 万 kW。其中，中国新增风电并网装机容量 1500 万 kW，美国新增风电并网装机容量 1320 万 kW，欧洲地区新增风电并网装机容量 1242 万 kW，位居世界前三位。此外，巴西、罗马尼亚等新兴市场风电并网装机也快速增长，装机总量分别达到 108 万 kW 和 93 万 kW。

从地区累计装机来看，2012 年欧洲风电累计并网装机容量首次突破 1 亿 kW，达到 1.09 亿 kW，继续位居世界第一位；亚洲地区风电累计并网装机容量 9759 万 kW，主要集中在中国和印度两国；北美地区风电累计并网装机容量 6758 万 kW，主要集中在美国。

2012 年，全球新增海上风电装机约 129 万 kW，累计装机约 541 万 kW。其中欧洲新增 116.6 万 kW，是全球海上风电发展的主要区域。

利用风力发电已越来越成为风能利用的主要形式，受到世界各国的高度重视，而且发展速度最快。风力发电通常有 3 种运行方式。一是独立运行方式，通常是一台小型风力发电机向一户或几户提供电力，它用蓄电池蓄能，以保证无风时的用电。二是风力发电与其他发电方式（如柴油机发电）相结合，向一个单位或一个村庄或一个海岛供电。三是风力发电并入常规电网运行，向大电网提供电力，常常是一处风场安装几十台甚至几百台风力发电机，这是风力发电的主要发展方向。

1）小型风力发电机

（1）行业现状。我国从 20 世纪 80 年代初就把小型风力发电作为实现农村电气化的措施之一，主要研制、开发和示范应用小型充电用风力发电机，供农民一家一户使用。目前，1kW 以下的机组技术已经成熟并进行大量的推广，形成了年产 1 万台的生产能力。近 10 年来，每年国内销售 5000 ~ 8000 台，100 余台出口国外。目前可批量生产 100W、150W、200W、300W 和 500W 及 1kW、2kW、5kW 和 10kW 的小型风力发电机，年生产能力为 3 万台以上，销售量最大的是 100 ~ 300W 的产品。在电网不能通达的偏远地区，约 60 万居民利用风能实现电气化。

（2）发展趋势。①功率由小变大。户用机组从50W、100W增大到300W、500W，以满足彩电、冰箱和洗衣机等用电器的需要。②由一户一台扩大到联网供电。采用功率较大的机组或几台小型机组并联为几户或一个村庄供电。③由单一风力发电发展到多能互补，即“风力—光伏”互补、“风力机—柴油机”互补和“风力—光伏—柴油”互补。④应用范围逐步扩大，由家庭用电扩大到通信、气象部门、部队边防哨所、公路及铁路等。

2）大型风力发电机组及国外机组国产化

（1）大型风力发电机组。我国大型风力发电机组的研究制造工作正在加快发展。国内有两个公司与国外公司合作成立的合资公司，已经可以生产660kW的主发电机组，并已经安装在辽宁营口风电场并网发电运行。这两台机组的国产化率达到40%。另外，浙江某发电设备厂在生产200kW风力发电机组的基础上又生产出了4台250kW风力发电机组，安装在广东南澳风场运行，这是我国具有自主知识产权、运行状况最好的机组。

（2）国外机组国产化。在我国风电场建设的投资中，机组设备约占70%，实现设备国产化、降低工程造价是风电场大规模发展的需要。但样机的研制及形成产品需要很大的投入，有关部门曾经研制过两种型号的200kW样机，但还未来得及商品化，市场上的主导产品已发展到600kW机组。为了跟上世界技术发展水平，引进国外先进成熟的技术，经过消化吸收逐步实现国产化的方案，是符合我国国情的。大型风电机的主要部件在国内制造，其成本可比进口机组降低20%～30%。因此，国产化是我国大型风力机发展的必然趋势。我国大型风电机的国产化从250～300kW机组开始，发展到600kW。塔架可以在国内制造，发电机和轮毂也已在国内试制出来，将上述部件安装在进口风力发电机上考核，如果质量达到原装机的标准就可以替代进口件。其他部件如齿轮箱、主轴、刹车盘和迎风机构都可以在国内试制成功后取代进口件。根据我国的生产水平和技术能力，大型风力机国产化是完全可行的。

600kW机组的国产化方式主要有两种。一种是支付技术转让费购进全套制造技术，经过自主开发逐步完善提供商业化产品。另一种是通过技贸结合的方式购进一批技术成熟的风力发电机，同时引进制造技术，组建中外合资公司，严格按照原装部件标准在国内生产，逐步提高部件的国产化率。

现代利用风能的主要方式是风力发电，它的核心是风轮机。风轮机可以分为水平轴和垂直轴两大类。

图4-5是一种水平轴风轮机。高高的机架上装着一个可以在水平方向转动的工作台，台面上有发电机。台架的尾部装有一个尾舵，它靠风力来回转动，让风轮总是迎风转动。巨大的风轮叶片有十几米长，转动起来的力量是很大的。在丹麦日德兰半岛北部的奥尔堡，有一座巨大的风车。安装风车和发电设备的钢筋混凝土塔有13层楼高，塔顶直径3m，塔底直径6m。风车的叶片长27m，一个叶片就有5t重。在风力推动下，巨大的风车40r/min。风车后边的雪茄烟形状的机舱里安放着发电机，它每年可发电400万kWh。

垂直轴的风轮机，也叫中国式风轮机，它的“祖先”是立帆式风轮机，诞生在我国北方沿海一带，估计是在宋朝时出现的。这种风轮机的轴与风向大体垂直，是竖直向上的，风帆总是朝一个方向转动。竖直的轴在风吹时转动，带动下部的发电机发电。这种风力发电站是大有发展前途的。

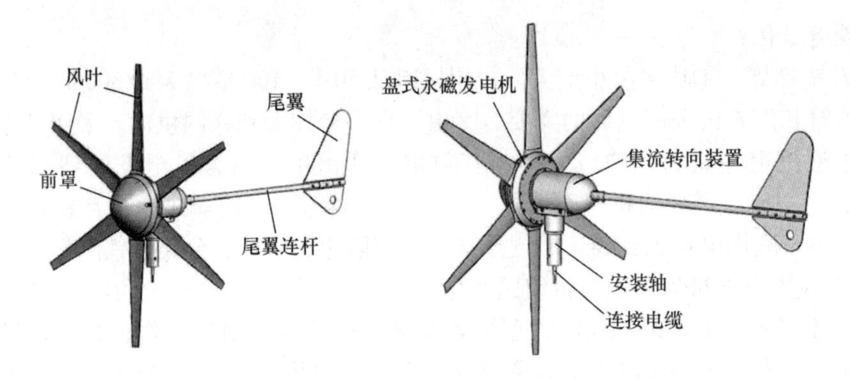

图4-5 水平轴风力发电机

近年来，欧洲的风力发电进展神速。至2012年底，欧洲风电累计并网装机容量达1.09亿kW，继续位居世界第一位。截止2012年底，丹麦全国风力发电容量达3871MW，德国2012年风电装机容量31GW，西班牙以22.8GW紧随其后，其次是意大利、法国和英国，装机容量约在7.5～8.5GW区间。

在丹麦，随风转动的乳白色三叶发电风轮随处可见。世人常说荷兰是风车王国，但若以现代发电风车而论，“风车王国”的桂冠当属丹麦。丹麦虽只有500万人口，却是世界风能发电大国和发电风轮生产大国。2011年，风能发电占丹麦发电总量的20%。2012年3月，丹麦国会多数票通过了2012～2020年最新的能源政策协定。该协定确定的目标有：到2020年，可再生能源在能源系统中占比将达35%，而风电在丹麦电力消耗中占比将达50%。

世界10大风轮生产厂家有5家在丹麦。世界60%以上的风轮制造厂都使用丹麦的技术。虽说目前风能发电只占世界发电量的0.1%左右，但风能发电的前景却被业内人士普遍看好。因为近5年来，世界风轮市场每年都以40%的速度增长。他们预计，未来20～25年内，世界风轮市场每年将递增25%。现在风能发电成本已经下降到1980年的1/5。随着技术进步和环保事业的发展，风能发电在商业上将完全可以与燃煤发电竞争。

专家说，风轮使用寿命可达20年，建造工期短，这是其优势。如果不考虑治理环境的费用，风轮发电的成本仍高于燃能发电。目前风能客户主要有两类：一是德、美等欧美国家，为保护环境要降低二氧化碳排放量，在考虑环境成本的基础上，愿花钱利用风能。第二类是发展中国家，如印度、中国等，主要是因为缺电，愿利用风能。但这类市场有赖于政府支持。不难看出，降低成本、提高产出，是普及风能必须克服的障碍。煤炭、天然气、石油等燃料发电会产生大量温室气体，核能发电则面临核废料的处理问题，它们都不利于环境保护。而风能是一种取之不尽、没有污染的再生能源。大力发展风能发电也被认为是一种有利于环保的有效措施。

德国是世界风能发电大国，德国人非常看重这一清洁能源的开发利用，他们在全国各地兴建了众多的风能发电站。由于德国陆地上的风能资源开发几近饱和，风能开发商又将目光投向了海洋，展开了一个“收集海风”的计划。据德国风能联合会公布的数据，2011年德国新增风电机组895套，新增发电能力2000MW，相当于两座核电站的发电能力，相比2010年增幅达到30%。同时，不仅风电机组的数量在增加，风电机组的性能也在不断提高，出现了用高性能风电机组替换老旧风电机组的趋势，去年德国已有170座老旧风电机组被95

座新型风电机组替换，这些新型机组的发电能力是原先设备的两倍。海上风场的发展也展现强劲势头，2011 年新增发电能力 108MW，总量达到 200MW。2012 年新增装机容量 2415MW，2013 年将会整整增加 3200MW 的装机容量，几乎增长三分之一。

4.3.2　各国鼓励政策

1. 风能政策工具分类

风能政策工具大体可分为直接和间接政策工具。直接工具作用于风能领域，间接工具主要是为风能发展去除障碍，并促进形成风力资源发展框架。

直接政策工具主要是通过直接影响风力资源部门和市场来促进的发展，大体可以分为经济激励政策和非经济激励政策。经济激励政策向市场参与者提供经济激励来加强其在风能市场的作用。非经济激励政策则是通过和主要利益相关者签订协议或通过行为规范来影响市场。协议或行为规范中会应用惩罚来保证政策实施效果。

另一种分类方法是按照工具在价值链中作用的阶段来划分。从政府对风能发电的政策上来看，价值链可以被简单地分为研发、投资、电力生产和电力消费四个阶段。表 4-7 提供了政策工具的一种（理论上的）划分。

表 4-7　按照政策类型和在发展链上所处的位置对风能政策的分类

项　目	经济激励政策（补贴、贷款、专用拨款、财政措施）	非经济激励政策
研发	①固定政府研发补贴； ②示范项目、发展、测试设备的专用拨款； ③零（或低）利率贷款	
投资	①固定政府投资贷款； ②投资补贴的投标体系； ③使用风能的转化补贴； ④生产或替代旧的可再生能源设备； ⑤零（或低）利率贷款； ⑥风力资源投资的税收优惠； ⑦风力资源投资贷款的税收优惠	生产商和政府谈判协议
生产	①长期保护性电价； ②以盈利运行为基础的保护性电价投标系统； ③风能生产收入的税收优惠	生产配额制
消费	消费风能的税收优惠	消费配额制

2. 政策评价准则

对风能政策的评价，要从政策促进风力资源市场持续发展的推动作用来分析。为了评价的客观性，设立一系列标准来定义政策是否成功。这些标准不仅考虑了政策的影响范围，也对影响的持续性予以重视。设立的评价标准有：

（1）有效性；

（2）成本效益；
（3）市场稳定性；
（4）市场效率；
（5）透明度；
（6）交易成本和管理能力；
（7）公平的分配成本利益；
（8）风能市场与其他市场的融合。

下面将逐一介绍各标准的含义。

（1）有效性

对政策是否成功最直接的评价准则就是政策工具是否达到既定的效果。有效性一般来说是评价政策工具是否实现特定的目标，但是这种说法太过笼统。由于各个国家制定的目标差异很大，而且如果目标定得低会容易实现，所以在我们的研究中不采用有效性的一般定义，而将有效性量化，定义为政策实现的新增容量（kW）或产生的可再生能源量（kWh）。

需要注意的是，有效性并不能显示目标是如何实现的，而只是以数量表示。所以，特定的成本高的政策会十分有效，但是会使政策实施过程的成本很昂贵。

（2）成本效益

成本效益是衡量每单位成本得到多少收益。这里定义的成本效益指政府或执行机构的成本效益。整个社会的成本会在市场效率标准中体现。成本效益可以用kW/美元（容量）或kWh/美元（产量）表示。

对成本效益分析的量化分析非常困难，因为即使知道相关政策效果和费用的数据，也无法确定两者之间的关系。一方面，一部分费用可能会被“搭便车者”利用，他们在没有政策支持的时候也会使用某一技术，但他们还是顺了政策的东风。另一方面，支持政策可能会对比目标群体更广的市场产生影响。所以实际的成本效益只能贴近市场来分析。

（3）市场稳定性

风能市场发展最终要由个体投资者是否做出投资决定来实现。一般来说，这些投资者要作出包括项目风险在内的项目可行性分析。任何项目投资都有风险，但是风力资源的风险要高于常规能源。风能项目不仅有新技术带来的技术上的风险，还有与能源价格需求相关的市场风险，而且还会有财政支持是否到位的政治风险。然而大部分政策工具仅针对前两个风险进行补偿，政策本身的不确定性就形成了风险。

对技术和市场风险的尽量规避并不一定是促进风能发展政策的目标。政策工具需要逐渐将这两个风险纳入政策的评价准则，同时尽量避免不必要的政策风险。

由政策和政策框架造成的风险与支持政策的恰当性、政策过程是否成功、项目生命期内是否有财政支持以及多少财政支持几个因素相关。由于风能项目一般立项时间较长，所以能否正确预见政策措施的未来发展方向对于投资者能否减少风险尤为重要。由于政策支持归根到底是一个政治问题，所以它本身就具有随时间变化的不确定性。唯一能保证政策支持延续性（即使政治环境变化）的政策就是国际条约/协定。

（4）市场效率

在经济学中，效率被定义成帕累托最优：一种资源配置状态，若改变这一状态，不可能使一个人效用更好而不减少别人的效用。市场效率可以根据时间的长短划分为静态效率和动态效率。

静态效率在这里是指可达到短期效率的一种情况。短期指资本产品固定不变的一个区间。风能政策中的静态效率指运行现有生产能力的效率和运行这些工厂的成本和利益在社会中分配的方式的效率。

经济学中的动态效率考虑了更长时期的效率，这时的资本是变动的。动态效率的程度体现了长时期内适当的经济激励如何刺激资本产品的最佳投资。这里的最佳理解为满足帕累托准则。风能政策中的动态效率指投资开发生产能力的效率、技术发展影响以及投资和技术发展成本和收益在社会中的长期分配。

(5) 透明度

政策工具的透明是指它很容易被应用，而且对目标群体很合理。从政府的角度来看，资金流动的透明度很重要，尤其是对评价政策效果来说。

(6) 交易成本和管理能力

交易成本被定义为交易产生和执行的成本。举例来说，交易可以是寻找合作伙伴、协商、咨询律师或专家、监督协议，或者机会成本，如失去的时间和资源。交易成本最明显的影响是他们提出了交易参与成本并且阻碍了交易的产生。更进一步来说，交易成本对执行政策工具的管理能力提出了很高的要求。交易成本可以分为市场交易成本和机构交易成本，与投资者和商人相对的交易成本是市场交易成本，与政府相对的是机构交易成本。

市场交易成本可以继续划分为：

①搜索成本。找到交易对象的成本和确定自身位置和最优策略的成本。

②谈判成本。形成合约的成本，如花时间去参观项目地点、找律师写合同草案。

③批准成本。出现在谈判交流必须由政府批准的情况下。

④监督成本。参与者观察交易是否按约定进行的成本。

⑤执行成本。一旦发现差异使其坚持按约定执行的费用。

⑥调整成本。由于政策的改变和新的科学发现而改变策略的成本。

机构交易成本包括：

①完善讨论中的政策工具；

②形成法律条文；

③建立管理框架；

④由管理机构和法院执行、监督、强制实施政策；

⑤与反对政策的政治团体斗争，使社会接受政策。

市场交易成本考虑的是个体投资者，而机构交易成本考虑的是整个社会。机构交易成本对政府的管理能力有直接要求，必须在选择政策措施之前好好考虑管理能力的问题。

补贴和财政工具倾向于产生搜索成本、批准成本、监督成本和建立管理框架的运行成本。基于交易的政策工具如消费或生产配额透明度高，因此交易成本低。主要的交易成本来源于注册和验证所需的技术和管理框架。对基于交易的政策工具来说，市场规模对交易成本的水平有重要影响，市场规模越大，交易成本越低。竞价、控制措施以及合约的政策完善成本、谈判成本和批准成本都很高。所有类型的政策都是为特定群体或特定政府目标而设计的，调整这些政策会有额外的交易成本。在政府和行业间的合约中谈判成本起到重要作用。

(7) 公平的分配成本利益

从政府角度来看，为了长期持续的支持风能发展，公平地分配风能发展中的成本和利益是很重要的。政策工具可以设计成掌握成本或利益分配的功能，例如在不同类利益相关人或地理上的分配，深刻地把握市场及其未来发展对实现公平性来说非常重要。政策工具的公平性与政策工具本身无关，但是与其设计非常相关。

(8) 风能市场与其他市场的融合

风能市场与其他市场的融合是衡量技术和部门支持政策能否可持续发展的准则。要从直接政策支持扶植发展的市场发展转化为完全由需求拉动的成熟市场，部门更需要学会如何适应市场的变化。未促进市场融合的政策的风险在于部门和技术的发展关注于这些政策，使风能市场向竞争市场的转型相当生硬。在一个自由竞争的能源市场，国际市场间的融合性变得尤为重要，尤其是制定国际贸易的统一政策系统是政策长期可行的基础。

3. 各国风能政策实践

风力发电作为一种可再生能源和替代能源技术受到了世界各国的重视，对其发展提供了大量的经济扶持，使得风力发电技术经历了研究与开发和试点示范，发展到今天的商业化应用阶段。逐步成为发电能源资源的组成部分之一。风力发电技术的快速发展是与各国政府的积极支持和努力相一致的。国外政府，特别是发达国家政府对风力发电的扶持政策大体上经历了三个阶段。

(1) 科学研究阶段。1973 年的石油危机之前，风力发电技术的发展大体上处于科学研究的阶段，技术上没有实现工业化。政府对其的支持仅仅是处于技术储备的角度给以扶持，提供少量的科研经费支持大学和科研机构对风力发电的技术研究和开发。在这一阶段，各国政府的政策基本上是一致的。这种支持保证了风力发电技术研究的连续性，为其工业化和商业化应用奠定了基础。

(2) 试点示范及工业化生产和工业化应用阶段。1973 年的石油危机之后，风力发电作为能源来源多样化的措施之一，列入了许多国家的能源规划之中。政府对风力发电技术的工业化应用给予了大力的扶持。通过减税、抵税、价格补贴等经济手段鼓励个人和企业发展风力发电。这一阶段各国的政策方式虽有不同，但是其出发点是一致的，即通过直接补贴或间接补贴的手段，推进风力发电技术的发展。

(3) 商业化应用阶段。进入 20 世纪 90 年代，风力发电技术的工业化进程已经完成并日趋成熟，开始了其商业化水平不断提高的起步阶段。尤其是全球气候变化的影响、酸雨影响和减排温室气体与二氧化硫和氮氧化物等全球环境和区域环境保护的需要，发达国家开始征收能源税或碳税，使得风力发电在考虑了环境效益之后的经济竞争能力大为改善和提高。推进和加快风力发电技术的商业化进程是发达国家政府对风力发电进行政策扶持的主要目的。此时各国政府所采取的经济激励政策出现了较大的差异，一部分国家继续实行直接补贴，提高风力发电技术与常规发电技术的竞争力；一部分国家则改直接补贴为间接补贴，充分利用市场机制发展风力发电。

风力发电自 20 世纪 80 年代开始受到欧美各国重视。目前，风力发电已经进入商业化发展的前夜，至今全球风电发电量以每年 30% 的惊人速度快速成长。世界各国对风力发电的支持变为引导，采取适当的经济激励政策，促进其商业化的进程。世界各国的再生能源推动制度，主要可分为：

固定电价系统（fixed-price systems）：由政府制订再生能源优惠收购电价，由市场决定数量。其主要之方式包括：

（1）设备补助（investment subsidies）：丹麦、德国及西班牙等在风力发电发展初期，皆采取设备补助的方式。

（2）固定收购价格（fixed feed-in tariffs）：德国、丹麦及西班牙。

（3）固定补贴价格（fixed-premium systems）

（4）税赋抵减（tax credits）：美国

固定电量系统（fixed quantity systems ）：又称再生能源配比系统（renewable-quota system），美国称为 Renewable Portfolio Standard，由政府规定再生能源发电量，由市场决定价格。其主要方式包括：

（1）竞比系统（tendering systems）：英国、爱尔兰及法国。

（2）可交易绿色凭证系统（tradable green certificate systems）：英国、瑞典、比利时、意大利及日本。

两种推动制度之用意为形成保护市场，透过政府的力量让再生能源于电力市场上更具投资效益，而其最终目的为提升技术与降低成本，以确保再生能源未来能在自由市场中与传统能源竞争。

4. 各国风能政策分析

尽管各国扶持政策的方式和内容有所不同，但基本政策框架是相似的。即为风力发电提供法律基础和经济优惠政策，用法律手段要求电力公司必须收购风力发电发出的电量，同时又用投资、税收和价格等优惠政策鼓励企业发展风力发电。也就是通常所说的“胡萝卜加大棒”政策。世界各国对风力发电的支持政策大体上可以归纳为以下几点：

1）明确发展的目的

世界各国发展风力发电的目的有所不同，总体来看有以下几点：

（1）减少对化石燃料或核能的依赖；

（2）减少温室气体和其他有害污染物的排放；

（3）以最小成本满足能源需求；

（4）支持国内工业发展，增加就业机会；

（5）鼓励国内投资和独立发电商的发展；

（6）吸引国外投资者向电力部门投资等。

制定具体的长远发展目标：如西欧和美国都对可再生能源的利用提出了具体的目标；并且是长远之计，并非心血来潮，使产业界树立长期发展的思想，从而实现逐步商业化的目的。

2）制定强制收购和政策优惠

要求电网收购风力发电的电力和电量，并签署长期的标准化的收购合同。

由于风力发电与常规发电技术的成本差异，现阶段必须对风力发电进行补贴。补贴的方式可以是直接的也可以是间接的。但补贴的目的不是永远补贴，而是逐步取消补贴，将风力发电推向市场。具体的经济激励措施有：税收政策，包括投资抵税，减免所得税等；直接补贴不同发电量；补贴装机等。

大多数国家的经验表明：维持风力发电持续发展的前提是其商业化，而商业化发展的特征是既要有一定的发展规模，又要有一定的连续性，并且连续性更重要一些；但在商业化之前，补贴是必要的，补贴的目的是维持风力发电发展的规模和连续性，从而使得风力发电的成本持续下降，最终实现商业化；补贴的来源，即风力发电的成本差价的承担范围越大越容易接受。如果仅仅让局部电网承担，大规模发展是不可能的。

4.4 风能技术概述

4.4.1 风能利用概述

风能目前主要用于以下几方面：

1. 风力提水

风力提水从古至今一直得到较普遍的应用。至20世纪下半叶，为解决农村、牧场的生活、灌溉和牲畜用水以及为了节约能源，风力提水机有了很大的发展。现代风力提水机根据其用途可以分为两类：一类是高扬程小流量的风力提水机，它与活塞泵相配汲取深井地下水，主要用于草原、牧区，为人畜提供饮水；另一类是低扬程大流量的风力提水机，它与水泵相配，汲取河水、湖水或海水，主要用于农田灌溉、水产养殖或制盐。风力提水机在我国用途十分广泛。

2. 风力发电

利用风力发电已越来越成为风能利用的主要形式，受到各国的高度重视，而且发展速度最快。风力发电通常有3种运行方式：一是独立运行方式，通常是一台小型风力发电机向一户或几户提供电力，它用蓄电池蓄能，以保证无风时的用电；二是风力发电与其他发电方式（如柴油机发电）相结合，向一个单位或一个村庄或一个海岛供电；三是风力发电并入常规电网运行，向大电网提供电力。常常是一处风场安装几十台甚至几百台风力发电机，这是风力发电的主要发展方向。

3. 风帆助航

在机动船舶发展的今天，为节约燃油和提高航速，古老的风帆助航也得到了发展。现已在万吨级货船上采用电脑控制的风帆助航，节油率达15%。

4. 风力制热

随着人民生活水平的提高，家庭用能中热能的需要越来越大，特别是在高纬度的欧洲、北美取暖、煮水是耗能大户。为了解决家庭及低品位工业热能的需要，风力制热有了较大的发展。

风力制热是将风能转换成热能。目前有3种转换方法：一是风力机发电，再将电能通过电阻丝变成热能。虽然电能转换成热能的效率是100%，但风能转换成电能的效率却很低，因此从能量利用的角度看，这种方法是不可取的；二是由风力机将风能转换成空气压缩能，再转换成热能，即由风力机带动一离心压缩机，对空气进行绝热压缩而放出热能；三是将风力机直接转换成热能。显然第三种方法制热效率最高。风力机直接转换成热能也有多种方法，最简单的是搅拌液体制热，即风力机带动搅拌器转动，从而使液体（水或油）变热（图4-6）。液体挤压制热是用风力机带动液压泵，使液体加压后再从狭小的阻尼小孔中高速喷出而使工作液体加热。此外，还有固体摩擦制热和电涡流制热等方法。

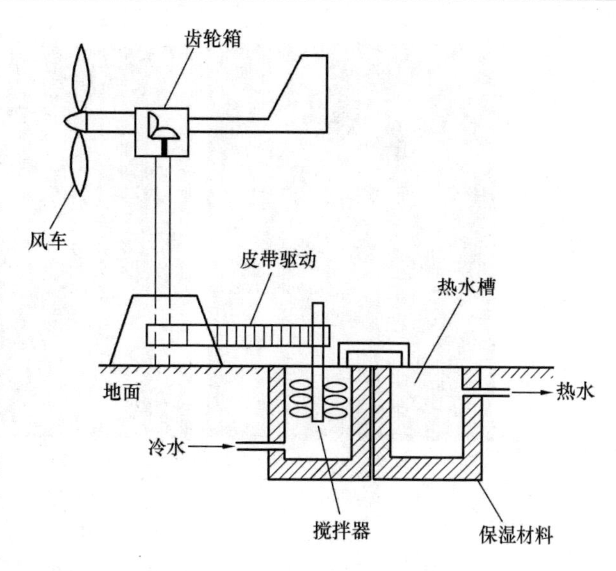

图4-6　风力热水装置示意图

4.4.2　风力发电原理

风力发电系统由风力机（风轮叶片）、发电机、蓄电、传输等部分组成。风力机是风力发电系统的关键部件，由它决定系统的功率和效率。风能利用装置中各主要部分的能量转换和储存效率见图4-7。风力机按旋转轴的方向可分为水平轴、垂直轴两类。水平轴风力机发展早、功率系数高、应用广泛。垂直轴风力机运行平稳、噪声低、抗风能力强、所占空间小。垂直轴风力机又有H型、Φ型等，H型风力机（立式叶轮）结构简单，成本低；Φ型风力机（螺旋式叶轮）空气动力效能高，但叶片制作复杂，成本较高（图4-8）。

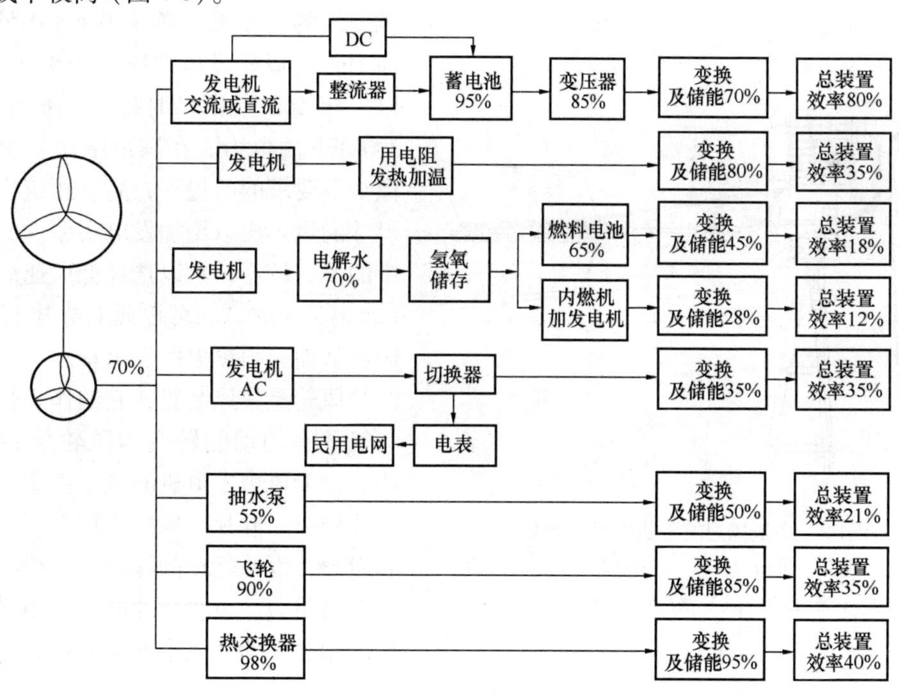

图4-7　风能利用装置中各主要部分的能量转换和储存效率

把风能转变为电能是风能利用中最基本的一种方式。风力发电机一般由风轮、发电机（包括传动装置）、调向器（尾翼）、塔架、限速安全机构和储能装置等构件组成。图4-9是小型风力发电机的结构示意图。风力发电机的工作原理比较简单，风轮在风力的作用下旋转，并通过变速齿轮箱将风力机轴上的低速旋转（约为18～33r/min）转变为发电机所需的

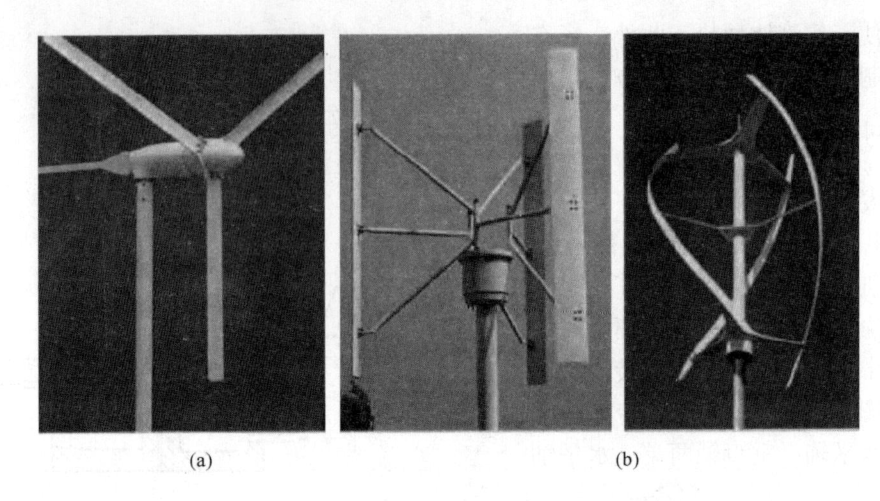

图 4-8　风力机常见类型
（a）水平轴风力发电机；（b）垂直轴风力发电机

高转速（800 r/min 或 1500 r/min），它把风的动能转变为风轮轴的机械能，传给发电机轴使之旋转发电。发电机在风轮轴的带动下旋转发电。

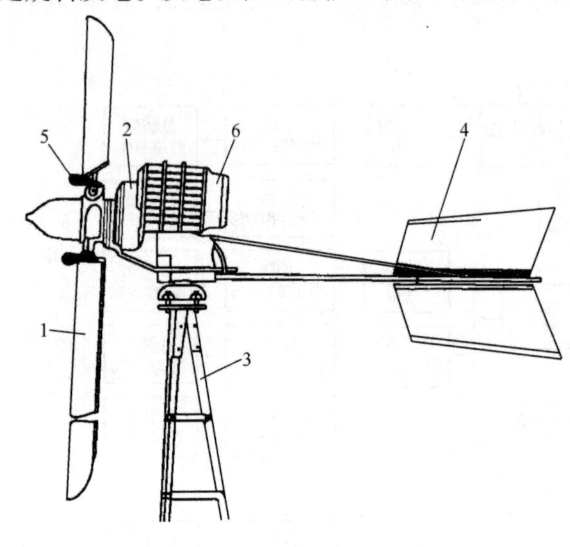

图 4-9　小型风力发电机的基本组成
1—风轮（集风装置）；2—传动装置；3—塔架；4—调向器（尾翼）；5—限速调速装置；6—做功装置（发电机）

风力机的功率与风叶受风面积成正比。风力机的功率系数约为 0.4 ~ 0.5kW/m^2，即 1m^2 的风轮发电功率约为 400 ~ 500W，以 1 年 500 工作小时计算，全年可产生 200kWh 的电力。在满足结构安全、环境保护等要求的前提下，高层建筑应选择大尺寸的风力机以增加发电功率。此外，城市的风力较小，可以选择低风速启动风机（如小于 3m/s），可以延长发电机工作时间，从而获得更多的发电量。

风轮是集风装置，它的作用是把流动空气具有的动能转变为风轮旋转的机械能。一般风力发电机的风轮由 2 个或 3 个叶片构成。叶片在风的作用下，产生升力和阻力，设计优良的叶片可获得大的升力和小的阻力。风轮叶片的材料因风力发电机的型号和功率大小不同而定，如有玻璃钢、尼龙等。我国已能制造多种类型容量不等的风轮。

在风力发电机中，已采用的发电机有 3 种，即直流发电机、同步交流发电机和异步交流发电机。小功率风力发电机多采用同步或异步交流发电机，发出的交流电通过整流装置转换成直流电。与直流发电机相比，同步发电机的优点是效率高，而且在低风速下比直流发电机发出的电能多，能适应比较宽的风速范围。同步发电机能自行提供磁场的电流，但成本较高。

风力发电机中调向器的功能是尽量使风力发电机的风轮随时都迎着风向，从而能最大限度地获取风能。除了下风式风力发电机外，一般风力发电机几乎全部是利用尾翼来控制风轮的迎风方向的。尾翼一般都设在风轮的尾端，处在风轮的尾流区里。只有个别风力发电机的尾翼安装在比较高的位置上，这样可以避开风轮尾流对它的影响。尾翼的材料通常采用镀锌薄钢板。

当风力发电机的风轮正对风向时，风轮得到的风能最大。为了保证风轮随时都迎着风向，在风力发电机中设有偏航系统。当装在机舱顶部的风向标测得风轮不正对风向时，会发出偏航指令，通过偏航系统使机舱和风轮绕塔架的垂直轴转动，以达到对准风向的目的。风轮转速和发电机的输出功率是随风速增大而提高的。风速太大会使风轮转速过快和发电机超负荷运行，这些均会使风力发电机发生运行事故。为了保证风力发电机的安全运行，风力发电机中都设有限速安全装置以调节风力发电机风轮的转速，使之在一定风速范围内保持基本不变，以便风力发电机能在不同风况下稳定运行。风轮转速调节方法主要有两类，一类是风轮叶片桨距固定型，另一类是风轮叶片桨距变动型。固定桨距型的调速方法为，当风速增大时，通过各种机构使风轮绕垂直轴回转，以偏离风向，减少迎风面和受到的风力以达到调速的目的。变桨距型的调速方法为，当风速变化时，通过一套桨叶角度调整装置转动桨叶，改变叶片与风力的作用角度，使风轮承受的风力发生变化，以此来达到调速的目的。

这两种调速方法中，前者结构相对较为简单，但机组结构受力较大，后者增加了桨叶角度调整装置，增加了造价但可使机组在高于额定风速情况下仍保持稳定的功率输出，提高发电量。因此中小型风力发电机组较少采用变桨距调速方法，而大型风力发电机组大多采用变桨距调速方法。

除限速装置外，风力发电机还装有制动器。当风速太高时，制动器可以使风轮停转，以保证风力发电机在特大风速时的安全。水平轴风力发电机设计理论表明，在一定的风力机转速与风速的比值下，风力发电机的风轮对风能的转换效率最高。对于常用的转速不变的恒转速风力发电机而言，在风速变化时就无法保持最佳的风力机转速与风速的比值，因而其风能转换效率就不能经常保持在最佳值。但恒转速风力发电机可以输出恒定频率的交流电便于与电网连接。随后研制的变转速风力发电机可以在不同风速下均保持最佳的转速与风速的比值，因而风能转换效率高，一般比恒转速风力发电机可增加约 10% 的发电量。但其输出电流的频率不稳定，必须通过增设的变频装置才能实现输出恒频的交流电以便与电网连接。现在单机功率超过 1MW 的大型风力发电机组大多采用变转速运行方式。风力发电机组中的塔架将风轮和机舱置于空中以获得更多的风能。塔架有两种主要结构，一种为由钢板制成的锥形筒状塔架，另一种为由角钢制成的桁架式塔架，两者均设有梯子和安全索以便于维修人员进入机舱。大中型风力发电机组均配有由微机和控制软件组成的控制系统，可以对机组的启动、停机、调速、故障保护进行自动控制，可以对机组的运行参数和工作状况自动显示和记录，以确保机组的安全经济运行。

顾名思义，限速安全机构是用来保证风力发电机运行安全的。风力发电机风轮的转速和功率与风的大小密切相关。风轮转速和功率随着风速的提高而增加，风速过高会导致风轮转速过高和发电机超负荷。风轮转速过高和发电机超负荷都会危及风力发电机的运行安全。限速安全机构的设置可以使风力发电机风轮的转速在一定的风速范围内保持基本不变。除了限速装置外，风力发电机一般还设有专门的制动装置，当风速过高时，可以使风轮停转，以保证风力发电机在特大风速下的安全。

塔架是风力发电机的支撑机构，也是风力发电机的一个重要部件。考虑到便于搬迁、降低成本等因素，百瓦级风力发电机通常采用管式塔架。管式塔架以钢管为主体，在4个方向上安置张紧索。稍大的风力发电机塔架一般采用由角钢或圆钢组成的桁架结构。

风力机的输出功率与风速的大小有关。由于自然界的风速是极不稳定的，风力发电机的输出功率也极不稳定。这样一来，风力发电机发出的电能一般是不能直接用在电器上的，先要储存起来。目前蓄电池是风力发电机采用的最为普遍的储能装置，即把风力发电机发出的电能先储存在蓄电池内，然后通过蓄电池向直流电器供电，或通过逆变器把蓄电池的直流电转变为交流电后再向交流电器供电。考虑到成本问题，目前风力发电机用的蓄电池多为铅酸蓄电池。

风力发电机的性能特性是由风力发电机的输出功率曲线来反映的。风力发电机的输出功率曲线是风力发电机的输出功率与场地风速之间的关系曲线。用计算公式表示为

$$P = \frac{1}{8}\pi\rho D^2 v^3 C_p \eta_t \eta_g \tag{4-3}$$

式中 P——风力发电机的输出功率，kW；

ρ——空气密度，kg/m^3；

D——风力发电机风轮直径，m；

v——场地风速，m/s；

C_p——风轮的功率系数，一般在0.2～0.5之间，最大为0.593；

η_t——风力发电机传动装置的机械效率；

η_g——发电机的机械效率。

风力发电机的制造厂家在出售风力发电机时都会提供其产品的输出功率曲线。图4-10是某型号的风力发电机的功率输出曲线。

根据场地的风能资料和风力发电机的功率输出曲线，可以对风力发电机的年发电量进行估算。估算方法是：

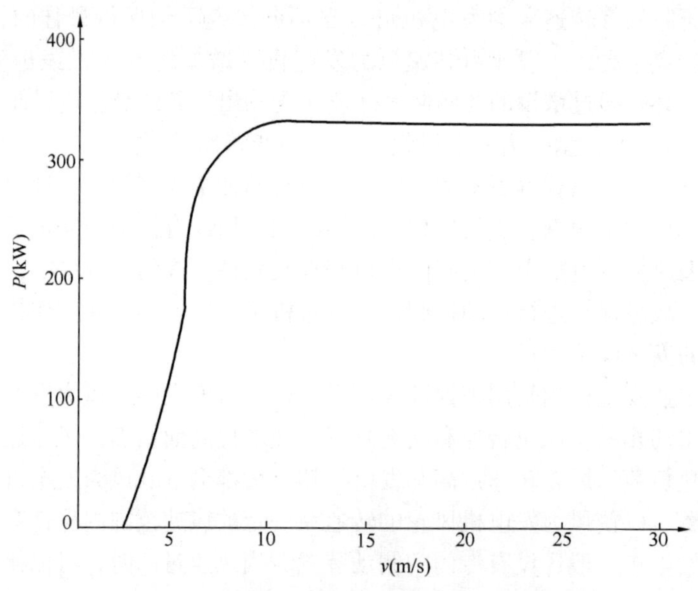

图4-10　某型号风力发电机的功率输出曲线

（1）根据安装场地的风速资料，计算出从风力发电机的启动风速至停机风速为止全年各级风速的累计小时数；

（2）根据风力发电机的功率输出曲线，计算出不同风速下风力发电机的输出功率；

（3）利用下面的公式进行估算

$$Q = \sum_{V_0}^{V_1} P_v T_v \tag{4-4}$$

式中　Q——风力发电机的年发电量，kWh；

P_v——在风速 v 下，风力发电机的输出功率，kW；

T_v——场地风速 v 的年累计小时数；

V_0——风力发电机的启动风速，m/s；

V_1——风力发电机的停机风速，m/s。

由式（4-3）和式（4-4）知道，除风力发电机本身的因素外（如风轮直径等），风力发电机的发电量还受风力发电机安装高度，特别场地风速大小的影响。如果场地选择不合理，即使性能很好的风力发电机也不能很好地发电工作；相反，如果场地选择合理，性能稍差的风力发电机也会很好地发电工作。因此，为了获得多的发电量，应该十分重视风力发电机安装场址的选择。

图4-11是在我国新疆达坂城风电场安装运转的单机容量为600kW的NORDEX 43/

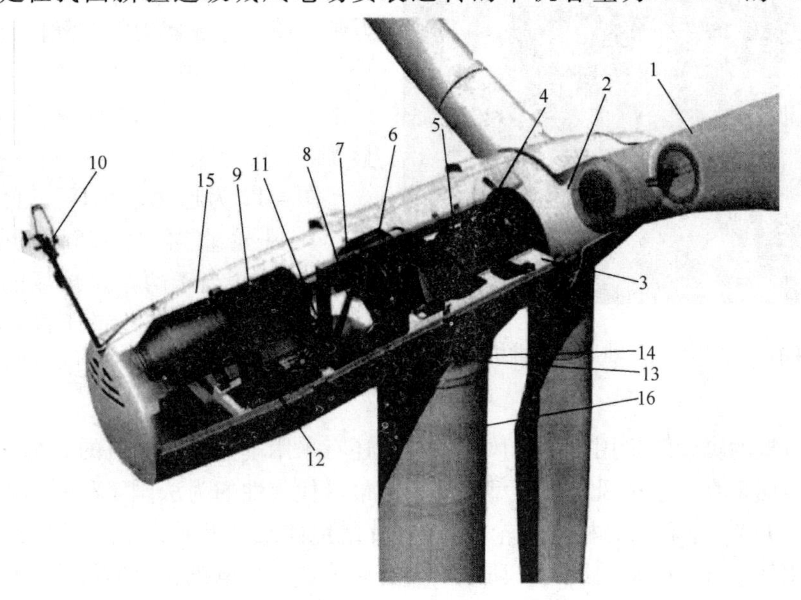

图4-11　单机机容量为600kW的NORDEX 43/600kW型风机结构图

1—叶轮：叶片使用可塑加强玻璃纤维制造，属失速调节叶尖刹车型；2—轮毂：钢架结构；3—机舱内框架：金属焊接构架；4—叶轮轴与主轴连接：使用带有柔性钢制外套的双球滚筒轴承；5—主轴：用高强度抗拉型钢制；6—齿轮箱：根据客户要求定制的一级行星/二级螺旋齿轮箱；7—刹车盘：位于齿轮箱高速轴侧的卡钳式圆盘闸；8—发电机的连接：柔性联轴器；9—发电机：600/125kW空气冷却的异步发电机；10—风测量系统：包括风速仪和风向标，监测即时风况，并将信号传给风机控制系统；11—控制系统：监测和控制风机的运行；12—偏航轴承：四点球形内齿轴承。此外，风机还安装了一套主动偏航刹车系统；13—偏航驱动：由电机驱动的两个行星齿轮箱；14、16—塔架：钢架结构；15—机舱盖：使用加强可塑玻璃纤维制造

600kW 型风机结构图。

4.4.3 风力发电机组分类

风力发电机组根据其运行方式可分为离网型风力发电系统和并网型风力发电系统。前者独立运行，主要用于边远农村、牧区、海岛等远离电网的地区，机组功率较小（一般为5kW以下）。在这种系统中，风力交流发电机输出的交流电经整流器整流后输入蓄电池蓄能，再供直流负荷使用。如用户需要交流电，则应在蓄电池与用户之间加装逆变器后再输给用户。在无风期间，可由蓄电池供电。风力发电机组也可和柴油发电机组或太阳光发电系统组成一个互补型的联合发电系统。在风力发电机不能输出足够电力时，另一个系统可提供备用的电力。风力发电机采用并网运行方式指的是将风力发电机组与电网连接并将输出的电力并入电网。对于恒速恒频的常用风力发电机组已普遍采用。对于变速风力发电机组则需增设变频装置等使输出电流达到恒频后再并网运行。

当前世界超大容量的水平轴风力发电机组之一为德国研制的 5MW 风力发电机。一个拥有 200 台这种风力发电机组的风电场，其发电总量就可与一个 100 万 kW 的大型常规燃煤发电站的发电量相当。

图 4-12　超大型水平轴风力发电机

由于风能是清洁能源，因而前者比之后者，每年可少排烟尘（粉尘、CO_2 等）100 万吨，减少造成酸雨的二氧化硫 6 万吨，减少强致癌物苯并芘 630kg 和大量造成温室效应的气体 CO_2。其环保和经济效益十分显著。

图 4-12 为超大型 5MW 三叶片风力发电机，其风轮直径为 125m，风轮面积达 12000m^2，相当于两个足球场的面积。风轮和机舱重达数百吨，置于高 120m 的塔架上。仅此一台机组的发电量就可供 6000 户家庭用电。

风力发电机的类型除采用水平轴风力机外，还有采用垂直轴风力机的。垂直轴风力机的风轮转轴与地面垂直。这种风力机类型众多，但最具代表性的为法国工程师 Darrieus 发明的风力机（图 4-13）。这种风力机的风轮由 2～4 片跳绳曲线型叶片组成。其优点为不受风向影响，可利用任意方向吹来的风力，所以不需对风装置，发电机和变速齿轮箱可置地上，结构简单，造价较低，便于维护。其缺点为存在近地面的风轮部分，因近地面风力较小，所以风能转换效率低。此处，还存在启动、停车叶片制造和运输安装不便等问题，因此，目前风力发电机组 98% 采用水平轴风力机，垂直轴风力机已很少用。1987 年加拿大曾研制了一台这种类型的大型垂直轴风力发电机，容量为 4.2MW，直径达 100m，现也已停用。

风电不会释放二氧化碳，不会造成酸雨和污染大气、陆地和水源，因而是替代燃用化石燃料的常规火力发电站的重要方法。同时也是大量减少二氧化碳排放量的经济而速效的措施。研究表明，风力发电能力每增加一倍，其成本就会下降 15%。近年来，全球风电增长率一直保持在 30%，因而风电成本快速下降，在国外已接近燃煤发电的成本。由于风电既清洁又经济，全球有50多个国家都在努力研究和发展风电。

独立的风电系统主要建造在电网不易到达的边远地区。同样，由于风力发电输出功率的不稳定和随机性，需要配置充电装置，在涡轮风电机组不能提供足够的电力时，为照明、广播通讯、医疗设施等提供应急动力。最普遍使用的充电装置为蓄电池，风力发电机在运转时，一类为用电装置提供电力，同时将过剩的电力通过逆变器转换成直流电，向蓄电池充电。在风力发电机不能提供足够电力时，蓄电池再向逆变器提供直流电，逆变器将直流电转换成交流电，向用电负荷提供电力。因此，独立的风电系统是包括由风力发电机、逆变器和蓄电池组成的系统。另一类独立风电系统为混合型风电系统，除了风力发电装置之外，还带有一套备用的发电系统，经常采用的是柴油机。风力发电机和柴油发电机构成一个混合系统。在风力发电机不能提供足够的电力时，柴油机投入运行，提供备用的电力。一种新概念的混合风电系统是由风力发电和氢能生产组成的系统。当风力发电机提供的电力有过剩时，用这些电力来电解水制氢，并将产生的氢储存起来。当风力发电不能提供足够的电力供应时，由储存的氢通过燃料电池发电。当然，目前这种概念的混合风力系统在经济上尚无现实性。

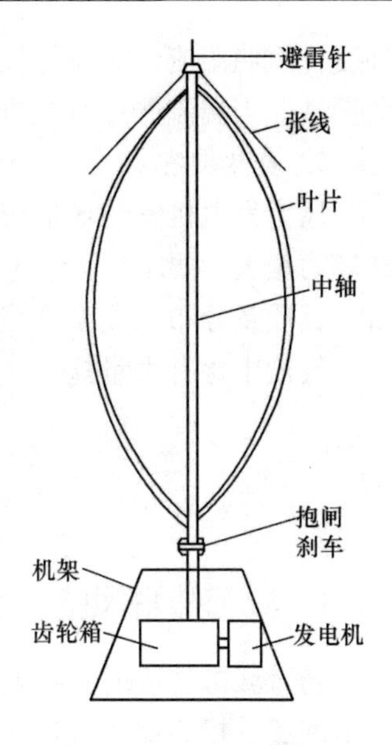

图4-13 Darrieus式垂直轴风力发电机简图

当风力发电用于可间歇使用的用电设备时，就可以避免采用储能装置，来充分发挥风力发电的效益。例如，可将风力发电用于从地下抽水或用于排灌。有风力时，产生的电力驱动水泵运行，进行抽水或排灌；没有风力时，水泵即可停止运行。

4.4.4 风力发电机安装场址选择

在进行风力发电机安装场址选择时，首先应该考虑当地的能源市场的供求状况、负荷的性质和每昼夜负荷的动态变化；在此基础上，再根据风资源的情况选择有利的场地，以获得尽可能多的发电量。另外，也应考虑到风力发电机安装和运输方面的情况，以尽可能地降低风力发电成本。理想的风力发电机场址一般具备以下几个方面的条件。

1. 风能资源丰富

评价风能资源丰富与否的3个最主要的指标是年平均风速、年平均有效风能密度和年有效风速时数。这3个指标越大，当地的风能资源就越丰富。根据我国气候部门的有关规定，当某地域的年有效风速时数在2000～4000h、年6～20m/s风速时数在500～1500h时，该地域即具备安装风力发电机的资源条件。

2. 具有较稳定的盛行风向

3. 风力发电机尽可能安装在盛行风向比较稳定，季节变化比较小的地方

风向稳定不仅可以增大风能利用率，而且还可以提高风轮的寿命。风速的年、月、日变化小，连续无有效风速时数少，场地风速变化小、有效风速持续时间长会降低对风力发电机蓄能装置的要求，从而降低蓄电池投资。

4. 湍流小

当风吹过极其粗糙的表面或绕过建筑物时，风速的大小和方向都会发生很快的变化，这

种变化就叫湍流。湍流不仅会减少风力发电机的功率输出，而且会使整个风力发电机发生机械振动。当湍流严重时，机械振动能导致风力发电机被破坏。

5. 自然灾害小

风力发电机安装场址应尽量避开强风、冰雪、盐雾等严重的地域。强风对风力发电机的破坏力很大，要求风力发电机有很好的抗大风性能和基础牢固。风力发电机叶片结冰或者雪后，其质量分布和翼型会发生显著的变化，致使风轮和风力机产生振动，甚至发生破坏现象。气流中含有大量盐分，会使金属被腐蚀，引起风力发电机内部绝缘破坏和塔架腐蚀。

4.5 风能建筑应用技术

4.5.1 城市楼群风的特点及利用

随着城市规模的不断发展，人们开始兴建越来越高的建筑以增加空间的活动范围。大城市中高层、超高层建筑鳞次栉比，而且布局比较集中，对建筑风环境影响很大，往往会产生群楼风等城市风灾害，对人们的生活工作带来不利的影响。楼群风是指风受到高楼的阻挡，除了大部分向上和穿过两侧，还有一股顺墙面向下带到地面，又被分向左右两侧，形成侧面的角流风；另外一股加入了低矮建筑背面风区，形成涡旋风，这样城市上空的高速气流被高层建筑引到地面上来，加大了地面风速。在行人高度上形成了我们能够感受到的过堂风、角流风、涡流风等楼群风。

因此在进行城市规划和高层建筑的设计时应充分考虑，尽量减少城市风灾害。对已经存在的危害行人的风环境，进行一些防风隔断的设置。同时，也可以考虑利用在高层建筑群中较大的风能，如在两座高层建筑物之间的夹道，高层建筑两侧等风速大的位置，放置风力发电机，充分利用风能，变害为宝。在建筑环境中利用风能，目前的研究只是考虑对单个建筑物的风能利用，本章探讨了楼群风的特点及其影响，提出了在高层建筑周围布置风机，利用楼群风的风能进行风力发电。

1. 城市楼群风的特点及影响

城市建筑物聚集，高低大小不等，风流动时增加了阻力，因而城市风速一般来说比郊外小。然而，城市也能制造局地大风，以致造成灾害。因为城市粗糙的下垫面好比地形复杂的山区一般，街道中以及两幢大楼之间，就像山区中的风口，流线密集，风速加大，可以在本无大风的情况下制造出局地大风来。据风洞实验，在一幢高层建筑物的周围也能出现大风区，即高楼前的涡流区和绕大楼两侧的角流区。这些地方风速都要比平地风速大30%左右。这是因为风速是随高度的升高而迅速增大的，当高空大风在高层建筑上部受阻而被迫急转直下时，也把高空大风的动量带了下来。如果高楼底层有风道，则这个风道口处附近的风速可比平地风速大2倍左右。

当风接触高大建筑物时，其迎风面，气流被抬升；背风面，气流则下降。下冲的风与建筑物两侧绕流而过的风汇合后会形成强风。如果两座建筑距离太近，风通过中间的夹缝，受到楼与楼之间狭窄通道的挤压，便会产生“夹道效应”，就形成了更大的强风。风在爬升高层建筑物顶部和穿越两侧以后，在高楼的背风面形成涡流风区和空腔区，涡流风区是风害的多发区，它不均匀，又无规则、还随机变化。涡流风区大小与建筑物的几何尺寸有关，一般是建筑物几何尺寸的4～5倍，超过这个尺寸就不会受到涡流乱风的滋扰。如果涡流区还存在着其他建筑，就会受到涡流乱风的影响。轻者会造成高楼上门窗玻璃和屋顶搭建物的震动和破裂，重者足以对人和物造成伤害与破坏。

2. 建筑环境的风能利用

（1）风能利用的优点

随着全球能源危机的加剧，可再生的绿色能源的开发势在必行。风能作为一种无污染、可再生的清洁能源在具有风力资源的地区应该得到重视。风能是太阳能的一种转换形式，是一种重要的自然能源。理论上仅1%的风能就能满足人类能源需要。风能利用主要是将大气运动时所具有的动能转化为其他形式的能，其具体用途包括：风力发电、风帆助航、风车提水、风力致热采暖等。其中，风力发电是风能利用的最重要形式。

（2）建筑环境中的风能利用

在风力资源丰富地区，探讨在建筑密集的城区或者利用建筑物的集结作用进行风力发电和风能利用，成为目前国际上的前沿课题。在建筑环境中发展风力发电有免于输送的优点，把风能和太阳能与建筑结合成一体，可以发展绿色建筑或零能耗建筑。目前国内外的研究主要是以建筑物作为风力强化和收集的载体，将风力透平与建筑物有机地结合成一体，进行风力发电。

3. 国内外研究现状

在城区利用风力发电，英国和瑞典从2001年开始进行了项目策划，并实施了一些个别工程。荷兰Delft技术大学和荷兰能源研究中心开展了“Wind energy solutions for the built environment”的研究项目，建造了平板型集中器模型建筑。英国的BDSP、皇家工学院以及德国的斯图加特大学联合承担了欧盟资助的项目“Wind Energy in the Built Environment”，在英国的CLRC RUTHERFORD APPLETON LABORATORY建造了风能集中器建筑模型。研究人员目前正致力于专门用于风能建筑的HAWT风力透平的设计和制造工作中，也有利用排风系统安装风力透平的实例。英国科学家建造了屋顶风能系统，利用屋顶对风力的强化效应，在房顶上安装垂直或水平轴流风力透平。屋顶上还可以布置太阳能装置，与风能系统集为一体。德国学者还发展了一些非常规的建筑用透平，尝试与建筑物一体的风能利用。

但是，我国的城市建筑中利用风能的研究还刚刚起步，实例工程更是鲜有报道。在能源危机以及电力输送中电力耗损两大难题的困扰下，风能怎样在城区、建筑群中利用成为亟待开发的项目。

4. 研究的方法

通过理论分析、数值模拟和实验研究以及示范工程相结合的方法，探讨在当地气候条件下建筑环境中风力资源的利用，分析风力丰富的市区上空风力发电的可行性，并尝试以建筑物作为风力强化和收集的载体，将风力透平与建筑物有机地结合成一体，进行风力发电。

由于城市建筑物的干扰，风速局部减弱、同时局部增强和紊流加剧的特点，如何利用流体动力学的基本原理和计算流体动力学（CFD）技术，分析模拟建筑环境中的空气流动及相关的流体动力学问题，建立空气动力学集中器，得到最佳的气流组织，找到合适的风能——机械能转换装置的部位，是风能在建筑中利用的关键所在。

利用流体动力学的基本原理和计算流体动力学（CFD）技术，分析模拟建筑环境中的空气流动及相关的流体动力学问题，拟定利用 CFD 探讨市区或建筑物的风能利用问题。根据市区由于建筑物的干扰，风速低和紊流加剧的特点，建立空气动力学集中器，目前可借鉴 3 种：Diffuser 型、Flat plat 型和 Bluff Body 型，采用权威 CFD 模拟软件来数值分析各种集中器的流体流动性能，以探讨最佳的风能场。采用有效的湍流模型，以 3 种基本的建筑形式为基础，设计不同形状的建筑物，分析建筑物内空气流动的基本状况，定量给出场内的速度分布、压力分布、风能场分布。试图找出对应最佳的风能场的建筑物结构外形，促使风力发电的可能性得以实现。

5. 城市楼群风的风能利用

1）城市群楼风能利用的设想

在建筑环境中利用风能，目前研究较多的主要是 2 种方式：

（1）在建筑物顶上放置风机利用屋顶上较大的风速，进行风力发电；

（2）将建筑物设计为风力集中器型式，利用风在吹过建筑物时的风力集结效应，将风能加强进行风力发电。

目前的研究只是考虑对单个建筑物的风能利用，而大城市中高层、超高层建筑鳞次栉比，而且布局比较集中，对建筑风环境影响很大，如前文所述，城市风环境对人们的生活和工作都有一定的不利影响。因此在进行城市规划和设计时应充分考虑，尽量减少城市风灾害。这些风力发电机除向周围建筑物供电外，还可以用于城市的照明亮化，比如可以做成路灯形式的，为路灯照明提供电力，也可以放置在广告牌上，与周围环境十分协调。

2）数值算例

就本文研究的问题而言，由于建筑物浸没在大气边界层内，建筑周围的流动具有明显的紊乱性、随机性和各向异性，因而本文研究的建筑环境中空气流动属于湍流流动。

在写出控制方程之前，作如下基本假设：

（1）流体是不可压缩的；

（2）流体为 Newton 流体，忽略黏性耗散；

（3）流体在固壁上无滑移；

（4）流体是各向同性的；

（5）流动为稳态情况。

由于所计算的区域比较复杂，风绕建筑物的流动是湍流、分离流、三维流动，空气动力学在理论上还难以解决这种复杂的流动问题，当前研究的主要方法是利用流体动力学的基本原理和计算流体动力学（CFD）技术，分析模拟建筑环境中的空气流动及相关的流体动力学问题。计算机数值模拟是在计算机上对建筑环境中的空气流动及相关的流体动力学问题进行数值求解（通常称为计算流体力学 CFD），从而仿真实际的风环境；由于近年来计算机运算速度和存储能力的大大提高，对建筑风环境这样的大型、复杂问题可以在较短时间内完成数值模拟，并且可借助计算机图形学技术将模拟结果形象地表示出来，使得模拟结果直观，易于理解。

3）几何模型和边界条件

在这里以一个假设的高层建筑群为例，来说明城市楼群风的风速分布及风能分布的特点。假设的高层建筑群如图 4-14 所示，建筑群由 6 个高层建筑组成，建筑高度从 80 ~ 160m 不等。此建筑群所在地的夏季主导风向为东南偏南方向，平均风速为 4.9m/s。本文以稳态的雷诺时均 Navier－Stokes 方程为基础，采用标准双方程紊流模型进行封闭的模拟方法。

风吹过地面时，受到地面上的各种粗糙源（草、庄稼、森林、房屋建筑等）产生的摩擦阻力作用而使风的能量减少，因而风速减小，减小的程度随离地面的高度的增加而降低，形成上大下小的风速剖面，这一层受地球表面摩擦阻力影响的大气层称为大气边界层。不同的地面条件产生的大气边界层具有不同的特征，大气边界层特征主要包括平均风速剖面、湍流结构和温度层结构等几个方面，大气边界层风速剖面符合幂指数分布规律，即：

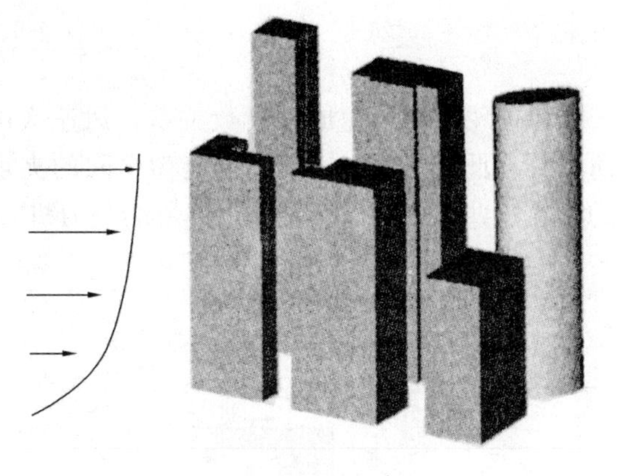

图4-14　高层建筑群

$$\frac{u}{u_0} = \left(\frac{z}{Z_0}\right)^{\alpha} \tag{4-5}$$

式中　Z_0，u_0——分别是参考高度及其相应高度处的风速，m/s；

z，u——分别是计算区域内的某高度和对应高度的平均风速，m/s；

α——是地面粗糙度指数。

各种下垫面的 Z_0 和 α 见表4-8。

表4-8　不同地貌粗糙度下风速随高度变化系数

地貌	海面	湖面	空旷平原	一般田野	乡村	城镇	大城市
Z_0（m）	0.003	0.01	0.03	0.10	0.20	0.30	1.00
α	0.107	0.13	0.146	0.205	0.25	0.28	0.33

注：本文假设该建筑群所在地的地面粗糙度＝1m，地面粗糙度指数＝0.3。

4）数值计算结果及分析

（1）风速分布

大气边界层风速剖面符合幂指数分布规律，随着高度的增加，风速增大。在高层建筑密集的地区，由于高低大小不等的建筑物的阻挡，在街道中及两幢大楼之间就像山区中的风口，流线密集，风速加大。

（2）风能密度分布

风能的利用主要就是将它的动能转化为其他形式的能，因此计算风能的大小就是计算气流所具有的动能。在单位时间内流过垂直于风速截面积 A（m^2）的风能，即风功率为

$$w = \frac{1}{2}\rho V^3 A \tag{4-6}$$

式中　w——风能，W；

ρ——空气密度，kg/m^3；

V——风速，m/s。

为了衡量一个地方风能的大小，评价一个地区的风能潜力，风能密度是最方便和有价值的量。风能密度是气流在单位时间内垂直通过单位截面积的风能，即

$$w = \frac{1}{2}\rho V^3 (\mathrm{W/m^2}) \quad (4\text{-}7)$$

风能密度与风速成幂指数关系，风速大的地方，风能密度必然大。如图 4-15、图 4-16 所示，在此建筑群中，两个建筑物之间的夹道及建筑的角部有相当数量的风能是可以利用的。在这些地方可以布置一定数量的风力机，以充分利用高层建筑群中丰富的风力资源。

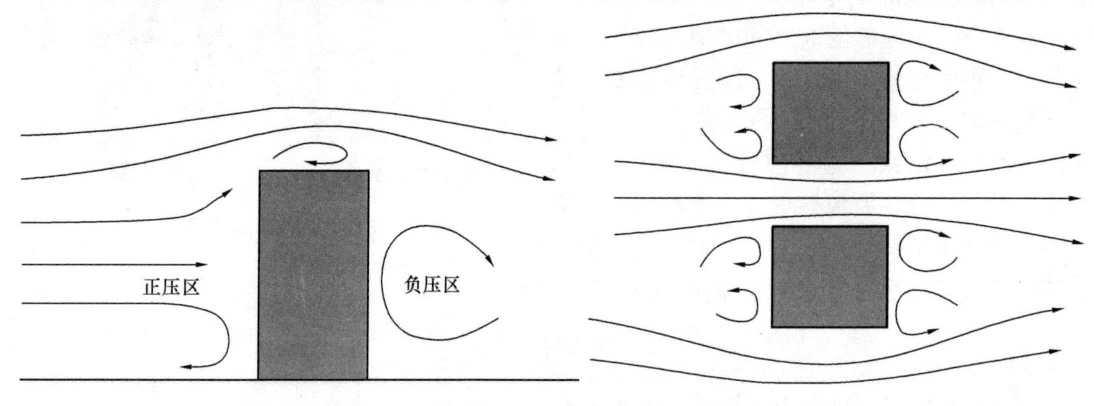

图 4-15　高层建筑垂直风向示意图　　图 4-16　高层建筑水平风向示意图

6. 结论

由于建筑物而造成的楼群风十分复杂，它的形成与风资源环境、楼群布置密切相关。这种风不仅影响人们的生活环境和居住环境，而且当遇到风灾、火灾时，往往会起副作用，成为现代都市的一种公害。因此在城市规划和设计高层建筑时，要充分考虑风对建筑环境的影响，把城市中的楼群风害消灭在设计与试验之中，对已经存在的危害行人的风环境，进行一些防风隔断的设置，加以改进。

同时，还可以考虑利用楼群风的风能进行风力发电。放置在建筑物周围的风力发电机除向周围建筑物供电外，还可以用于城市的照明亮化。比如可以做成路灯形式，为路灯照明提供电力，也可以放置在广告牌上。与建筑物一体的风力发电系统，一方面获得电能供应建筑本身，建成绿色建筑体系或零能耗建筑，为大批量发展风力提供示范和经验；另一方面有望成为城市的标志性景观，促进市民对绿色能源和环境保护的概念的形象认识。

4.5.2　风能建筑设计

1. 风力机的安装部位

依据高层建筑风环境的特点，风力机通常安装在风阻较小的屋顶或风力被强化的洞口、夹缝等部位，如图 4-17 所示。

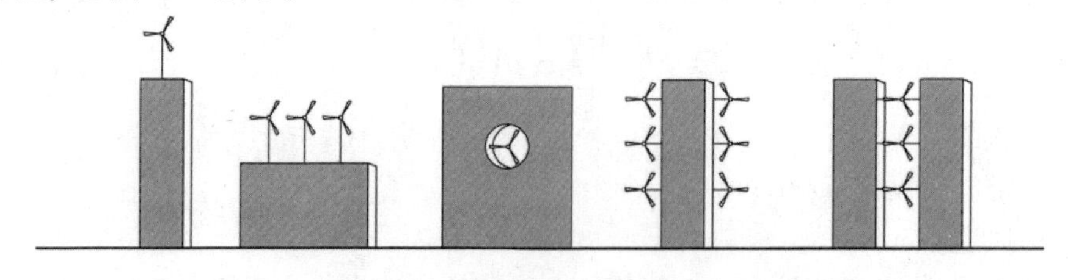

图 4-17　风力机的安装部位

（1）屋顶。建筑物顶部风力大、环境干扰小，是安装风力发电机的最佳位置。风力机应高出屋面一定距离，以避开檐口处的涡流区。

（2）楼身洞口。建筑物中部开口处，风力被汇聚和强化，产生强劲的“穿堂风”，适宜安装定向式风力机。

（3）建筑角边。建筑角边除了有自由通过的风，还有被建筑形体引导过来的风，此处可以安装小型风力机组，甚至可以将整个外墙作为发电机的受风体，成为旋转式建筑。

（4）建筑夹缝。建筑物之间垂直缝隙可以产生“峡谷风”，且风力随着建筑体量的增大而增大。此处适合安装垂直轴风力机或水平轴风力机组。

2. 风能一体化的建筑外形

由于风力发电机特殊的工作原理和外观，往往与常规的高层建筑形象格格不入。高层风电建筑造型除了遵循功能、美学等传统法则之外，还多了一个空气动力学制约，我们权且把它称为“形式随风”法则。建筑师需要了解风力发电机的环境要求，让建筑形体有利于风力的诱导，从而保证风力发电机高效率工作。

（1）经济效益就当下的最先进技术而言，风电成本接近市电，但并不等于建筑风电的经济效益都会很高。在风力资源的充足系统设计合理的前提下，建筑风电的经济效益明显，反之，可能很低。此外，采用风电与太阳光电互补与市电并网等综合技术措施也可以降低发电成本，提高建筑风电经济效益。

（2）环境影响风力发电机产生的噪声、震动、安全等问题可能对建筑物和居民生活构成威胁。高速旋转的叶片通常会产生声响和震动，研制和选择低噪声、低振动的风力机十分重要。城市人口密集，高速旋转的叶片如果发生碰撞、脱落，势必造成严重伤害，因而需要做好风力机对人畜与飞禽的安全防护；此外，风力发电与无线通讯、电磁波辐射的相互影响也需审慎对待。

（3）设计挑战风能，光电等可再生能源利用对高层建筑设“提出了新的复杂的技术与美学”要求。为了避免两者相互影响，发挥联合优势，应该使建筑与风电系统在功能、结构设备材料、外观上融为一体。建筑师需要学习新知识，接受新事物，并与有关专家密切合作，不断探索和创新，迎接可再生能源利用时代的设计挑战。

4.6　风能建筑应用实例

4.6.1　上海天山路新元昌青年公寓3kW垂直轴风力发电机项目

国内首个风力发电建筑一体化项目“上海天山路新元昌青年公寓3kW垂直轴风力发电机项目”（图4-18），已正式发电应用，该项目由上海某电子设备有限公司（MUCE）提供设备并进行安装调试。实测启动风速2.2m/s，优于设计标准，发电稳定，并与太阳能光伏电池共同供电，开创了上海市区建筑采用风光互补系统供电的先例。垂直轴风力发电机安装在建筑上，在全国也属于首次采用，这使得我国在风力发电建筑一体化领域走在了世界的前列。MUCE垂直轴风力发电机已经在特殊通讯领域应用了六年，2006年底正式开拓常规民用市场，在全国5个省市建立了样板工程，为我国自主研制的新型垂直轴风力发电机的应用推广打下了扎实的基础。新型垂直轴风力发电机作为今后中小型风力发电机的发展方向，已

图 4-18　上海天山路新元昌青年公寓垂直轴风力发电机

越来越多地受到全世界的重视。我国到目前为止，在这一领域始终保持一定的技术优势。随着节能减排、生态环保的措施进一步加大，各种新型实用设备将步入发展的舞台，MUCE 愿凭借技术的优势，为中国以及世界的节能作出自己应有的贡献。

4.6.2　巴林世贸中心（图 4-19 ~ 图 4-24）

图 4-19　巴林世贸中心施工时期图

图 4-20　巴林世贸中心模型

风能和太阳能都是取之不尽、用之不竭的绿色清洁能源。近 20 年，太阳能与建筑一体化设计迅速发展，但风能由于其不稳定性和噪声污染等问题，很难大规模融入建筑一体化设计。但是 2007 年竣工的巴林世贸中心却成功地将大型风机集成进建筑中，可称为风能建筑一体化的典范之作。

图 4-21　巴林世贸中心

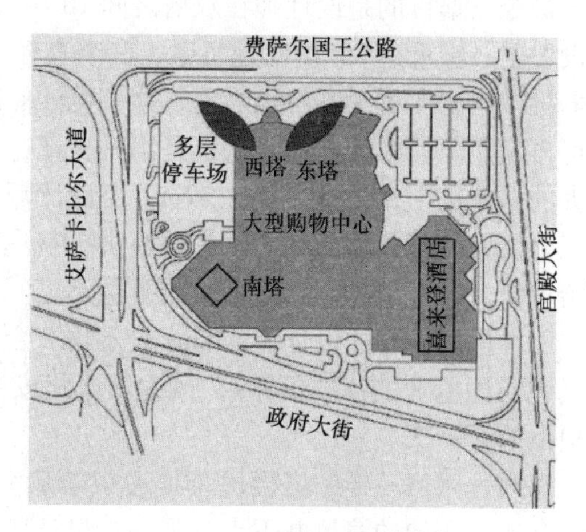

图 4-22　巴林世贸中心基地图

图 4-23　巴林世贸中心风力发电机（一）

图 4-24　巴林世贸中心风力发电机（二）

巴林位于波斯湾西南部，介于卡塔尔和沙特阿拉伯之间，属于热带沙漠气候，夏季炎热潮湿。在巴林王国麦纳麦市中心的中央商务区，俯瞰着阿拉伯湾的是 2 座传统阿拉伯“风塔”形状的塔楼，这就是巴林世贸中心。

巴林世贸中心耗资 9600 万美元，总建筑面积 120961m^2，除设置有办公空间和商务设施外，还有酒店、商场、咖啡屋、饭馆和健身俱乐部，并设有 1700 个停车位。巴林世贸中心由两座外观完全相同的塔楼组成，双子塔高 240 多米，共 50 层，平面为椭圆形，外形呈帆状，线条流畅，具有强烈的视觉震撼力，深绿宝石色的玻璃和白色的外表皮使大厦与周边沙漠景观和海上风光融为一体。

最令人瞩目的是设计师在双塔之间16层（61m）、25层（97m）和35层（133m）处分别设置了一座重达75t的跨越桥梁，三个直径达29m的水平轴风力发电涡轮机和与其相连的发电机被固定在这3座桥梁之上。这一设计使巴林世贸中心成为世界上首个能够自身持续提供可再生能源的摩天大楼。这也是第一次把这么巨大的风力发电和摩天大厦结合起来。三个巨大的涡轮机，每个直径长达29m。由设计师按照独特的空气动力学安装在三个高架桥中。这三个巨大的螺旋桨大约能给大楼提供11%～15%的电力，或者1100～1300kWh每年，足够给300个家庭用户提供1年的照明电了。

巴林世贸中心的设计者Atkins表示这3台风力发电机发出的电力每年能减少55t的碳排放（以英国电业的标准折算），风力发电机安装在160m高空放置到两栋塔楼之间，也是建筑史上的第一次。

每天，风帆一样的塔楼优雅地迎接着从海面持续不断吹来的海风，超越时空，自成风范。其实，当地的海风并不十分强劲，设计塔楼的英国某公司巧妙地借助空气动力学原理加以弥补。

大楼的椭圆形截面使它们中间区域的空间陡然变窄，构造成一个负压区域，将塔间的风速提高了约30%；而塔楼设计成风帆般的外形，起到导风板的作用，引导向陆地吹来的风通过两塔之间。这样的处理还使原本斜向的来风改变方向，沿着塔间的中线吹拂。风洞测试表明，从左右不大于45°角吹来的风都会调整到几乎垂直于发电风车的走向。这不但提升了涡轮机的潜在发电能力，还将斜向风对风翼的压力控制在可接受的极限内，尽量减少风翼的疲劳。而在实际的运行规范中，更规定当风向和中线夹角达到或超过30°时，风机会采取措施进入“停顿”模式。

在垂直方向上，塔的造型也有空气动力学的考虑，随着塔楼向上逐渐变小，其导风板的作用也逐渐减少；而海面吹来的风却是随高度的增加而逐渐增加的，两者的综合效果使3个涡轮机上受风的风速大致相等，尽量做到能量的平均分布，避免高处的涡轮机过早受损。实际效果上，如果中间涡轮机的发电能力能达到100%的话，上方和下方涡轮机的发电能力分别是109%和93%，做到了大致相等。

发电风车满负荷时的转子速度为每分钟38转，通过安置在引擎舱的一系列变速箱，让发电机以每分钟1500转的转速运行发电。设计的最佳发电状态在风速15～20m/s时，约为225kW。风机转子的直径为29m，是用50层玻璃纤维制成的。在风力强劲或风机需要转入停顿状态时，翼片的顶端会向外推出，增加了转子的总力矩，达到减速目的。风机能承受的最大风速是80m/s，能经受4级飓风（风速69m/s以上）。

4.6.3 广州第三高楼珠江城

一座运用风力发电的超高层建筑——广州珠江城已完成基础工程，核心筒结构部分“浮出地面”。

广州珠江城又称“珠江大厦”（图4-25、图4-26），占地面积10636m^2，由裙楼和塔楼两部分组成，塔楼高309m、71层，为广州第三高楼。

本项目所采用的高效、节能环保措施可分为两大类，一是风力发电、太阳能发电的可再生能源利用，二是冷辐射空调、双层幕墙等高效节能措施。

图 4-25　广州珠江城建筑效果图（一）

图 4-26　广州珠江城建筑效果图（二）

在诸多设计用来发电或节能的特点中，最吸引人眼球的是珠江大厦的外形。它采用曲线外形设计，面向盛行风的方向。设计者还令大厦的外形可以增加风速，迫使其穿过风力涡轮机所在大楼的位置，形成有加速作用的风口，形成涡流，使风力发电机高效动作。打造超高品质、超低能耗、绿色环保的建筑。

风能发电是珠江城可通过其形体展现节能环保内涵的最大亮点。大楼中部和上部的设备层设置了与高性能风涡轮发动机，开创了世界上在超高层建筑运用风力发电的先河。太阳能发电的运用，使珠江城成为超高层建筑合理利用太阳能的典范。本项目设计将玻璃幕墙与太阳能光电板有机结合，在获得光照辐射能的立面上应用光电技术，通过合理布置幕墙玻璃外表面光电板的位置，实现产电与美观的平衡。

该项目的另一特点是采用了先进节能的空调方式——辐射制冷带置换通风系统。在照明控制方面，该项目采用高透光度玻璃，并在底层外伸大堂设计自然采光口，将自然光引至建筑内空间最大限度利用了自然光，节约办公照明能耗。

思　考　题

1. 风能大小与哪些因素有关？
2. 风力发电主要有哪 3 种运行方式？有什么优越性？
3. 城市楼群风有什么特点？在何位置防止风力发电机有利于利用风能？
4. 建筑上哪些位置适合安装风力发电机？

习　题

1. 我国风能资源储量估算值是指离地（　　）m 高度层上的风能资源量。

A. 3　　B. 5　　C. 10　　D. 15

2. 风能利用最重要的形式是（　　）

A. 风力提水　　B. 风力发电　　C. 风帆助航　　D. 风力制热

3.（　　）决定风力发电系统的功率和效率。

A. 风力机　　B. 发电机　　C. 蓄电部分　　D. 传输部分

4.（　　）是理想的风力发电机场址一般应具备的条件。

A. 风能资源丰富　　B. 具有较稳定的盛行风向

C. 湍流小　　D. 自然灾害小

5. 大气边界层特征主要包括（　　）

A. 平均风速剖面　　B. 湍流结构

C. 温度层结构　　D. 风能密度

6. 评价一个地区的风能潜力，（　　）是最方便和有价值的量。

A. 风速　　B. 风能密度　　C. 风级　　D. 空气密度

7. 建筑上安装风力发电机的最佳位置是（　　）

A. 楼身洞口　　B. 屋顶　　C. 建筑夹缝　　D. 建筑边角

8. 从风速、潜力及所处的位置来说，我国最有吸引力的风场是（　　）。

A. 青藏高原　　B. 呼和浩特　　C. 辉腾锡勒　　D. 雷州半岛

第5章　生物质能及其建筑应用

5.1　生物质能概述

5.1.1　生物质能的定义

生物质是指通过光合作用而形成的各种有机体，包括所有的动植物和微生物。而所谓生物质能（biomass energy）就是太阳能以化学能形式储存在生物质中的能量形式，即以生物质为载体的能量。它直接或间接地来源于绿色植物的光合作用，可转化为常规的固态、液态和气态燃料，取之不尽、用之不竭，是一种可再生能源，同时也是唯一一种可再生的碳源。生物质能的原始能量来源于太阳，所以从广义上讲，生物质能是太阳能的一种表现形式。目前，很多国家都在积极研究和开发利用生物质能。生物质能蕴藏在植物、动物和微生物等可以生长的有机物中，它是由太阳能转化而来的。有机物中除矿物燃料以外的所有来源于动植物的能源物质均属于生物质能，通常包括木材、森林废弃物、农业废弃物、水生植物、油料植物、城市和工业有机废弃物、动物粪便等。地球上的生物质能资源较为丰富，而且是一种无害的能源。地球每年经光合作用产生的物质有1730亿t，其中蕴含的能量相当于全世界能源消耗总量的10～20倍，但目前的利用率不到3%。

5.1.2　生物质能的分类

生物质主要有3类：木质、非木质和动物粪便。在这3大类中可以细分为7小类：森林、农业的种植物（木质）、森林之外的树木（木质）、农作物（非木质）、庄稼的废弃物（非木质）、加工过程的废弃物（非木质）和动物粪便（粪便）。通常用做能量转化的生物质可以分为4大类：木材残余物（涵盖所有来源于木材和木材产品的物质，主要包括燃料木材、木炭、废弃木材和森林的残余物）、农业废弃物（所有与种植业和庄稼处理过程有关的废弃物。例如，稻谷壳、秸秆和动物的粪便）、能源庄稼（专门用于能量生产的庄稼，如甘蔗秆和木薯）和城市固体垃圾（MSW）。

5.1.3　生物质能的特点

生物质的组成成分包括纤维素、半纤维素、木质素、蛋白质、单糖、淀粉、水分、灰分和其他化合物。每一种组分的含量比例是由生物质种类、生长时期和生长条件等因素决定的。与化石燃料相比，生物质具有以下特点：

1. 生物质是一种二氧化碳零排放的能源资源。利用转化过程中排放的二氧化碳量等于生长过程中吸收的量，可以在提供能源的同时不增加二氧化碳排放量。

2. 生物质的硫、氮和灰分含量少，转化过程中可以减少硫化物、氮化物和粉尘的排放。

3. 生物质的挥发分含量大（挥发分约为烟煤的6倍以上），氧含量高，有利于生物质的着火和燃烧。

4. 生物质的水分含量大，影响着火和燃烧的稳定性，同时在燃烧时造成大量的能量损失，并且可能引起燃料储存问题。

5. 单位质量生物质的热值低，要求能量转化设备有足够的空间投入原料。

6. 生物质的分布分散能量密度低，收集运输和预处理过程（例如粉碎、压缩成型和干燥）费用高。

7. 生物质具有可再生性，原料具有多样性和广泛性，资源开发潜力大。在世界能耗中，生物质能约占14%，在不发达地区占60%以上。全世界约25亿人的生活能源的90%以上是生物质能。表5-1比较了煤与生物质的热值和组成部分。

表5-1 煤与生物质的热值和组成部分

燃烧种类	高位热值	低位热值	水分	工业分析法含水分			元素分析法不含水分		
				挥发分	灰分	固定碳	碳	氮	硫
西凯煤	30471	无数据	6.0	38.5	9.7	51.8	79.9	1.5	2.8
中南凯褐煤	5875	无数据	32.2	57.6	15.7	28.7	59.9	1.0	1.5
硬木	19771	9885	50	80.0	2.5	17.1	48.9	0.2	0.01
农作物	18841	13188	50	74.4	5.9	19.7	46.2	0.9	0.09

据预测，生物质能极有可能成为未来可持续能源系统的组成部分。到21世纪中叶，采用新技术生产的各种生物质替代燃料将占全球总能耗的40%以上。生物质能的优点是燃烧容易、污染少、灰分较低；缺点是热值及热效率低、体积大而不易运输，直接燃烧生物质的热效率仅为10%~30%。世界各国正逐步采用如下方法利用生物质能：①热化学转换法，获得木炭、焦油和可燃气体等品位高的能源产品，该方法又按其热加工的方法不同，分为高温干馏、热解、生物液化等方法；②生物化学转换法，主要指生物质在微生物的发酵作用下，生成沼气、酒精等产品；③利用油料植物所产生的生物油；④把生物质压制成成型状燃料（如块型、棒型燃料），以便集中利用和提高热效率。

5.1.4 我国发展生物质能的重要意义

1. 弥补能源不足

随着人口和经济的持续增长，我国能源消费量也在不断增长。预计到2020年，我国石油需求将达到3.6亿t，净进口量将突破2亿t，这势必将对我国能源供应安全造成一定的负面影响，成为长期制约我国经济发展和社会进步的主要障碍之一。

九届人大四次会议通过的《国民经济和社会发展第十个五年计划纲要》提出，要“开发燃料乙醇等石油替代品，采取措施节约石油资源”。生物质可生产液体燃料，保障国家石油安全。如果能推广“能源农业—能源林业—能源工业一体化发展模式”来发展生物质能产业，使2020年的生物质资源总量达到15亿t标准煤，并将其中的50%的资源用于生产液体燃料，届时可为我国石油市场提供2亿t液体燃料。

我国在电力供应方面也存在较大的缺口，要实现2020年国民经济翻两番的目标，保障可靠的电力供应是必备条件。因地制宜地利用当地生物质能资源（秸秆、薪柴、谷壳和木屑等），建立分散、独立的离网或并网电站，拥有广阔的市场前景。生物质可广泛地用来生产电力，保障国家电网电力供应安全。如果有当前农林废弃物产量的 40% 作为电站燃料，可发电 3000 亿度，占目前我国总耗电量的 20% 以上。

2. *有利于环境保护*

生物质能属于清洁能源，有助于国家的环境建设和二氧化碳减排。我国矿物能源消费的 SO_2 排放量已居世界第 1 位，CO_2 排放量仅次于美国居第 2 位。我国每年由矿物燃料消费所排放的二氧化碳总量可达 22.7 亿 t，相当于 6.2 亿 t 碳排量，是全球 GHG 总排量的 11.8% 左右。2010 年，二氧化硫排放量达 2185 万 t，火电行业是我国 SO_2 的排放大户，2010 年全国火电 SO_2 排放 926 万 t。酸雨面积已超过国土面积的 1/3。SO_2 和酸雨造成的经济损失约占 GDP 的 2%。生物质的有害物质（硫和灰分等）含量仅为中质烟煤的 1/10 左右。同时，生物质生产和能源利用过程所排放的 CO_2 可纳入自然界碳循环，实现 CO_2 零排放，是减排 CO_2 的最重要的途径。

3. *农村可持续发展的迫切需要*

生物质一直是我国农村的主要能源之一，大多以直接燃烧为主，不仅热效率低下，而且大量的烟尘和余灰的排放使人们的居住和生活环境日益恶化，严重损害了身心健康。据统计，我国农作物秸秆年产量约为 7 亿 t，其中水稻、玉米、小麦、油菜和棉花 5 大类作物的秸秆产量近 6 亿 t；我国木材伐区剩余物和木材加工业剩余物的总量也很大，约为 $3700 \times 10^4 m^3$。以新技术转化生物质的能源利用方式，可大幅度提高农村能源利用效率。采用生物质能转化技术可使热效率提高到 35% ~40%，节约资源，改善农民的居住环境，提高生活水平。

生物质的能源利用可从根本上解决我国农村普遍存在的而又始终无法根治的“秸秆问题”，将农林废弃物转化为优质能源，形成产业化利用，可大量消纳秸秆废弃物，达到消除秸秆危害的目的。不仅能够大大加快村镇居民实现能源现代化进程，满足农民富裕后对优质能源的迫切需求，同时也可在乡镇企业等生产领域中得到应用。

由于中国地广人多，常规能源不可能完全满足广大农村日益增长的需求，而且由于国际上正在制定各种有关环境问题的公约，限制 CO_2 等温室气体排放，我国必须立足于农村现有的生物质资源，研究新型转换技术，开发新型装备，以适应农村可持续发展的迫切需要。

4. *具有生态、社会和经济效益*

目前，我国薪柴消费量超过合理采伐量 15%，导致大面积森林植被破坏，水土流失加剧和生态平衡失调。工业、城镇和农村的有机垃圾产生量和堆积量均在逐年增加，年增长率在 10% 左右，成为新农村建设和城镇化建设的重要障碍之一。生物质能利用不仅可消纳各种有机废弃物，消除其对环境的负面影响，推动农村和城镇的现代化建设；而且，由于能源农业和能源林业的大规模发展，将有效地绿化荒山荒地，减轻土壤侵蚀和水土流失，治理沙漠，保护生物多样性，促进生态的良性循环。同时，现代生物质能一体化系统的建设将促进现代种植业的发展，成为农村新的经济增长点，增加农村就业机会，改善生活环境，提高农村居民收入，振兴农村经济。

5.2 我国生物质能资源状况

生物质能依据来源的不同，可以将适合于能源利用的生物质分为农业资源、林业资源、生活污水和工业有机废水、城市固体废物和畜禽粪便等五大类。表 5-2 为农村生物质能源的比例。

表 5-2 农村生物质能源的比例

年　份	1995	2000	2010	2020	2050
农村总能耗（亿吨标准）	6.9	8.83	12.69	15.78	20.98
生物质能（亿吨标准）	1.99	2.11	2.39	2.74	2.88
比重（%）	28.8	23.9	18.8	17.4	13.7

1. 农业生物质资源

我国农作物秸秆产量每年近 7 亿 t，而农业加工业的废弃物则高达 8000 多万吨。近年来，包括草本能源作物、油料作物、制取碳氢化合物植物和水生植物等以提供能源为主的能源作物已逐渐成为农业生物质能的一大资源。考虑到农作物秸秆可获得性特点，预计中国农业生物质资源可转化为能源的农作物秸秆资源量约为 3 亿 t，折合标准煤为 1.5 亿 t。此外，我国开发利用能源作物的工作也已起步，我国有关部门和科研单位在“不与人争粮、不与粮争地”的原则下，正组织大批专家开展能源作物的选种、培育、试种以及能源转换技术及设备的开发和研制工作，并且已经取得了阶段性成果。

2. 畜禽粪便

根据 2008 年我国生猪、鸡和牛的存栏量计算，全国主要畜禽的粪便排放量为 30 多亿吨，其干物重为 5 亿多吨。而这些排泄物又是其他形态生物质（主要是粮食、农作物秸秆和牧草等）的转化形式，因此是一种很好的生物质资源。据有关专家预测，2008 年我国畜禽粪便生产沼气的潜力约为 2200 亿 m^3。

3. 林业生物质资源

在森林生长和林业生产过程中，有一些剩余物，通过收集利用可提供生物质能源。比如，在森林抚育和间伐作业中的零散木材、残留的树枝、树叶和木屑等；木材采运和加工过程中的枝丫、锯末、木屑、梢头、板皮和截头等；林业副产品的废弃物，如果壳和果核等。据不完全统计，我国每年可以从林木采伐和木材加工过程中获得约 4000 万 m^3 的剩余物。我国薪炭林已达 429 万公顷，全国有 100 余个薪炭林试点县，计划到 2020 年将增建 50 个薪炭林基地，薪炭林面积也将达到 1600 多万公顷。同时，山区有大量发展的经济果壳，应合理经济地开发利用这些宝贵的薪炭林资源，将薪炭林综合利用开发，产生的气体作为发电和民用燃气，固体产品木炭进一步加工成活性炭，液体产品可进一步加工成化工产品，创造经济效益。

4. 生活污水和工业有机废水

生活污水主要由城镇居民生活、商业和服务业的各种排水组成。工业有机废水主要是酒精、酿酒、制糖、食品、制药、造纸及屠宰等行业生产过程中排出的废水等。经过对国家统计年鉴和 20 多个主要工业行业公开发表的数据进行调查和统计，可知我国主要工业企业每年排放的有机废水约为 8.5 亿 t，废渣约为 2500 万 t。

5. 城市固体废物

城镇居民生活垃圾，商业、服务业垃圾和少量建筑业垃圾等构成城市固体废物，其组成成分比较复杂。

5.3　我国生物质能发展战略

5.3.1　发展方向

我国具有丰富的生物质能资源，在开发利用方面也取得了可喜的成绩，为进一步发展奠定了良好基础。但是，从总体来看，无论是科研水平、开发利用层次、转换设备规模，还是产业发展、市场营销等方面，与先进国家相比还有很大的差距。2012 年 7 月国家能源局发布的《生物质能发展“十二五”规划》中指出，虽然在“十一五”时期生物质能有了长足发展，但由于生物质资源分散、加工转换技术难度大、市场化发展环境尚未建立，生物质能发展还存在一些主要问题：缺乏准确的资源调查评价，原料收集难度大，技术水平有待提高，产业化程度低等。

我国的经济在快速发展，人们对优质燃料需求日益迫切，鉴于常规能源资源的有限性和环境压力的增加，必须要加速开发新能源和可再生能源，尤其是要加速生物质能现代化利用的步伐，提高其转换效率，降低生产成本，使新技术、新工艺有大的突破；成熟的技术要实现大规模、现代化生产，形成比较完善的生产体系和服务体系；增大生物质新能源在能源结构中所占比例。

5.3.2　基本发展策略

2012 年 7 月国家能源局发布《生物质能“十二五”规划》，提出我国生物质能基本发展策略。

1. 加强生物质能开发利用管理。开展生物质能资源调查评价，以县为单位进行资源调查，明确资源量、种类、分布和现有用途，以及可作为能源化利用的资源潜力。各省（自治区、直辖市）要将生物质能开发利用纳入本地区能源规划，编制生物质能发展规划及实施方案，指导生物质能开发利用。加强生物质能项目管理，合理布局，协调发展。各级政府要加大投入，支持农村生物质能项目建设，改善农村用能条件。

2. 健全生物质能技术管理体系。支持生物质能利用新技术研发和试验示范。建立生物质能技术和产品标准体系及工程规范，健全生物质能技术和产品检测认证体系，加强技术监督以及工程和产品质量管理。建立健全生物质能信息统计体系，加强生物质能技术指导、工程咨询、信息服务等中介机构能力建设。

3. 完善市场机制和管理措施。引导各类投资主体积极开发利用生物质能，积极培育壮大生物质能骨干企业。完善生物液体燃料在交通领域的强制使用机制和措施，扩大生物液体燃料的市场范围。各级政府要结合各类生物质废弃物综合利用和环境污染治理，制定操作性强的农村秸秆禁烧、城区关停改造燃煤小锅炉的措施。在新能源示范城市和绿色能源示范县建设中，积极利用生物质能，形成若干生物质能规模化综合利用的优势区域。

4. 建立原料供应保障体系。因地制宜，结合生态建设和保护环境的要求，培育种植适宜的能源作物或能源植物，建设生物质能原料基地。适应各区域不同情况，支持企业探索建立合适的生物质能原料收集体系，提高原料保障程度，促进生物质能原料的供需平衡，鼓励生物质能原料供应的专业化发展。发展生物质原料物流产业，促进生物质能产业健康发展。

5.3.3 发展建议

由于生物质能的现代化利用尚处于发展初期，与其他能源建设相比，需要政府给予更多的支持和相应的扶持政策。

1. 各级政府和主管部门以及广大群众，应提高对生物质能现代化利用重要意义的认识，把推进其开发作为一项基本的能源政策，切实加强领导，归口明确，职责落实，把包括生物质能在内的新能源和可再生能源纳入到国民经济建设总体规划之中，列入政府的财政预算。

2. 现在，生物质能技术开发产业规模小而分散，经济效益不显著，尚不具备参与市场竞争的能力，应得到国家宏观调控政策和保护。应为开发生物质能制定相应的财政、投资、信贷、减免税、价格补贴和奖励等政策；增加科研、新产品试制、技术培训的投资力度；扩大宣传，调动各方面投资热情，扩大资金渠道，提高资金使用效果。

3. 开发新项目要立足于高起点，实现跨越式前进。因地制宜地引进国内外先进技术，结合本地情况进行深入研究、试验、改进、示范，用技术水平高、效益显著的成果宣传教育群众。中国的老百姓最习惯“眼见为实”，有了良好的群众基础，各地根据自然条件、经济基础、能源需求等实际情况，分期分批建设，逐步推广应用。

要重视科研成果的转化，使技术上基本成熟的产品尽快定型，鼓励企业打破部门、地区界限，实行横向联合，组织专业化生产。要有计划、有步骤地支持一批骨干企业的发展，建立有规模生产能力的产业体系，使之不断提高产品质量，降低生产成本，扩大市场销路。目前，有些项目建设带有福利性、公益性色彩，要按市场经济规律逐步实行产业化、企业化、商业化运作；要保证产品质量，提高公司（或厂家）信誉，在公平竞争中开拓国内外市场，扩大产品销售量，实现社会效益、生态效益和经济效益的统一，增强自力发展的后劲。

随着企业的发展，必须建立相应的服务体系，并要不断提高服务质量。鼓励有条件、有能力的个体和集体开办能源技术服务公司，承包新能源设备的销售、安装、调试、维修等技术服务工作。应建立国家级的质量监督系统，抓好产品的标准化、系列化和通用化。

4. 生物质能的利用主要是在农村，而用高技术开发它，就需要有一大批相应的技术人员，包括科研、管理、生产、推广等方方面面。办法是在高等院校、中等专业学校设立相关专业，举办各种类型的进修班，派出学习，请进指导，参观访问等；并要制定一些激励政策，使懂技术的人员能坚持在这个行业里工作。要有计划地培养一大批本行业的技术骨干力量，提高研究层次，实现管理与生产科学化，推广使用不走样。

5. 包括生物质能在内的新能源和可再生能源开发利用，是当今国际上的一大热点，我国已经加入世界贸易组织，要抓住当前大好时机，继续坚持自主开发与引进消化吸收相结合的技术路线，积极开展对外交流与合作。克服一切自我从头做起的思想，要有目的、有选择地引进先进的技术工艺和主要设备，站在高起点上发展我国生物质能应用技术，加强与国际组织和机构的联系与合作，提倡双边的、多边的合作研究及合作生产，加强人员、技术和信息的交流。采取切实步骤，为吸收国际机构、社会团体、企业家和个人投资、独资或合资开办各种包括生物质能在内的新能源和可再生能源实体创造条件。

5.4　国内外生物质能应用现状与政策

5.4.1　国内外生物质能应用现状

1. 国外研究应用现状

20 世纪 70 年代开始，生物质能的开发利用研究已成为世界性的热门研究课题。许多国家都制定了相应的开发研究计划。美国在生物质利用方面处于世界领先地位。

美国有 350 多座生物质发电站，主要分布在纸浆、纸产品加工厂和其他林产品加工厂。奥地利推行建立燃烧木质能源的区域供电计划，目前已有八九十个容量为 1000 ~ 2000kW 的区域供热站，年供热 10×10^9MJ。瑞典和丹麦正在实行利用生物质进行热电联产的计划，使生物质能在提供高品位电能的同时，满足供热的要求。

20 世纪 70 年代研究开发的颗粒成型燃料，已在美国、加拿大、日本等国得到推广应用。专门使用颗粒成型燃料的炉灶也被研究开发用于家庭或暖房取暖。在北美有 50 万户以上家庭使用这种专用取暖炉。美国的颗粒成型燃料，年产量达 80 万 t。

日本从 20 世纪 40 年代开始了生物质成型技术研究，开发出单头、多头螺杆挤压成型机，生产棒状成型燃料。其年生产量达 25 万 t 左右。欧洲各国开发了活基式挤压制圆柱及块状成型技术。

美国、新西兰、日本、德国、加拿大等国先后开展了从生物质制取液化油的研究工作。将生物质粉碎处理后，置于反应器内，添加催化剂或无催化剂，经化学反应转化为液化油。欧美等发达国家的科研人员在催化汽化方面也做了大量的研究开发工作，在生物质转化过程中，应用催化剂，旨在降低反应活化能，改变生物质热分解进程，分解汽化副产物焦油成为小分子的可燃气体，增加煤气产量，提高气体热值，降低汽化反应温度，提高反应速率和调整气体组成，以便进一步加工制取甲醇和合成氨。研究范围涉及催化剂的选择，汽化条件的优化和汽化反应装置的适应性等方面，并已在工业生产装置中得到应用。

2. 国内研究应用现状

我国的生物质能源研发虽然起步较晚，但已拥有相当的技术积累和支撑，技术水平基本与国外相当。以非粮燃料乙醇为例，我国利用薯类、甜高粱、小桐子等非粮作物/植物生产燃料乙醇和生物柴油的技术已进入示范阶段。其中，山东大学生命科学学院院长曲音波教授等开发的玉米芯废渣制备纤维素乙醇技术，使纤维素乙醇生产成本接近了粮食乙醇。在该技术基础上，山东某公司率先在国际上建成了 3000t/年玉米芯纤维素乙醇的中试装置和万吨级示范装置，5 万 t/年纤维燃料乙醇项目也已获发改委核准。

我国生物质能多样化利用已经取得较大进展，生物质发电、液体燃料、燃气、成型燃料等多种利用方式并举，技术不断进步，呈现出规模化发展的良好势头，但与风能、太阳能等清洁能源产业相比，我国生物质能产业规模还较小，在产业、技术和市场方面蕴藏着极大的发展潜力。

在 2013 年 7 月举行的第五届中国国际生物质能大会上国家能源局新能源与可再生能源司农村能源处处长韩江舟表示，我国每年可利用的生物质能为 4. 3 亿 t 标准煤，目前生物质能原料的收集还有难度，产业化、专业化和市场化程度还不够高。与会专家认为，今后要实现生物质能发展大步走，应开展生物质能创新，推进节能减排；同时加大对相关人员的培训力度，加强国际合作，借鉴国际经验，引进先进技术和装备，实施“走出去”战略。

国家发改委环资司相关领导表示，今后发改委将继续以秸秆综合利用为核心，实施秸秆气化、秸秆清洁能源入农户、秸秆固化成型等工程，深入推进农村生物质能综合利用，积极落实税收优惠政策。

5.4.2 国内外生物质能应用发展趋势

根据目前的生物质开发利用方向来看，在今后的一段时间内生物质能开发利用的基本思路仍然以替代传统化石能源为主。

1. 国外重点研究领域展望

国外的生物质利用趋势主要是以汽化、汽化—发电和生物质液化为主；生物质汽化领域主要以生物质能催化汽化研究为主。

（1）生物质能催化汽化

生物质能催化汽化研究旨在降低汽化反应活化能，改变生物质热处理过程，分解汽化副产物焦油成为小分子的可燃气体，增加煤气产量，提高气体热解效率；同时降低汽化温度，提高汽化速度和调整生物质气体组成，以便进一步加工制取甲醇或合成氨。欧美等发达国家的科研人员在催化汽化方面已经进行了大量的研究开发，研究范围涉及催化剂的选择、汽化条件的优化和汽化反应装置的适应性等，在已经取得研究成果的前提下，正在进一步扩展研究领域，并积极投入应用。

（2）焦油裂解技术和工艺

生物质汽化过程中产生的焦油，是阻止生物质汽化技术大型化应用的关键，所以研究能耗低、效率高的焦油裂解技术和工艺成为重点的发展趋势。下面介绍两类方法：

①具有内部裂解气预烧的下吸式汽化炉，在汽化炉中心有一个独立的燃烧室，裂解气进入燃烧室燃烧，出来的富含 CO_2 和水蒸气的热汽化介质进入汽化炉发生汽化反应。在温度 900～1000℃时，通过调整裂解气循环流量与空气流量之比，焦油差不多可完全转化。

②将逆流操作反应器（reverse flow reactor）用于燃气净化是焦油裂解的一项新技术。该技术的焦油裂解反应器采用绝热的填充床，上、下充满惰性铝土矿，中间为燃烧后的白云石。开始反应床被预热到理想的温度，随后从汽化炉排出的含焦油燃气进入裂解器，燃气的流向每隔一段时间切换一次，利用裂解器本身的蓄热特性把燃气加热。同时，由于气体出口温度降低，提高了系统的热效率。由于裂解是吸热反应，消耗部分热，可以通入少量的空气与部分可燃气燃烧放热。通过控制气体流量，床温可以得到控制。

（3）催化气化制氢技术

从总体上来说，生物质催化汽化制氢的研究在国外还处于实验室研究阶段，研究主要集中在美国、西班牙、意大利等国家。

（4）生物质液化技术

由于液体产品便于储存、运输，可以取代化石能源产品，因此从生物质能经济高效地制取乙醇、甲醇、合成氨、液化油等液体产品，必将是今后研究的热点。如水解、生物发酵、快速热解、高温液化等工艺技术研究，以及催化剂的研制、新型设备的开发等等都是科学家们关注的焦点。另外，开发能够长时间存储的生物质能电池是液化发展新方向。

（5）生物质能高效直燃技术

目前，生物质能高效直燃技术在欧洲兴起，通过改变燃烧炉型，增加二次燃烧等燃烧区域，提高燃烧效率，由以往直接燃烧效率10%～20%提高到40%～50%，减少了汽化燃烧过程，降低了运行费用和一次性投资费用。

2. 国内重点研究领域展望

（1）秸秆干发酵及其配套技术

研究秸秆厌氧发酵及集中供气技术，提高秸秆发酵的转化效率，实现秸秆厌氧发酵转换技术的规模化和商品化。关键技术包括：好氧发酵与厌氧发酵工艺配合技术和干发酵最佳发酵条件；优良菌种筛选及最佳发酵条件；低含水量、高活力“保护剂”筛选和厌氧启动菌剂的保存技术；促进细菌快速繁殖的“激活剂”技术等。

（2）组装式沼气发酵装置及配套设备和工艺技术

组装式沼气发酵装置及配套设备和工艺技术的研发目的是为了适应大规模养殖场沼气工程的建设需要，其中绝大部分养殖场的养殖规模为几千到万头猪。研究沼气池商品化快速建造技术，实现沼气池的工厂化生产，规范化施工，促进大中型沼气工程产业化和市场化发展。其主要研究内容包括：组装部件的研究、设计（材料、规格等）；组装部件的生产设备；内容包括：组装部件的研究、设计（材料、规格等）；组装部件的生产设备；密封材料的研究、选择及生产技术；工程中的现场组装技术等。

（3）中热值秸秆汽化技术

针对目前低热值热解汽化技术的不足，开发出适合我国农村应用、技术上相对成熟、安全、燃气热值接近城市管道煤气、投资适中的秸秆气化集中供气技术，燃气热值达到11.7～14MJ/标准立方米，燃料利用率达到80%，杂质含量达到国家标准。技术包括中热值汽化装置和燃气净化技术及装置等。

（4）秸秆直接燃烧供热系统技术

秸秆直接燃烧供热系统技术，在发达国家已经开始应用，其特点是秸秆处理利用量大、热能利用率高，不仅可以供应生活用热水，而且可以作为企业工艺热的来源。生物质热解汽化后产物按利用产物的不同可以分为：以燃气为主要利用对象和以烧剩残余物为主要利用对象（主要指灰渣）。以燃气为利用对象的应用又可以分为燃气直接热利用和生物质燃气间接转化利用。当前，适用于我国广大农村的生物质利用的主要方法是汽化。由于技术条件和投资的限制，在今后的一段时间内，固定床和小型流化床汽化供气将成为我国生物质能源汽化的主要应用类型。我国生物质能的主要利用原料是以秸秆为主的生物质能，根据我国的具体情况和农村的能源构成，秸秆类生物质汽化、汽化发电技术是我国生物质能发展的趋势和重点。

5.5　生物质能技术

5.5.1　主要技术应用类型

一般来讲，大多数的生物质既可以直接燃烧，也可以通过物理、化学或生物方法转换以提高能源应用层次；转化应用方式的选择取决于生物质的生产能力、收获和加工技术以及市场需求。根据不同的转换应用过程，大致可将它们分为3类：物理转换技术应用、生物化学转换技术应用和热化学转换技术应用。

1. 物理转换应用技术

物理转换技术应用是利用物理过程处理、加工生物质原料以提升其品质。最常见的应用方式有干燥和压块成型。

干燥技术应用由来已久，对于木柴等生物质，特别是新鲜的生物质原料，通过干燥去除水分可大大提高热值，提升燃料品质。干燥的具体方法有机械挤压、风干、烟道气干燥、太阳能干燥、回转炉干燥等，是最简单、最初步的生物质应用转化处理。

压块成型技术应用是将疏散、低热值的生物质通过机械加压或热压制成有固定形状的高热值固体燃料。压块可以将生物质原料体积缩小到原体积的1/5～1/3，燃料的能量密度也显著增加，这样既便于运输、降低输运成本，又可根据后续工艺选择合适的形状，进一步提高能源的利用效率。

2. 生物化学转化应用技术

生物化学转化技术应用是利用生物化学过程优质气态或液态燃料。根据应用技术的工艺过程氧发酵和发酵制酒精。

将生物质原料转变为主要可分为两类：

(1) 氧发酵是将富含碳水化合物、蛋白质和脂肪的生物质在厌氧条件下之，经过多种厌氧和兼氧微生物的协同作用，分解成简单而稳定的物质的过程。其最终气体产物中主要包括 CH_4（约占55%～65%）和 CO_2（约占30%～40%）；气体热值高达 $20MJ/m^3$ 左右，是一种优良的气体燃料。

(2) 发酵制酒精技术是根据生物质原料不同，以生产酒精为目标的发酵工艺。该技术也有2种：一种是以主要含纤维素的生物质为原料，这种情况，纤维素必须先经过酸化水解过程才能转化为糖，然后再经过发酵生产酒精；另一种是采用富含淀粉和糖的原料，这时不必经过水解，直接发酵转化生产酒精。

3. 热化学转换应用技术

热化学转换技术应用是利用高温将生物质转化为各种不同形式的高品位能源。从工艺过程的角度，热化学转化技术可分为直接燃烧技术、气化技术、热解技术、液化技术等。本篇将在以下的章节中主要介绍热化学转换应用技术。本篇中所指生物质气化主要是指生物质热化学气化。

5.5.2 生物质能技术

1. 生物质直燃和矿物燃料混燃技术

生物质直燃和矿物燃料混燃技术，在发电、供热方面取得了一定程度的进展。奥地利最大的电力供应商 VERBUND 对以下4种方式进行了研究，并取得了一定成果：

(1) 生物质在一个独立系统中燃烧，产生的热用于现有电厂的锅炉；

(2) 生物质在组装于燃煤锅炉炉膛中的炉排上燃烧；

(3) 用专用粗碎机粗碎生物质，在燃煤锅炉中与粗煤一起燃烧；

(4) 生物质在汽化炉中汽化，燃气作为锅炉燃料。

丹麦议会于1993年指令丹麦电厂自2000年起要消化国内年产的生物质19万 t 秸秆和

用20万t木屑进行发电，由ELSAM公司出资改造的Benson型锅炉在火电厂的应用已经取得了很大的成功。该公司在一个火电厂停用的锅炉房中安装了一个生物质锅炉，生物质锅炉和原有的燃煤锅炉并行安装、运行，其工艺流程如图5-1所示。这两种锅炉既可以联合运行，也可以单独运行，互不影响，也不会影响高压蒸汽透平的正常运行，这两种锅炉都可以向蒸汽透平提供同样压力的蒸汽用来发电或供暖。当生物质锅炉全负荷运行时，燃煤锅炉的负荷约为40%～60%，系统调节的灵活性可以使操作员从经济和环保的角度去考虑替换燃料和优化供料线。

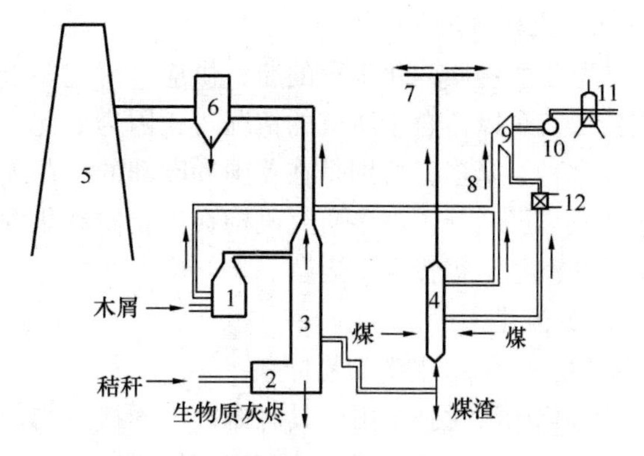

图5-1　改造后的秸秆发电厂工艺流程简图

1—木屑燃烧器；2—秸秆燃烧器；3—生物质锅炉；4—燃煤锅炉；5—烟囱；6、7—净化设施；8—过热器；9—蒸汽透平；10—电机；11—高压电塔；12—压缩机

为了使生物质燃料尽可能完全地燃烧，同时减少腐蚀性物质的形成，以减少系统的腐蚀、污染、堵塞，丹麦改造的Benson型锅炉采取了一系列结构上和操作上的措施。

首先，在结构上采取两段式加热。水在2.15×10^4Pa压力下，在秸秆挠陷器中被加热到470℃；然后在同样的压力下，在木屑加热器中被加热到520℃；在生物质锅炉和燃煤锅炉之间仅采用一个普通的供水管和一个与蒸汽透平相连接的蒸汽管连通，这可以减少秸秆烟气对系统的腐蚀。

从两种螺烧器中产生的蒸汽混合后进入蒸汽透平，用后送回烧煤的再热器中循环利用。虽然两种燃烧器之间有微量的热交换，但计算结果表明不影响发电效率。

其次在操作上，秸秆束由几个并行的供料器供给，在秸秆燃烧器中的炉栅上燃烧。木屑在上部一个较小的炉栅上燃烧，从木屑加热器中出来的烟气温度较高，可进入秸秆燃烧器中继续供热。两种烟气在秸秆燃烧室中混合，然后通过静电加速器净化后排放；飞灰被由空气压缩机提供动力的传送系统收集到一个大袋子中，灰渣由下部的灰斗收集，可用于农田施肥。

为了减少系统的腐蚀和保证系统的可靠运行，增添了许多过滤设施，如炉膛的燃烧室中设置有过滤器，管道中有纤维过滤器，烟囱附近也有一个很大的过滤器，以便消除KCl、NaCl、H_2S、NO_x等有害物质和细小颗粒。此外，系统还设有刮板以刮除木焦油。

改造工程是在现有的锅炉房中安装一个生物质铝炉，由于利用了已有的设施如静电加速器、烟囱、楼梯、照明等而大大降低了改造费用。按当时的价格计算，整个工程包括各种辅助设施在内共需4亿丹麦克朗；其产生的效益为：转化生物质而获得的能量约为19.5×10^9千焦/年，节煤量为8万/年，CO_2减排量为19万t/年，发电可并入高压电网，热量可供当地小区取暖。实践证明，这种利用生物质的发电节厂在丹麦已取得了良好的经济效益和环保效益，具有很大的发展潜力。

生物质与矿物燃料联合燃烧成为新的概念和发展方向，它不仅为生物质和矿物燃料的优化混合提供了机会，同时许多现存设备不需太大的改动，整个投资费用低。更积极的影响是：大型电厂的可调节性大，能适应不同混合燃烧，使混燃装置能适应当地生物质的特点。

2. 生物质汽化

鉴于生物质汽化工程的原料供应、工艺要求、产品市场需求等情况千差万别，没有一种汽化工艺可以适合于所有的情况。正因为如此，目前投入研究、发展或实际运营的生物质汽化技术种类繁多，特别是在美国和欧洲的一些工业发达国家，针对不同汽化技术路线的研究和开发早已展开，许多研究机构在生物质汽化领域内已经积累了大量经验，各地已经有相当数量的汽化工程投入了运营。

1）流化床工艺应用

（1）流化床主要工艺特点

流化床汽化技术由于具有床内气固接触均匀、反应面积大、反应温度均匀、单位截面积气化强度大、反应温度较固定床低等优点，从 1975 年以来一直是关注的热点。刘建禹等人对生物质燃料燃烧过程进行了深入的研究，得出以下结论：

①生物质燃料密度小，结构松散，挥发分含量高，挥发分在 250～350℃下大部分析出；

②挥发分析出后，疏松的焦炭会随着气流进入烟道，所以通风不能过强；

③挥发分燃尽后，受到灰烬包裹的焦炭较难燃尽。

所以生物质燃料锅炉的应用设计要结合生物质燃烧的特点。目前的生物质燃料锅炉主要是流化床锅炉。因为流化床能很好地适应生物质燃料挥发分析出迅速、固定碳难以燃尽的特点，并能克服固定床燃烧效率低下的弊病，还具有燃料适应性好、负荷调节范围大、操作简单的优点。包括循环流化床、加压流化床和常规流化床。目前，有关资料显示，美国、欧洲以流化床汽化技术应用最为普遍。

（2）流化床应用实例

美国的 Battle Columbus 实验室采用循环流化床汽化技术，主要组成为两个常压流化床反应器，不需要氧气供应即可生产中热值煤气。汽化室中的生物质与作为热载体的灼热床料直接接触，受热热解产生燃气，热解半焦和被冷却的床科进入独立的流化床燃烧室，半焦在其中燃烧产生热量加热床料，然后热床料再被返送回气化室为热解供热。Battle Columbus 实验室在汽化室内径为 25cm，有效高度 69m 的工艺发展装置上实现了 120h 连续稳定运行，并以多种木荣为原料进行了试验，装置产气热值基本在 16.7～18.5MJ/m^3 范围内。

瑞典皇家工学院在内径 14cm、压力 0.25MPa。1.0 MPa 的加压流化床中，对木材和煤进行联合汽化，与传统汽化技术和单一物质汽化相比较，流化床汽化技术反应活性增加，灰中的碳含量减少，气体产量比单独汽化木材和煤时都高。如果选择合适的混合比，汽化燃气中的焦油浓度也会显著减小。生物质经过流化床汽化后产生的气体可直接作为燃料，用于发动机、锅炉、民用炉灶等场合。

加拿大有 12 个实验室和大学开展了生物质的汽化技术研究，由 Freel 和 Barry A. 于 1998 年 8 月发布了生物质循环流化床快速热解技术和设备。印度 Anna 大学新能源和可再生能源中心最近开发研究用流化床汽化农业剩余物如稻壳、甘蔗渣等，建立了一个中试规模的流化床系统，所产生的气体用于柴油发电机发电。

早在 1981 年在美国能源部（DOE）的资助下，美国的汽化技术研究所（IGT）进行了流化床的试验。汽化器在高达 35 大气压的高压下运行，产生的高压煤气有利于后续的甲醇合成工序或燃气轮机利用。该流化床氧气汽化工艺的验证性实验装置的原料处理量为 12 吨/天，在平均反应器温度 825℃、压力 2.0MPa 时，燃气产率为 1.03 标准 m^3/kg 生物质，热值为 20 MJ/m³。该工艺已经通过了3天的连续运行测试。

在上述试验的基础上，美国的汽化技术研究所（IGT）发展了它的 RENUGAS 工艺，该工艺以生物质压力流化床为特征，操作中的汽化介质可以是氧气或空气，分别用于生产合成原料气或工业过程燃料气。

RENUGAS 工艺的主要特点：

①单级流化床反应器，床料采用惰性铝珠；

②高达25大气压的操作压力、750～950℃的操作温度，可以达到95%的碳转化率；

③通过鼓空气氧气可以将生物质或废弃物转变为低热值燃气；

④原料适应性广，可处理的原料包括木片、百秸秆、蔗渣、稻秆；树皮、垃圾衍生燃料等；

⑤工艺过程自动化程度高，包括热煤气采样和调节系统；

⑥系统布置灵活，可以安装热煤气净化装置。

到目前为止，RENUGAS 工艺已经进行商用化运行，如夏威夷生物质汽化工程。该工程建设地点位于夏威夷的 MAUI，是 100t/天的大规模汽化示范装置。项目的目的是验证燃气生产、联合循环发电、甲醇合成以及燃料电池发电等具体工艺过程。以蔗蜡为原料，额定工作压力约2t 大气压，操作温度850℃，以空气为汽化介质，典型燃气热值为4.7MJ 标准立方米。装置中燃气净化部分高温过滤器工作良好，在工作压力1.7～8.6大气压，温度700℃时清扫周期20～40分。

其余采用 RENUGAS 工艺的工程还有明尼苏达州 Agri-Power 工程，到目前为止运行效果良好。

2）固定床汽化技术

固定床汽化技术在国外应用较早，工艺成熟，已经有相当数量的汽化工程投入使用。目前针对固定床汽化技术适合小规模应用的问题，主要致力于大规模固定床汽化技术生产中高热值燃气的应用和开发。美国国家可再生能源实验室（NREL）和 SynGas 公司利用 BTC（生物质热化学转化）计划的资助建造了20t/天的汽化装置以验证固定床氧气汽化生产中热值煤气的技术可行性。与常规固定床汽化器空气/氧气由下部喉口进入床层的布局不同，该固定床汽化器采用下流层吸式布置，氧气由顶部进入，均匀向下通过床层，该方案有利于装置的大型化。实验装置内径 75cm，高 4m，运行压力为 1.3 大气压，燃气热值为 11.4MJ/m³。

3）生物质催化汽化技术应用

由于对设备要求较为苛刻和实验费用的高投入，生物质催化汽化技术发展相对缓慢。意大利 L'Aquila 大学的 Rapagna 等利用二级反应器（一级为流化床汽化反应器，一级为固定床催化变换反应器）进行了杏仁壳的镍基催化剂催化汽化实验，其制得的产品气中氢气体积含量可高达60%。美国夏威夷大学和天然气能源研究所合作建立的一套流化床汽化制氢装置，在水蒸气与生物质的摩尔比为1.7∶1的情况下，可产生128克 H_2/kg 生物质（去湿、除灰），达到了该生物质最大理论产氢量的78%。水蒸气汽化的主要优点是汽化质量好，H_2 含量高（可达50%～60%）；由于水蒸气汽化需要蒸汽发生器和过热设备，所以一般需要外热源，系统独立性较差。生物质水蒸气汽化的研究主要是在流化床反应器内进行。

WILLANMS. R. H 等对生物质的水蒸气汽化技术进行了综合评价和经济分析，

AZNER. M. P 等在常压泡状流化床反应器内研究了空气、水蒸气—氧气和水蒸气 3 种不同的汽化剂对汽化产物的影响，汽化产物见表 5-3。

表 5-3　三种汽化介质主要产物表（干物质）

汽化介质	H_2 (% mol)	CO (% mol)	低位热值 (MJ/m^3)	产气量（m^3/kg 汽化生物质）	焦油产量 (g/kg 汽化生物质)	焦油含量 (g/m^3)
空气①	8 ~ 10	16 ~ 18	4.6 ~ 6.5	1.7 ~ 2.0	6 ~ 30	2 ~ 20
水蒸气-氧气②	25 ~ 30	43 ~ 47	12.5 ~ 13.0	1.0 ~ 1.1	8 ~ 40	4 ~ 30
水蒸气③	53 ~ 54	21 ~ 22	12.7 ~ 13.3	1.3 ~ 1.4	70	30 ~ 80

注：①反应平衡比为 0.3，H/C = 2.2

②气体混合比为 $H_2O/O_2 = 3$

③$H_2O + O_2$/生物质量 = 0.9kg · h/1kg（干物质）· h

另外的催化产氢方法是利用催化方式使生物质在超临界水中产生的汽化反应。生物质作为氢的另一主要来源，具有很大的发展潜力。HNEI 的研究表明，在考虑制氢带来的社会经济效益后，生物质汽化制取氢气是最廉价的制氢方式。WILUNS. R. H 等研究了生物质的水蒸气-空气（或氧气）汽化技术，并根据实验结果对生物质制氢的成本进行了评估，其结果表明生物质制氢成本与煤制氢相当。随着天然气价格的上涨，生物质制氢将可与天然气制氢的价格相竞争。据估计，生物质制氢成本大约是风力发电或光伏电池发电的电解水制氢成本的 1/3 或更少。1970 年，HNEI 首次提出利用生物质的蒸汽重整作为产氢来源 10 年后，将其研究重点放在生物质的超临界水汽化上，得到一系列有价值的研究结果。

4）生物质气化发电技术主要应用

生物质能气化发电技术应用类型主要包括：

（1）甲醇发电技术

甲醇作为发电站的燃料是当前研究开发利用生物质能的主要发展方向之一，日本专家采用甲醇气化-水蒸气反应产生氢气的工艺流程，开发了以氢气作为燃料驱动燃气轮机带动发电机组发电的技术。

（2）沼气发电技术

沼气发电技术包括纯沼气电站和沼气—柴油混烧发电站，按规模可分为 50kW 以下的小型沼气发电站、50 ~ 500kW 的中型沼气发电站、500kW 以上的大型沼气发电站。沼气发电系统主要由消化池、汽水分离器、脱硫化氢装置及二氧化碳塔、储气柜、稳压箱、发电机组（即沼气发动机和沼气发电机）、废热回收装置、控制输配电系统等部分。沼气电站适用于建设在远离大电网、少煤缺水、气候温和的山区使用。在欧洲沼气发电已经投入商业化运行，荷兰小型的沼气发电机组的开发已经具有定型产品。

（3）生物质燃气发电技术

生物质燃料来自于大自然，主要是稻秸秆、麦秸秆、灌木和生活垃圾中的有机物。随着地球上的化石燃料越来越少，可再生能源是目前世界各国政府的重要任务。生物质燃料是可再生能源的重要组成部分，如何合理利用是目前需要迫切解决的问题。

过去利用生物质燃料的方法主要是直接燃烧，将生物质燃料破碎后，直接进入锅炉，产生蒸汽，然后再驱动汽轮发电机组。这样的利用方法主要特点是系统成熟，但效率低下。将生物质燃料通过气化的方法，产生可燃气体，用往复式内燃机或燃气轮机发电，可以大幅度提高发电效率。在目前的上网电价和生物质原料价格条件下，投资收益大幅改善。20世纪80年代后期，出于能源、环境等多方面考虑，汽化发电在欧洲兴起并迅速发展。生物质燃气发电系统主要由气化机组、冷却除尘装置、燃气储存装置、发电机组组成。

目前世界上能够产生适合燃气轮机使用的生物质燃气主要有两类技术，水蒸气或富氧气化技术，等离子气化技术。

水蒸气汽化技术是指生物质原料例如稻秸秆、麦秸秆和棉秸秆等经过破碎后，进入汽化室。汽化室内有高温石英砂保持气化反应温度。蒸汽注入汽化室，和生物质发生反应，水分子在高温条件下裂解，和生物质反应后产生可燃合成气。燃料气体经过旋风分离器后，再冷却净化，进入到储存罐中。从分离器出来的石英砂和碳粒子进入到再生燃烧器中，经过燃烧后将石英砂加热，然后再循环到气化室中重复使用。

等离子汽化技术是指生物质原料，例如生活垃圾，稻秸秆、麦秸秆，棉秸秆或煤等经过破碎后，进入等离子高温气化室。在极高温度等离子火炬条件下，所有的碳氢化合物都被汽化分解。产生的气体经过冷却过滤后，就可以作为燃料使用。等离子气体的特点是汽化率高，速度快。气体热值比较低，具体的气体组分和原料关系较大。

5）生物质的热解技术应用

20世纪80年代以来，生物质热解技术得到了广泛的发展。国外中小型固定层生物质热解炉已经实现商品化，配合燃气发电，功率为40～100kW的机组已经定型出售。产热量达到5万MJ/h的大型流化床热解装置已开发成功。采用氧气或氧—水蒸气作为汽化剂的工业中热值煤气发生工艺仍在进行研究。周期操作制备中热值煤气的小型民用装置常有报道。

在高新技术生物质转化技术中，生物质快速热解制生物油技术成为研究开发的重点。在缺氧、反应温度在450～550℃范围，加热速率达到2000～5000℃/分，气相停留时间小于1s的条件下，生物质可以转化成70%左右的液体产品。这种称之为生物油的热解液体主要含有乙酸、低聚糖、酚类、氧化了的杂环化合物及醇类等。这种生物油热值约16MJ/kg，黏度40厘斯托克斯，Ph值为3.2左右，含灰分和硫分很低，经过初步处理可以作为工业炉燃料，也可混合酒精作为燃气透平燃料；进一步精制提质，可以转化成车用液体燃料。

6）生物质的直接燃烧和固化成型技术应用现状

生物质的直接燃烧和固化成型技术的研究开发，主要着重于专用燃烧设备的设计和生物质成型物的应用。目前，已开发的技术有：林产品加工厂的废料（如造纸厂的树皮、家具厂的边角料等）专用燃烧蒸汽锅炉，国外造纸厂几乎都有专门的设备，用来处理废弃物。

由于生物质形状各异，堆积密度小、较松散，给运输、储存和使用带来了较大困难。因此，从20世纪40年代开始了生物质的成型技术研究开发；现已成功开发的成型技术按成型物形状分为3大类：以日本为代表开发的螺旋挤压生产棒状成型物技术，欧洲各国开发的活塞式挤压制的圆柱块状成型技术，以及美国开发研究的内压滚筒颗粒状成型技术和设备。美国颗粒成型燃料年产量达80万t。成型燃料应用于2个方面：其一：进一步炭化加工制成木炭棒或木炭块，作为民用烧烤木炭或工业用木炭原料；其次是作为燃料直接燃烧，用于家庭或暖房取暖用燃料。日本、美国、加拿大等国家，开发了专用炉灶，在北美有50万户以上家庭使用这种专用炉灶作为取暖炉。将稻壳、木屑、花生壳、蔗渣等生物质原料粉碎到一定粒度或者不加粉碎，不加黏合剂，在高压条件下，利用机械挤压成一定的形状，这就是生物质固化。如果把一定粒度和湿度的煤，按一定的比例与生物质混合，加入少量的固硫剂，压制成型就成为生物质型煤，这是当前生物质固化最有市场价值的技术之一。

7）生物质液化技术

将生物质能进行正常化学加工是一个热门的研究领域，如制取液体燃料如乙醇、甲醇、液化油等；利用生物发酵或酸水解技术，在一定条件下，可将生物质转化加工成乙醇，供汽车和其他工业使用。加拿大用木质原料生产的乙醇年产量为 17 万 t。比利时每年用甘蔗为原料，制取乙醇量达 3.2 万 t 以上，美国每年用农林生物质和玉米为原料大约生产 450 万 t 乙醇。澳大利亚利用桉树发配工艺生产酒精，用于汽车燃料。美国把乙醇添加在汽油中用于汽车，全国汽油总量的 70% 添加有酒精，添加比例为 10% 酒精加 90% 汽油。此外，日本、德国、加拿大、印度、印尼、菲律宾等国也非常重视酒精燃料的开发。

生物质能的另一种液化转换技术，是将生物质经粉碎预处理后在反应设备中添加催化剂或无催化剂，经化学反应转化成液化油。美国、新西兰、日本、德国、加拿大等国家都先后开展了研究开发工作，液化油的发热量达 3.5 ×10 4kJ/kg，木质原料液化的收得率为干原料的 50% 以上。欧盟组织资助了 3 个项目，以生物质为原料，利用快速热解技术制取液化油，已经完成 100kg/h 的试验规模，并拟进一步扩大至生产应用。该技术制得的液化油收得率达 70%，液化油低位热值为 1.7 ×10 4kJ/kg。

8）城市垃圾发电

20 世纪 80 年代末，德国已经建成并投产 16 座垃圾焚烧电站，所获得的电能达全国能耗的 4% ~5%。法国约有垃圾焚化厂 50 多个，位于首都巴黎的垃圾焚烧发电站的发电能力可以满足巴黎用电量的 20%。美国的垃圾处理发电发展较早应用较为普及，1968 年建立 1 座全烧垃圾发电厂，每天处理垃圾 2200t；目前，在皮拉内斯的大型垃圾发电厂每周可以处理垃圾 120t 以上，年发电量 100 万 kWh。

垃圾焚化发电的核心是垃圾焚化炉。目前，德国和法国主要采用水冷壁焚烧炉焚化垃圾，产生的蒸汽直接用于发电；日本采用火力发电厂与大型废弃物处理厂联合建厂的方式将垃圾焚烧和火力发电厂产生的蒸汽共同使用，这样可以大大提高系统的发电效率，利用该项技术建成的发电厂的发电效率可达 26%。

9）发酵产生沼气发电

发酵产生沼气发电是垃圾处理的一种方法，其发电原理与沼气发电原理基本相似，本书不做详细介绍。

10）其他的生物质开发、利用方法

（1）种植能源植物

早在 20 世纪 50 年代，美国科学家就倡议对野生油脂植物的开发利用进行研究，其目的是从油料植物中提取碳氢化合物，分离、提取和加工成燃料油和石油替代产品。据有关资料报道，富含碳氢化合物的植物多达数千种。主要集中在：大朝科（Euphobiacaea）、蔓摩科（Ascliadaca）、夹竹桃科（Apocyhacaea）、桑科（Monacaea）、菊科（Compositae）、桃金娘科（Myrtacaea）、豆科（Leguminosae）等植物中。目前在巴西、印度有大面积的速生林用于进行生物质能生产。

能源植物有很多种，作为工程应用需要根据环境特点对其进行筛选、驯化、培育，以获得最大的经济效益。在世界上首先闯入这一领域的是美国，20 世纪 70 年代后期以诺贝尔奖得主卡尔文为代表的研究小组从世界众多的植物中筛选出了其液体成分类似于石油的植物（如续随子、绿玉树等）。随后在南加州 3614 亩的土地上试种，获得了年产 50t 植物石油的成果，从而开创了人工种植石油的先河。由此提出了营造“人工石油林”、生产光合作用产品、走技术上可行、经济上实用的植物能源开发之路的创见。卡尔文的成功在全球激起了研究植物能源的滚滚浪潮；美、英、日、俄、巴西、瑞士等国纷纷投入大量的物力、财力成立研究机构，加大研究开发力度；英国拨出 150 万亩土地营造石油林，巴西建起了 200 万亩的桉树林，瑞士计划用 10 年的时间用生物石油替代 50% 的年用油量，美国还将其研究扩展到工程微藻（所谓“工程微藻”即通过基因工程技术建构的微藻）的生产上。1983 年美国科学家首先将亚麻子油的甲酯用于发动机，燃烧了 1000h；并将可再生的脂肪酸单酯定义为生物柴油，1984 年美国和德国等国的科学家研究了采用脂肪酸甲酯或乙酯代替柴油作燃料，即采用来自动物或植物的脂肪酸单酯，包括脂肪酸甲酯、脂肪酸乙酯及脂肪酸丙酯等代替柴油燃烧，可替代国内 8% 的能源用量。目前在巴西、印度有大面积的速生林用于生物质能生产。

（2）回收垃圾的能源

在废弃物综合利用和资源化研究中，最为突出的就是有机废弃物的能源回收。对于垃圾的能源回收，应用了如下一些技术：

① 垃圾焚烧回收能源技术；

② 垃圾厌氧消化技术；

③ 垃圾热解汽化技术；

④ 垃圾热分解液化技术；

⑤ 垃圾压制燃料技术等。

5.6　生物质能在建筑中的应用

长期以来，生物质能是我国农村家庭生活能源消费的最主要构成，在经济社会发展中起到了重大作用。生物质资源丰富，而且可再生和易获取，农民一直将其作为免费或廉价的能源，备受青睐。

经过多年的发展，我国户用沼气技术居国际领先水平，发展规模居世界前列。沼气产业已从单纯的能源利用发展成为废弃物处理和生物质多层次综合利用，并与养殖业、种植业结合，在农村生产和生活中发挥了重要作用。以一池三改为基本单元，逐步优化完善了北方“四位一体”、南方“猪沼果”、西北“五配套”等能源生态模式。

据估算，我国农村地区居民每年炊事热水用能约 1.3 亿 t 标准煤，北方地区采暖每年用能折合标准煤约 0.7 亿 t，能源需求量巨大。随着各级政府部门的人力推动，秸秆固体成型燃料等生物质能将成为农村能源的生力军，与农村沼气等能源多能互补，在农村地区家庭形成“一池一炉”的户用能源结构，为农村生产领域提供清洁能源，在生物质资源丰富、市场化运作良好的地区由农村向城镇延伸，辐射到城市用能和商业发电领域中，有效替代煤炭，成为商品能源。

随着常规能源的日益紧缺及其在传统住宅中大量使用所带来的环境污染和住宅高能耗等问题的日益严峻，生态住宅逐渐受到人们重视。生态住宅是根据当地自然环境，运用生态学、环境学、建筑学等学科基本理论和现代化科学技术手段，遵循节约能源、保护环境及可持续发展的原则，使住宅与环境有机结合，获得一种高效、低耗、无废、无污染的住宅环境。英国、美国、日本等发达国家在这一方面起步较早，已取得了丰硕成果，我国的生态住宅，尤其是农村地区生态住宅建设处于起步阶段，已有研究成果主要集中部分寒冷地区节能建筑方面。

5.6.1 齐鲁新农居农村住宅建筑设计获奖方案（图5-2）

图5-2 “齐鲁新农居”住宅获奖方案

“齐鲁新农居”住宅获奖方案以建设社会主义新农村为宗旨，以节能、节水、节材、节地、资源综合利用为设计核心，按照经济、美观、实用的原则，从山东省农村实际出发，突出齐鲁特色、乡村特色，适应新时期农民的需要，推动农村地区逐步实现居住社区化、环境友好化、厕所水冲化、厨房燃气化，从而真正起到引导农民转变生活方式，提高生活质量的意义。

党的十六届五中全会提出，“建设社会主义新农村”和“解决‘三农问题’”是我国现代化进程中的重大历史任务。近年来，拥有丰富旅游资源的山东沂源地区旅游业蓬勃发展起来。一方面，拓宽了农民致富门路，盘活了地方资源；另一方面，也为城市居民提供舒适的休闲场所，成为城市居民旅游休闲的时尚。沂源地区传统农宅经过几千年岁月的磨砺，以朴素的生态观，遵循相互适应与补偿的协同式进化原则，与地区生态环境相融共生。但风格单调，功能落后的农村居住环境严重地制约了旅游经济的发展。因此，只有对传统农宅进行“人居”“生态”“旅游”一体化改造设计，才能满足发展近郊旅游的要求。

1. 人居——以人为本，创造舒适的居住环境

农民是农宅居住的主体。平谷地区传统农宅室内热舒适环境较差，尤其在寒冷的冬季，应充分尊重当地农民生活、生产习惯，在农宅功能、空间设置等问题上，结合当地气候、地理、经济条件，力争以最经济的造价，创造最舒适的居住环境。

2. 生态——传承精华，利用现代技术进行生态化改造

沂源地区传统农宅无论在院落选址，还是平面布局，尽可能地顺应自然，充分利用自然资源，考虑趋利避害，形成了重视局部生态平衡的天人合一的生态观，但这种生态完全是原始的、自发的，对环境的改造也具有很大的局限性。因此，在设计过程中，将传统的生态理念与现代技术相结合，尽量考虑最大限度地利用可再生能源，降低建筑能耗，减少对环境的破坏，营造宜人的居住环境，达到人、建筑、环境和谐共生。

3. 旅游——功能合理，提供必要的私密与交流空间

传统农宅功能设置不合理，缺少对旅游者的人文关怀，一度成为发展近郊旅游，农民增收的“软肋”。因此，在设计中（图5-3～图5-5），从旅游者的角度出发，为他们设计相对独立的私密空间，以及与当地农民的交流空间，是发展近郊旅游经济必不可少的前提条件。

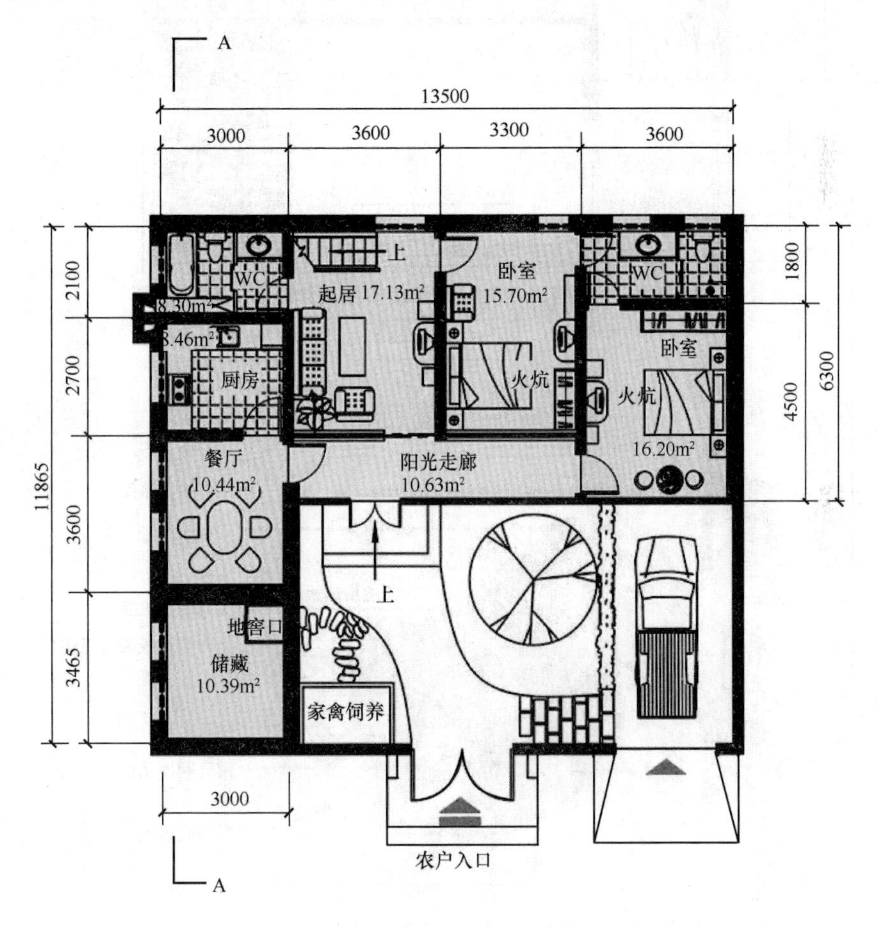

图5-3　一层平面图

该方案的设计理念是从节地和节能两个方面来考虑的。

1. 节地方面

(1) 少占耕地，发展集合式住宅：在能源匮乏，耕地骤减的今天，尽量少占耕地，尽可能利用荒地、劣地、坡地建设新农宅，发展集合式住宅。

(2) 充分利用地下空间：结合地窖在土壤层中设置通风管道，将室外的空气经过冷却或

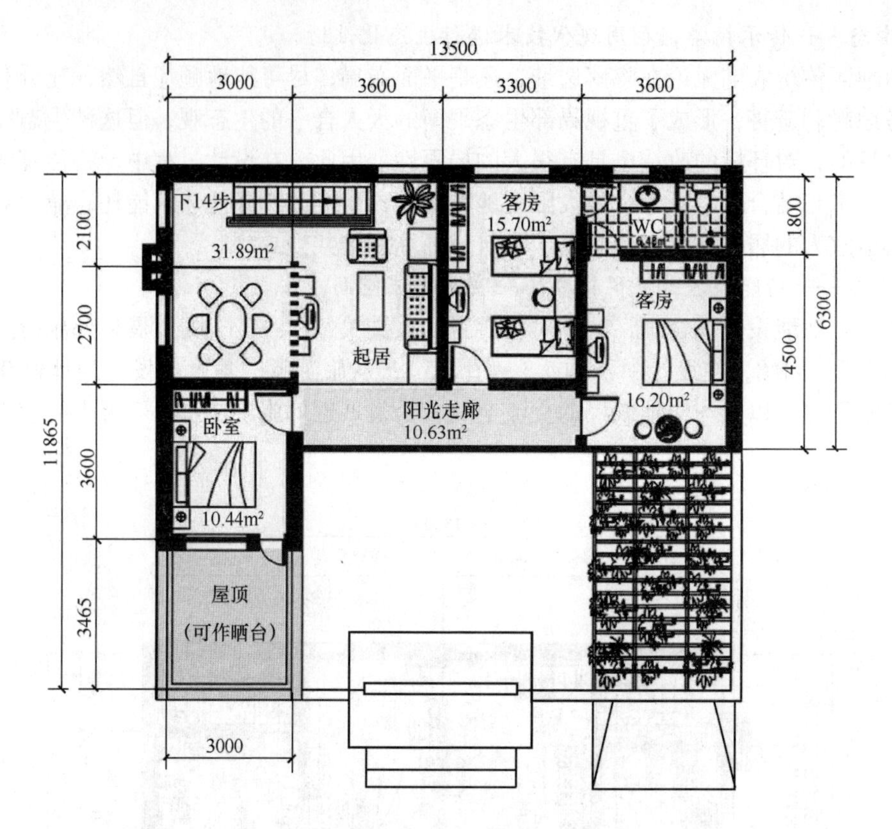

图 5-4　二层平面图

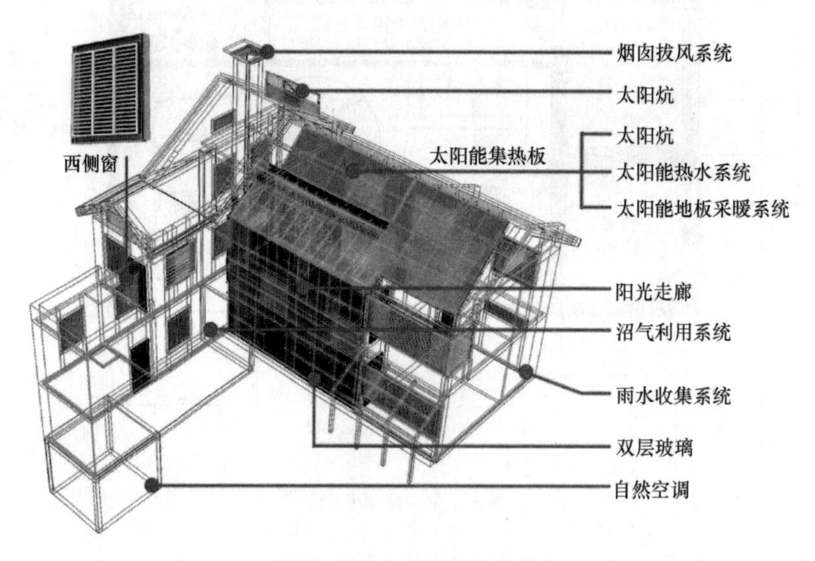

图 5-5　建筑技术一体化示意图

预热导入室内，提高室内舒适度。另外，这也是一种利用生土、节能省地的好方法。

2. 节能方面

（1）生物质能利用：在院落南部设置立体饲养区，并将卫生间、饲养排污道与下部沼气发酵池相连，建成“养，沼，厕”三位一体的生态循环系统如图 5-6 所示。

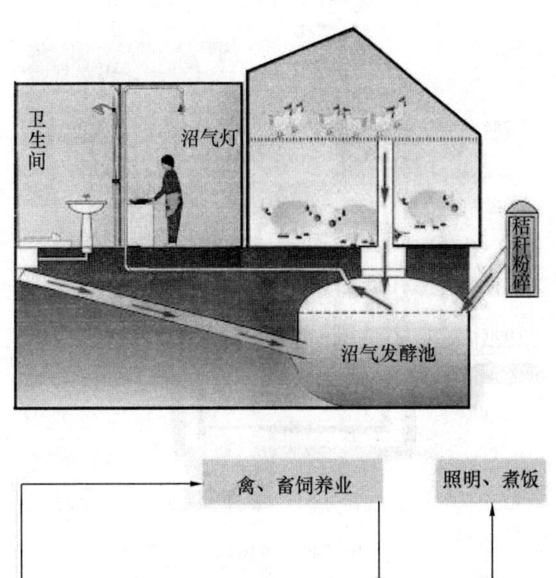

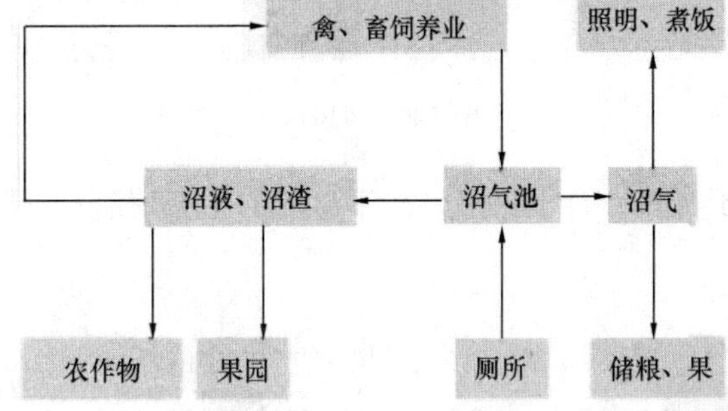

图 5-6　生物质能利用

（2）太阳能综合热利用：包括太阳能、沼气低温地板辐射采暖技术、太阳炕技术、太阳墙空气采暖通风技术、阳光走廊的设置等，如图 5-7 所示。

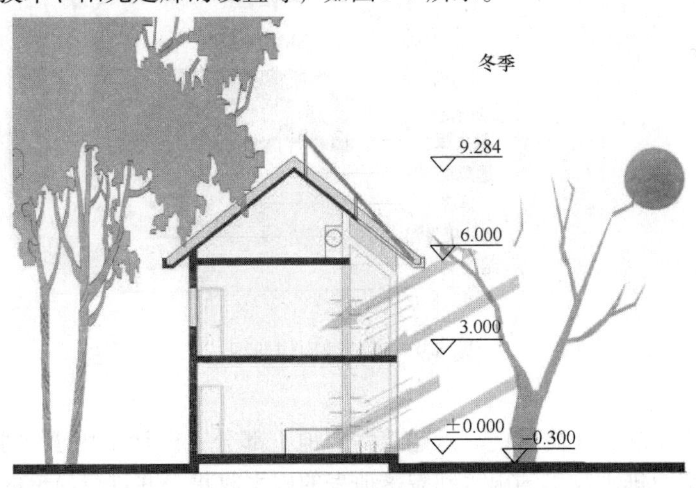

图 5-7　阳光间取暖

（3）通风措施：良好的通风措施可以使新鲜空气供工作人员呼吸，冲淡、排除炮烟，稀释、排除有毒及有害气体、热量及水蒸气等。因此在设计时结合楼梯间设置通风塔在厨房与厕所外墙设置通风道和图 5-8 所示。

（4）围护结构：墙体和屋顶使用水泥植物纤维板作为保温层，所用原料就地取材，造价

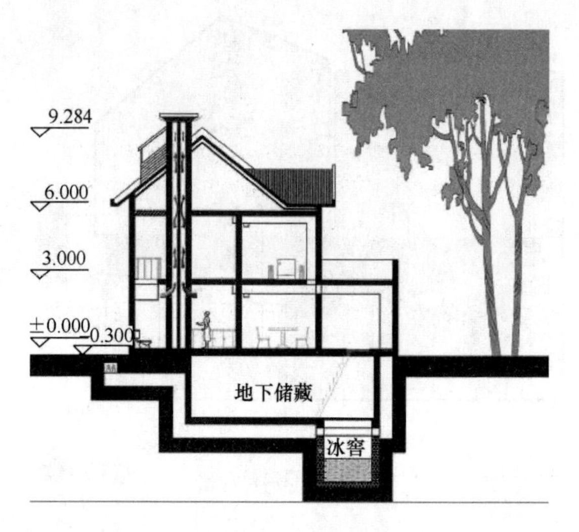

图 5-8　通风塔

低廉，是源于自然，成于自然，合于自然，还于自然的生态建筑材料如图 5-9 所示。

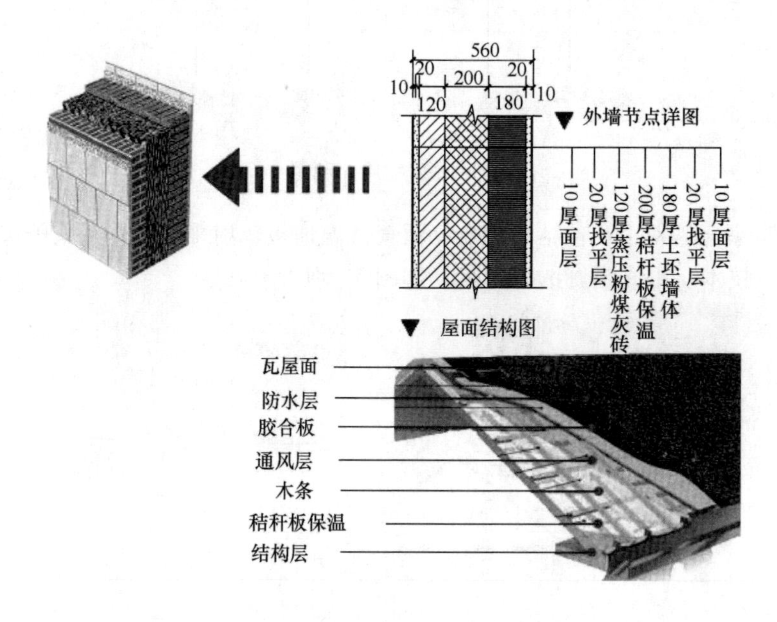

图 5-9　围护结构构造图

（5）雨水收集系统：在院落内靠近建筑物的地下部分，设计了用于雨水收集的蓄水池，它可将由屋面有组织排水收集的雨水和院落地表的雨水收集，并进行简单的过滤处理，用于冲洗农用车，浇灌瓜果蔬菜等如图 5-10 所示。

主要经济技术指标：

宅基地面积：160. 17m^2

使用面积：166. 26m^2

占地面积：100. 85m^2

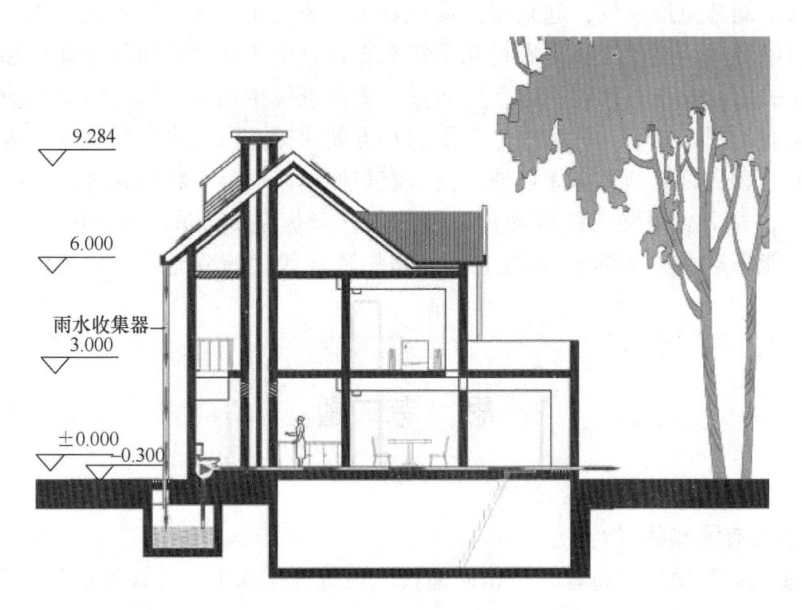

图 5-10　雨水收集系统

使用面积系数：85%

建筑面积：196m^2

造　价：15 万元左右

5.6.2　生物质汽化灶的应用

生物质汽化灶（图 5-11、图 5-12）是采用生物质汽化技术，将固态生物原料以热解反应转换成可燃气体。其基本原理是将生物质原料加热，在控氧燃烧的条件下，使高分子量的有机碳氢化合物链断裂，变成低分子的烃类，CO 和氢等。这种方法改变了生物质原料的形态，使能量转换效率比固态生物质直接燃烧有成倍的提高，节约燃料 5 倍以上。

图 5-11　喷枪式生物质汽化灶（一）

图 5-12　喷枪式生物质汽化灶（二）

生物质汽化灶把生物质转换成气体燃烧，提高了燃料的品位及能源利用效率。热效率达到 37.8%（国家标准 30%），汽化效率超过 80%，烟尘排放浓度小于 50mg/m^3，CO 排放为 0.1% ~0.3%，SO_2 排放小于 150mg/m^3，林格曼黑度小于 1 级。使用该产品能大幅度地节约薪柴，使大批幼林免遭砍伐，起到保护森林资源，改善生态环境的重大作用。气体燃烧清洁卫生，不污染环境，能改变我国农村几千年来直接燃烧生物质燃料用于炊事和取暖的旧传统，对降低农民用能成本，改善室内空气质量、提高农民生活水平具有重大价值。外形设计美观大方，坚固耐用，便于拆装和维修，添加料方便快捷，汽化室与燃烧室二为一体，不用风机、不用电、燃烧时无烟无味无焦油，便于农户使用。而且可将汽化燃烧后的剩余物质制成木炭再利用，每 2kg 薪柴或秸杆固化成型原料产气燃烧 50min，剩余物质制成炭 0.5kg。每个农户每年能积累木炭 300kg，因此它不但是一种现代化的节能炉具，而且还是一种微型制炭机。

思　考　题

1. 生物质能与太阳能的关系。
2. 生物质具有哪些特点？
3. 根据不同的转换应用过程，生物质能技术可分为哪 3 类？各自特点是什么？
4. 生物质汽化灶的应用意义是什么？

习　　题

1. 以下是生物质的优点的是（　　）

A. 燃烧容易　B. 污染少　C. 灰分较低　D. 热值及热效率高

2. （　　）属于适合于能源利用的生物质。

A. 农业资源　B. 工业有机废水　C. 畜禽粪便　D. 林业资源

3. 物理转换应用技术最常见的应用方式有（　　）。

A. 氧发酵　B. 干燥技术　C. 压块成型　D. 热解技术

4. 以下属于氧发酵的主要的最终气体产物的是（　　）

A. CH_4　B. CO　C. H_2　D. CO_2

5. 以下属于流化床气化技术的优点的是（　　）

A. 床内气固接触均匀　B. 反应面积大

C. 反应温度均匀　D. 单位截面积汽化强度大

6. 从工艺过程的角度，热化学转化技术可分为（　　）

A. 直接燃烧技术　B. 汽化技术　C. 热解技术　D. 液化技术

7. 垃圾焚化发电的核心是（　　）

A. 给料器　B. 风机　C. 垃圾焚化炉　D. 灰槽

第6章　可再生能源建筑应用示范工程

6.1　山东建筑大学教授花园

6.1.1　项目概况

山东建筑大学教授花园位于济南市奥体中心与唐冶新城之间，该项目以建设安居工程为目标，在建设中积极推广应用先进、成熟、适用的新技术、新工艺、新材料、新设备，最大限度地推广使用环保节能技术和产品，使小区既有舒适的居住环境，又符合环保节能的要求。该小区用地面积21.36ha，建筑面积共32.04万m^2，总容积率1.5，绿地率38.62%。图6-1为小区总平面图。

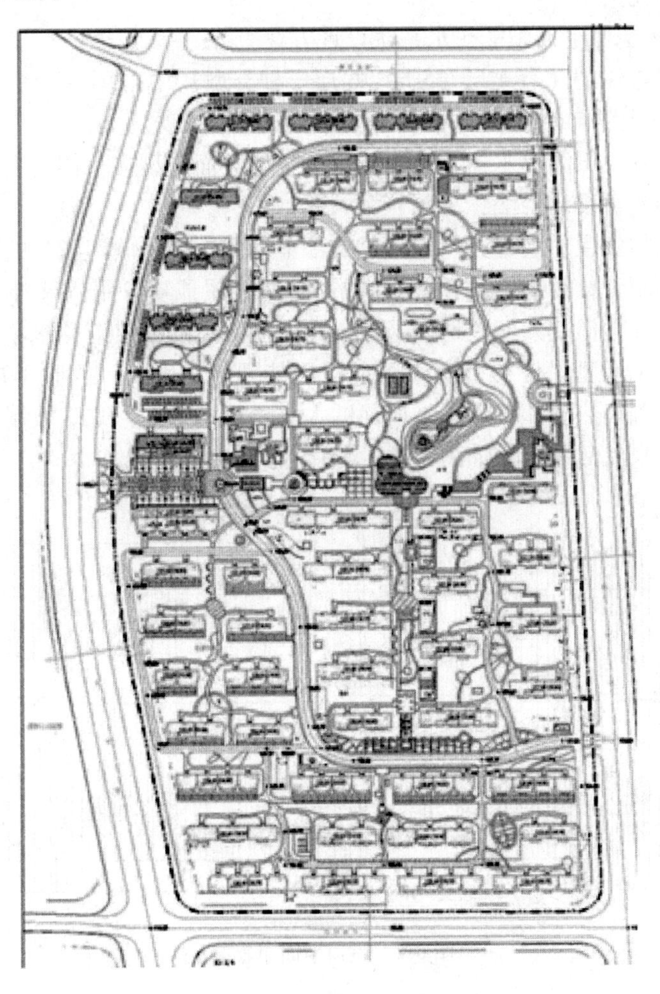

图6-1　小区总平面图

6.1.2 可再生能源技术的应用

建大教授花园项目采用的可再生能源技术有：太阳能热水技术、太阳能新风技术、太阳能光伏技术、地源热泵空调系统等。

该小区建成后，围护结构保温性能将超过 65% 的节能标准水平，新能源利用率达到 40% 以上，各项生态技术将被应用于小区的热水、采暖、照明等方方面面，其中太阳能采暖保证率达到 30% 以上，光伏照明发电总容量达到 60000 峰瓦，各项生态技术均与建筑实现完美的结合。太阳能新风系统效率达到 60% 以上，太阳能热水系统效率达到 50% 以上，太阳能辅助的地源热泵系统 COP 达到 4 以上。

1. 太阳能热水技术

建大教授花园项目在建筑设计时就统一考虑太阳能热水器与建筑的结合，根据各建筑单体的特点，将太阳能装置（包括集热器、热水箱、管道和附件等）作为建筑的一个有机组成部分，与建筑形成一个有机整体，达到太阳能热水器排布科学、有序、安全、规范，进而充分发挥太阳能热水器的环保节能效果，实现太阳能热水器与建筑的一体化，实现绿色能源与人类居住环境的完美结合。

1）教授花园多层住宅太阳能热水系统设计方案

在教授花园多层住宅（有 4 层、5 层、6 层三种类型）中采用单独系统（每户一个独立的太阳能热水器），屋顶布置整体式太阳能热水器的供热水方式。

为了解决整体式太阳能热水器与建筑屋面及整体立面造型在一体化方面存在的问题，主要采用了以下 2 种建筑设计手法：

（1）每个单元的坡屋顶削平一段，做成局部平屋面，用来放置各户的整体式太阳能热水器（热水器双排布置，前后排之间预留足够的间距）。屋顶缺口用构架补齐，依然是两坡屋面的住宅。这种设计不但使人们在地面上看不到坡屋面上的集热管和水箱，丝毫不影响立面效果，而且还丰富了造型，使得整座小区显得更加现代、生动，摆脱了这种住宅固有的形式，而且这一块放置集热管和水箱的平屋面的大小可根据平面形式、坡屋顶的高度、角度和放置热水器的数量来灵活设计，如图 6-2 ~ 图 6-5 所示。

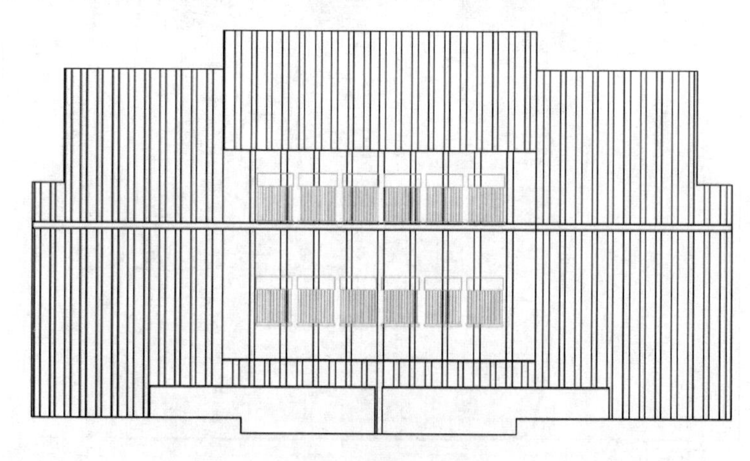

图 6-2　屋顶平面布置图

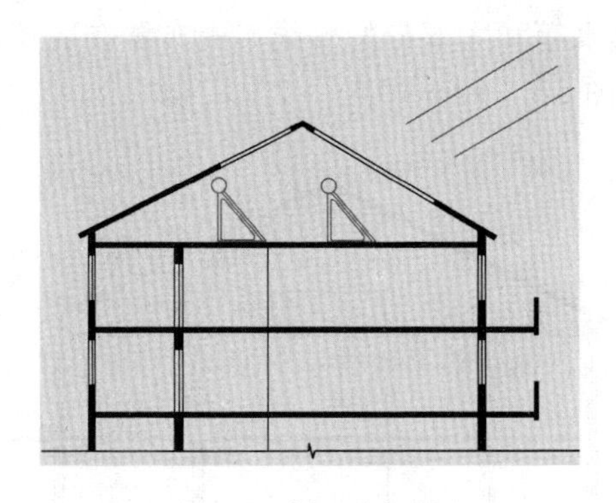

图6-3　剖面分析图

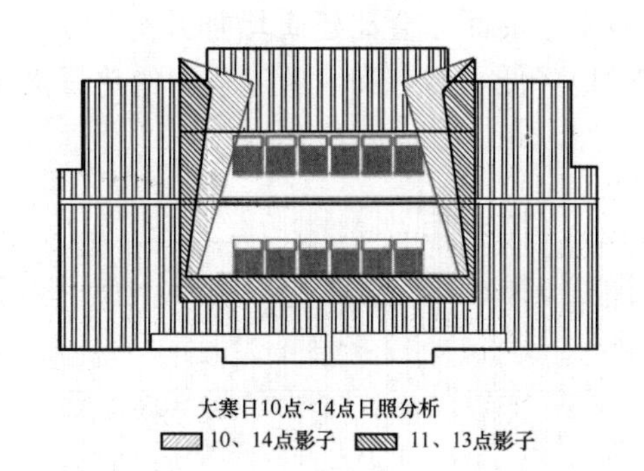

图6-4　屋顶平面布置图及日照阴影区分析

由于在造型上使用了构架，会对集热器造成一定程度的遮挡，使集热器的热效率有所降低。综合考虑建筑立面效果等各项因素，牺牲少量的太阳辐射热量来达到热水器与建筑的一体化设计是可行和可取的。

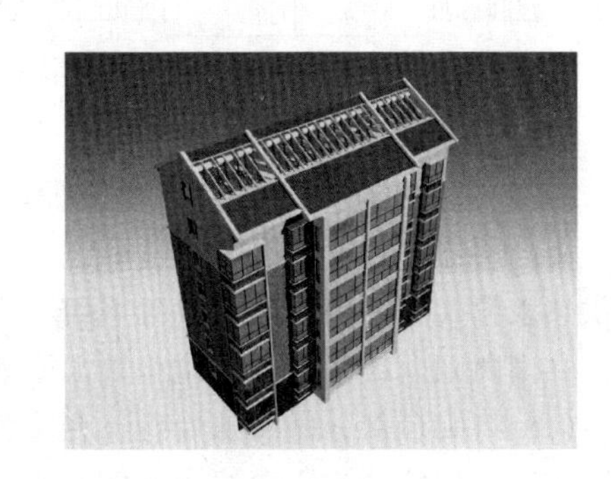

图6-5　透视效果图

（2）在屋面的南向坡上设计一平台空间，单排布置各户的太阳能热水器，屋面缺口沿屋面坡度用构架补齐，平台空间的大小同样可以根据工程具体情况灵活设计（图6-6、图6-7）。

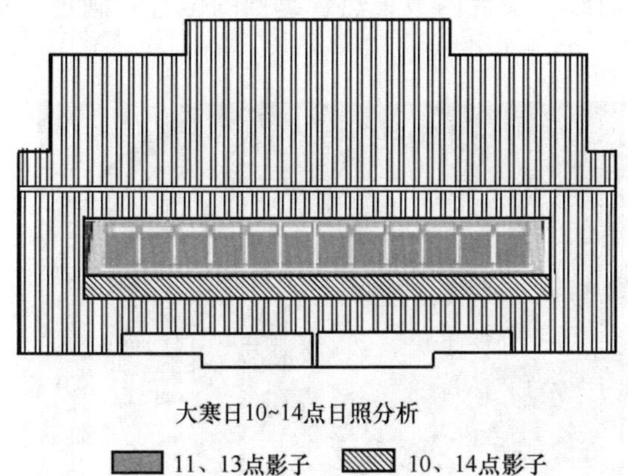

图6-6　屋顶平面布置图及日照阴影区分析

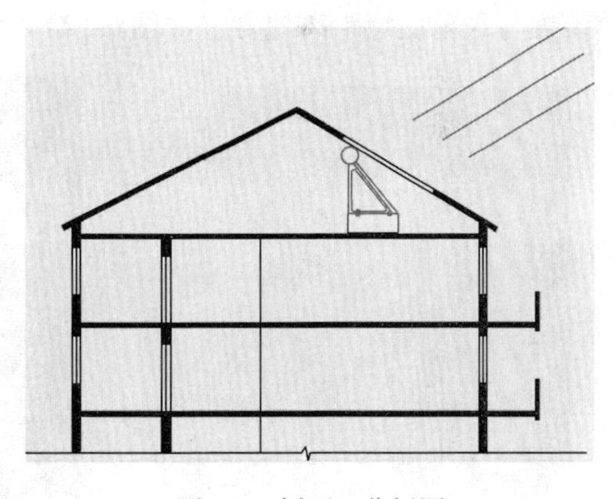

图6-7　剖面1分析图

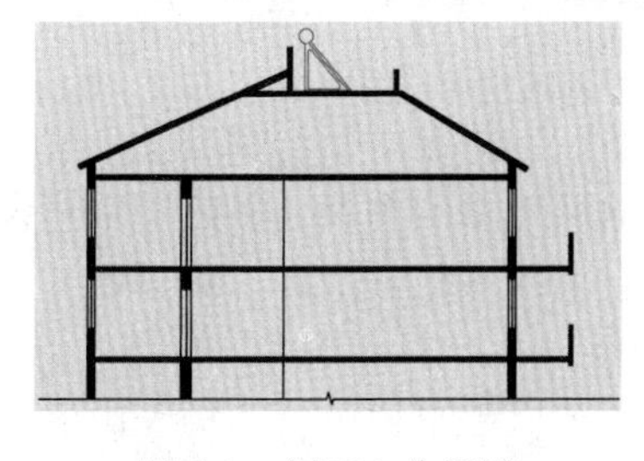

图6-8　剖面2分析图

设计师还设计了一种类似的方案，就是在坡屋面的顶部预留一定的平台空间，东西贯穿，做成屋顶露台的形式，在上面集中统一布置整体式太阳能热水器，以达到建筑立面整齐协调的效果（图6-8）。

在多层住宅中还可以采用集中供热分户计量，在屋顶集中布置分体式太阳能集热器的综合系统供应生活热水。

在这种设计中，将集热器顺坡安装在住宅屋面的南向坡上，远看就像是屋面上开设的天窗，丝毫不会影响建筑的立面效果，反而还会让建筑增加几分活力；储热水箱和大部分的管线集中布置在阁楼层中，有效地降低了储存和输送过程中的热量损失（图6-9、图6-10）。

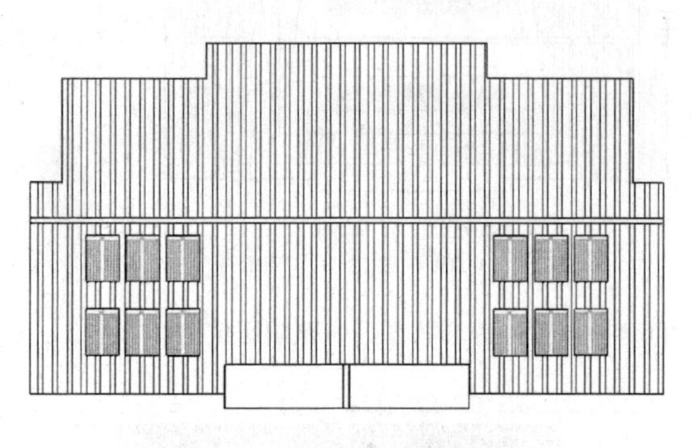

图6-9　屋顶平面布置图

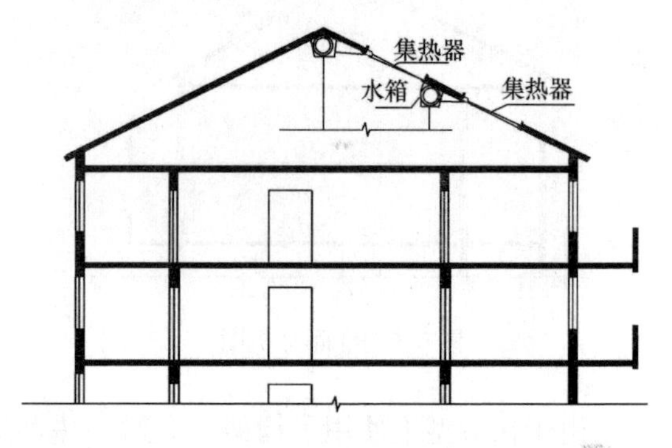

图6-10　剖面分析图

2）小高层住宅太阳能热水系统设计方案

小高层住宅（十一层）（图6-11）为一梯两户式，每单元22户，拟设计采用两种不同的供热水方式。一种是采用单独系统（每户一个独立的太阳能热水器）分体式太阳能热水器，在南向阳台或阳台板部位布置太阳能集热器的供热水方式。

（1）将阳台部分做特殊处理，在阳台的一侧采用长度为1m的太阳能集热管，横向排列通高布置。相邻两户阳台组合比例适当。其他部分有与横向太阳能集热管相应的建筑处理，最终得到一个和谐的太阳能建筑的立面。水箱则放在阳台内被集热管遮挡的位置，满足了集热装置与水箱最短距离的要求（图6-12）。

图6-11　小高层住宅透视图

图6-12　局部透视效果图

但是在这一设计中存在着这样几个问题：一是为了满足立面效果的要求，集热器垂直设置，牺牲了一定的采光角度；二是集热器的通高布置使得阳台上的水箱很难高于集热器，所以要采用强制循环的运行模式，每户造价有所增加（200～300元/户）。

（2）在南向阳台板部位设置分体式太阳能热水器的集热构件，能呈现出另一种太阳能建筑的建筑形式。与上一方案相比，这一方案中集热构件的位置相对较低，我们可以把水箱吊装在阳台内的墙壁，保证水箱的底部高于集热构件40cm左右，就可以采用自然循环的运行方式，节省建筑造价（图6-13～图6-15）。

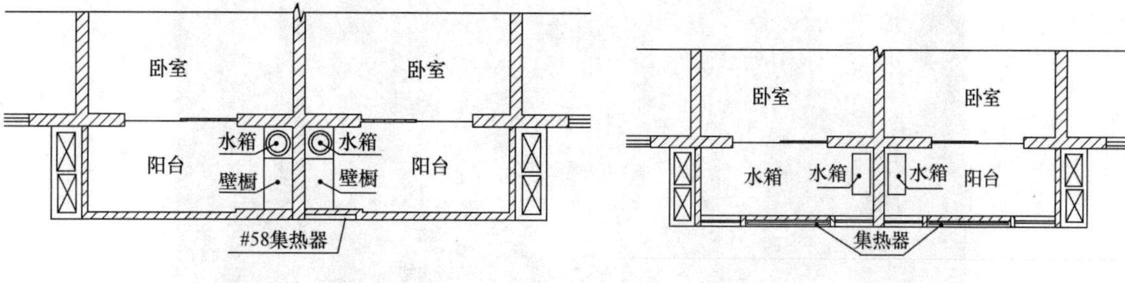

图6-13　南向阳台平面布置图（一）

图6-14　南向阳台平面布置图（二）

与单独系统不同，还可以采用集中供热分户计量的综合系统，在屋顶集中布置分体式太阳能集热器和水箱的供热水方式。以单元为单位，在平屋面上设置集热构件，在顶层的设备件中放置储热水箱，分户供应生活热水，并按照热水使用量分户计费。

但这一方案的缺点是系统运行过程中，对于低层用户来说，可能会存在着类似输送管线中热水的浪费等问题，希望可以与太阳能热水器生产厂家合作，探讨解决的方法和途径。

3）最终实施方案

由于教授花园以多层和小高层住宅为主，屋顶面积相对充足，综合考虑造价等诸多因素，最终选择在屋顶设计中采用平坡结合的方式，将太阳能热水器有组织地排列在屋顶平屋面部分或退台部分，最大限度地减少了对屋面造型的影响。构造措施上，为太阳能热水系统预留了固定件、管道井和相关配电。整个工程太阳能热水供水面积达26万m^2，以较低的成本较好地实现了太阳能装置与建筑的一体化（图6-16）。

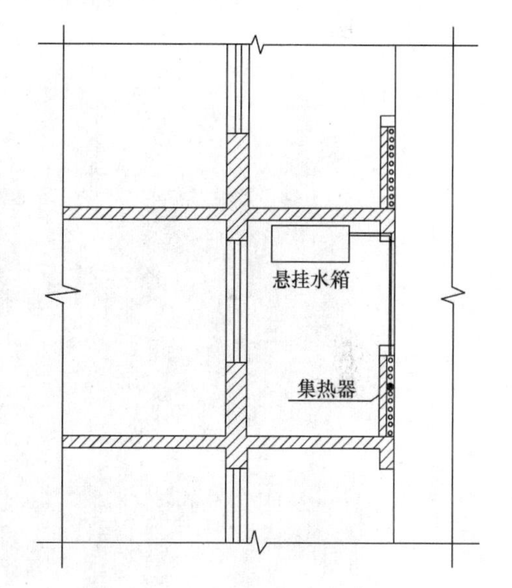

图6-15　南向阳台剖面分析图

2. 幼儿园太阳能新风系统

在教授花园的设计中，使用了太阳能采暖新风系统为幼儿园提供预热新风，既符合这类建筑主要在白天使用的特点，又解决了人数较多的公共建筑的新风问题，丰富的色彩同时满足了建筑设计的需要。

1）工程概况

建大教授花园小区幼儿园位于小区中央位置，如图6-17所示，靠近西入口，建筑面积2176m^2，前方有庭院，遮挡较少，可利用土地面积较多，具有被动式设计的良好条件。该小区为精心设计的高档社区，因此幼儿园工程定位较高，结合业主需求，确定在围护结构良好保温的同时采用太阳能新风系统、地源热泵系统、太阳能热水系统等可再生能源技术，“天（太阳能）地（地源热泵）合一”，创造出健康、适宜、低碳的儿童教育成长环境。

图 6-16 完工后的太阳能热水器

图 6-17 工程在小区中的位置

2）建筑设计

该幼儿园为 8 班幼儿园，在设计时在确保使用功能的前提下，尽可能地采用了被动式设计手法。

首先，场地北侧相对围合，减少了冬季北风侵袭；南向相对开敞，保证冬季良好的日照和过渡季自然通风。南向没有高大乔木，尽量避免遮挡。作为幼儿园建筑，一般设计时不应过于呆板，本项目在进行一定的形体变化的同时，尽量减少了体形系数，避免过大的冷热负荷。围护结构采用外墙外保温和中空节能门窗，气密性高，整体超过公建节能 50% 的标准。

图 6-18、图 6-19 为方案立面、剖面图，后期为加装太阳能新风集热器进行了局部调整。

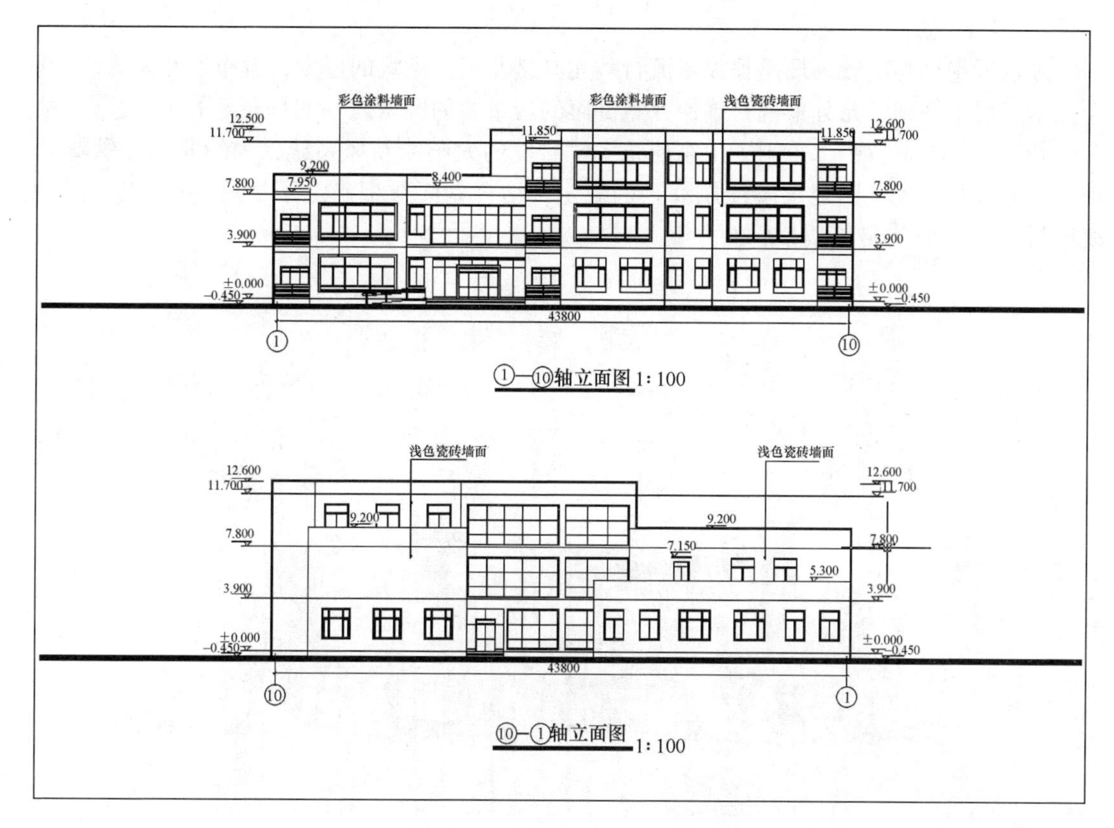

图 6-18　设计方案（立面图）

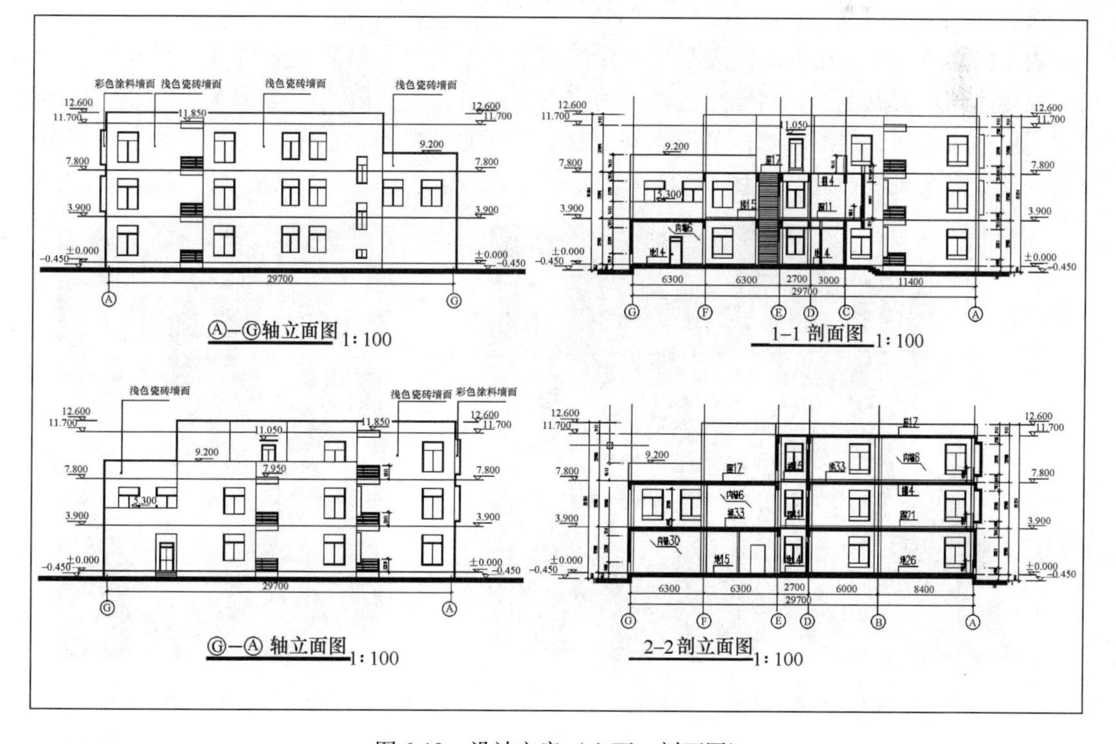

图 6-19　设计方案（立面、剖面图）

3）技术应用

随着近年来几次较大规模呼吸道流行病尤其是儿童传染病的爆发，健康幼儿园的设计理念在本工程中得到了充分重视。确保儿童健康的最重要的因素之一就是充足的、经过充分处理的新风。在本项目中，采用了山东建筑大学研发的太阳能新风系统，为幼儿园提供新风。根据《托儿所、幼儿园建筑设计规范》的规定，结合立面造型确定了集热面积、布局和风机风量。图6-20为最终调整后的方案。

图6-20　最终调整后的方案

太阳能新风部分，由安装在窗下墙的渗透型太阳能空气集热器加热新风（图6-21），当新风温度达到设定温度后，启动风机经室内窗下的风口送入室内，气流缓缓经过儿童活动区经内门窗进入走廊，最终由三层的阳光间活动室顶部的风帽排至室外。风机启动后，由控制器经变频器对风机进行调节（图6-22），通过变风量，保持恒定的送风温度，当温度过高或

图6-21　安装后的集热器外观

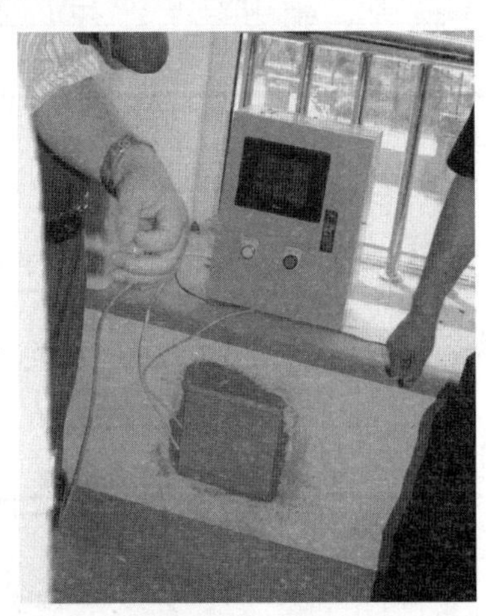

图6-22　室内风口和总控制器

过低，风机转速达到保护点时，系统关闭。遇有连阴天，系统启动辅助热源进行辅热。新风进入室内前，先经过过滤器，滤掉较大的灰尘和颗粒，然后经过UVC紫外线消毒器，对有机体进行灭活处理，确保进入室内的新风清洁健康。系统另设循环消毒模式，在冬、春季流行感冒多发时可对室内空气进行循环消毒，营造健康的室内环境。

经测算，该系统可以在全年大部分时段负担室内新风负荷，可以显著降低新风能耗，或在同等能耗水平下成倍提升新风量，在保持建筑气密性的同时确保了良好的室内空气品质。

图6-23为较冷的季节中系统在大部分时段都可满足的新风负荷。

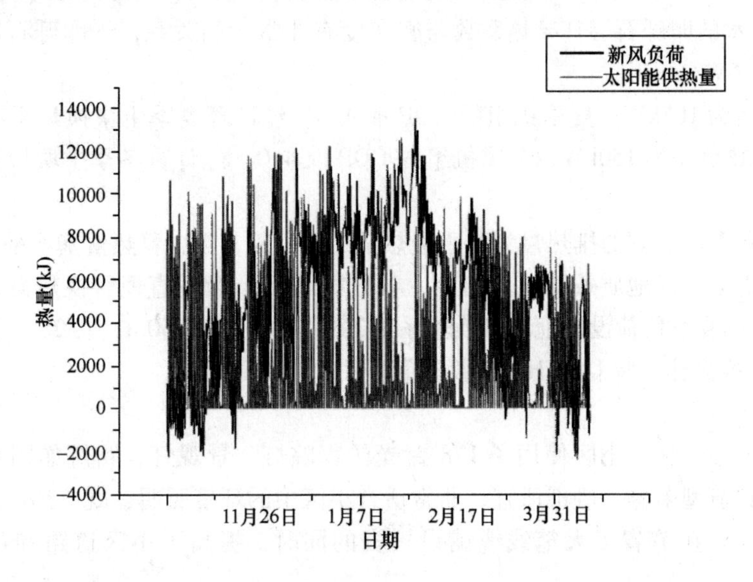

图6-23　较冷的季节中系统在大部分时段都可满足新风负荷

4）效益分析

在本项目中，利用建筑窗间墙和窗下墙设置太阳能空气集热器供应新风，6年时间即可收回全部成本，经济效益显著。经预热、消毒处理后的新风为幼儿园提供了充足的新风供应，可以有效减少儿童患病的几率，由此带来的社会效益非常明显。

由于本项目采用了良好的围护结构保温体系和新能源系统，每年可减少能耗折合标准煤5000t以上，减排二氧化碳9000t以上、大气污染物2500t，实现了园区的环境友好，具有非常好的环境效益。

3. 幼儿园地源热泵空调系统

幼儿园项目为了降低造价，便于供冷、供热质量及物业管理，采用了地源热泵空调系统集中供热供冷。设一个地下机房，热泵机组制出的冷热水通过管道输送到每一个空调房间。

1）土壤换热系统换热量计算

地源热泵系统实际最大释热量发生在与建筑最大冷负荷相对应的时刻。包括：各空调分区内水源热泵机组释放到循环水中的热量（包括空调负荷和机组压缩机耗功）、循环水在输送过程中得到的热量、水泵释放到循环水中的热量。将上述三项热量相加就可得到供冷工况下释放到循环水的总热量。即：

最大释热量 = ∑［空调分区冷负荷 ×（1 + 1/EER）］+ ∑输送过程得热量 + ∑水泵释放热量。

由于循环水在输送过程中得到的热量、水泵释放到循环水中的热量无法精确计算。本设计仅考虑空调负荷和机组压缩机耗功两项，并进行修正。

2）土壤换热系统的设计

（1）土壤换热器的布置

在该项目区域内有一块空地约 $500m^2$，若钻孔间距不超过4m，空地可满足要求。

（2）土壤换热器的设计

该项目所处位置地层以岩石为主，根据提供的资料：花岗岩的导热系数为2.3～3.5W/m·K，而不含水的卵砾石层其导热系数与密实度有非常大的关系，干卵砾石层的导热系数一般为0.7～1.6W/m·K。

夏季冷负荷为165kW，夏季机组的COP取4.5，经计算夏季土壤换热系统的换热量为2013kW。冬季热负荷为150kW，冬季机组的COP取4.0，经计算冬季土壤换热系统的换热量为120kW。

空调系统夏季向土壤的排热量为冬季吸热量的1.1倍，吸、释热量基本平衡。

在综合考虑建设区地质条件的基础上，本方案采用U管垂直埋管换热器，每个钻孔深度为100m，根据夏季负荷设计地埋管换热系统，总钻孔数为2750m，共28个孔。钻孔孔径 ϕ150mm，每个换热孔安装U型HDPE换热管。

4. 光伏技术

在项目建设中，整个小区使用了178盏光伏庭院灯、景观灯、路灯如图6-24、图6-25所示。该种灯具造型多样、造价适宜，非常适合小区中的环境照明，既节约电能，又美化环境，实用性很强。在节省了大笔线缆铺设投资的同时，提高了小区道路和环境照明的可靠性。

图6-24　光伏路灯

图 6-25　光伏庭院灯

6.2　清华大学环境能源楼

6.2.1　项目概况

清华大学环境能源楼（SIEEB）是一座智能化、生态环保和能源高效型的新型办公楼。建筑用地面积为 4041m^2，总建筑面积为 20268m^2。米兰理工大学 BEST 工作室负责能源设计，MCA 事务所和中国建筑设计研究院负责建筑设计，设备设计则由 FM 事务所和中国建筑设计研究院负责。

清华大学环境能源楼是《京都议定书》设立的中意双边清洁发展机制 CDM 项目基地，为中国城市建筑物温室气体排放的削减提供了示范。作为一项示范性工程，该项目的建设通过建材选择、设计、施工、运行管理等各个环节，提供了一个适合中国国情的环保节能办公建筑的技术方案；同时以欧洲的先进设计和技术为依托，展示了传统与现代相结合的建筑风格。

清华大学环境能源楼主要功能包括：

1. 中意环境和能源交换和跨学科研究中心。该中心为中意两国专家学者、研究生和产业界之间提供了一个长期的合作和学术交流平台，组织中意两国环境工程、能源工程、城市生态、经济等领域各院系的专家教授，联合开展跨学科的研究。

2. 中意环保与节能教育与培训中心。该中心是面对全校师生开放的，并提供先进的教室、实验室以及环境与能源科技的必修课程。SIEEB 除了提高能效、尽可能降低温室气体排放、利用可再生能源外，还具有以下特征：

（1）节约建筑材料和水资源；

（2）在建造和使用过程中最小限度造成对环境的影响；

（3）在运行和维护过程中进行智能控制；

(4) 室内空气的健康化处理;

(5) 合理和耐用的环保材料;

(6) 水的高效利用和再生。

3. 清华大学环境科学与工程系教学、办公、科研用房等。

6.2.2 可再生能源技术的利用

清华大学环境能源楼采用的可再生能源技术主要是太阳能发电系统（图6-26a）。

大楼的太阳能PV板的总功率为20kW，以展示为主，没有作为大楼的主要能源项目。主要在建筑的南侧退台设置了遮阳系统，遮阳板面层覆盖太阳能PV板，与配套设备构成太阳能发电系统（Photovoltaic Generator）。太阳能PV模块产生有效电流，并由逆变器转变成SIEEB设备所需的交流电。并网时，太阳能发电机时刻与市电同步，即同电压、同相位、同频率。逆变器组的控制逻辑包括一个保护系统来探测不正常运行条件[注]。

由于采用了世界先进的节能措施，使得SIEEB的CO_2排放远低于中国同等公建的排放量，节能效果显著，为国内公建的污染物减排提供了一个优秀范例。SIEEB已于2007年建成并投入使用，经相关部门初步预算，SIEEB每年可减排CO_2 1220吨，减排NO_2 5178 kg，减排NO_x 2900kg，减排烟尘2079kg。图6-26b为大楼东侧透视图。

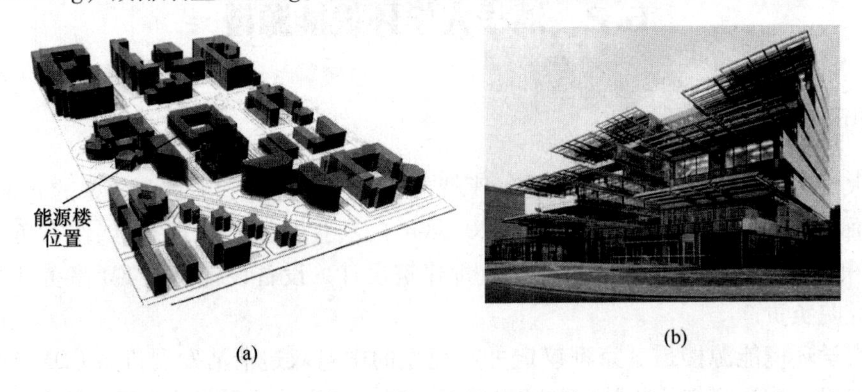

图6-26 清华大学环境能源楼

（a）项目位置示意图；（b）东侧透视图

6.2.3 其他节能技术的利用

因为SIEEB周边都被建筑所包围，所以建筑设计从一开始就把降低建筑物的运行能耗作为主要目标，并充分考虑南向这一条件。同时，为尽量降低能耗，还开发出一套基于建筑用地现状和北京气候条件，采用日照遮阳模拟、能耗预测分析和通风模拟组织的策略来确定建筑外形的方法。综合比较，最后得出结论：平面C形、阶梯状由北向南对称跌落是比较理想的节能方案。在剖面设计中，楼层的层层退台可以接收到最大限度的日照和给予内部花园更大的空间。

SIEEB由两个不同功能和活动区域组成。公共区域：较低的部分从地下1层到2层。这

[注] 张通. 清华大学环境能源楼——中意合作的生态示范性建筑. 建筑技术及设计. 2005（11）

部分楼层形态主要从面积分配几何分得来，包括中部空间和内部花园。办公室和实验室被分配到上部的楼层。从平面布局分析，办公空间位于 C 型南侧两翼；管道间、卫生间以及实验室均布置在 C 型北侧。

1. 有效的遮阳系统

以北京的日照为参数，为日晒窗设置有效的遮阳系统，南向出挑钢架上置遮阳板。依据北京冬至（27.3°）和夏至（73°）正午太阳高度角进行设计，在夏季可以减少太阳辐射量，而冬季又允许阳光进入室内。据模拟分析，采用遮阳板后太阳得热量能减少约 1/3。

2. 外围护系统

SIEEB 选用的是 PREMASTEELISA 技术先进的幕墙系统。东西两侧为带金属检修走廊的双层幕墙。其外层采用丝网印刷玻璃；内层上下为填充岩棉的坎墙，中部为透明玻璃窗。它不仅能有效地阻挡强烈日照，并保证室内采光，还可在两层幕墙中间形成空气对流通风层，将太阳得热排出中间夹层，从而大大减少夏季空调系统的能耗。整个立面外墙的传热系数 K 值不低于 1.4W/m^{2}k。建筑北侧采用单层幕墙。设置开启的透明玻璃窗，并在窗框外侧覆固定的激光穿孔铝板，它的功效是既可阻挡北侧冬季的寒风，又不影响室内的自然采光和观景。其余不开启的幕墙内部均填充保温岩棉。K 值不低于 1.4W/m^{2}k。南向凹空间的东西北三侧设计了另外一种双层幕墙。外侧幕墙由玻璃百叶构成，其中部分玻璃百叶可被计算机控制旋转角度，反射阳光至室内天花，形成均匀的室内自然采光效果，并减少人工照明的能耗。每层上部的两个遮阳百叶能够通过旋转一定角度保证反射光线可最大限度地到达室内。玻璃遮阳百叶是由经过热工处理、两面都贴有 1.52 mm 厚 PVB 的材料和厚度是 8mm + 8mm 的玻璃构成。两层幕墙之间的空气同样可以形成对流通风，以减轻夏季空调负荷和运行费用。所有幕墙系统的内层玻璃均为高热工性能的 Low-E 玻璃；另外南侧的幕墙玻璃和底层公共空间的外侧幕墙玻璃采用三层中空玻璃内充氩气，其内二层的玻璃为 Low-E 玻璃，K 值不低于 1.4W/m^{2}k。屋顶是架空板面层上人屋面，采用 50mm 厚挤塑型保温板作为保温层，架空层的间隙为 50mm；并且在保温层设置了上下两道隔气层。图 6-27 为大楼外墙细部构造示意图。

3. 绿化系统

SIEEB 底层的花园是不规则的形状，模拟自然界的碎裂形态，灌木、水、草生长其中。下沉花园布置成意大利园林特有的形态，自然环境的水面、涌泉、梯田等。西北侧种植常绿高大乔木，阻挡冬季西北侧寒风对建筑的影响。建筑物的北侧因朝向和自身阴影的影响，不再布置植被，设计一系列的从室外广场跌落至花园的叠水，水深为 400mm。将一些自然形态的大石放置于池中，形成自然景观中的元素。在南面相同的高差内堆满土壤，种植了树木、灌木、草皮等植被。建筑物南侧设计为供师生交流的小广场。为了提高屋顶夏季隔热和冬季保温性能，在建筑物南侧层层退台的平台上设置了绿化种植屋面，种植土的厚度约为 180 ~ 250mm 厚的绿色屋顶系统。平台种植的植物以灌木和藤蔓类为主，对墙壁和屋顶平台绿化隔热，利用藤蔓类植物的落叶性能调整直射光照对室内的影响。

4. 能源系统

能源系统设计原则遵循最大限度地减能源消耗，以更好地达到《京都议定书》中的有关 CO_2 减排的目标。SIEEB 设置了冷、热、电三联供系统，设两台 250kVA 以天然气为燃料的内燃发电机组，同时控制发电机组不可回收利用热能排放量，发电机组并网不上网，不足

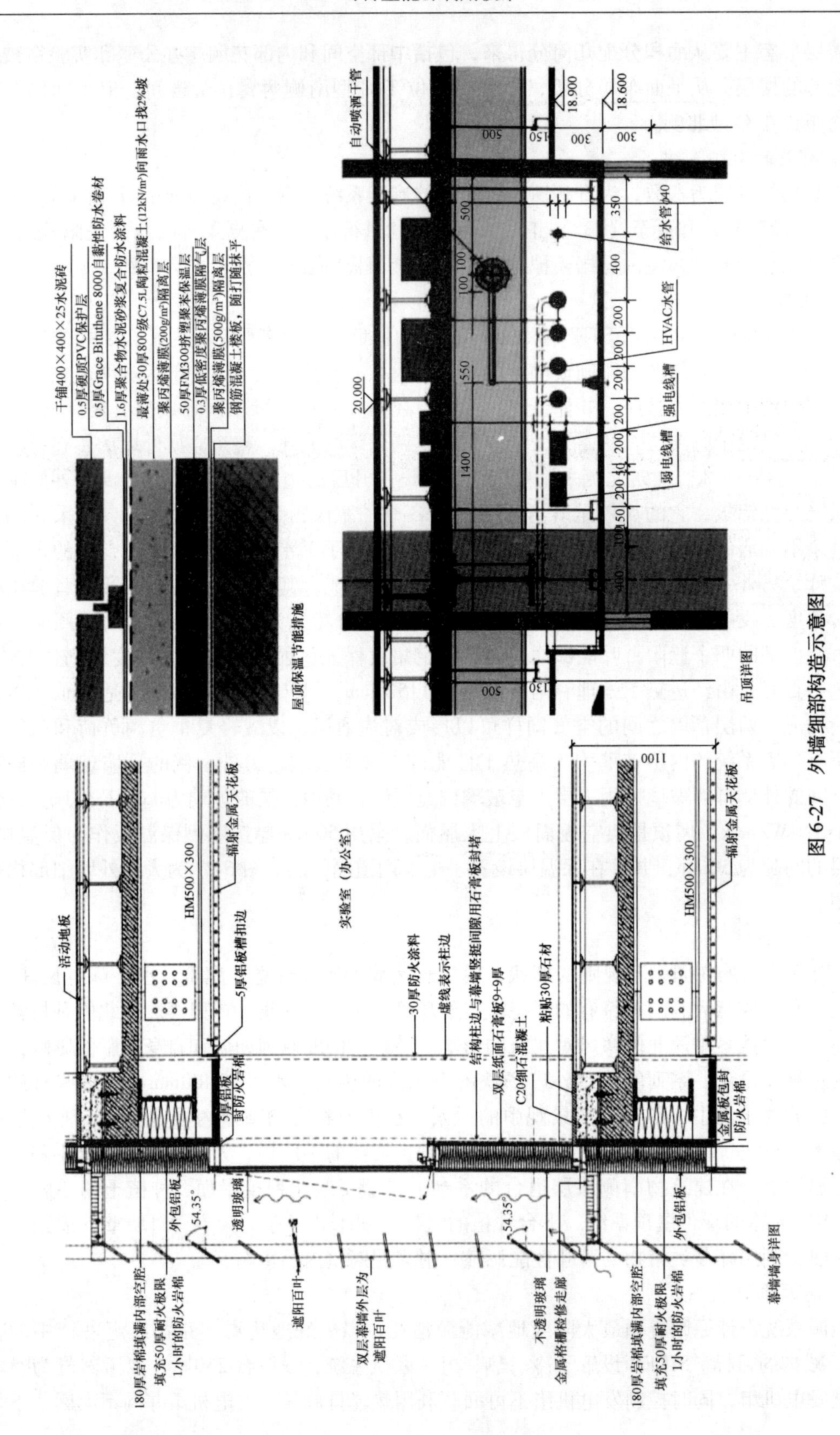

图 6-27　外墙细部构造示意图

的电由学校电网补充。在发电的同时，对发电组的废气、缸套水及润滑油路系统的废热将进行回收利用。热回收的热量用于本建筑采暖、冬夏季空调及生活热水系统。发机组的发电效率为37%，其能源综合利率约为83%。室内采用架空地板（350mm）送新风加辐射吊顶空调方式，其新风末端由设在该房间排风短管内的 CO_2 传感器及该房间内的红外线传感器控制。红外线传感器用于探测室内有人或无人，当室内无人时变风量末端的风量控制在最小值，以去除室内散发的污染物，使室内空气品质保持在良好的水平，同时去除非人员造成的湿负荷最小风量不小于房间设计风量的15%；当室内有人时，由 CO_2 传感器控制变风量末端的风量。房间内设置可开启窗的状态探测器，当探测到窗处于开启状态时，关闭变风量末端，并关闭辐射板的冷水阀。同时房间内设有红外线传感器，用于探测室内有人或无人，只有房间内有人时，辐射板才开始供冷供热。

5. 水系统的综合利用

SIEEB的地下室四周均设置了连通的通风采光窗井，作用有二：其一是地下室可减少黑房间的出现，其二是利用这个空间将雨水方便地回收至地下二层的雨水储水池。地下二层设计中水处理站，日处理水量约为 $50m^3$ 中水，原水为本楼内的全部生活废水。与雨水混合，经处理后的中水用于全部的卫生间便器冲洗、车库地面冲洗等。楼内卫生间采用先进的负压式大小便分离系统，负压式冲水约为常规洁具冲水量的1/10，分离大小便目的是降低污水管网中的N和P含量，减轻污水处理的负担，同时分离出的小便经处理后可用于绿化肥料。室内管道采用聚丙烯静音排水管，减小室内噪声。另外，所有洁具均为节水型，龙头和便器阀门采用感应式。图6-28为大楼水系统综合利用示意图。

6. 智能化管理系统

SIEEB采用了一套BMS（Building Manage System）系统来管理整栋建筑，系统不仅能够对楼宇冷热电联产（BCHP，Building Cooling，Heating and Power）、变配电、送排风、给排水、建筑物室内外照明，还能够对室内温湿度、CO_2 浓度、照度、人员情况进行探测和监控。

7. 灯光控制设计

凡是有室外窗的房间，均设计有照度传感器、红外移动传感器（人员感应器），同时每个门口加装一个控制面板。能够做到有人进屋，灯光自动打开，并且按照照度传感器测到的光线强弱，最大限度地利用室外光线，自动将室内的光线调整到适宜的亮度；为了满足应急之需，利用每个房间的控制面板可以人为设置该区域的总开、总关，并能够对最多三组（排）灯光的强弱进行调节；大于8m×8m面积的办公区，将增设光线传感器和红外移动传感器，使之做到分区独立自动控制；人员离开时，灯光自动关闭。比如：① 楼道及电梯前室（不包含首层）设计为控制中心定时控制，分回路控制灯光；② 多功能厅及展室中，每个独立房间，设计有一个四联控制面板，可以做到手动总开、总关和6个简单场景控制灯光。另设红外移动传感器；③ 首层大堂（包含楼道及电梯前室），设计为控制中心定时控制，可以做到场景控制、分回路控制灯光。补充设计有一个四联控制面板，可以做到手动总开、总关和六个简单场景控制；④ 卫生间设计有一个红外移动传感器，有人进入该区域，该区域的灯光自动打开；人离开该区域，该区域的灯光自动关闭；不设手动开关；⑤ 窗口的夜景照明，室外照明按照时间控制。

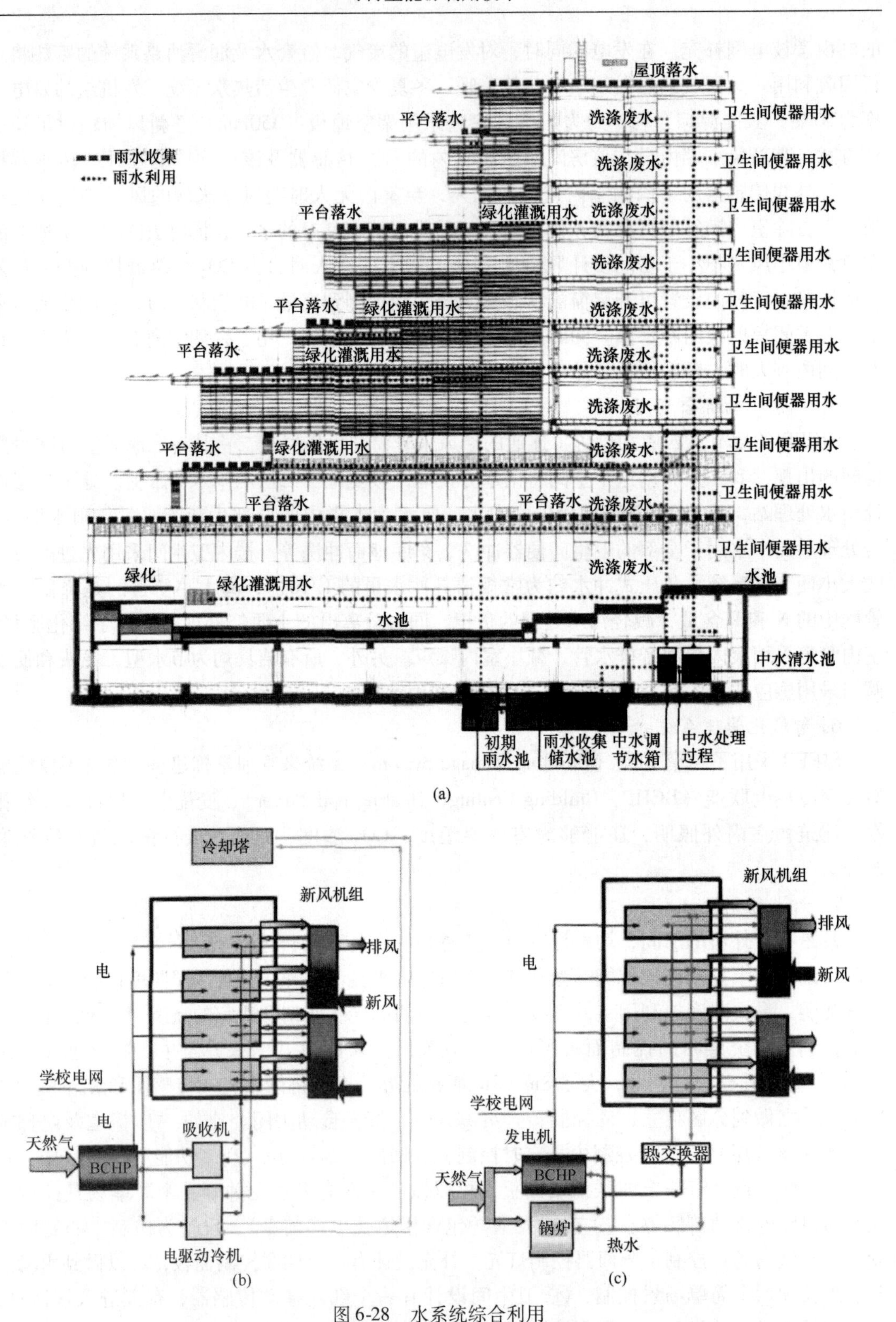

(a)

(b)

(c)

图 6-28 水系统综合利用

（a）雨水收集利用示意图；（b）夏季设备运行系统原理图；（c）冬季设备运行系统原理图

8. 门禁系统

总共有185个控制点位，地下1层、地下2层、1层的门禁系统分布在主要的出入口处，2～10层的门禁系统分布在各办公间的大门入口处。各门禁点均满足进门刷卡、出门用出门按钮的使用模式。在地下2层和1层的主要出入口处添加了9个对讲分机。当有卡的用户刷卡时可开门进入，当晚8：30刷卡时失效（时间段可根据用户要求设定），失效后需按呼叫按钮呼叫安防监控中心开门，如中心管理人员核定完呼叫用户的身份后，可在中心给呼叫用户开门。外部用户可直接按呼叫按钮呼叫安防监控中心开门，如中心管理人员核定完外部呼叫用户的身份后，可在中心给呼叫用户开门。监控中心保安人员要及时在系统中做好事件处理记录。另外，大楼还安装了紧急求助按钮——声光报警、消防报警联动系统等。对通风系统、热电联供CHP和吸收制冷机/压缩制冷机的转换控制系统、遮阳系统BMS均进行设定。这套中央控制系统将具有高水平的、多目标的控制策略，基于PC技术的操作界面实现人与控制系统间的及时交互，提高能源利用率，保证建筑物的能源消耗始终保持在合理的范围内。

图6-29为大楼太阳能PV板细部示意图。图6-30为大楼西北角细部示意图。

图6-29　太阳能PV板细部

图6-30　西北角细部

6.3　山东省节能生态示范楼

6.3.1　项目概况

节能生态示范楼是山东质检院一期工程的单体建筑，建筑面积2623.9m^2，总预算1700余万元。工程地上3层，地下1层；地下一层主要是职工餐厅和厨房，可同时供150人就餐；地上一层是7个餐厅，供接待用；二层、三层有14间客房，同时三层设有会议室一间（图6-31、图6-32）。

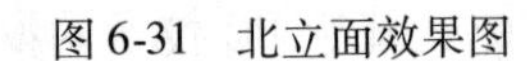
图6-31　北立面效果图

图6-32　南立面效果图

6.3.2　可再生能源技术的应用

该示范楼采用的可再生能源技术有并网太阳能光伏系统、光伏发电技术、风能发电技术。

1. 并网太阳能光伏系统

太阳能并网发电系统是太阳能发电行业的最终趋势。太阳能并网发电系统主要由太阳能电池方阵、逆变器、数据采集监控、防雷等系统设备组成。并网发电数据采集系统主要采集直流侧电压、电流，逆变器各项数据，如电压、电流，每日发电量、总发电量等；气象数据采集包括辐照度、风速、环境温度、组件温度等有关数据。可以根据现场情况，在公共区安装实时显示屏，有选择地显示系统输出功率、发电量、系统电压等信息参数。

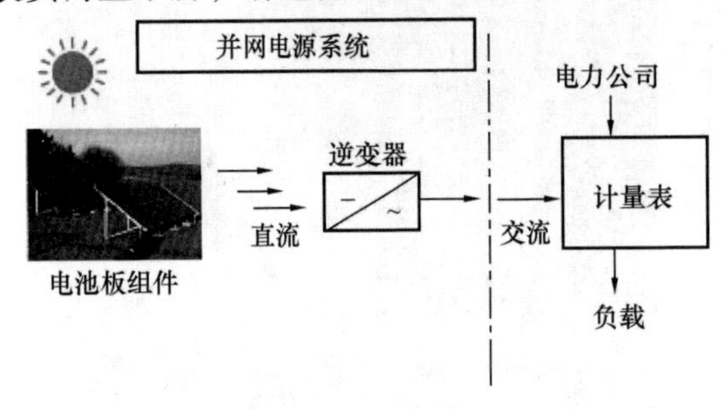

图6-33　并网太阳能发电系统示意图

并网发电系统原理：太阳能并网光伏发电系统的运行原理：并网型太阳能光伏电站是利用光伏组件将太阳能转换成直流电能，再通过逆变器将直流电逆变成50Hz、230/400V的三相或230V单相交流电。逆变器的输出端通过配电柜与变电所内的变压器低压端（230/400V）并联，对负载供电。基本结构如图6-33所示：

太阳能电池方阵：利用建筑物屋顶面积，在示范楼楼顶安装4块LNPV—180 Wp型高效、单晶硅太阳能电池组件进行发电。电池方阵规模720W，每天发电2.1kWh。所发电能经过逆变器直接输送到低压配电网，省去了储电用的蓄电池，进一步降低了污染，堪称真正环保能源。图6-33为并网太阳能发电系统示意图。

2. 光电玻璃发电技术

光电幕墙是一种集发电、隔声、隔热、安全、装饰功能于一身的新型建材，充分体现了建筑的智能化与人性化特点。进入20世纪90年代后，随着常规发电成本的上升和人们对环境保护的日益重视，一些国家纷纷实施、推广太阳能屋顶计划，并提出了“建筑物产生能源”的新概念，由此推动了光电技术的大规模开发与应用。美国、日本、德国、意大利、印度等许多国家都已建有太阳能屋顶或外墙的建筑。太阳能光电幕墙集合了光伏发电技术和幕墙技术，充分利用建筑物的表面和空间，把传统幕墙试图屏蔽在建筑物外的太阳能转化成对人们有益的电能，最大特点是具有通风换气、环保、节能的功能，节省了对化石类能源的消耗，降低了对环境的污染，同时为现代建筑提供一种新的美学装饰效果，是一种高科技产品，代表着国际上建筑光伏一体化的最新发展方向。图6-34为光电玻璃幕墙局部图片。

图6-34　光电玻璃幕墙局部

在本次工程应用中，楼顶16块天窗安装了0.8m×0.9m的光电玻璃幕墙；规模为755W，每天发电2.2kWh。所发电能经逆变器直接输送到电网，真正体现了太阳能的与建筑的一体化理念。

3. 太阳能照明系统

太阳能路灯照明系统是典型的太阳能独立发电系统的应用；一套太阳能路灯即一套独立的发电系统。典型特征为：白天利用太阳能发电，将电能存储在蓄电设备中，必要时向系统负荷设备提供电能。晚上利用蓄电池中的电能为负载提供电能，其优点是能够根据具体用电情况，不受电网覆盖、地理位置的约束，实地配备的光伏供电系统（图6-35）。太阳能路灯作为典型的离网太阳能光伏发电系统，是应用最为广泛的太阳能产品。

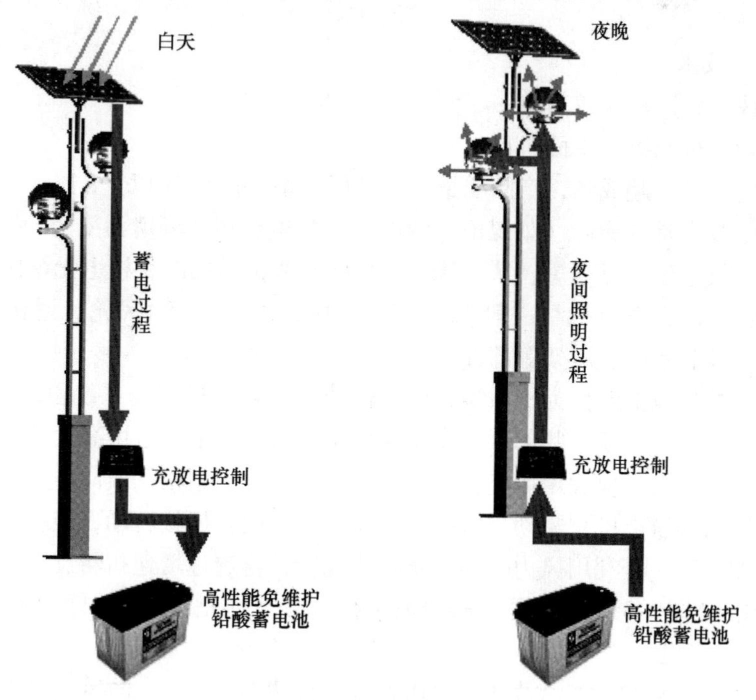

图6-35　太阳能灯工作原理图

山东质检院太阳能照明系统中，采用两种照明形式：

（1）可市电切换太阳能 LED 路灯（图 6-36、图 6-37）：园区内环形路照明为可实现市电切换的太阳能路灯，此种路灯在太阳光充足的时候，可以靠太阳能独立供电维持路灯正常工作。一旦遭遇极端恶劣的连续阴雨天时，控制系统可实现自动切换市电供电。提高了系统的可靠性，降低了投资，共安装 60 盏，电池组件总功率为 7.2kWp。

（2）可市电切换风光互补 LED 路灯：园区主景观道路安装风力和太阳能光伏互补供电的路灯，此种路灯同时运用太阳能和风能发电，可以称为真正绿色能源产品，共安装 12 盏，总功率 2.68kWp。

图 6-36　LED 太阳能路灯

图 6-37　LED 风光互补路灯

4. 风能发电技术

能源中，风能的利用比较简单。

风电的优越性可归纳为下面 3 点：

第一，风电技术日趋成熟，产品质量可靠，可用率已达 95% 以上；

第二，风电没有常规能源（如煤电、油电）与核电会造成环境污染的问题；

第三，风力发电建设工期短，从土建、安装到投产，是煤电、核电无可比拟的。

目前商用大型风力发电机组一般为水平轴风力发电机，它由风轮、增速齿轮箱、发电机、偏航装置、控制系统、塔架等部件所组成。

风轮的作用是将风能转换为机械能，低速转动的风轮通过传动系统由增速齿轮箱增速，将动力传递给发电机。上述这些部件都安装在机舱里面，整个机舱由高大的搭架举起，由于风向经常变化，为了有效地利用风能，必须要有迎风装置，它根据风向传感器测得的风向信号，由控制器控制偏航电机，驱动与塔架上大齿轮咬合的小齿轮转动，使机舱始终对风。

风力发电的原理，是利用风力带动风车叶片旋转，再透过增速机将旋转的速度提升，来促使发电机发电（图 6-38）。依据目前的风车技术，大约是 3m/s 的微风速度（微风的程度），便可以开始发电。

在该项目中，在节能生态示范楼园区内安装两台功率 2.5kWp 的风力发电机，风机所发电能经逆变整合为质量合格的交流电，输送到配电网。

该节能生态示范楼太阳能/风能发电应用工程中，并网太阳能光伏系统、光电玻璃幕墙、风力发电系统3项总功率为11.5kWp，路灯发电总功率为9.88kWp，整个园区采用的可再生能源总发电功率为21.38kWp。年发电量约为31200kWh，每年可节约12490kg标准煤，减排23400kgCO_2，936kWpSO_2。

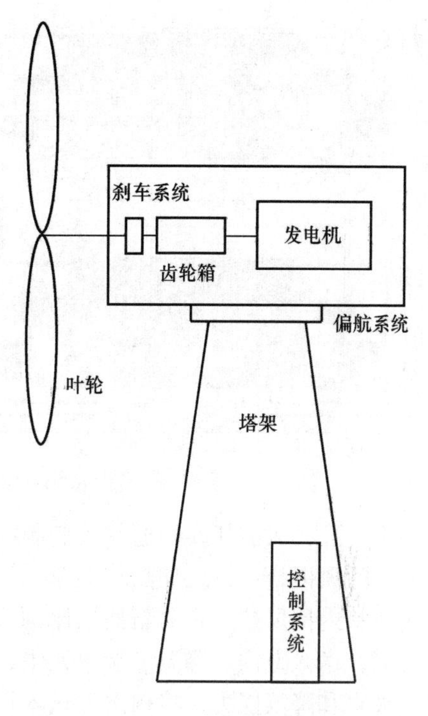

图6-38　风能发电原理图

6.3.3　其他节能技术及材料的应用

该示范楼除了上述节能技术外还采用了如下节能技术：暖通系统节能技术、围护结构节能设计、绿色（室内）节能产品的应用、绿色环保装饰装修材料、生态绿化技术、环保节能自动检测监控系统等。

1. 呼吸幕墙技术

示范楼设计中位于大厅南北的L型幕墙采用呼吸幕墙。呼吸式幕墙又称双层通风幕墙，它由内、外两道幕墙组成，与传统幕墙相比，它的最大特点是由内外两层幕墙之间形成一个通风换气层。冬季时，关闭通风层两端的进排风口，换气层中的空气在阳光的照射下温度升高，形成一个温室，有效地提高了内层玻璃的温度，减少建筑物的采暖费用；夏季时，打开换气层的进排风口，在阳光的照射下换气层空气温度升高自然上浮，形成自下而上的空气流，由于烟囱效应带走通道内的热量，降低内层玻璃表面的温度，减少制冷费用。由于此换气层中空气的流通或循环的作用，使内层幕墙的温度接近室内温度，减小温差，因而它比传统的幕墙采暖时节约能源42%～52%；制冷时节约能源38%～60%。

另外，通过对进排风口的控制以及对内层幕墙结构的设计，达到由通风层向室内输送新鲜空气的目的，从而优化建筑通风质量。同时由于双层幕墙的使用，整个幕墙的隔声效果得到了很大的提高。

2. 暖通系统节能技术

该示范楼采用的暖通系统节能技术主要是温湿度独立调节空调技术，原理图如图6-39所示。

溶液调湿型空气处理机组采用一种具有高效调湿功能的溶液，通过溶液向空气吸收或释放水分，实现对空气湿度的双向精确控制。通过溶液直接处理空气，降低了除湿能耗，并且消除了目前中央空调系统普遍存在的潮湿表面，杜绝霉菌滋生，提高室内空气品质。溶液调湿型空气处理机组在调节湿度、减少能耗、提高空气质量、避免生物污染等方面具有显著优势，从而为人们提供更加健康、舒适的室内空气环境。

中央空调系统全热回收设备有效利用排风与新风的温度差，采用高效的换热器回收排风能量，节约处理新风所需要的能量，从而达到良好的节能效果。

节能生态示范楼的风管采用GM-Ⅱ复合保温保温风管，TRX1节能型，有效减少空气输送过程中的能量损失，节能效果显著。

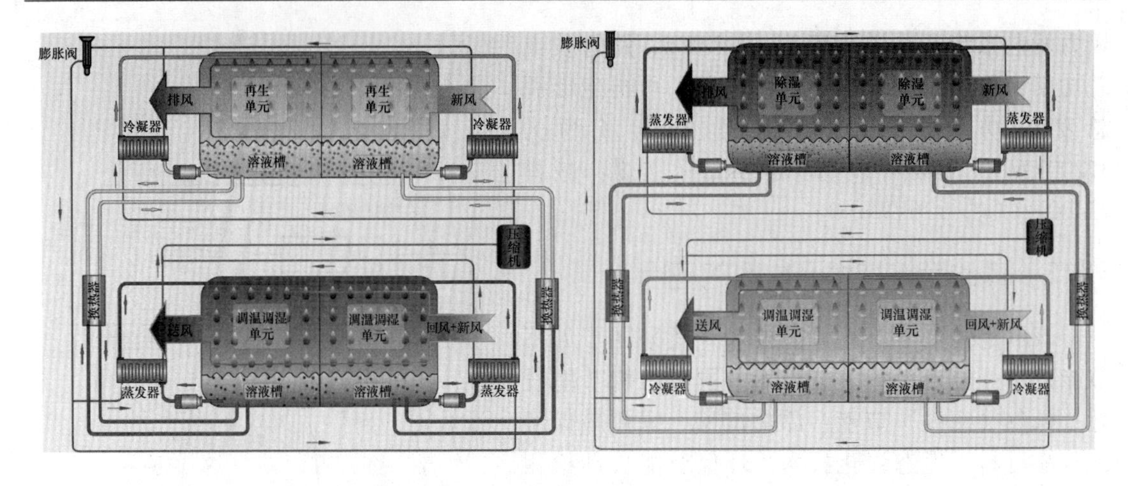

图 6-39　暖通空调系统工作原理图

冬季工况，只需切换四通阀改变制冷剂循环方向，便可实现对空气的加热加湿功能。室外新风与回风混合后进入加热加湿单元，被处理至送风状态点后，送入室内。夏季工况，室外新风与室内回风按一定的新回风比例混合后进入降温除湿单元，被逐级降温、除湿到达送风状态点，送入室内。降温除湿单元中，溶液吸收水分和热量后，浓度变稀、温度升高，为恢复其吸水和降温能力，将稀溶液送入再生单元，利用热泵的冷凝器排热量进行浓缩，而升温后的溶液利用热泵的蒸发器的冷量来降低温度。

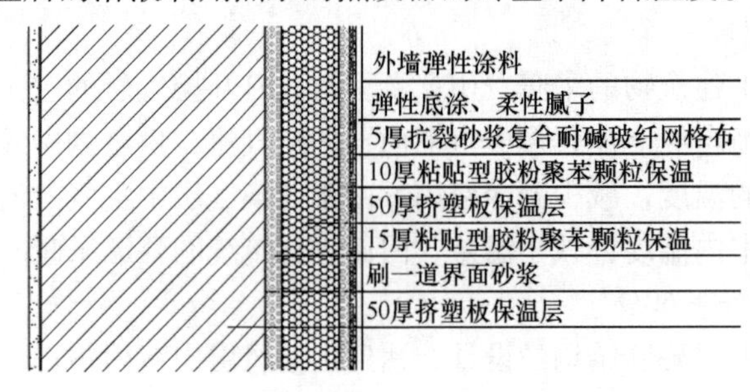

图 6-40　挤塑板复合保温涂料外墙结构示意图

3. 围护结构节能设计

主要包括复合外墙保温隔热系统、倒置式保温屋面、呼吸幕墙、节能窗体等。设计中示范楼外墙保温隔热系统采用“贴砌挤塑聚苯板复合保温涂料外墙”和“贴砌挤塑聚苯板复合保温面砖外墙”，保温层厚度为50mm。外墙和屋面传热系数K值可控制在0.4（$W/m^2 \cdot K$）以下，有效减少围护结构传热损失，在外墙保温节能方面起到良好的节能效果。图6-40为挤塑板复合保温涂料外墙结构示意图。

4. 绿色（室内）节能产品的应用

主要包括LED灯节能技术、节水器具、相变潜热蓄热地板、节能环保厨房设施、节能型家电、中水回收处理系统、雨水回收系统等。

（1）LED灯节能技术

室内照明采用LED灯，节约照明用电。

（2）节水器具

节水龙头，节水卫生间器具。如选择某洁具公司的2.3L节水坐便器（图6-41），其每次冲洗只用2.3L水，瞬间完成洁净冲刷，并能够达到污水置换率100%，具有超节水、冲洗噪声小，补水时间短（只需5s）的特点。

节能生态示范楼卫生间采用了目前世界上最节水的2.3L卫生洁具，它利用自然重力原理，按键提起活塞，借助自然引力和水封形成的负压瞬间排出污物；同时冲洗拍盖打开，水

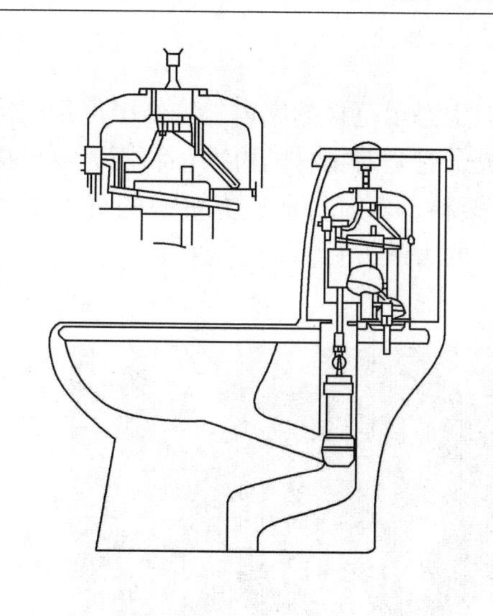

图6-41　2.3L节水坐便器

顺着陶瓷过水道由布水眼冲出，3～5s后活塞降落，拍盖复位，残留在陶瓷水道里的水继续从布水眼里冲出，形成水封；5～8s后，进水浮筒漂浮起来，顶住止水阀，补水完成。

（3）相变潜热蓄热地板

利用相变材料具有相变潜热的特点，制作相变潜热蓄热地板，减缓室内房间温度的波动，减少空调系统的用能。

（4）节能环保厨房设施

采用超级感应式节能灶，节能效果达到40%以上。

（5）节能型家电

节能型家电：包括电视、饮水机等。

（6）自然通风技术

窗户采用带有自然通风设施的产品。

（7）自然采光技术

光导照明自然采光技术。地下室采光采用光导照明自然采光技术，其特点是：①白天无需电力照明；②系统本身无需维护、无渗漏现象；③使用寿命25年以上等。该系统主要由太阳光采光器、光导管、漫射器等组成。其局限性是开孔大，传输距离短，只能有一次转弯，但造价低，0.4万元/盏。

（8）下沉天井自然采光技术

地下室西部采光采用下沉天井自然采光技术，充分利用自然光。

（9）自动遮阳系统

根据室内外光照强度，电动控制遮阳系统遮阳。

5. 绿色环保装饰装修材料

主要包括生态木、硅藻泥（天然）、微晶石、纤维陶瓷装饰板、绿色环保的地砖、石材、壁纸、金晶玻璃、UV板、木纹石等。

1）生态木（科技木）

防水、防潮，源于木材而优于木材；环保，甲醛和苯含量低于欧洲标准；节能，原料为高分子材料和木材粉末；阻燃、防火、防白蚁。

生态木作为一种新型环保装饰装修材料，在节能生态示范楼的室内外装修中得到广泛使用。其原理是将少量高分子材料和大量木粉聚合而成，它是对木材的再循环利用，极大提高了木材的综合利用率，且没有污染。同时也解决了塑料、木材行业废弃资源的再生利用问题。非常符合国家提倡的建立节约型社会和节能减排的大政方针。

生态木（图6-42）特性：

图6-42　生态木

（1）高环保——无污染、无公害。产品不含苯，甲醛含量低于欧洲顶级环保标准E0级标准。

（2）节能——生态木是对木材的再循环利用，极大提高了木材的综合利用率且可以循环回收再造。生态木同木材一样导热系数很小，远低于铝和塑料，夏天能隔热，冬天能保暖，节能效果好。

（3）防水、防潮、防腐、不变形、耐候

生态木从根本上解决了木制产品在潮湿多水环境中易腐烂和膨胀变形的问题。70～－20℃不变形，色牢度符合国家标准，可放心用于室内外装饰，且省去后期维护保养费用。

（4）阻燃

生态木有效阻燃，达到国标B1级。

（5）安装方便、工期短、即装即用、综合成本低

生态木可钉、可刨、可锯，安装高效快捷，不刷漆，没味道，安装完毕立即使用，省时

省力省钱。

（6）防虫蛀——有效杜绝虫类骚扰。

（7）色彩个性化——既具有天然木质感和纹理，又可根据需要定制不同颜色。

作为一种新型节能环保材料，生态木已广泛应用于建筑装饰和户外建材等领域，如装饰墙板、地板、踢脚板、门、百叶窗、户外亭台、桌椅、花圃栅栏、垃圾箱、花箱、空调罩等。

2）硅藻泥（天然）

运用于内墙表面。一是能自动调节室内空气湿度，改善室内生活环境；二是能有效地吸附并去除空气中的游离甲醛、苯、氨、硫化物等有害物质，净化室内空气，改善起居环境，并能起到美化作用，被称之为会呼吸的墙壁。应用于示范楼的某个房间，做示范演示用。

节能生态示范楼的室内装饰，部分采用硅藻泥（天然）装饰壁材，它是一种新型的室内节能环保装饰材料，具有如下节能环保效果：

（1）具有灭菌消毒功效，抑制细菌滋生；

（2）能分解室内空气中的甲醛、氨、苯等有害物质，净化空气强力持久；

（3）祛除空气异味，避免因吸烟而导致墙壁发黄；

（4）吸收或释放空气中的水分，自动调节室内空气湿度；

（5）保温降噪：硅藻土热传导率很低，保温隔热性能优异；

（6）防火阻燃：硅藻泥壁材耐高温、不燃烧，火灾时不会产生有毒的气体；隔声减噪防静电，能够创造良好的生活空间；

（7）具有负离子功能和具有远红外线功效，有利于调节人体微循环，提高睡眠质量；

（8）具有抗静电作用：不吸附灰尘，耐氧化，使墙壁始终如新。

3）微晶石

具有无辐射、色差少、抗污染能力强的特点，应用于示范楼的精装修。

4）纤维陶瓷装饰板

具有大尺寸、重量轻、壁薄、高强度、高弹性、耐高温、耐腐蚀、不透水、抗菌、防污、防火、易清洗等特点，放射性达到国家A级标准。

6. 楼宇智能监控技术

通过智能监控系统：

（1）对耗水、耗电量进行监测、显示；

（2）对温度、湿度、风速风量进行监测、显示、控制；

（3）对室内空气品质（甲醛、VOC、CO、CO_2、O_2、照度等）进行监测、显示和控制；

（4）对室内灯光、卫生间灯光和换气扇进行智能控制；

（5）自动控制相关的窗户和遮阳系统的开启；

（6）实现大厅、走廊的智能安全监控；

（7）对游泳池的水温、室温、风速风量进行监测、显示、控制等。

通过上述智能监控系统，实现节能环保等相关参数的直观显示，使节能环保效果一目了然，并实现智能化控制，节能环保且体现人性化设计。

具体拟采取以下智能监控技术，并通过智能家庭控制系统将其一体化、数字化。

（1）现场控制器。运用智能化监测控制程序，现场采集空调机、新风机的温度、湿度、压力和流量等相关数据，经分析、运算，转换为调控命令，对运行设备进行控制。

（2）新风阀调节。根据传感器采集的室外温度参数，区域管理器（现场控制器）的中央处理器按预设程序，进入节能运行模式调节风阀，实现全新风送风。同时，利用转轮式全热交换设备，有效回收室内排出气体的冷（热）量，达到最大限度节能运行的目的。

（3）人员入室前温度监控。根据作息时间，在人员入室前，由系统工作站自动令温控器将房间风机处于低档风速加新风状态运行，但风机盘管电动二通阀设定为关闭状态，既确保人员入室时房间空气的新鲜，又达到节能的目的。

（4）人员出房间温度监控。人员外出后，忘记关闭温控器，在管理人员确认后，系统工作站可远程控制将温控器关闭。

（5）水量、能耗监控。监控整栋建筑能耗情况，通过与其他建筑的比对，得出在使用新能源技术、建筑节能技术、节能产品之后的能耗。

节能生态示范楼共采用30余项节能生态技术，预计可以达到比常规建筑节能65%的效果，建成后示范楼集科研、产品展示、示范宣传于一体，成为具有辐射带动作用的低能耗、绿色建筑示范工程。

6.4 深圳建科院办公大楼

6.4.1 项目概况

深圳建科院办公大楼（图6-43）位于深圳市福田区，是深圳市建筑科学研究院集办公、科研与展示于一体的总部大厦。深圳建科院常年致力于可持续发展与绿色建筑研究和设计工作，该大厦是将其多年来的研究理论、方法、技术等付诸实践的重要成果。

建科大楼总建筑面积1.82万m^2，地上12层，地下2层，建筑功能包括实验，研发、办公、学术交流、地下停车、休闲及生活辅助设施等。有多达40余项新技术、新材料被集成应用于该项目，以人性化和节约资源两个方向作为切入点，通过性能化设计手段，整合目前成熟、可行的绿色技术措施和构造做法，以先进的CFD模拟技术为支持，将各类绿色技术很好地融入建筑中。经初步测算分析，建科大楼相较常规建筑，每年可减少运行费用150多万元，其中节约电费145万元，建筑节水率43.8%、节约水费5.4万元，节约标煤600t，每年可减排CO_2 1600t，达到了绿色建筑三星级和LEED金级标准。

6.4.2 可再生能源技术的应用

1. 太阳能热水系统

办公大楼的热水系统根据需求的不同，尝试性地采用了不同的集中—分散式太阳能热水系统，以满足员工洗浴间热水需求。5层夹层～11层公共卫生间淋雨采用半集中式太阳能热水系统；12层餐厅、公共浴室及11层7套专家公寓利用集中式太阳能热水系统；11层一套专家公寓采用分散式太阳能热水系统。

2. 太阳能光伏系统

规模化的太阳能光电集成利用是该办公大楼的典型特色。大楼共采用了5种不同的太阳能光伏系统，并结合功能需求设置于大楼的屋面、西立面和南立面等。屋顶花架安装单晶硅光伏电池板、多晶硅光伏组件及HIT光伏组件；大楼西立面和南立面采用透光型的薄膜光伏组件的光伏幕墙系统，在发电的同时还具有隔声、隔热的功能；南立面同时安装了光伏遮阳板，将光伏板和遮阳构件结合，既发电又遮阳。

太阳能光伏系统优先向地下车库、楼梯间、走廊等公共区域供电。

3. 风力发电系统

办公楼在每一层都设有风力发电机，并在屋顶设置了 5 台微风启动水平轴风力发电系统，以探索城市建筑上设置风力发电系统的可行性。

图 6-44 为大楼屋顶太阳能电池板和风能设备。

图 6-43　办公大楼外观

图 6-44　屋顶太阳能电池板和风能设备

6.4.3　其他节能技术的应用

1. 立体绿化

建筑首层架空 6m，形成开放的城市共享绿化空间，6 层楼面和屋顶（图 6-45）均设计为架空绿化层，最大限度地对场地进行生态补偿。首层开放式接待大厅和架空人工湿地花

(a)

(b)　(c)

图 6-45　空中花园

园，实现了与周边环境的融合和对社区人文的关怀。架空设计不仅可营造花园式的良好环境，还可为城市自然通风提供廊道。标准层的垂直交通核与开放的绿化平台相联系，共同形成超过用地面积1倍的室外开放绿化空间。在大楼的西面，设计竖向的由爬藤植物组成的绿叶幕及水平方向的花池，成为建筑西面的热缓冲层，使分布在整个大楼的“绿肺”组成了一个立体的绿化系统，缓解区域热岛效应。

2. 自然通风设计

该办公楼基于对功能布局和建筑体型的处理，突破传统的开窗通风方式，合理采用开窗、开墙和格栅围护等相结合的开启设计，实现良好的自然通风。设计过程中，根据室内外通风模拟分析，结合不同空间环境需求，选取合理的窗户形式、开窗面积和开启位置（图6-46）。

(a) (b)

图6-46　适宜的开窗方式

同时，建筑大量采用多开敞面设计（图6-47），如报告厅可开启外墙、消防楼梯间格栅围护和开放平台等。报告厅可开启外墙可全部打开，可与西面开敞楼梯间形成良好的穿堂通风，也可根据需要任意调整开启角度，获得所需的通风效果。当天气凉爽时可充分利用室外新风作自然冷源，当天气酷热或寒冷时可关小或关闭（图6-48）。

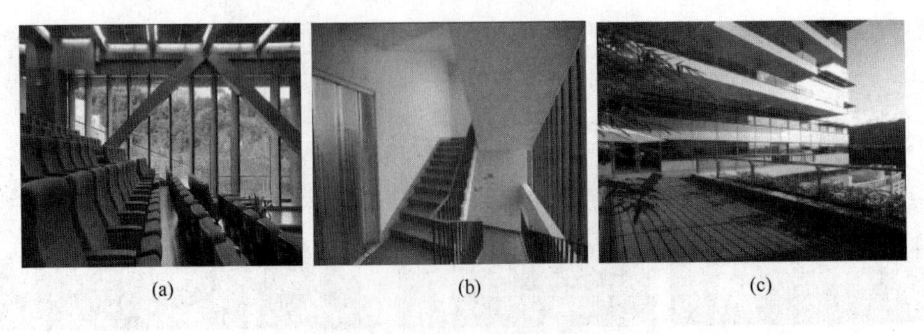

(a) (b) (c)

图6-47　适宜的多开敞面设计

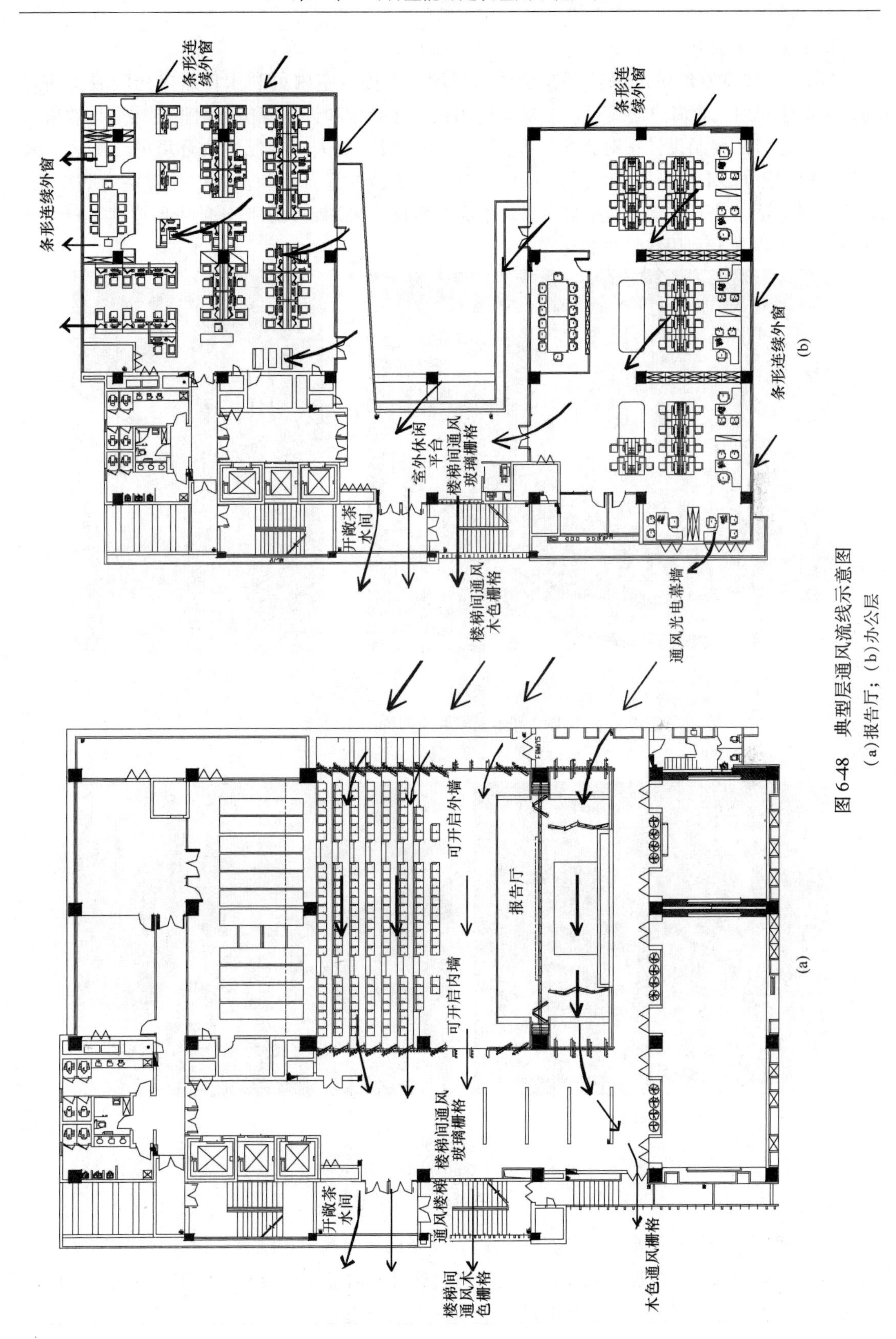

图6-48　典型层通风流线示意图
(a)报告厅；(b)办公层

3. 自然采光设计

“凹”字体型使建筑进深控制在合适的尺度，除提高室内可利用自然采光区域比例之外，大楼还利用立面窗户形式设计、反光遮阳板、光导管和天井等措施增强自然采光效果。

（1）适宜的窗洞设计：对于实验和展示区等一般需要人工控制室内环境的功能区，采用较小窗墙比的深凹窗洞设计（图6-49），有利于屏蔽外界日照和温差变化对室内的影响，降低空调能耗。对于可充分利用自然条件的办公空间，采用较大窗墙比的带形连续窗户设计（图6-50），以充分利用自然采光。

(a)

(b)

图6-49　展示及实验空间深凹窗设计

（a）整体视角；（b）局部放大

(a)

(b)

图6-50　办公空间连续条形窗设计

（a）外立面视角；（b）室内视角

（2）遮阳设计：在主要办公空间采用遮阳反光板和内遮阳相结合的设计方法（图6-51），这样既适度地降低了临窗过高照度，并且将多余的日光通过反光板和浅色顶棚反射到房间的纵深区域，改善室内照度分布，并有助于节约人工照明用电。

(a)

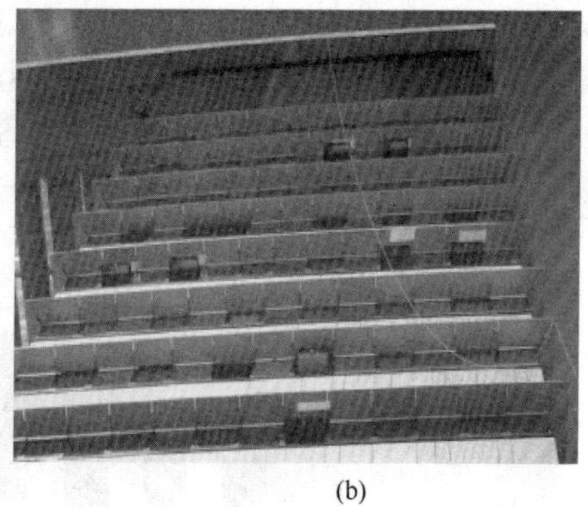
(b)

图 6-51　反光遮阳板实景
（a）外立面视角；（b）室内视角

（3）光导管及采光井技术：为了解决地下空间的采光问题，采用了适宜的被动技术。地下一层高出室外地面 1. 5m，周边设置下沉庭院，通过玻璃采光顶加强采光效果。地下二层主要采用在上一层玻璃采光顶下利用采光井等引入自然光。光导管技术也被应用到地下空间采光中，特别是在地下车库车道中利用了光导管达到较好的采光效果，这样既能解决地下室采光问题，又能避免地下室人工照明产生的眩光，并减少地下室人工照明电耗（图 6-52）。

(a)

(b)

(c)

图 6-52　地下空间自然采光

4. 水资源利用技术

（1）人工湿地中水系统：该项目中设置了人工湿地中水系统（图 6-53）。生后污水经污水管收集，经化粪池处理后进入人工湿地前处理装置，再提升经人工湿地生态处理达到中水

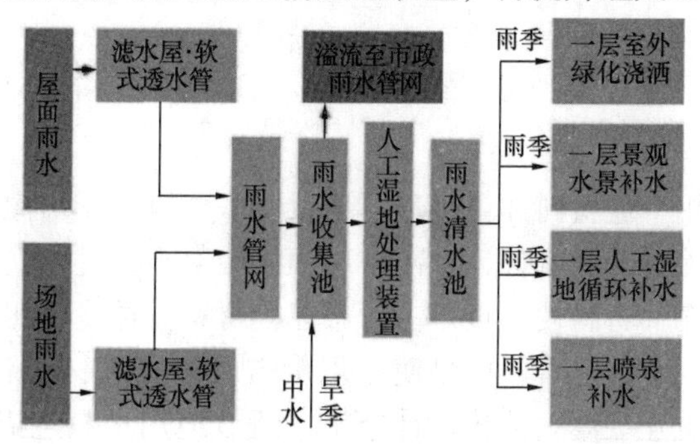

图 6-53　中水、雨水、人工湿地与环艺集成系统

水质标准。中水用于卫生间大便器、小便器冲洗及各楼层室外平台、屋顶花园绿化浇洒及空调制冷用水。人工湿地占地面积面积约 280m^2，每天可处理中水量为 50.06m^3/d，节水率为 43.81%，节水器具使用率为 100%（图 6-54）。

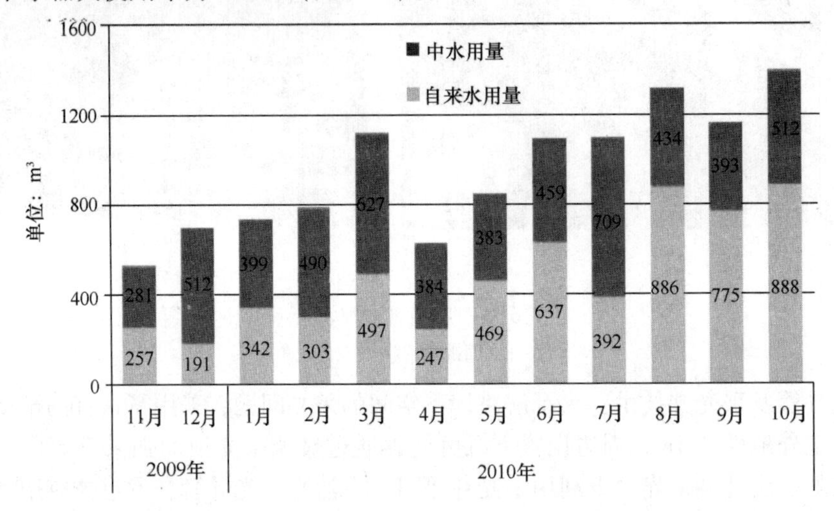

图 6-54　2009 年 11 月 ~2010 年 10 月建科大楼逐月用水量

（2）雨水收集：收集雨水用于渗透、补充地下水，维持并改善水循环系统。天面雨水经雨水管收集后进入雨水收集池，地面与水通过深水地面表层进入蓄水碎石沟，经过滤后进入雨水收集池（图 6-55）。

(a)　(b)

图 6-55　人工湿地

（a）处理中水；（b）处理雨水

5. 节材与可循环再生材料利用

该工程选材优先采用本地材料和可循环再生材料。建筑主体结构采用高强度钢筋和高性能混凝土技术，项目中无装饰性构件，全部采用预拌混凝土，且外立面采用的中空玻璃亦属于可再循环材料。可再循环材料使用重量占所有建筑材料总重量的比例约 10.15 %，满足了《绿色建筑评价标准》中对可再循环材料使用重量占所用建筑材料总重量的 10% 以上的要求。楼体装修局部采用土建装修一体化设计施工，所有应用材料均以满足功能需要为目的，将不必要的装饰性材料消耗减到最低，充分发挥各种材料自身的装饰和功能效果。另外，办公家具、桌椅和各种办公用品均采用可循环利用的材料。

6. 空调系统节能设计

设计中摒弃传统的集中式中央空调，根据房间使用功能和使用时间上的差异，针对不同的功能区域采用不同的空调方式，实现按需开启、灵活调节，有利于提高部分负荷运行效率和系统的灵活运行，同时为测试和研究搭建了良好的平台。

（1）大楼地下一层实验室空调采用水源热泵系统，冷却水就近采用水景池内的水，由于靠近水景水池，管路系统简单，运行可靠，在使用时间上也可以灵活运行（图6-56）。

（2）主要办公区域采用水环式冷水机组+冷却塔+风机盘管。

（3）九层南区和十一层南区为小开间空间，考虑到平时正常时间使用空调外，某些房间还会在节假日不定期使用，故采用风冷变频多联空调系统+全热新风系统。

（4）十层采用高温冷水机组+辐射顶板+热泵式溶液调湿新风机组，新风经除湿降温后承担室内湿负荷，被动式冷梁（或毛细管冷辐射吊顶）承担室内热负荷，冬季热泵式溶液调湿新风机组可加热加湿运行，改善室内环境（图6-57）。

(a)

(b)

图6-56　湿地+水景水作空调冷却水

(a)

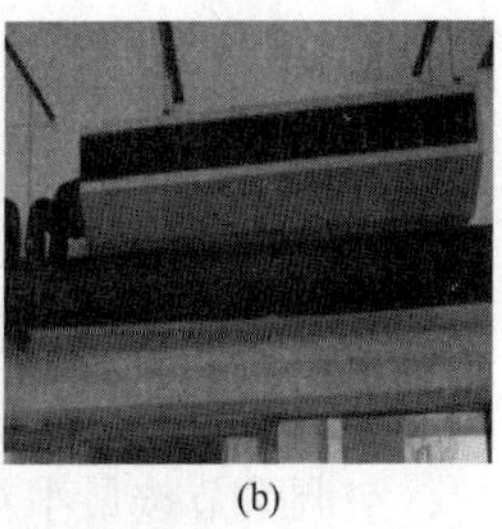
(b)

图6-57　温湿度独立控制空调

室内空调末端采用多种送风方式，如会议厅采用地板送风变风量方式；普通办公室采用常规上送上回方式；科研办公场所采用座位送风方式。图6-58为报告厅座椅送风。

(a)

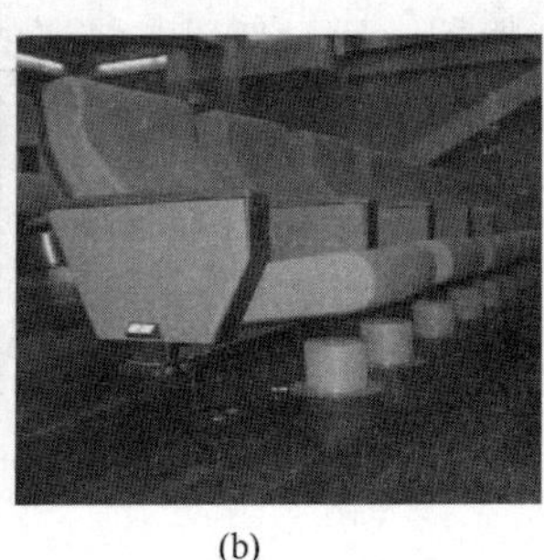
(b)

(c)

图6-58　报告厅座椅送风

7. 绿色节能照明技术

工程中根据各房间或空间室内布局设计、自然采光设计和使用特性，进行节能灯具类型、灯具排列方式和控制方式的选择和设计。会议区域照明和地下车库照明选用LED光源，楼梯间采用受红外感应开关控制的自熄式吸顶灯（节能灯光源）；大厅、走道主要以节能筒灯为主；办公区域均采用格栅型荧光灯盘，光源选用T5灯管，替代传统的T8灯管。办公区域照明采用智能照明控制方式。

在采用高效节能灯具的同时，照明系统设计面向时间空间使用特性，照明系统控制作为自然采光补充（图6-59）。

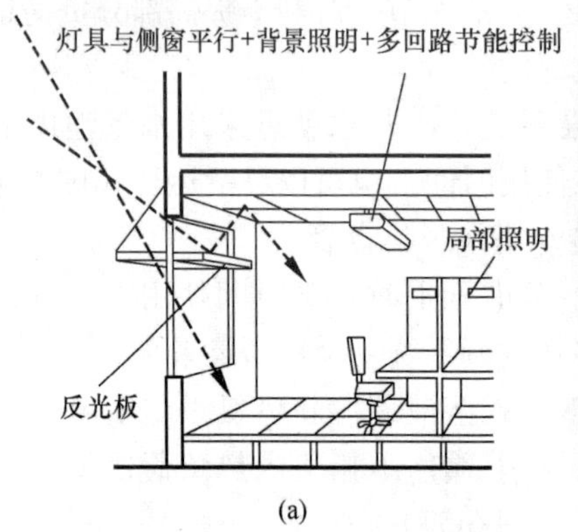

(a)

(b)

图6-59　照明设计与自然采光相结合
（a）原理图；（b）实际采光效果

8. 全新风系统和室内空气质量监测系统

办公楼在大空间办公场所及报告厅均采用集中式全空气系统，全空气系统的新风入口及其通路均按全新风配置，通过调节系统的新、回风阀开启度，可实现过渡季节按全新风运行，空调季节按最小新风比运行。新风比的调节范围在30%～100%。冷却塔和冷却水泵随负荷变化可进行运行台数调节或变频调节。

大楼设有室内空气质量监测系统，包括室内温湿度自动控制系统，CO、CO_2浓度监测与新风量自动控制系统，自然通风状态与空调状态自动转换控制系统等，可监测室内温度、相对湿度、CO_2浓度、CO浓度等参数，CO、CO_2浓度监测传感器与新风系统联动。

同时，新风系统采用全热交换器，通过新风与排风的热交换，回收部分冷量，新风热回收机组采用焓交换效率大于60%的热交换式换气机。全年单位空调面积可回收的冷量为97.9MJ/m^2。

6.5　英国BedZED零能耗生态村

6.5.1　项目概况

BedZED生态村（图6-60）位于英国萨顿，由Bill Dunster建筑师事务所设计，2002年竣工，占地面积为1.7 hm^2。该生态村是一个多功能的城市开放项目。设计者希望在确保现代化城市生活的先进条件的同时，通过更加简单、低投入、可持续发展的建筑设计，让人们可以生活在舒适、环保、节能的居住区中。该设计由82套住宅、2500 m^2的工作场所、商店和其他社区设施组成，占地面积1.7 hm^2。生态村共容纳244户，限定在3层高的宜居尺度以内，达到了每公顷148个住户的居住密度。

图6-60　BedZED生态村鸟瞰图

6.5.2　可再生能源技术的应用

1. 材料的选用

BedZED在选择材料时均以尽量减小对环境的影响为原则，尽可能使用天然材料、再生材料或回收材料。遵循就地取材的原则，建材尽可能在35mile半径范围内选择。工程招标也优先选择当地的建造商和制造商。在设计和施工中，尽可能地发挥材料或构件的性能，使材料的消耗最低。屋顶、墙壁和地面上厚达300 mm的超隔热地板层可一直保持室内温暖，而太阳光、人的活动、灯光、器具和热水散发的热量能满足所有的供暖需要。保温层设于结构外侧，形成外保温以避免热桥作用，同时也把高蓄热性的混凝土作为天花板、墙壁和地面的内表面进行暴露，用以调节室内温度（图6-61）。

图6-61　BedZED生态村建筑节能墙体

2. 被动式太阳能利用

建筑行列式布局：获取最大限度的日照。根据房间使用性质，将其安排在适当的位置。建筑物的设计，尤其是剖面设计，经过高度优化，能够最大限度地被动式利用太阳能。北立面大面积的三层玻璃天窗可以提供充分的自然采光，从而降低了人工照明的需要。位于另一侧的住宅，可以更好地吸收南向的阳光和有效利用被动式太阳能。此外，将工作场所置于阴影区，可以减少过度受热的可能性，同时降低人工机械通风系统和空调系统所需要的能耗（图6-62）。

3. 光伏电池

BedZED在阳光房（图6-63）的玻璃顶以及建筑的南立面上安装了光电板。将太阳能转化为电能的同时也起着遮阳作用。BedZED安装了1138片光电板，其最高功率可达109 kW，一年可提供88 000kWh的电能，可供40辆电动车行驶10000mile。

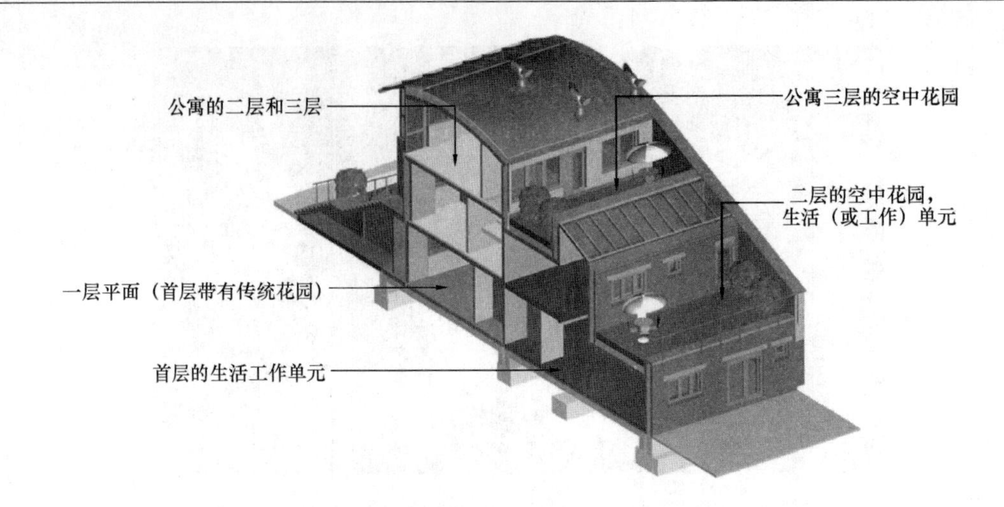

图 6-62　BedZED 生态村建筑效果图

图 6-63　BedZED 生态村阳光房

4. 热电联产工厂

BedZED 所有的热能和电能均由该社区的热电联产工厂 CHP 提供。CHP 的燃料为附近地区的树木修剪废料，是非化石燃料。CHP 的燃烧炉是一种特殊的燃烧器，木屑在全封闭的系统中碳化，发出热量并产生电能。燃烧过程中不产生 CO_2，其净碳释放为零。CHP 的功率是 130kW，可满足 BedZED 社区 240 名居民和 200 名工作人员的能量需求。BedZED 与国家紧急电网相连，通常情况下向电网出售多余电力。在本社区用电高峰时电网中返还（图 6-64）。

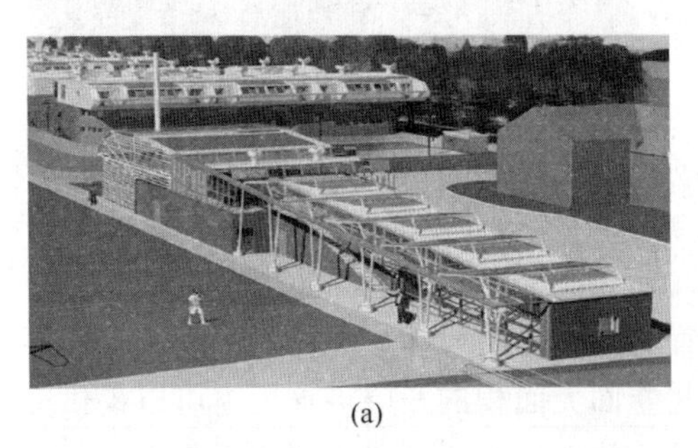

(a)

(b)

图 6-64　BedZED 生态村热电联产工厂

5. 最大限度地利用了水资源

日常用水量的 1/5 来源于雨水和中水，它们主要储存在与基础合一的大水箱中。露台、道路和地面上的雨水都被收集到一起，一部分储存在地下的容器中，另一部分被排入生态村北面的沟渠中，并将其整修为颇具野趣的宜人水景。停车场铺设多孔渗水砖，下铺设沙砾层，以减少雨水的流失。通过这些沙砾层的过滤，减轻回流地下水的受污染程度。家用废水和污水就地处理，采用一种被称为“生活机器”的小型生物污水处理设备，其中种满绿色植物，如同一个温室，同时形成宜人的景观。厨房和洗浴废水则首先经过沉淀，然后再经过“生活机器”的处理达到一定的标准，再送回水箱中与收集好的雨水用于冲洗厕所（图6-71）。BedZED生态村实现了平均家庭节水30%的目标，采用的节水措施是通过安装高效节水洁具、使用小容积浴缸、设置节流阀控制水龙头流量、安装双冲水方式的马桶等措施减少自来水用量（图6-65）。

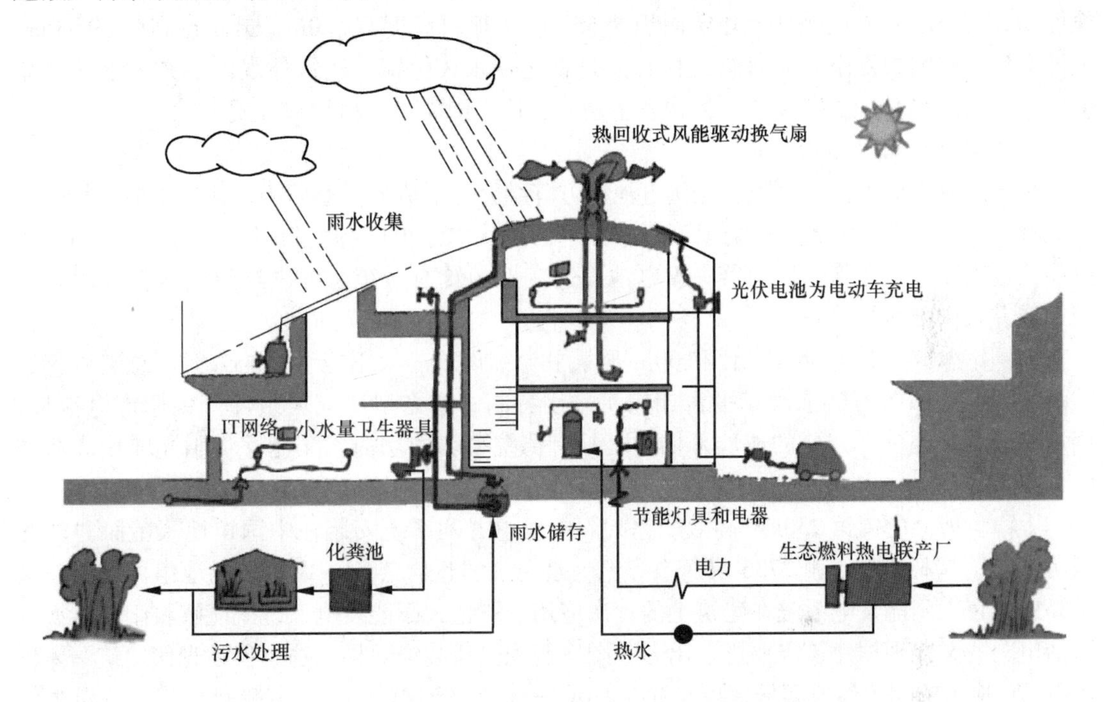

图6-65 BedZED零能耗生态村太阳能利用示意图

6.5.3 效益分析

BedZED生态村的经济策略是基于“自给自足”和“最大可能地利用其自然资源”这两个主要原则而建设的。建设利用了相对小半径区域内的能源和材料，减少了运输给环境带来的影响，并支持了区域经济的发展。BedZED生态村的“生态覆盖区”比同等规模的居住区低两倍多。它考虑到了从小规模到全球范围内的可持续发展的各个方面，包括时间因素。BedZED生态村不但能够使能源在使用过程中不释放任何CO_2，还符合紧密联系和相互依赖的经济、社会和环境等方面的指标。BedZED生态村旨在扶持地方就业率，它提供了200个工作机会，以及商场、咖啡馆和托儿所等需要雇员服务的场所，为地方经济带来了活力。

6.6 2010年上海世博会场馆

在2010年举办的上海世博会中，众多场馆设计建设采用了大量的可再生能源技术，充分展示了“低碳”理念。

6.6.1 中国馆

1. 项目概述

中国国家馆位于世博园A片区，处于世博园区浦东区域主入口的突出位置，是世博园区“一轴四馆”永久性建筑中的制高点。中国馆由国家馆和地区馆两个部分组成。总建筑面积160126m^2；包括地上建筑面积106874 m^2，地下建筑面积53252 m^2。其中国家馆地上建筑面积51212 m^2；地区馆地上建筑面积55662 m^2。檐口高度60. 60m，最高点高度69. 90m。世博会后，中国馆将作为世博园区核心建筑物之一永久保留。建筑外观以“东方之冠，鼎盛中华，天下粮仓，富庶百姓”的构思主题，表达中国文化的精神与气质。

2. 可再生能源技术的应用

中国馆屋面遮阳板与太阳能光伏电池板方阵结合，形成光电遮阳板。无遮挡的光伏电池板能在全年获得最大的太阳辐射量。每平方米的光伏电池板可将太阳辐射能力转换为120W电能。经太阳电池方阵—控制器—蓄电池—逆变器的转换系统，可供给建筑本身的用电系统，或并入供电网络。

中国馆采取了利用68m平台和60m观景平台铺设单晶太阳能组件的方案，总装机容量达302kW。中国馆的60m观景平台四周将采用特制的透光型“双玻组件”太阳能电池板，用这种“双玻组件”建成的玻璃幕墙，既具有传统幕墙的功能，又能够将阳光转换成清洁电力。

上海世博会中国馆250kW高效彩色太阳能发电并网系统安装在中国馆地区屋面“新九州岛清宴”园林四周，由2736块高效彩色（红色、绿色、蓝色）太阳能电池组件组成，这是高效彩色太阳能发电系统在建筑上的首次应用。彩色太阳能发电系统既能够将阳光转换成清洁电力，又能根据建筑需要拼装出彩色图案起到美化装饰效果，这不仅是光伏建筑一体化（BIPV）应用的一个经典案例，更是光伏环境一体化（EIPV）的一次精彩亮相，是对本届世博会主题“城市让生活更美好”的具体演绎（图6-66）。

6.6.2 台湾馆

1. 项目概述

上海世博会台湾馆位于世博园区A片区，紧邻世博轴和车站的出入口，是人来人往的要道，由台湾知名建筑师李祖原带队设计，其创意是以东方哲学为主轴，衬托本届世博大会主题“城市让生活更美好”。台湾馆以“山水心灯——自然·心灵·城市”为参展主题，由山形建筑体、点灯水台、巨型玻璃天灯与LED灯芯球幕组成。

2. 可再生能源技术的应用

世博台湾馆外墙玻璃贴有电子调光薄膜，调光薄膜是一种智慧薄膜，直接将薄膜贴合在玻璃上，再经过电压使得调光薄膜呈现穿透及雾状，可使玻璃在透明与不透明之间转换，即使不透明时，采光仍很好，这是目前所有窗帘都无法实现的，并且对光的热能具有绝缘反射作用，使得室内冬暖夏凉，环保节能。调光薄膜利用液晶的光学特性，实现了薄膜的光电功能（图6-67）。

调光薄膜（Smart film）的运用：

（1）电子窗帘：可以自动地控制透光程度。当光线很强时，电子窗帘呈现不透明状态；

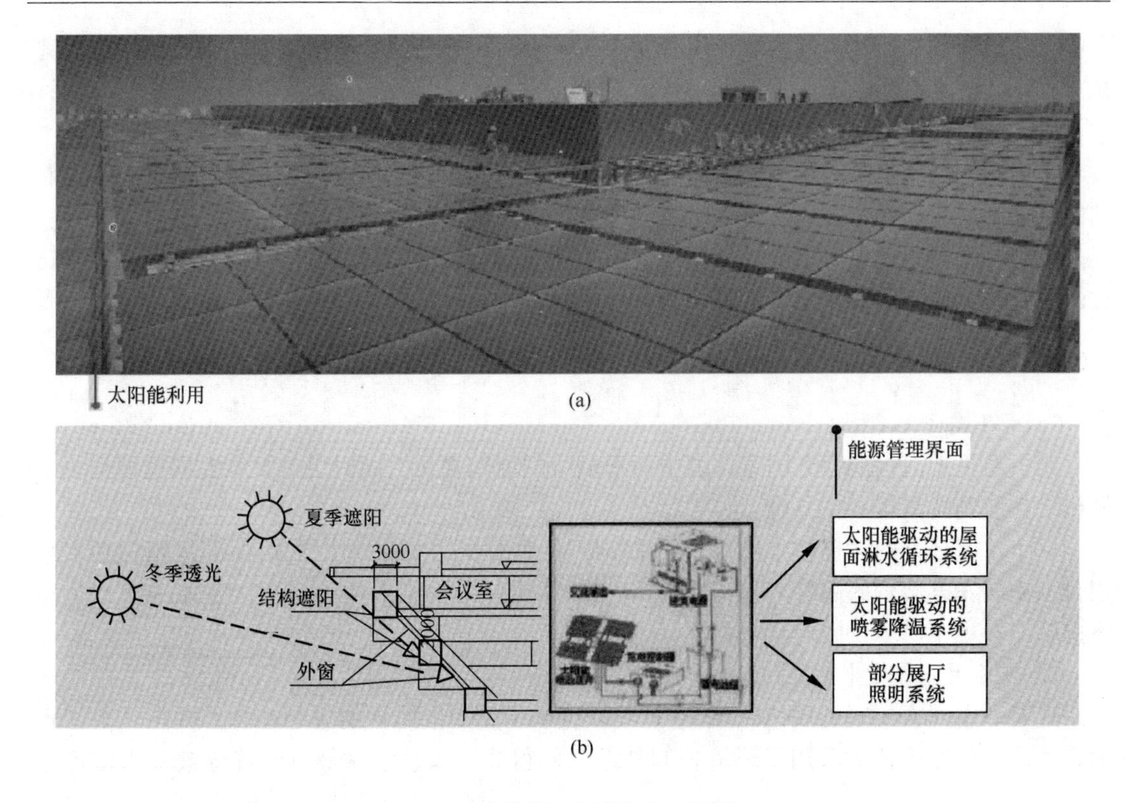

图6-66　世博会台湾馆光电屋顶

图6-67　世博会台湾馆调光薄膜

（a）不透光遮蔽内景；（b）透光遮蔽内景

随着光线的逐渐减弱，电子窗帘可呈现半透明状态；当光线很弱时，电子窗帘则可呈现透明状态。

（2）红外线触控面板与投影机结合。

（3）结合全彩LED，可产生美丽的全彩玻璃。

（4）结合射膜、各式半透明印刷膜，可依据客户需要显现任何图案。

（5）结合投影机，可产生悬浮粒子的效果（屏幕在透明状态）。

(6) 结合影片或任何的内容提供者及广告业者，可在任何有透明玻璃的场所使用，让薄光薄膜产品更具有特色。

(7) 结合控制系统，上述所有的运用可与调光薄膜完美地搭配。调光薄膜原理：

①当调光薄膜断电时，其间的高分子液晶材料无序排列，使光线无法穿透薄膜，这时看到的效果便是乳白的不透明状态。

②当调光薄膜通电时，电场作用下薄膜中间的高分子液晶材料有序排列，可使光线能透过薄膜，这时看到的效果便是透明无色的薄膜状态。

6.6.3 日本馆

1. 项目概述

紫蚕岛是上海世博会各国家馆之中面积最大的展馆之一，同时也是日本参展世博会史上规模史无前例的展馆（图 6-68）。

这个首度公开的“庞然大物" 高约 24m，占地面积约 6000m^2。展馆外部呈银白色，采用含太阳能发电装置的超轻“膜结构”包裹，形成一个半圆形的大穹顶，宛如一座“太空堡垒”。

2. 可再生能源技术的应用

这是一座“会呼吸的展馆”，似乎延续和继承了爱知世博会的主题理念，并融入上海世博会主题。展馆设计上采用了环境控制技术，使得光、水、空气等自然资源被最大限度地利用。

展馆外部呈半圆形的大穹顶（图 6-69），外层是带有太阳能发电装置的超轻“膜结构”，独特新颖的钢网壳双层膜气枕结构形成的椭圆形外观，酷似一只等待破茧而出的紫蚕。日本馆的建筑外面铺设了一层透光的淡紫色 ETFE 薄膜，构成枕头状空间单位。有较好的透光性，膨胀后的枕头状内部有太阳能电池板，是一种建筑用的柔性光电薄膜。这层膜白天能透过阳光，利用太阳能发电，夜晚让建筑物闪闪发光。在“膜结构”的外表，还形成一层“水膜”，可强化冷暖空气的流通，减少空调能耗，展馆外部透光性高的双层外膜配以内部

图 6-68　日本馆柔性光电外墙全景

图 6-69　日本馆柔性光电外墙鸟瞰

的太阳电池，可以充分利用太阳能资源，实现高效导光、发电；展馆内使用循环式呼吸孔道等最新技术。在结构方面，由于日本馆采用了屋顶、外墙等结成一体的半圆形的轻型结构，使得施工时对周边环境影响较小。日本馆外围护结构是柔性光电屋顶和柔性光电幕墙的光电建筑（图6-70）。

图6-70　日本国家馆柔性光电外墙三个呼吸孔

日本馆弧形穹顶上的三个触角似的排热塔。当天气炎热时，馆内制造喷雾，使馆内热量排出。日本馆外墙的光电膜结构，可以使建筑的重量减轻一半。日本馆外墙之所以通体透出紫色，这是因为内嵌在ETFE膜中的太阳能光电薄膜都是深紫色的。紫色无论在中国还是在日本，都是代表高贵的颜色，同时，淡淡的紫色极其接近日本馆建筑外观的色调；蚕在中国是长寿的象征，日本馆建筑外形成弧形穹顶，宛如一个巨大的蚕茧点缀着世博园。

6.6.4 瑞士馆

1. 项目概述

瑞士馆位于C片展区，总建筑面积约为4000m^2。展馆的主题是城市和乡村的互动，未来世界的轮廓是其造型亮点所在。展馆由底层展厅营造的都市空间和馆顶的自然空间组成（图6-71）。

图6-71　瑞士馆效果图

图6-72　瑞士馆智能光电幕墙

2. 可再生能源技术的应用

瑞士馆互动型智能光电幕墙是展馆的亮点之一，由半透明的铝网结构帷幕覆盖，安装11000块包含敏化太阳电池的生物树脂的智能光电幕墙建筑，光电外墙的红色圆盘是太阳能光电板，可以利用展馆周围的能量光伏发电，比如太阳能或者照相机闪光灯产生的光能发生反应，从而发出闪光。同时，这些电池可以储存能量，互为光源，使得帷幕在夜间也能闪光。这种独特新颖的构思意在表现瑞士馆内外的“环境影响”，以此展示我们周围还有许多未被利用的能源（图6-72）。

互动型智能幕墙上太阳能电池板由 LED 灯、能量源、存储装置和耗能装置组成。每块太阳能电池板都包含了一张瑞士地图，每块太阳能电池均互相独立，整个幕墙的闪光具有某种程度的不确定性，因而产生一种动态闪光的视觉效果。此外，由于这些电池可以储存能量，它们之间能互为光源，使得整个展馆幕墙在夜间也能闪闪发光。

红色圆形光电板包含了一块印制电路板，该电路板由太阳能电池、微处理器、3 个双层电容器（高能率存储装置）、一个快速开关的 LED 和光感器组成。这些电子组件密封在一个红色透明的聚碳酸酯容器里，通过它们可与展馆幕墙进行互动。印制电路板上的电子线路按照瑞士地图的形状设计，一些关键的组件对应着主要的城市，如苏黎世、日内瓦、洛桑等。

幕墙上的红色圆形光电板件每个通过太阳能电池、光感器、LED 等的相互配合工作，根据入射光的角度和强度，将光能吸收储存并转化为电能，可以独立发光。这些电池的设计模仿生物细胞，具有自成一体、自我维持的特性。同时，每个红色圆形光电板的外围有一圈天线，用来接收半径 2m 以内的信息，也就是说，其他“小太阳”发光时，还可迅速互相传导发光。在随意编织的金属网构成的幕墙上，由于镶嵌的红色圆形光电板布局任意、间隔不规则，就出现了每次发光持续的时间不同、范围不均，闪闪烁烁的奇妙效果（图 6-73）。

图 6-73　瑞士馆智能光电幕墙

智能幕墙有 7 种发光模式：日出以后，每分钟闪 1 次，互相不传导；2h 后，每 40s 闪 1 次，互相可传导；中午时分，进入活跃期，每 5s 闪 1 次；之后光照最强时，大量发光；黄昏时分，其他光源，比如照相机的闪光等，也能激活其发光，但互相已不能传导；日落后 1h，靠原先储备的能量，慢慢地发光；日落后 5h，在集中发出一段时间的光之后，原先储备的能量全部耗尽。

为了在世博会上达到良好效果，团队之前在瑞士做了好几个实验墙，分别以 20 个小单元和 200 个大单元测试红色圆形光电板的效果，还专程建气象站采集了上海的光照数据，进行编程。

6.6.5　法国阿尔萨斯案例馆

1. 项目概述

法国阿尔萨斯案例馆位于 E 片展区，是一个通过太阳能达成室内舒适性的节能环保建筑范例。上海世博会上，该案例被建成一个缩减能源需求的展馆，南立面上的水幕太阳能墙体由电脑自动控制，可以随着室外温度和日照强度的变化自动开闭，既能遮阳降温，又能有效减少能源消耗。本届世博会上，运用太阳能光伏技术的展馆不计其数，但在太阳能板下还有潺潺流水的，恐怕只有法国阿尔萨斯案例馆“独此一家”了（图 6-74）。

图 6-74　法国阿尔萨斯案例馆（一）

2. 可再生能源技术的应用

该馆通过巧妙运用太阳能发电、水源降温等技术，这幢金属钢架结构的建筑有效实现了冬暖夏凉。从远处看，法国阿尔萨斯案例馆并不如传统建筑般四四方方，而是与地面呈微微倾斜的角度。从侧面看，它的纵剖面有点接近于平行四边形。其主要看点集中于南立面，斜斜的墙面分为两部分，一部分是被青枝绿叶覆盖的“绿墙”，另一部分是一整片玻璃幕墙（图6-75）。

图6-75　法国阿尔萨斯案例馆（二）

“水幕馆”的原型，来自阿尔萨斯一所普通高中的太阳能发电墙，在这届世博会上，科学家进行了豪华升级：传统概念中，玻璃幕墙是造成现代建筑夏天“温室效应”的罪魁祸首，但在这里，它却是使整幢建筑实现冬暖夏凉的关键所在。玻璃幕墙从外到内包括3个层面，外层为夹层玻璃光伏组件，中间层是个可开可闭的空气层，最后一层还是玻璃，上面有水流过，构成水幕玻璃。玻璃幕墙上的太阳能光伏发电板面积约为72.2m^2，发电量6600W，虽然无法完全满足这幢3层高建筑的所有能量需求，世博开园的运行情况表明，在和水幕的联合作用下，室内的空调能耗已经比常规同类建筑少很多。

“冬天模式”：太阳能电池依旧运作，供给空调用电，水幕停止流动，所有的玻璃窗全部关闭，使得中间层成为一个密闭空气舱。经过阳光照射以及太阳光在光电板上转换成电并发热，密闭舱里的空气被迅速加热，并源源不断送往风机，就能持续地给室内各个楼面供暖（图6-76）。

“夏天模式”：太阳能电池板产生的电能运行水泵，空气层玻璃向室外打开，让从上而下流动的水幕为房子带走热量；外层玻璃打开实现通风；同时经位于屋顶的水泵抽送，水幕以每小时48m^3的流速不断冲刷着内层玻璃，再加上太阳能板产生的阴影，三管齐下，使得中间空气层的温度有所降低，从而起到给建筑降温的作用。此时，太阳能光电板产生的能量将成为水泵的动力来源（图6-77）。

图6-76　冬天模式示意图

图6-77　夏天模式示意图

光电建筑在实际运行中，光伏电池的光电转换效率随着工作温度的上升而下降。如果直接将光伏电池铺设在建筑表面，将会使光伏电池在吸收太阳能的同时，工作温度迅速上升，导致发电效率明显下降。理论研究表明：标准条件下，单晶硅太阳电池在0°时的最大理论转换效率可到30%。在光强一定的条件下，硅电池自身温度升高时，硅电池转换效率约为12%～17%。照射到电池表面上的太阳能83%以上未能转换为有用能量，相当一部分能量转化为热能，从而使太阳能电池温度升高，若能将使电池温度升高的热量加以回收利用，使光电电池的温度维持在一个较低的水平，既不降低光电电池转换效率，又能得到额外的热收益，于是太阳能光伏光热一体化系统（PVT系统）应运而生（图6-78）。在建筑的外维护结构外表面设置光伏光热PVT组件或以光伏光热PVT构件在提供电力的同时又能提供热水或实现室内采暖等功能，解决了光伏模块的冷却问题，改善了建筑外维护结构得热，甚至可以使建筑物的室内空调负荷减少50%以上，增加了BIPV的多功能性。为建筑节能和推广BIPV系统提供了一种新的思路。法国阿尔萨斯案例馆水幕光电幕墙是一个较好的案例。

图6-78　法国阿尔萨斯案例馆（三）

习题参考答案

第1章：1. ABD；2. ABC；3. ABD；4. ABC；5. D；6. A；7. BCD；8. ABCD
第2章：1. C；2. ABC；3. B；4. D；5. B；6. ABCD；7. C；8. ABCD
第3章：1. A；2. AD；3. ABC；4. BC；5. AC；6. A；7. CD；8. C
第4章：1. C；2. B；3. A；4. ABCD；5. ABC；6. B；7. B；8. C
第5章：1. ABC；2. ABCD；3. BC；4. AD；5. ABCD；6. ABCD；7. C

参 考 文 献

[1] 陈勇．中国能源与可持续发展[M]. 北京：科学出版社，2007.

[2] [美] 阿莫斯·萨尔瓦多著，赵政璋等译．能源历史回顾与21世纪展望[M]. 北京：石油工业出版社，2007.

[3] 苏亚欣等．新能源与可再生能源概论[M]. 北京：化学工业出版社，2006.

[4] 李传统．新能源与可再生能源技术[M]. 南京：东南大学出版社，2005.

[5] 朱坦．中国可持续发展总纲(第10卷)：中国环境保护与可持续发展[M]. 北京：科学出版社，2007.

[6] 徐伟等．中国太阳能建筑应用发展研究报告[M]. 北京：中国建筑工业出版社，2009.

[7] 王崇杰，薛一冰等．太阳能建筑设计[M]. 北京：中国建筑工业出版社，2007.

[8] 曹伟．广义建筑节能：太阳能与建筑一体化设计[M]. 北京：中国电力出版社，2008.

[9] 杨洪兴，周伟．太阳能建筑一体化技术与应用[M]. 北京：中国建筑工业出版社，2009.

[10] 李宏毅，金磊．建筑工程太阳能发电技术及应用[M]. 北京：机械工业出版社，2008.

[11] 冯垛生，宋金莲等．太阳能发电原理与应用[M]. 北京：人民邮电出版社，2007.

[12] 罗运俊，何梓年，王长贵．太阳能利用技术[M]. 北京：化学工业出版社，2011.

[13] 高虹，张爱黎．新型能源技术与应用[M]. 北京：国防工业出版社，2007.

[14] 汪集暘，马伟斌，龚宇烈等．地热利用技术[M]. 北京：化学工业出版社，2005.

[15] 赵军，戴传山．地源热泵技术与建筑节能应用[M]. 北京：中国建筑工业出版社，2007.

[16] 刁乃仁，方肇洪．地埋管地源热泵技术[M]. 北京：高等教育出版社，2006.

[17] 付祥钊．可再生能源在建筑中的应用[M]. 北京：中国建筑工业出版社，2009.

[18] 翟秀静，刘奎仁，韩庆．新能源技术(第2版)[M]. 北京：化学工业出版社，2010.

[19] 王长贵，郑瑞澄．新能源在建筑中的应用[M]. 北京：中国电力出版社，2003.

[20] 北京市建设委员会．新能源与可再生能源利用技术[M]. 北京：冶金工业出版社，2006.

[21] 徐伟．可再生能源建筑应用技术指南[M]. 北京：中国建筑工业出版社，2008.

[22] 国土资源部地质环境司．浅层地热能勘查评价技术规范[M]. 北京：中华人民共和国国土资源部，2009.

[23] 郑克棪．浅层地热能开发利用的世界现状及在我国的发展前景[C]. 全国地热(浅层地热能)开发利用现场经验交流会论文集，2006.

[24] 陶庆法，胡杰．浅层地热能开发利用现状、发展趋势与对策[C]. 全国地热(浅层地热能)开发利用现场经验交流会论文集，2006.

[25] 周洁．我国浅层地热能开发利用浅析[C]. 可再生能源开发利用研讨会论文集，2008.

[26] R. Curtis、J. Lund、B. Sanner、L Rybach、G. Hellstrijm，徐巍(译)，郑克棪(校). 地热热泵——适合于任何地方的地热能源[J]：当前世界发展状况.

[27] 王宇航，陈友明，伍佳鸿，彭建国．地源热泵的研究与应用[J]. 建筑热能通风空调．2004.

[28] 张希良．风能开发利用[M]. 北京：化学工业出版社，2005.

[29] 严陆光，夏训诚，周凤起等．我国大规模可再生能源基地与技术的发展研究[J]. 电工电能新技术，2007(26)

[30] 潘雷，陈宝明，王奎之．城市楼群风及其风能利用的探讨[C]. 山东省暖通宅调制冷2007年学术年会论文集．2007.

[31] 田蕾，秦佑国．可再生能源在建筑设计中的利用[J]. 建筑学报，2006.

[32] 迟远英，张少杰，李京文．国内外风电发展现状[J]. 生产力研究，2008(18).

[33] 林宗虎. 风能及其利用[J]. 自然，2008(6)
[34] 李文慧. 50W 路灯用垂直轴风力发电机的实验与研究[D]. 呼和浩特：内蒙古工业大学，2010.
[35] 沈顾，孟迪. 欧洲绿色证书交易机制及对我国的启示[J]. 环境保护，2007(9)：70~73
[36] 汪瑞清，杨国正等. 中巴发展生物质能源的比较研究[J]. 世界农业，2007(1)：19~22
[37] 朱增勇，李思经. 美国生物质能源开发利用的经验和启示[J]. 世界农业，2007(6)：52~54
[38] 钱能志，尹国平，陈卓梅. 欧洲生物质能源开发利用现状和经验[J]. 中外能源，2007(3)：10~14
[39] 倪慎军. 加强生物质能开发利用，实现经济社会持续发展——关于德国瑞典和丹麦生物质能开发和利用的考察报告[J]. 河南农业，2006(11)：12~14
[40] 张永宁，陈磊. 英国发展生物能源的政策及启示[J]. 化学工业，2007(6)：12~15
[41] 满相忠，王珊珊. 国外开发生物质能优惠政策及其经验启示[J]. 地方财政研究，2007(8)：58~63
[42] 周应华. 我国发展生物质能的思路与政策[J]. 中国热带农业，2006(5)：7~8
[43] 何鸿玉，马孝琴，陈学军. 生物质锅炉在火电厂的安装使用[J]. 农村能源，2001(01)
[44] 赖伶. 浅谈生态建筑的理念与设计. 辽宁师专学报(自然科学版)[J]. 2004(04)
[45] 刘青林. 谈生态化建筑[J]. 山西建筑，2003(01).
[46] 国内首幢生态建筑示范楼 9 月在上海落成[J]. 建材发展导向，2004(05).
[47] 康旭，贺勍. 浅论生态建筑及其设计[J]. 内江科技，2004(06).
[48] 谷兆宏. 生态·可持续发展·建筑——读《生态建筑》有感[J]. 当代建设，2003(06).
[49] 雷涛，袁镔. 生态建筑中的中庭空间设计探讨[J]. 建筑学报，2004(08).
[50] 张剑青. 生态建筑设计策略[J]. 山西建筑，2004(21).
[51] 杨婉，王新耀. 21 世纪生态建筑与可持续发展[J]. 成都航空职业技术学院学报，2004(04).
[52] 眭向周. 适合中国国情的生态建筑发展之路[J]. 安徽建筑，2003(04).
[53] 董纯蕾. “聪明楼”让人尽享煦日清风[J]. 建筑工人，2005(03).
[54] 龙文志. 上海世博会光电建筑[J]. 聚焦世博会，2010(07).
[55] 龙文志. 上海世博会光电建筑[J]. 中国建筑金属结构. 2010(07).
[56] 袁小宜，叶青，刘宗源. 实践平民化的绿色建筑——深圳建科大楼设计[J]. 建筑学报，2010(1)：14~19.
[57] 张炜，王毅立，唐永政. 深圳建科大楼绿色生态建筑三维信息化设计[J]. 建筑创作，2010(3)：90~99.
[58] 孙延超，张炜. 深圳市建筑科学研究院建科大楼绿色设计理念浅析[J]. 城市建筑，2008(8)：24~25.
[59] 中国城市科学研究会. 绿色建筑 2009[M]. 北京：中国建筑工业出版社，2009.
[60] 国家能源局. 国家能源科技“十二五”规划[R]. 2011
[61] 国家发展与改革委员会. 可再生能源发展“十二五”规划[R]. 2012.
[62] 国家科学技术部. 太阳能发电科技“十二五”专项规划[R]. 2012.
[63] 国家科学技术部. 风力发电科技发展“十二五”专项规划[R]. 2012.
[64] 国家能源局. 太阳能发电发展“十二五”规划[R]. 2012.
[65] 国家能源局. 生物质能发展“十二五”规划[R]. 2012.
[66] 国家能源局. 世界主要国家能源政策动态[R]. 2012.
[67] 王廷康，唐晶. 美国能源政策的启示及我国新能源发展对策[J]. 西南石油大学学报(社会科学版)，2009(4)7~11.
[68] 李炳轩. 韩国能源战略研究[D]. 吉林大学经济学博士学位论文，2011. 12.
[69] 吴达成，刘馨. 我国薄膜太阳电池产业发展概况[J]. 新材料产业，2011(3)：36~38.
[70] 霍志臣，罗振涛. 中国太阳能热利用 2011 年度发展研究报告[J]. 太阳能，2012. 1：6~11.

[71] 国务院新闻办公室.《中国的能源政策2012》白皮书[R]. 2012. 10.
[72] 满相忠，王珊珊. 生物质能财税优惠政策——国外经验及启示[J]. 红旗文稿，2007(3)：36~38.
[73] 周国峰，李满峰，范波. 太阳能—土壤源热泵优化运行研究[J]. 低温与超导，2010(8)：68~72.
[74] 曹石亚，王乾坤. 德国《能源战略2050》要点及对我国可再生能源发展的启示[J]. 华北电力大学学报(社会科学版)，2011(5)：19~22.
[75] 中华人民共和国国家统计局. 2012年国民经济和社会发展统计公报[R]. 2013. 1.
[76] 刘幼农，马文生，郭梁雨等. 我国可再生能源建筑应用示范实施情况综述[J]. 建设科技，2012(13)：23~26.
[77] 中华人民共和国国务院新闻办公室.《中国应对气候变化的政策与行动(2011)》白皮书[R]. 2011. 11.